机器人工程与创新系列丛书

中国工程机器人大赛精选案例 1

中国工程机器人大赛暨国际公开赛技术委员会　编

科学出版社

北　京

内 容 简 介

针对中国机器人竞赛的具体项目，本书是从中国工程机器人大赛暨国际公开赛获奖案例中精选出的28个技术案例。这些精选的案例都具有代表性，并获得广大学生和机器人爱好者的关注。每个案例都详细介绍设计创意的来源、整体思路、硬件设计、软件设计、系统开发调试和优化等内容。按照不同类型，这些精选技术案例分为7篇，分别为：工程创新创意设计篇，包括无人机、机器狗、壁面作业机器人、履带式遥控扫雷车和工业创新智能小车等；仿人竞速机器人篇，包括交叉足机器人和单电机交叉足机器人；旋翼飞行器篇，包括四旋翼和六旋翼飞行器；搬运机器人篇；竞技体操机器人篇；生物医学创新创意篇，包括基于动态光谱的血氧饱和度测量系统、基于脸部动作编码的机器人视觉人机接口，以及低功耗穿戴式血氧饱和度测量仪等；其他机器人篇，包括智能快递分拣机器人、工程越野机器人、越障机器人、仿生爬坡机器人等。此外，本书还提供了多个精选案例的相关程序代码的下载（http://robotmatch.cn/Contents/TechnicalReport/Programe.htm）。

本书既可作为高等学校电气工程、自动化、计算机等专业本科生的教材，也可作为机器人爱好者的学习资料。

图书在版编目(CIP)数据

中国工程机器人大赛精选案例. 1/中国工程机器人大赛暨国际公开赛技术委员会编. —北京: 科学出版社, 2017
(机器人工程与创新系列丛书)
ISBN 978-7-03-053050-9

Ⅰ.①中… Ⅱ.①中… Ⅲ.①机器人-运动竞赛-案例-中国 Ⅳ.①TP242

中国版本图书馆CIP数据核字(2017) 第101718号

责任编辑：惠 雪 沈 旭／责任校对：李 影
责任印制：张 倩／封面设计：许 瑞

科学出版社 出版
北京东黄城根北街16号
邮政编码：100717
http://www.sciencep.com

新科印刷有限公司印刷
科学出版社发行 各地新华书店经销
*
2017年5月第 一 版 开本：720 × 1000 1/16
2017年5月第一次印刷 印张：27 1/4
字数：550 000

定价：69.00元

(如有印装质量问题，我社负责调换)

前　言

人工智能和机器人，已成为时下最热门的话题之一。

经过短短几十年的发展，机器人已经广泛应用于各个领域中。随着“工业 4.0”的提出，机器人获得高度关注。2016 年达沃斯世界经济论坛主题就是“第四次工业革命”，在这次汹涌澎湃的创新浪潮中，智能机器人必将占据重要位置。《中国制造2025》提出，机器人列为政府需要大力推动实现突破发展的十大重点领域之一，《机器人产业“十三五”发展规划》也已正式发布。

国际机器人联合会表明，中国自 2013 年起连续三年成为全球最大的工业机器人消费市场，这一趋势在未来几年还会得到延续。未来，机器人的发展方向将是人工智能，为推进机器人功能更加专业化、精细化，更加满足人们生活和工作的需要，推动产品的技术创新，院校联盟也是不可或缺的资源。

为加速机器人教育普及，推进机器人竞赛活动，引领机器人科技创新，促进机器人产业发展，由中国人发起创立的国际性机器人赛事——中国工程机器人大赛暨国际公开赛，得到广大大、中、小学生和社会机器人爱好者的高度热情地参与。为满足初学者们学习机器人技术的愿望，增进互相交流与学习。中国工程机器人大赛暨国际公开赛技术委员会从获奖的案例中精选出 28 个案例，并将这些技术案例分为 7 篇，具体如下：

第一篇，工程创新创意设计，包括无人机、机器狗、壁面作业机器人、履带式遥控扫雷车和工业创新智能小车等。

第二篇，仿人竞速机器人，包括交叉足机器人和单电机交叉足机器人。

第三篇，旋翼飞行器，包括四旋翼和六旋翼飞行器。

第四篇，搬运机器人。

第五篇，竞技体操机器人。

第六篇，生物医学创新创意，包括基于动态光谱的血氧饱和度测量系统、基于脸部动作编码的机器人视觉人机接口，以及低功耗穿戴式血氧饱和度测量仪等。

第七篇：其他机器人，包括智能快递分拣机器人、工程越野机器人、越障机器人、仿生爬坡机器人等。

每个案例中都详细介绍设计创意来源、整体思路、硬件设计、软件设计、系统开发调试和优化，非常适合广大机器人爱好者寻找灵感，确定方向和启发借鉴。由于编著者水平有限，时间仓促，书中欠妥错误之处在所难免，真诚希望广大读者朋友和各位同仁能够及时指出书中任何需要修改的地方，共同促进本书质量的提高。在此，与大家共勉。

中国工程机器人大赛暨国际公开赛
技术委员会
2017 年 4 月

目　录

第一篇　工程创新创意设计

第二篇　仿人竞速机器人

第四篇 搬运机器人

第五篇 竞技体操机器人

第七篇 其他机器人

第一篇

工程创新创意设计

第 1 章　筋斗云无人机*

尾坐式飞行器可以同时拥有固定翼飞机的高速性能和直升机的垂直起降性能，是近年来航空领域的研究热点。我们研发的尾坐式无人机创新性地采用了正反桨推力矢量装置，其反扭矩相互抵消，且可以在过失速情况下稳定地控制机体姿态。此外，该无人机采用新型的尾坐式起降方案：起飞时采用分离式起落架，使得机体无需安装大型起落架，减轻了机体重量；降落时采用可控前倾式降落方式，防止了降落时因侧风导致的机体翻倒。由于尾坐式飞机特殊的飞行方式，该无人机的控制方法较为复杂，因此，研发了配套的新型飞行控制方法：为解决欧拉角奇异的问题，提出了水平/垂直欧拉角综合姿态解算方法；为了在获得快速响应的同时防止超调，采用了线性/恒加速度逼近和角速率限幅积分逼近控制方法；此外，提出了一种特殊的数据融合算法，该算法通过迭代计算保证了高度数据的准确性；尾坐式起降时，机体姿态和高度具有强耦合关系，为此采用一种基于滤波前馈加速度算法的高度控制器。完整的尾坐式飞行试验结果验证了无人机总体设计、硬件系统以及飞行控制算法的有效性。

1.1　尾坐式飞行器系统整体设计

1.1.1　尾坐式飞行器概述

尾坐式飞行器在起飞时尾部着地、机体处于垂直状态，起飞时在动力系统作用下机体垂直上升。在飞行器到达一定高度后，进入飞行转换模式，此时机体逐渐减小自身攻角，直至完全改平后进入高速平飞模式。当飞行器需要降落时，机体再次进入飞行转换模式，逐渐增加自身攻角，直至机体完全垂直。之后机体垂直下降，直至接触地面完成降落流程。尾坐式飞行器的整个飞行流程如图 1-1 所示。

由于尾坐式飞行器可以同时拥有固定翼飞机的高速性能和直升机的垂直起降性能[1,2]，且不需要复杂的动力倾转机构，因此，早在 20 世纪 50 年代，美国就开始研制尾坐式飞行器 XF-Y1(图 1-2)。然而经过试验后，科研人员发现尾坐式飞行器的控制问题较为复杂，在当时的技术条件下难以解决。同时，在进行尾坐式起降时，飞行员的视野较差，存在很大的视觉死角，容易发生事故。因此，美国在当时暂时放弃了对尾坐式飞机的进一步探索。

* 队伍名称：清华大学筋斗云无人机团队，参赛队员：匡敏驰、王吴凡、朱斌；带队教师：朱纪洪

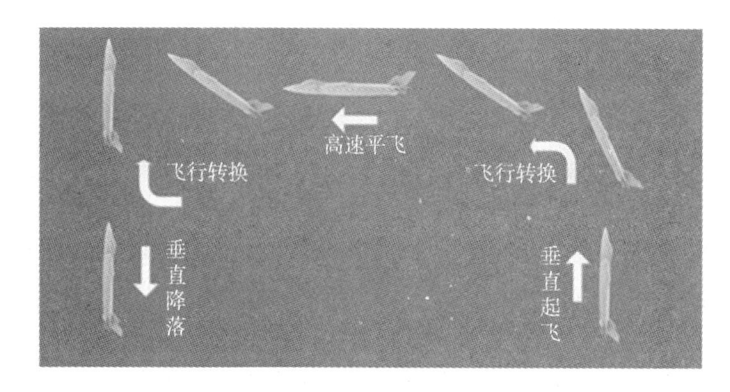

图 1-1 尾坐式飞行器飞行流程

图 1-2 美国 XF-Y1 尾坐式飞行器

2000 年以后，随着电子技术的发展，主动控制技术和高性能无人机飞控系统逐渐成熟，以前无法解决的复杂控制问题，在采用主动控制技术后已经可以逐步解决。而高性能无人机飞控系统的出现，使得飞行器不需要搭载驾驶员，原先飞行员视野较差的问题也得到解决。因此，尾坐式飞行器又成为了各航空大国的研究热点，目前项目进展较好的有 Sky-Tote、Golden-Eye、V-Bat 以及 TERN 等尾坐式飞行器 (图 1-3)。

(a) Sky-Tote (b) Golden-Eye

(c) V-Bat (d) TERN

图 1-3 目前国际上主要的尾坐式飞行器项目

1.1.2 推力矢量尾坐式无人机总体设计

我们研发的推力矢量尾坐式无人机，采用尾坐式起降方式，配备双旋翼推力矢量装置用于控制飞机姿态。双旋翼推力采用正反桨设计，反扭矩相互抵消，避免了因消除反扭矩占用大量舵量的问题。除与推力矢量装置联动的副翼外，再无其他气动舵面，在保证机体各方向有效控制能力的前提下，减少了不必要的冗余控制装置，有助于减轻机体重量。此外，该无人机创造性地应用了新型的尾坐式起降方案：起飞时采用分离式支架，机体无需安装大型起落架，进而减轻了机体重量；降落时采用可控前倾式降落方式，防止了因侧风导致的机体翻倒。推力矢量尾坐式无人机实物图如图 1-4 所示。

尾坐式无人机在垂直起降状态下，机体处于过失速状态，此时气动舵面基本失效，无法提供有效的控制力矩。为了在过失速状态下有效控制机体姿态，可以采用推力矢量技术，直接偏转推力方向，进而产生有效的控制力矩。我们研发的无人机采用了两个单自由度的推力矢量偏转装置，电机及螺旋桨在拉杆作用下，由舵机带动偏转，进而改变推力方向，产生矢量推力。为增强高速平飞时飞机对自身姿态的控制能力，有效利用气动力，采用副翼与矢量装置联动的设计方案，这样既简化了伺服系统，又为电机提供偏转安装面，一举多得。其作动示意图如图 1-5 所示。

图 1-4　推力矢量尾坐式无人机实物图

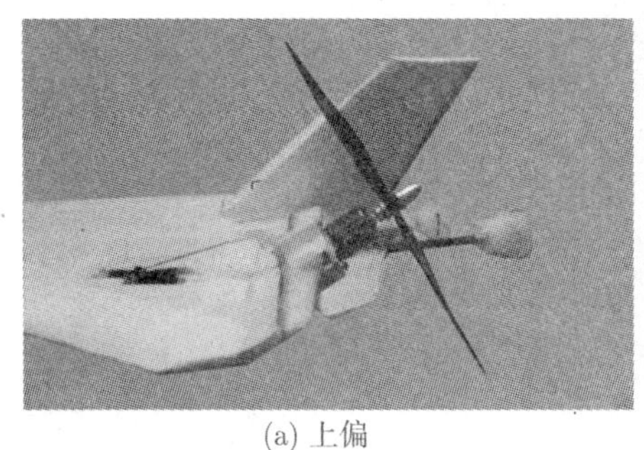

(a) 上偏

(b) 下偏

图 1-5　推力矢量偏转装置作动示意图

该推力矢量装置经过大量的试验及优化设计，可使用最少的控制装置实现最佳的控制效果。最终采用的方案仅需两个单自由度伺服机构，配合两台电机的转速控制，即可实现对机体俯仰、滚转、偏航三个方向的矢量控制。

在俯仰方向上，采用推力矢量联动上下偏转的方式对姿态进行控制。当左右推力矢量装置同时下偏时，偏转的发动机产生低头力矩，机体俯仰角减小；当左右推力矢量装置同时上偏时，偏转的发动机产生抬头力矩，机体俯仰角增大。其控制过程如图 1-6 所示。

在滚转方向上，采用推力矢量差动上下偏转的方式对姿态进行控制。当左推力矢量装置下偏且右推力矢量装置上偏时，偏转的发动机产生向右滚转的力矩，机体滚转角增大；当左推力矢量装置上偏且右推力矢量装置下偏时，偏转的发动机产生向左滚转的力矩，机体滚转角减小。其控制过程如图 1-7 所示。

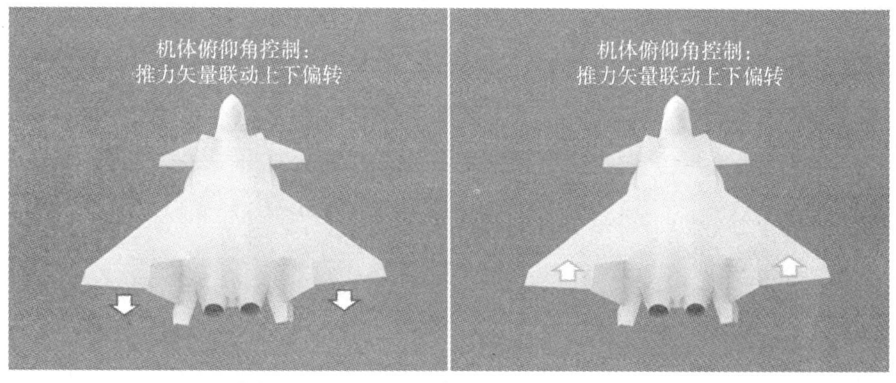

(a) 机体低头　　(b) 机体抬头

图 1-6　推力矢量对机体俯仰的控制过程

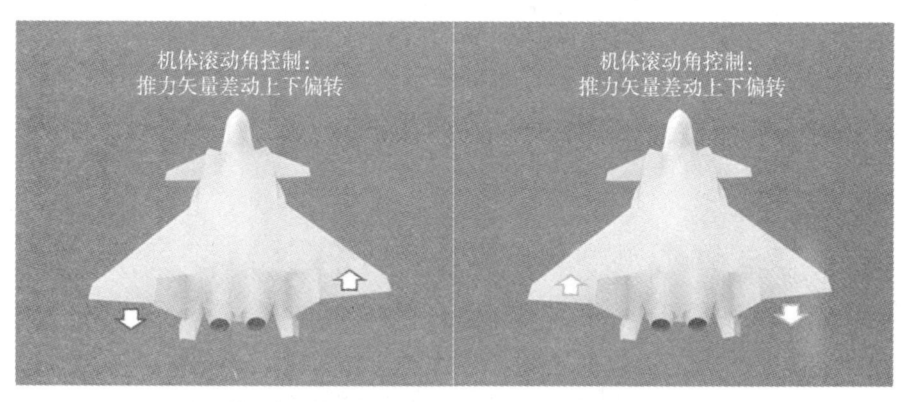

(a) 机体向右滚转　　(b) 机体向左滚转

图 1-7　推力矢量对机体滚转的控制过程

在偏航方向上，采用差动调整推力值大小的方式对姿态进行控制。当左发动机推力增大且右发动机推力减小时，左右发动机推力差产生向右偏航的力矩，机体偏航角增大；当左发动机推力减小且右发动机推力增大时，左右发动机推力差产生向左偏航的力矩，机体偏航角减小。其控制过程如图 1-8 所示。

在垂直起降状态下，尾坐式无人机由于其主翼面垂直于地面，因此很容易受侧风影响，而在进行尾坐式降落时侧风会使机体产生侧向速度，在触地瞬间极易造成机体侧翻。虽然可以采用大型十字形起落架 (图 1-9)，在一定程度上提高降落时机体的稳定性，但经起降试验验证后发现，在侧风较大时，其抗翻倒能力依旧较弱，且大型十字形起落架重量较重，安装后会增加机体载荷，缩短无人机的续航时间。

(a) 机体向右偏航

(b) 机体向左偏航

图 1-8　左右发动机推力差对机体偏航的控制过程

图 1-9　安装大型十字形起落架的尾坐式无人机

为解决降落时侧翻以及起落架较重的问题，创造性地提出全新的尾坐式起降方案：起飞时采用分离式支架，降落时采用可控前倾式降落方式。即在起飞时飞机通过可脱离的挂点垂直固定于支架上，在飞机离地瞬间，挂点自动分离，之后无人机进入悬停模式。采用分离式支架的好处是机体可以仅安装轻量级的起落架，大大减轻了机体载荷，提升了无人机的续航能力。进入悬停模式后，飞机开始尾坐式飞行流程，如进行垂直上升、飞行模式转换、高速平飞、垂直下降等飞行动作。在垂直下降时，当飞行控制系统判断可以降落且检测到满足降落条件时，无人机开始降落过程。此时无人机先进入大迎角平飞模式，这样即使存在侧风，机体依然可以保持可控的前向飞行，同时无人机在飞控系统作用下逐渐降低高度，直到尾部起落架触地。尾部起落架触地后缓解了大部分降落时产生的冲击，此时无人机存在向前飞行的速度分量，会在惯性作用下向前倾倒，由于机体腹部已经安装了缓冲装置，因此向前倾倒后机腹触地瞬间不会对机体产生损害。在降落时采用可控式前倾降落方式，可以在有侧风时保证机体一定向前方倾倒，配合机腹安装的缓冲装置，确保机体安全平稳降落。无人机的新型尾坐式起飞、降落流程如图 1-10 所示。

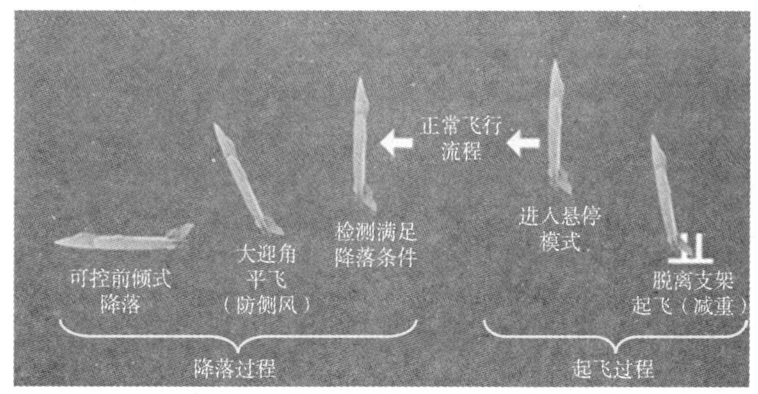

图 1-10 新型尾坐式起飞、降落流程

1.2 尾坐式飞行器硬件设计

无人机的硬件系统主要分为四个部分，即通信器件、传感器、飞控计算机以及作动器。通信器件包含数传电台与遥控接收机；传感器包含三轴罗盘、声呐以及集成在飞控计算机板上的三轴陀螺仪、三轴加速度计和气压计；飞控计算机是整个硬件系统的核心；作动器包含电调、螺旋桨电机以及推力矢量舵机。整个硬件系统的组成图如图 1-11 所示。

下面详细阐述各个部件的具体功能和工作方式。

三轴罗盘可以通过检测地球磁场方向获得当前机体的偏航角，校准三轴陀螺仪因为零漂造成的累积误差，保证机体获得姿态角的正确性。由于三轴罗盘易受其他电子器件干扰，所以未集成在飞控计算机板上。

声呐可以精确测定无人机距离地面的高度，由于大气压力存在波动干扰，使用气压计进行高度控制则精度不足，而在进行尾坐式降落和定高悬停时飞控系统对高度的精度有较高要求，因此，采用声呐检测后，可以获得误差在 1cm 以下的精确高度值。

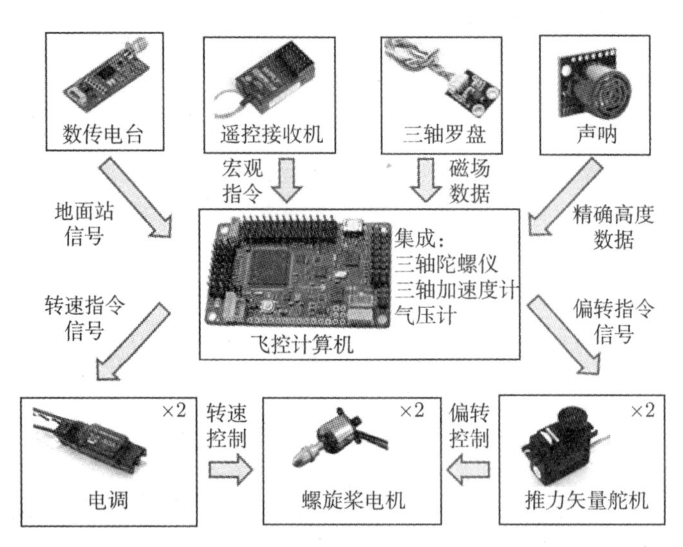

图 1-11　推力矢量尾坐式无人机硬件系统架构

三轴陀螺仪可以获得机体三轴的角速度值，经过积分后获得机体三轴的角度值，由于积分后误差会累积，存在零漂问题，需要与三轴加速度计和三轴罗盘数据进行融合后得到真实的机体姿态角。

三轴加速度计可以测得机体在三个方向上的加速度值，进而得到重力参考方向，该参考方向可以用于校准姿态角中的俯仰角和滚转角。

气压计数据与加速度计竖直方向上的测量值融合后，可以得到较为精确的高度值，用于在飞机飞行高度较高后，为高度闭环控制提供高度测量值。

飞控计算机采集各传感器的测量信号，同时在输入获得通信器件传输的指令后，计算出维持飞行状态所需的转速指令信号和推力矢量舵机偏转指令信号，将其输出到电调和推力矢量舵机，形成控制闭环，进而控制飞机、姿态、高度、速度等。

电调接收飞控计算机发送的转速指令，将电池提供的直流电经过调制后生成交变电流，进而以指令转速驱动螺旋桨电机旋转。

推力矢量舵机接收飞控计算机发送的偏转指令，通过拉杆带动螺旋桨电机旋转到指令方向，进而产生矢量推力，控制机体姿态。

螺旋桨电机在电调驱动下以指令转速旋转，提供飞行所需动力及姿态控制力矩。

1.3　尾坐式飞行器软件设计

由于尾坐式无人机飞行模式的特殊性，需要在编写飞行控制软件时解决一系列复杂的算法问题。例如，在进行尾坐式起降时，由于欧拉角奇异问题，不能采用常规的姿态解算方法，因此采用水平/垂直欧拉角综合姿态解算方法来解决。此外，推力矢量飞机在尾坐式起降时处于倒立摆状态，此时机体为不稳定系统，需要对姿态控制器进行特殊设计。由于高度和姿态控制存在强耦合关系，尾坐式起降的高度控制比常规飞行器起降的高度控制更加复杂，需要专门设计高度数据融合算法和配套的高度控制器，以保证起降时高度的稳定性。

1.3.1 姿态解算算法

尾坐式起降时，如果采用传统的欧拉角方法表示飞行姿态，将会存在奇异点问题。此时俯仰角约为 90°，欧拉角将产生奇异值并在附近发生不连续变化。因此不能采用传统的欧拉角方法进行飞行姿态解算。而其他的解算方法，如四元数法、解析倾斜–扭转角法都存在前文所述的种种问题。所以本设计采用了水平/垂直欧拉角综合姿态解算方法，物理意义清晰，有利于控制律的编写，且运算量较小，有助于在机载飞控计算机上实现。

首先，通过机载惯性测量单元的相关数据融合算法，可以获得飞行姿态的方向余弦矩阵[2]：

$$\boldsymbol{C}_b^n = \begin{bmatrix} c_{xx} & c_{xy} & c_{xz} \\ c_{yx} & c_{yy} & c_{yz} \\ c_{zx} & c_{zy} & c_{zz} \end{bmatrix}. \tag{1-1}$$

方向余弦矩阵不存在奇异点，但是物理意义不清晰，不利于控制律的编写，可以通过式 (1-2) 将其转化为水平欧拉角

$$\begin{cases} \theta = \arcsin(-c_{zx}), \\ \phi = \arctan\left(\dfrac{c_{zy}}{c_{zz}}\right), \\ \psi = \arctan\left(\dfrac{c_{yx}}{c_{xx}}\right) \end{cases} \tag{1-2}$$

式中，θ，ϕ，ψ 分别为水平俯仰角、水平滚转角、水平偏航角。当 θ 在 90° 附近变化时，水平欧拉角由于奇异点问题无法正常表示飞行姿态。此时可以使用垂直欧拉角进行姿态解算，垂直欧拉角可由式 (1-3) 计算得到

$$\begin{cases} \theta^* = \arcsin(-c_{zz}), \\ \phi^* = \arctan\left(\dfrac{c_{zy}}{-c_{zx}}\right), \\ \psi^* = \arctan\left(\dfrac{c_{yz}}{c_{xz}}\right) \end{cases} \tag{1-3}$$

式中，θ^*，ϕ^*，ψ^* 分别为垂直俯仰角、垂直滚转角、垂直偏航角。为获得垂直欧拉角，需要将原来的水平机体坐标系绕 y 轴旋转 90°，获得垂直机体坐标系，如图 1-12 所示。

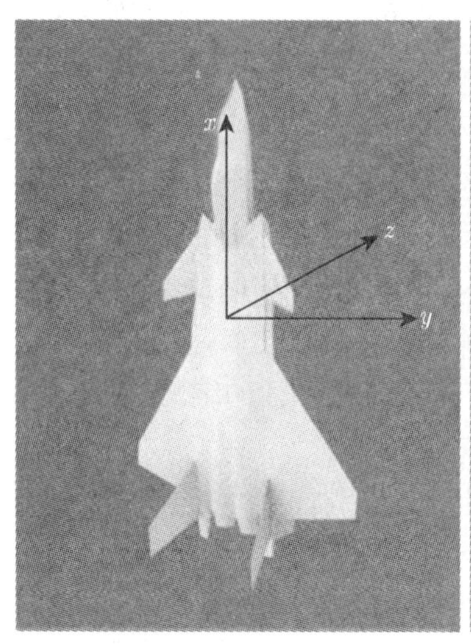

(a) 水平机体坐标系

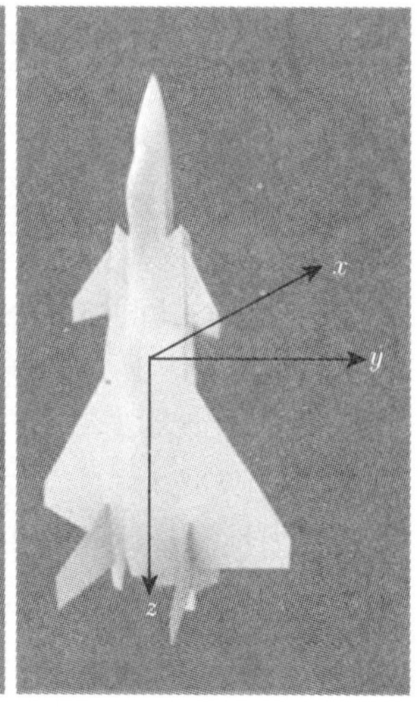

(b) 垂直机体坐标系

图 1-12　两种机体坐标系对比

实际上，垂直欧拉角并没有消除奇异点，而是在垂直状态时将奇异点转移到 $\theta = 0°$ 处。所以单独采用水平或者垂直欧拉角，都不能完全避免奇异点问题。因此，需要采用水平/垂直欧拉角综合姿态解算方法。在一般情况下采用水平欧拉角进行姿态解算。在尾坐式起降时，水平欧拉角奇异，此时切换为垂直欧拉角姿态解算方法。

为完整实现水平/垂直欧拉角综合姿态解算方法，角速度也需要进行相应的换算。水平欧拉角状态下绕各轴的角速度为

$$\begin{cases} \omega_y = \omega_{\text{gyro\_}y}, \\ \omega_x = \omega_{\text{gyro\_}x}, \\ \omega_z = \omega_{\text{gyro\_}z}, \end{cases} \tag{1-4}$$

式中，ω_y，ω_x，ω_z 分别为机体绕水平机体坐标系 y，x，z 轴旋转的角速度；$\omega_{\text{gyro\_}y}$，$\omega_{\text{gyro\_}x}$，$\omega_{\text{gyro\_}z}$ 分别为陀螺仪检测到的绕自身 y，x，z 轴旋转的角速度。

垂直欧拉角状态下绕各轴的角速度为

$$\begin{cases} \omega_y^* = \omega_{\text{gyro\_}y}, \\ \omega_x^* = \omega_{\text{gyro\_}z}, \\ \omega_z^* = -\omega_{\text{gyro\_}x}, \end{cases} \tag{1-5}$$

式中，ω_y^*，ω_x^*，ω_z^* 分别为机体绕垂直机体坐标系 y，x，z 轴旋转的角速度。

1.3.2 姿态控制器设计

由于采用水平/垂直欧拉角综合姿态解算方法，姿态控制器需要在水平和垂直两种控制模式之间切换。为防止在切换点附近发生振荡，可采用滞环状态切换方法，切换条件如表 1-1 所示。

表 1-1 控制模式切换条件

飞行模式切换	切换条件
水平模式 → 垂直模式	上一次计算时 $\theta < 60°$ 且当前 $\theta > 60°$
垂直模式 → 水平模式	上一次计算时 $\theta > 30°$ 且当前 $\theta < 30°$

当推力矢量飞机处于尾坐式起降状态时，机体是一个高度不稳定的倒立摆系统，此时飞行姿态的微小扰动都可能使系统发散，进而使机体失去平衡。因此，需要采用特殊的姿态控制方法，从而在获得快速响应的同时防止超调，保持机体姿态的稳定。

在俯仰和滚转方向上采用线性/恒加速度逼近控制方法。在俯仰方向上，首先通过式 (1-6) 获得惯性坐标系下绕 y 轴前馈角速度值 ω_{ffyi}：

$$\omega_{\text{ffyi}} = \begin{cases} \sqrt{2a_{\max}\left(|\theta_{\text{r}} - \theta_{\text{T}}[k]| - \dfrac{\theta_{\text{line}}}{2}\right)}, & \theta_{\text{r}} - \theta_{\text{T}}[k] > \theta_{\text{line}} \\ -\sqrt{2a_{\max}\left(|\theta_{\text{r}} - \theta_{\text{T}}[k]| - \dfrac{\theta_{\text{line}}}{2}\right)}, & \theta_{\text{r}} - \theta_{\text{T}}[k] < -\theta_{\text{line}} \\ K_{\text{smooth}} \cdot (\theta_{\text{r}} - \theta_{\text{T}}[k]), & |\theta_{\text{r}} - \theta_{\text{T}}[k]| \leqslant \theta_{\text{line}} \end{cases} \tag{1-6}$$

式中，$a_{\max}$ 为最大角加速度限幅；θ_{r} 为参考俯仰角；$\theta_{\text{T}}[k]$ 为第 k 次迭代计算时的目标俯仰角；K_{smooth} 为平滑系数，K_{smooth} 越大，增益越大，飞机矫正误差也就越迅速；θ_{line} 为线性/恒加速度切换俯仰角，可由式 (1-7) 得到

$$\theta_{\text{line}} = \frac{a_{\max}}{K_{\text{smooth}}^2} \tag{1-7}$$

当参考与目标俯仰角之间误差绝对值小于 θ_{line} 时，采用线性逼近，以便尽快减小误差；否则采用恒加速度逼近，保护舵机，同时避免因增益过大造成的过调和振荡。不同 K_{smooth} 值下，线性/恒加速度逼近中 ω_{ffyi} 与 $(\theta_{\text{r}} - \theta_{\text{T}}[k])$ 的函数关系如图 1-13 所示。经过特殊设计，切换点过渡非常平滑，有利于姿态角的快速、稳定控制。

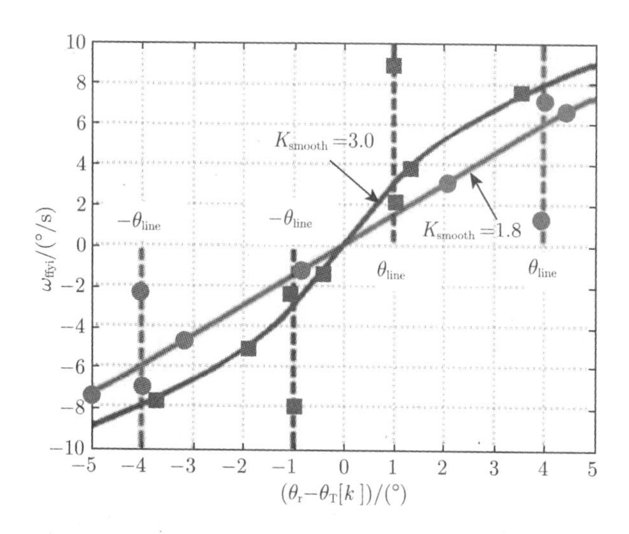

图 1-13　ω_{ffyi} 与 $(\theta_{\mathrm{r}}-\theta_{\mathrm{T}}[k])$ 函数关系图

目标俯仰角可通过式 (1-8) 由 ω_{ffyi} 迭代计算得到

$$\theta_{\mathrm{T}}[k+1]=\theta_{\mathrm{T}}[k]+\omega_{\mathrm{ffyi}}\cdot\Delta t \tag{1-8}$$

根据 ϕ_{r} 和 $\phi_{\mathrm{T}}[k]$ 参数来计算 ω_{ffxi} 和 $\varphi_{\mathrm{T}}[k+1]$，其方法与目标俯仰角的计算方法类似，这里不再赘述。

在偏航方向上，采用角速率限幅积分逼近控制方法。为方便上层模块对飞机航迹进行规划，偏航方向上的参考输入为参考偏航角速度 $\dot{\psi}_{\mathrm{r}}$，则惯性坐标系下绕 z 轴前馈角速度值 ω_{ffzi} 为

$$\omega_{\mathrm{ffzi}}=\begin{cases}\dot{\psi}_{\mathrm{r}}, & |\dot{\psi}_{\mathrm{r}}|<\dot{\psi}_{\mathrm{limit}}\\ \dot{\psi}_{\mathrm{limit}}, & |\dot{\psi}_{\mathrm{r}}|\geqslant\dot{\psi}_{\mathrm{limit}}\end{cases} \tag{1-9}$$

式中，$\dot{\psi}_{\mathrm{limit}}$ 为偏航角速度限幅值。因为水平状态下的 ψ 和垂直状态下的 ψ^* 并不影响机体姿态的稳定，所以应该优先进行俯仰和滚转方向的控制。应该使用 $\dot{\psi}_{\mathrm{limit}}$ 对偏航角速度进行严格限幅，这样飞机偏航角速度较小，有利于对机体姿态进行稳定控制。通过迭代计算可以得到目标偏航角

$$\psi_{\mathrm{T}}[k+1]=\psi_{\mathrm{T}}[k]+\omega_{\mathrm{ffzi}}\cdot\Delta t \tag{1-10}$$

式中，$\psi_{\mathrm{T}}[k]$ 为第 k 次迭代计算时的目标偏航角。

在得到目标俯仰角、目标滚转角和目标偏航角后，将其与水平或垂直俯仰角、滚转角和偏航角求差，得到地面固定坐标系下的误差俯仰角 $\Delta\theta_i$、误差滚转角 $\Delta\phi_i$

和误差偏航角 $\Delta\psi_i$。通过式 (1-11)，将惯性坐标系下的误差欧拉角投影到水平或垂直机体坐标系，得到机体坐标系下的误差俯仰角 $\Delta\theta_{\rm b}$、误差滚转角 $\Delta\phi_{\rm b}$ 和误差偏航角 $\Delta\psi_{\rm b}$

$$\begin{aligned}
&\Delta\theta_{\rm b} = C_{\rm r}\cdot\Delta\theta_i + S_{\rm r}\cdot C_{\rm p}\cdot\Delta\psi_i,\\
&\Delta\phi_{\rm b} = \Delta\phi_i - S_{\rm p}\cdot\Delta\psi_i,\\
&\Delta\psi_{\rm b} = -S_{\rm r}\cdot\Delta\theta_i + C_{\rm p}\cdot C_{\rm r}\cdot\Delta\psi_i,
\end{aligned}\tag{1-11}$$

当飞机处于水平模式时，需要将误差欧拉角投影到水平机体坐标系，此时

$$\begin{aligned}
&C_{\rm r} = \frac{c_{zz}}{\sqrt{1-c_{zx}^2}},\ S_{\rm r} = \frac{c_{zy}}{\sqrt{1-c_{zx}^2}},\\
&C_{\rm p} = \sqrt{1-c_{zx}^2},\ S_{\rm p} = -c_{zx},
\end{aligned}\tag{1-12}$$

当飞机处于垂直模式时，需要将误差欧拉角投影到垂直机体坐标系，此时

$$\begin{aligned}
&C_{\rm r} = \frac{-c_{zx}}{\sqrt{1-c_{zz}^2}},\ S_{\rm r} = \frac{c_{zy}}{\sqrt{1-c_{zz}^2}},\\
&C_{\rm p} = \sqrt{1-c_{zz}^2},\ S_{\rm p} = -c_{zz},
\end{aligned}\tag{1-13}$$

前馈角速度值 $\omega_{\rm ffyi}$，$\omega_{\rm ffxi}$ 和 $\omega_{\rm ffzi}$ 也需要投影到水平或者垂直机体坐标系，计算方式与误差欧拉角投影计算类似，这里不再赘述。

将误差欧拉角与对应增益系数相乘可得到绕机体坐标系各轴旋转的参考角速度 $\omega_{{\rm r}y}$，$\omega_{{\rm r}x}$ 和 $\omega_{{\rm r}z}$。在水平状态下，可由式 (1-14) 得到机体坐标系下的误差角速度

$$\begin{cases}
\Delta\omega_y = \omega_{{\rm r}y} + \omega_{\rm ffyb} - \omega_y,\\
\Delta\omega_x = \omega_{{\rm r}x} + \omega_{\rm ffxb} - \omega_x,\\
\Delta\omega_z = \omega_{{\rm r}z} + \omega_{\rm ffzb} - \omega_z
\end{cases}\tag{1-14}$$

垂直状态下的误差角速度计算方式与之类似，只需将 ω_y，ω_x 和 ω_z 替换为 ω_y^*，ω_x^* 和 ω_z^* 即可。

获得误差角速度后，即可计算出最终输出的推力矢量舵偏量。由于在姿态解算时，使用了水平/垂直欧拉角综合姿态解算方法，所以最终计算舵偏量时应进行相应变换，将水平和垂直姿态解算造成的差异抵消。

在水平状态下，舵偏量的计算公式为

$$
\begin{cases}
\delta_{\mathrm{pitch}} = k_{\mathrm{p}}\Delta\omega_y + k_{\mathrm{i}}\displaystyle\int \Delta\omega_y \mathrm{d}t + k_{\mathrm{d}}\Delta\dot{\omega}_y, \\
\delta_{\mathrm{roll}} = k_{\mathrm{p}}\Delta\omega_x + k_{\mathrm{i}}\displaystyle\int \Delta\omega_x \mathrm{d}t + k_{\mathrm{d}}\Delta\dot{\omega}_x, \\
\delta_{\mathrm{yaw}} = k_{\mathrm{p}}\Delta\omega_z + k_{\mathrm{i}}\displaystyle\int \Delta\omega_z \mathrm{d}t + k_{\mathrm{d}}\Delta\dot{\omega}_z
\end{cases}
\tag{1-15}
$$

垂直状态下，舵偏量的计算公式为

$$
\begin{cases}
\delta_{\mathrm{pitch}} = k_{\mathrm{p}}\Delta\omega_y + k_{\mathrm{i}}\displaystyle\int \Delta\omega_y \mathrm{d}t + k_{\mathrm{d}}\Delta\dot{\omega}_y, \\
\delta_{\mathrm{roll}} = -(k_{\mathrm{p}}\Delta\omega_z + k_{\mathrm{i}}\displaystyle\int \Delta\omega_z \mathrm{d}t + k_{\mathrm{d}}\Delta\dot{\omega}_z), \\
\delta_{\mathrm{yaw}} = k_{\mathrm{p}}\Delta\omega_x + k_{\mathrm{i}}\displaystyle\int \Delta\omega_x \mathrm{d}t + k_{\mathrm{d}}\Delta\dot{\omega}_x
\end{cases}
\tag{1-16}
$$

式中，k_{p}、k_{i} 和 k_{d} 分别为相应的比例、积分和微分系数。

得到推力矢量舵偏量 δ_{pitch}，δ_{roll} 和 δ_{yaw} 后，即可将其输出到推力矢量舵机对喷管偏转方向进行控制。

姿态控制器总体结构框图如图 1-14 所示。

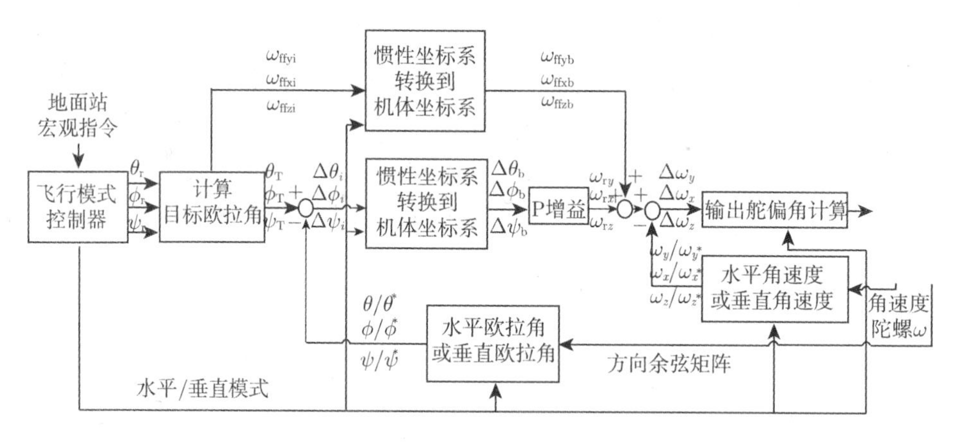

图 1-14　姿态控制器总体结构框图

1.3.3　高度数据融合算法

当推力矢量无人机处于尾坐式起降状态时，机体处于高度不稳定的倒立摆状态。在倒立摆状态下需要极为准确、快速和稳定的高度值，因此需要特殊的数据融合算法，用以综合处理各传感器得到的数据。与高度测量有关的传感器主要有三轴加速度计、气压计以及声呐。当飞行高度较低时，处于声呐的有效探测范围之内，由于声呐的检测值较为准确，可以直接以声呐测量值为机体的高度值，之后将加速度计和气压计的数据经过融合算法处理后得到机体在竖直方向上的加速度和速度。当飞行高度较高，超出声呐探测范围时，需要将加速度计和气压计的数据经过融合算法处理后，得到机体在竖直方向上的加速度、速度以及高度。其数据融合过程如下。

首先通过气压计获得当前气压计高度值 H_{baro}，则第 $(k+1)$ 次迭代计算得到的误差高度值为

$$\Delta H[k+1] = H_{\text{baro}} - (H_{\text{forecast}}[k-n] + H_{\text{correct}}[k]) \tag{1-17}$$

式中，$H_{\text{forecast}}[k-n]$ 为之前第 $(k-n)$ 次迭代计算得到的高度预测值；$H_{\text{correct}}[k]$ 为第 k 次迭代计算得到的高度修正值。则第 $(k+1)$ 次迭代计算得到的加速度修正值为

$$a_{\text{correct}}[k+1] = a_{\text{correct}}[k] + \Delta H[k+1] \cdot k_a \cdot \Delta t \tag{1-18}$$

式中，k_a 为加速度修正增益。

通过三轴加速度计可以测得机体坐标系下各轴的加速度 $a_{\text{b}x}$，$a_{\text{b}y}$ 和 $a_{\text{b}z}$，消除重力加速度的影响后，即可得到机体竖直向上的加速度 a

$$a = -(c_{zx} \cdot a_{\text{b}x} + c_{zy} \cdot a_{\text{b}y} + c_{zz} \cdot a_{\text{b}z} - g) \tag{1-19}$$

则第 $(k+1)$ 次迭代计算得到的速度修正值为

$$v_{\text{correct}}[k+1] = (a + a_{\text{correct}}[k+1]) \cdot \Delta t \tag{1-20}$$

由此可得第 $(k+1)$ 次迭代计算时机体竖直向上的速度

$$v[k+1] = v[k] + \Delta H[k+1] \cdot k_v \cdot \Delta t + v_{\text{correct}}[k+1] \tag{1-21}$$

式中，k_v 为速度修正增益。

则第 $(k+1)$ 次迭代计算得到的高度预测值为

$$H_{\text{forecast}}[k+1] = H_{\text{forecast}}[k] + (v[k] + \Delta H[k+1] \cdot k_v \cdot \Delta t + K \cdot v_{\text{correct}}[k+1]) \cdot \Delta t \tag{1-22}$$

式中，K 为高度预测增益，K 值越大，则预测值响应越快。高度预测值采用历史高度数据对之后计算的高度值进行预测，有利于高度数据的稳定和快速响应。第 $(k+1)$ 次迭代计算时获得的高度修正值为

$$H_{\text{correct}}[k+1] = H_{\text{correct}}[k] + \Delta H[k+1] \cdot k_H \cdot \Delta t \tag{1-23}$$

式中，k_H 为高度修正增益。

则第 $(k+1)$ 次迭代计算得到的高度值为

$$H[k+1] = H_{\text{forecast}}[k+1] + H_{\text{correct}}[k+1] \tag{1-24}$$

当飞行高度在声呐有效探测范围内时，可直接采用声呐探测值作为高度值 H，当超出声呐探测范围时则采用数据融合的方法对 H 进行计算。以上所述数据融合算法，通过迭代计算获得准确快速的竖直向上加速度值 a、速度值 v 和高度值 H，降低了高度控制器的设计难度。

1.3.4　高度控制器设计

当推力矢量飞机尾坐式起降时，姿态控制器与高度控制器存在强耦合关系，主要体现在：发动机推力与推力矢量舵效耦合；所需抵消重力的推力与飞机姿态耦合。因此，需要对高度控制器进行特殊设计，保证高度和姿态的稳定。

高度控制器的输入量为参考爬升速度 v_{r}，爬升速度经过限幅积分器后可以得到目标高度 H_{T}。采用与俯仰角和滚转角控制类似的线性/恒加速度逼近控制方法，得到目标爬升速度 v_{T}

$$v_{\text{T}} = \begin{cases} \sqrt{2a_{\max z}\left(|H_{\text{T}}-H| - \dfrac{H_{\text{line}}}{2}\right)}, & H_{\text{T}}-H > H_{\text{line}} \\ -\sqrt{2a_{\max z}\left(|H_{\text{T}}-H| - \dfrac{H_{\text{line}}}{2}\right)}, & H_{\text{T}}-H < -H_{\text{line}} \\ K_{\text{smooth}z}\cdot(H_{\text{T}}-H), & |H_{\text{T}}-H| \leqslant H_{\text{line}} \end{cases} \tag{1-25}$$

式中，$a_{\max z}$ 为竖直向上最大加速度；H_{line} 为线性/恒加速度切换误差高度；$K_{\text{smooth}z}$ 为竖直方向上的平滑系数。

获得 v_{T} 后，可以通过滤波前馈加速度算法得到第 $(k+1)$ 次迭代计算时的爬升速度误差：

$$\Delta v[k+1] = K_a(v_{\text{T}}[k+1] - v_{\text{T\_filt}}[k]) \tag{1-26}$$

式中，K_a 为滤波系数；$v_{\text{T\_filt}}[k]$ 为第 k 次迭代计算时得到的滤波目标速度，其迭代公式为

$$v_{\text{T\_filt}}[k+1] = v_{\text{T\_filt}}[k] + \Delta v[k+1] \tag{1-27}$$

则前馈加速度 a_{ffd} 为

$$a_{\text{ffd}} = \Delta v[k+1]/\Delta t \tag{1-28}$$

v_{T} 与 v 求差可得到速度反馈误差，速度反馈误差经过低通滤波器（LPF）后与 P 增益相乘，之后与 a_{ffd} 相加，即可得到目标爬升加速度 a_{T}。a_{T} 与 a 求差后可得到加速度反馈误差，加速度反馈误差经过低通滤波后，可由基于 PI 控制方法的油门计算模块得到输出的油门。再进行抵消基本机体重量的油门偏置补偿后，得到最终的油门输出 T。高度控制器总体结构框图如图 1-15 所示。

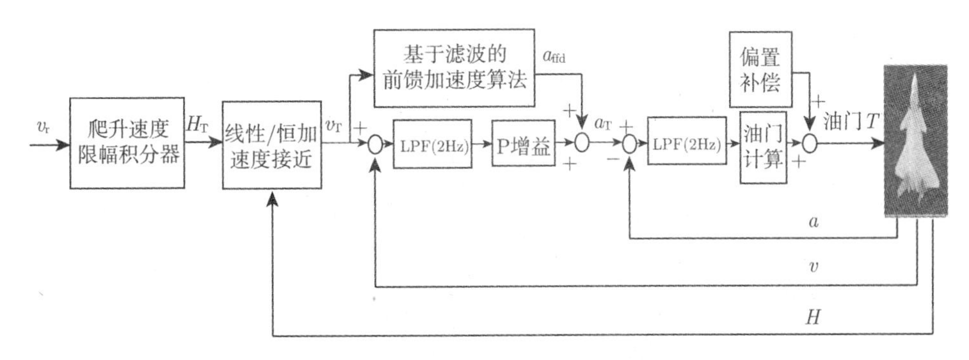

图 1-15 高度控制器总体结构框图

1.4 系统开发与调试

由于尾坐式无人机飞行方式的特殊性和控制的复杂性，因此在该无人机的研制过程中，一共经历了四代机型的探索和改进，最终实现了完整的尾坐式飞行。

第一代尾坐式无人机如图 1-16 所示，采用前拉式常规布局，采用气动舵面偏转螺旋桨产生的滑流控制机体姿态。但经试验验证，仅靠发动机滑流产生的舵效较弱，控制力矩较小，不足以稳定控制飞机姿态，在有干扰存在的情况下，经常会出现机体失去平衡的现象。

第二代尾坐式无人机如图 1-17 所示，采用尾推式鸭式布局，使用栅格舵面偏转螺旋桨气流产生矢量推力，舵效要比第一代尾坐式无人机有较大提高。但单旋翼造成的反扭矩较大，为抵消反扭矩占用了大量舵量，使得其他方向上的控制量不足。

第三代尾坐式无人机如图 1-18 所示，采用了涵道风扇作为主发动机，两个旋转方向相反的旋翼作为辅助推力，以增加飞机续航能力。正反桨辅助推力系统的反扭矩相互抵消，减少了抵消反扭矩所占用的舵量，效果较好。飞机尾部安装有轴对称矢量喷管用于产生控制力矩，发动机气流被完全偏转，控制效果优异，但涵道风扇消耗电流过大，对机体电池的要求过高，需要配备较重的电池。机体尾部安装有大型十字形起落架，在侧风不强时可以保证机体的正常起飞降落，但侧风较大时容易侧翻，且该类型起落架重量较大，增加了机体的载荷。

图 1-16　第一代尾坐式无人机

图 1-17　第二代尾坐式无人机

图 1-18　第三代尾坐式无人机

第四代尾坐式无人机最终实现了完整的尾坐式飞行。该无人机采用正反桨推力系统，左右发动机反扭矩相互抵消，起降时采用分离式支架和可控前倾式降落方式，既减轻了机体载荷，又防止了侧风干扰导致的侧翻。图 1-19 为无人机进行的悬挂调参试验，通过该试验可以安全有效地验证控制系统的反馈参数是否合适，并进行相应的参数调整。

完成悬挂调参试验后，需要进行无人机自由飞起降试验，验证在无绳索干扰下机体与起落架的分离是否顺利，同时验证可控前倾式降落是否可行。图 1-20 为无人机自由飞起降试验，试验结果证实了起降方案是有效和可行的。

图 1-19 无人机悬挂调参试验

图 1-20 无人机自由飞起降试验

成功进行自由飞起降试验后，即可进行高空大迎角平飞试验，逐渐减小飞行迎角，以验证在飞行转换模式下无人机控制律的有效性。无人机在进行飞行模式转换时，飞机动力学模型非线性较强，机体气动特性变化极大，需要复杂的非线性控制律才能适应该变化，稳定机体飞行姿态。图 1-21 为无人机高空大迎角平飞试验。

进行无人机高空大迎角平飞试验后，各迎角下机体的气动特性变化已较为清晰，即可进行完整的尾坐式飞行试验，由垂直状态完全转为高速平飞状态并转回垂直状态。由于转换过程中俯仰方向角速度较大，因此出现了一系列新问题，需要对控制律进行相应的调整与修改。经过调整、修改控制律，最终实现了完整的尾坐式飞行。图 1-22 为完整的尾坐式飞行试验姿态再数据，由此可知，推力矢量尾坐式无人机在垂直起降和高速平飞状态之间切换时，垂直/水平欧拉角姿态解算方法和配套控制算法均可正常运行，有效地解决了尾坐式飞行中的一系列问题。

图 1-23 为完整的尾坐式飞行试验中的两个典型飞行状态：垂直起降状态和高速平飞状态，飞行试验时机体姿态正常、稳定，机体的气动总体设计和控制算法的有效性也均得到验证。

图 1-21　无人机高空大迎角平飞试验

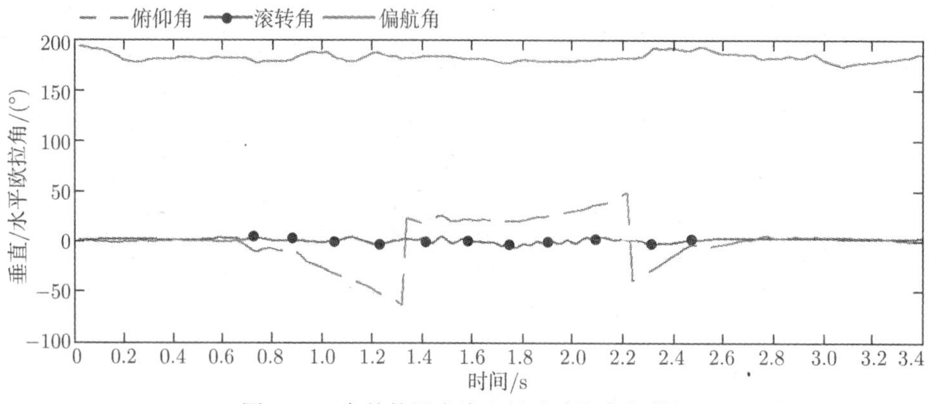

图 1-22　完整的尾坐式飞行试验姿态角数据

(a) 垂直起降状态　　(b) 高速平飞状态

图 1-23　完整的尾坐式飞行试验

1.5 结 论

成功研制的推力矢量尾坐式无人机配备双旋翼推力矢量装置用于控制飞机姿态。双旋翼推力系统采用正反桨设计，反扭矩相互抵消，避免了因消除反扭矩占用大量舵量的问题。此外，该无人机采用新型的尾坐式起降方案：起飞时采用分离式支架，使得机体无需安装大型起落架，减轻了机体重量；降落时采用可控前倾式降落方式，防止降落时因侧风导致的机体翻倒。同时开发了配套的水平/垂直欧拉角综合姿态解算方法、采用线性/恒加速度逼近控制方法的姿态控制器、特殊的高度数据融合算法以及基于滤波前馈加速度算法的高度控制器，解决了尾坐式飞行时面临的一系列问题。完整的尾坐式飞行试验验证了该无人机的总体设计、硬件系统及控制律的有效性，飞行试验效果良好，为下一步发展实用型尾坐式无人机打下了良好的基础。

参 考 文 献

[1] Kuang M C, Zhu J H. Hover control of a thrust-vectoring aircraft. Science China Information Sciences, 2015, 58(7): 1-5.

[2] 匡敏驰，朱纪洪，吴德贵. 推力矢量无人机尾坐式垂直起降控制. 控制理论与应用，2015，32(11): 1449-1456.

第2章 机 器 狗*

与大型农业设备相比，采用足式机器人采集农情信息可以缓解机械对土壤压实的问题。为减小足式机器人腿部的转动惯量，提高承载能力，提出一种新型电驱式平面五杆机构的腿部结构。由于杆件尺寸会对机器人性能产生重大影响，为了得到最优的五杆尺寸参数，首先对腿部的运动学和动力学进行分析，建立关节电机峰值力矩、峰值角速度、单个步态周期内总能耗与五杆尺寸参数之间的函数关系，构建面向机器人五杆尺寸参数设计的多目标优化模型，采用层次分析法确定各目标决策属性权重，将多目标优化问题转化为单目标优化问题，利用遗传算法得到机器人总体性能的最优解。在 ADAMS 中建立优化前后的机器人腿部模型，进行行走仿真试验，并与理论计算结果进行对比，再根据优化结果进行电机选型，使机器人自重减少 8.1%，有利于承载能力和续航能力的提高。在机器人进行对角步态行走时，针对实际行走过程中产生的后腿拖地和偏航角等问题，对四足机器人进行起步位置和身体重心的调整，并编写控制程序代码输入到机器人的 ARDUINO 控制板，来控制机器人做前进、后退、转弯和上下楼梯等行走步态。

2.1 设 计 简 介

近年来，腿足式机器人成为学者们的研究主流，高速、高负载、高适应性也已然成为机器人领域的研究方向[1]。经调查研究发现，驱动方式、行走步态以及机器人的腿部结构均会对机器人的运动稳定性产生巨大影响。而腿部机构作为关键部件，存在自由度、布局形式、自重、工作空间等一系列具体的设计[2]。

参考近年来国内外机器人的结构设计，纵观繁多复杂的腿部结构，发现机器人的腿部结构主要分为串联机构和并联机构两大类。串联机构是将基座、腰部、臂部、手腕和手爪以串联形式相连，其特点是运动空间大、灵活性好[3]，但由于机械结构较长，重心较高，稳定性较差，精度较低。相比较而言，并联机构虽然结构稍复杂，运动空间小，但其自重负荷比小，动力性能好，轨迹精度高，且容易控制，更具优越性。

目前，对于四足机器人腿部机构，根据驱动方法的不同，可以划分为液压驱动和电驱动两种典型代表。

---

* 队伍名称：南京农业大学南农小伙团队，参赛队员：刘成龙、王睿、李仁强；带队教师：章永年

液压驱动的腿部机构采用多自由度串联式结构，其设计较为简单，例如，美国 Boston Dynamic 公司研发的 BigDog[4]、意大利技术研究院的 HyQ 四足机器人[5]、国内山东大学的液压四足机器人[6] 等。这类机器人具有较好的负载能力，但存在能源的利用效率低、噪声大、续航能力不足、运动速度较低等问题[7]。

鉴于电驱动操控简单，运动精度高，工作噪声小，所以，越来越多的小型四足机器人采用电驱动。比较简单的是直接将电机固连在腿部各关节处，这类机器人腿部转动惯量大，在运动时需要髋关节电机输出较大的扭矩，不利于实现高速大负载运动。另一种机器人是将所有驱动电机布置在机身上，髋关节电机直接带动大腿运动，膝关节电机采用传动装置将动力传递给小腿，这样可以有效降低腿部转动惯量。例如，斯坦福大学的 KOLT 机器人[8] 和苏黎世联邦理工学院的 Cheetah 机器人[9] 的膝关节均采用绳索传动方式；苏黎世联邦理工大学的 StarlETH 机器人 [10] 采用链传动方式驱动小腿运动。考虑到绳索传动、链传动在大负载、频繁换向时存在不足，美国 MIT 仿生机器人实验室在研发高速奔跑的猎豹机器人[11] 时采用连杆传动。它的膝关节与髋关节电机均采用无框无刷直流力矩电机，其中膝关节电机的定子与髋关节电机的动子固定安装在一起，再通过四杆机构驱动小腿运动。这种设计结构紧凑，但需要专门的机械结构固定两个电机，并且对电机的尺寸要求苛刻，整个制造加工成本比较昂贵。

2.2 运动学分析

为设计一款运动速度快、承载能力强的四足机器人，以平面五杆为主体，参照猎犬的身体比例，构造出腿部基本构型。因为四足机器人是一种冗余度较高的系统，为简化运动模型，选取一条腿对其运动轨迹进行规划，并根据足端轨迹和杆件长度进行运动学分析，逆解得到所需的电机输入函数。

2.2.1 结构设计

2.2.1.1 并联机构的特点

由于串联机构具有运动惯性大、轨迹精度低、不易控制、体型较大和承载能力差等一系列特点，而并联机构不仅可以解决这些问题，还具有刚度大、运动可靠性高、易于运动学反解、便于实施在线实时计算[12] 等优点。因此，在种类繁多、形式复杂的并联机构中，五连杆机构是最简单的。

2.2.1.2 腿部结构布局

基于并联机构的特点，我们提出了一种基于五杆机构的四足机器人，是以高性能伺服电机为动力源，采用五杆腿部构型，具有机构典型、加工方便、负载大[13] 等特点。同时，采用三段式结构，在大腿处构造成平行四边形，增加强度，均衡受力，如图 2-1 所示。

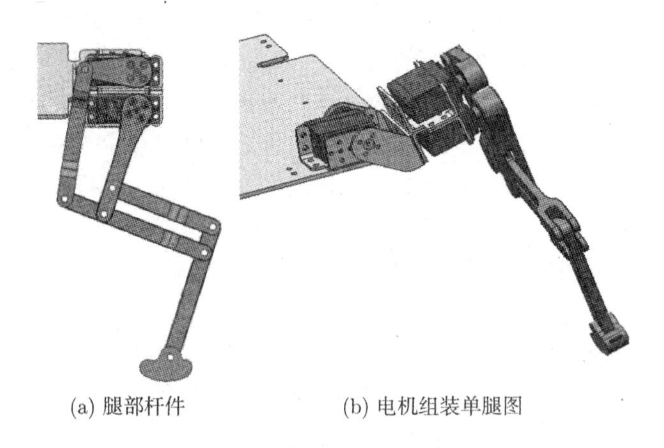

(a) 腿部杆件　　　　(b) 电机组装单腿图

图 2-1　四足仿生机器人组装单腿图

2.2.1.3　腿部尺寸设计

自然界中，运动性能最好的动物当属犬豹类，其运动速度快，稳定性高，适应性强。考虑到我们实际设计的机器人尺寸结构相对比较简单，故依据犬类动物的身体构造，缩小一半比例，获得合适尺寸，应用到设计的四足机器人中，图 2-2 为

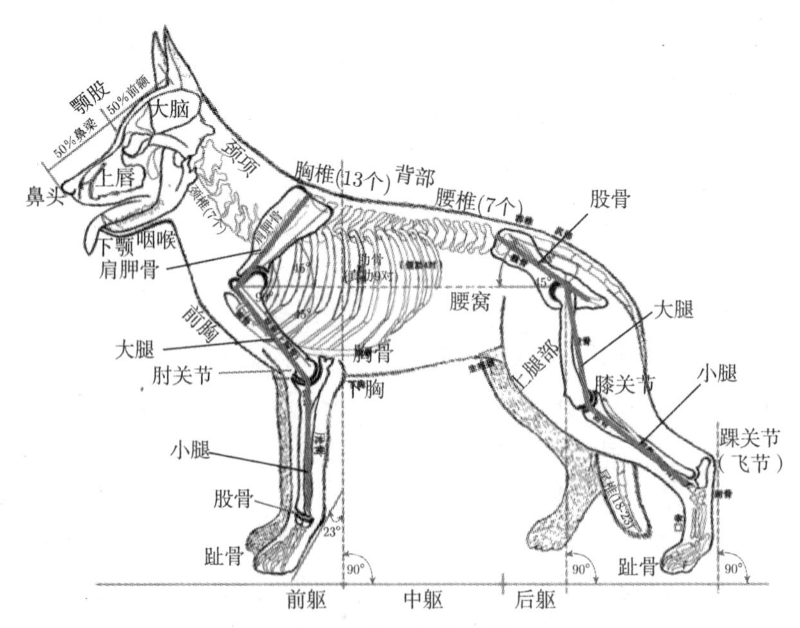

图 2-2　猎犬骨骼解剖图

猎犬的骨骼解剖图。根据解剖学的研究资料表明，猎犬的脊柱长度为 550~700mm，身体宽度为 300~550mm，猎犬的前后腿各关节长度，即在图 2-2 中用加粗线表示出来的部分，具体如表 2-1 所示。

表 2-1 猎犬腿关节长度 (单位：mm)

前腿长度			后腿长度		
肩胛骨	大腿	小腿	股骨	大腿	小腿
140~190	160~210	180~230	140~190	160~210	180~230

根据设计案例的具体情况缩小一半比例后，得到我们设计的仿生四足机器人脊柱长度为 300mm，身体宽度为 180mm，前后腿尺寸如表 2-2 所示。有研究表明人和大型野生动物的腿部机构中股骨、大腿、小腿的比例是 0.39 : 0.45 : 0.16[14]，小型哺乳类动物常见的腿关节比例是 0.33 : 0.33 : 0.33[15]，这样的构型配置可以为它们带来较大的工作空间及较好的加速性能。因此本设计也采用这样的腿关节比例，结合表 2-2 中的数据，设置前后腿的三段式长度一致，均为 80mm。

表 2-2 仿生四足机器人腿关节参考长度 (单位：mm)

前腿长度			后腿长度		
肩胛骨	大腿	小腿	股骨	大腿	小腿
70~95	80~105	90~115	70~95	80~105	90~115

确定猎犬仿生腿的结构和尺寸长度后，计算其运动时各个关节可以到达的极限角度，根据猎犬奔跑的录像逐帧播放，观察其前后腿关节的运动极限，截屏，导入到 AutoCAD 软件中，如图 2-3~图 2-7 所示，可以依次测量得到四足机器人的髋关节与膝关节的运动角度范围。

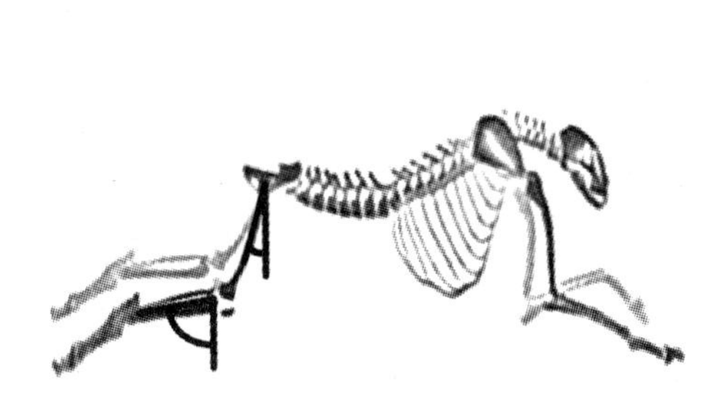

图 2-3 猎犬完全腾空

图 2-4 猎犬后腿髋关节极限角度

图 2-5　猎犬后腿膝关节极限角度

图 2-6　猎犬前腿髋关节极限角度

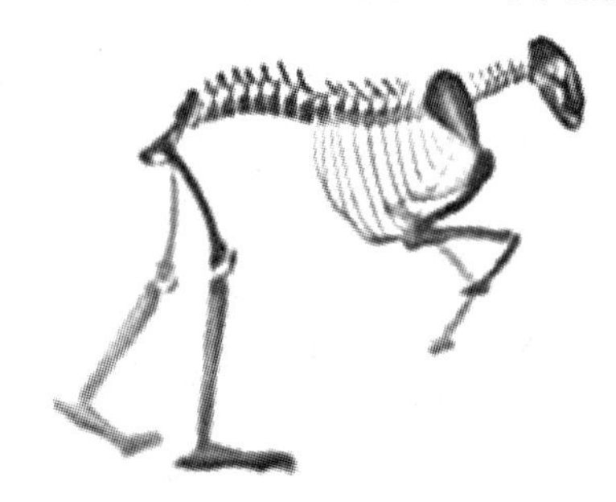

图 2-7　猎犬前腿膝关节极限角度

图 2-3 为猎犬整个身体完全腾空的状态，此状态下的各个腿关节同时达到一个极限位置；图2-4 和图2-5 依次是猎犬后腿髋关节和膝关节在另一个极限位置；图 2-6 及图 2-7 依次是猎犬前腿的极限位置。显而易见，前腿的极限角度与后腿不同，一般情况下，仿生四足机器人前后腿的极限角度和位置都是统一的，因此，我们对更接近于三段式结构的后腿导入AutoCAD进行测量，得到如表2-3所示的结果。

表 2-3　机器人腿关节极限角度

关节名称	角度范围
髋关节	$-20°\sim120°$
膝关节	$20°\sim80°$

髋关节角度变化范围为 140°，膝关节角度变化范围为 60°。总体来说，角度范围较大，运动空间较大，而且髋关节变化范围大，说明越障能力强。另外，关节角度的确定对于后面机器人跨距和抬腿高度的确定，以及电机的选型有着重要的参考价值。

2.2.2　足端轨迹规划

对于四足机器人而言，为保证良好的运动和受力性能，足端轨迹要求抬腿与落地瞬间保证零冲击，即一个运动周期的起始点 ($\theta = 0$) 和终止点 ($\theta = 2\pi$) 的速度、加速度都必须为零。因此，可以对复合摆线加以改进来作为四足机器人的足端轨迹，摆线的原始公式如式 (2-1)，轨迹路线图如图 2-8 所示。

$$\begin{cases} x = r\left(\theta - \sin\theta\right), \\ y = r\left(1 - \cos\theta\right) \end{cases} \tag{2-1}$$

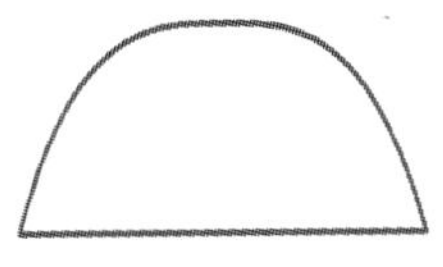

图 2-8 足端轨迹

这里，设机器人一个运动周期为 T_y，步长 $s_0 = 2\pi r$，将一个周期 T_y 等量划分为若干份，假定时间变量 $t(0,\cdots,T_y)$ 对应的角度变量 $\theta(0,\cdots,2\pi)$，则有 $\theta(t) = 2\pi t/T_y$，将其代入式 (2-1) 中，可得

$$\begin{cases} x\left(t\right) = \dfrac{s_0}{2\pi}\left[2\pi\dfrac{t}{T_y} - \sin\left(2\pi\dfrac{t}{T_y}\right)\right], \\ y\left(t\right) = \dfrac{s_0}{2\pi}\left[1 - \cos\left(2\pi\dfrac{t}{T_y}\right)\right] \end{cases} \tag{2-2}$$

由式 (2-2) 中可以看出两个问题：一是竖直方向的周期是水平方向的一半，存在周期的不统一性；二是竖直方向的方程是一个余弦函数，故两次求导之后的加速度方程也是一个余弦函数，余弦函数在初始位置和半个周期的整数倍时，都会产生速度和加速度的突变，不符合足端零冲击的要求。因此综合以上因素，对竖直方向方程 $y(t)$ 进行针对性调整，故设

$$y^*\left(t\right) = at + b\sin\left(\frac{2\pi}{0.5T_y}t\right) + c \tag{2-3}$$

因为始末端的位移、速度、加速度均为零，且 $0.5T_y$ 时的位移已知，为最高点 h_0，因此可以将摆动相的运动方程分为前半段和后半段两部分，分别代入约束条件：

$$\begin{cases} y^*\left(0\right) = 0, \\ \left(y^*\right)'\left(0\right) = 0, \\ \left(y^*\right)''\left(0\right) = 0, \\ y^*\left(\dfrac{T_y}{2}\right) = h_0 \end{cases} 0 \leqslant t \leqslant \frac{T_y}{2} \quad 和 \begin{cases} y^*\left(\dfrac{T_y}{2}\right) = h_0, \\ y^*\left(T_y\right) = 0, \\ \left(y^*\right)'\left(T_y\right) = 0, \\ \left(y^*\right)''\left(T_y\right) = 0 \end{cases} \frac{T_y}{2} \leqslant t \leqslant T_y \tag{2-4}$$

得到调整后的竖直方向的轨迹方程为

$$y^*(t)=\begin{cases}2H_0\left[\dfrac{t}{T_y}-\dfrac{1}{4\pi}\sin\left(\dfrac{4\pi}{T_y}t\right)\right], & 0\leqslant t\leqslant \dfrac{T_y}{2}\\ -2H_0\left[\dfrac{t}{T_y}-\dfrac{1}{4\pi}\sin\left(\dfrac{4\pi}{T_y}t\right)\right]+2H_0, & \dfrac{T_y}{2}\leqslant t\leqslant T_y\end{cases} \tag{2-5}$$

由此，综合上述水平方向的位移方程，得到完整的足端摆动相轨迹方程为

$$\begin{cases}x(t)=\dfrac{s_0}{2\pi}\left[2\pi\dfrac{t}{T_y}-\sin\left(2\pi\dfrac{t}{T_y}\right)\right], & 0\leqslant t\leqslant T_y\\ y^*(t)=\begin{cases}2H_0\left[\dfrac{t}{T_y}-\dfrac{1}{4\pi}\sin\left(\dfrac{4\pi}{T_y}t\right)\right], & 0\leqslant t\leqslant \dfrac{T_y}{2}\\ -2H_0\left[\dfrac{t}{T_y}-\dfrac{1}{4\pi}\sin\left(\dfrac{4\pi}{T_y}t\right)\right]+2H_0, & \dfrac{T_y}{2}\leqslant t\leqslant T_y\end{cases}\end{cases} \tag{2-6}$$

对于四足机器人的足端支撑相方程，由图 2-8 可知，其竖直方向位移为 0，水平位移的方向与摆动相时正好相反，因此，整理得到完整的足端支撑相轨迹方程为

$$\begin{cases}x(t)=s_0-\dfrac{s_0}{2\pi}\left[2\pi\dfrac{t-T_y}{T-T_y}-\sin\left(2\pi\dfrac{t-T_y}{T-T_y}\right)\right], & T_y\leqslant t\leqslant T\\ y^*(t)=0, & T_y\leqslant t\leqslant T\end{cases} \tag{2-7}$$

对于设计的四足机器人，依据之前得到的关节角度变化范围，取步长 $s_0=120\text{mm}$，抬腿高度 $H_0=40\text{mm}$，步态周期 $T=0.5\text{s}$，摆动相周期为 $T_y=0.25\text{s}$，将计算公式和取值输入到 MATLAB 软件中，可以绘制出四足机器人在一个步态周期中，单腿足端轨迹的位置、速度、加速度变化曲线，如图 2-9~图 2-11 所示。

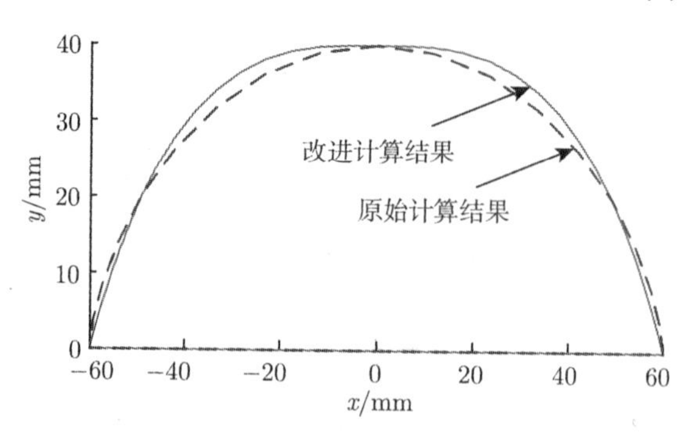

图 2-9　足端轨迹位置曲线

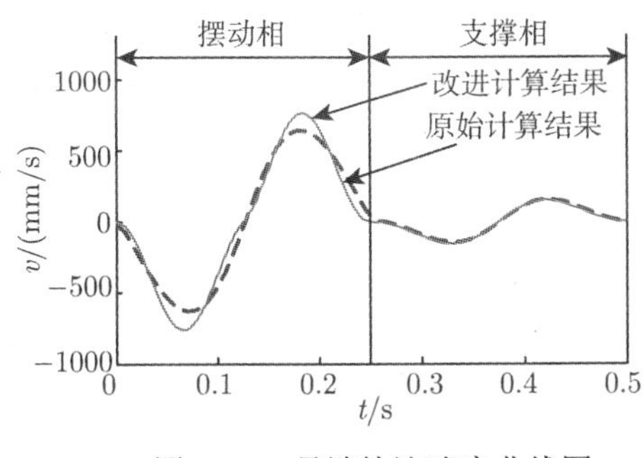

图 2-10 足端轨迹速度曲线图

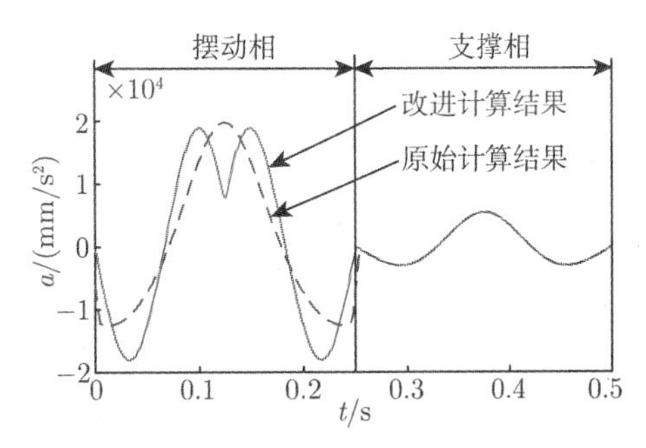

图 2-11 足端轨迹加速度曲线

图中，虚线表示的是轨迹方程调整之前的位移、速度和加速度曲线变化图，实线表示的是轨迹方程调整之后的相应图像，可以明显地看到，对于速度和加速度曲线图，在 0~0.25s 时，波动幅度比较大，说明此时是摆动相，速度和加速度有规律地变化着；在 0.25~0.5s 时，速度和加速度曲线的走势突然趋于平缓，说明此时是支撑相，速度和加速度无规律地小幅度变化着。位移和速度曲线在调整前后基本重合，没有大的变动，调整后的加速度曲线的初始位置由非零调整为零，且峰值幅度与调整前基本相同，表明机器人的足端轨迹得以完善和改进。

2.2.3 运动学逆解

所谓运动学分析，就是当杆件长度已知时，足端轨迹坐标与杆件转动角度之间的相互推导过程。由足端轨迹坐标推得杆件转动角度的过程是运动学正解，反之，由杆件转动角度推得足端轨迹坐标的过程为运动学逆解。

对四足仿生机器人而言，2.2.2 节已经确定了其足端轨迹，如图 2-12 所示，对于平面五杆，可以由杆件长度和几何关系求得 θ_1 的表达式，如式 (2-8)。

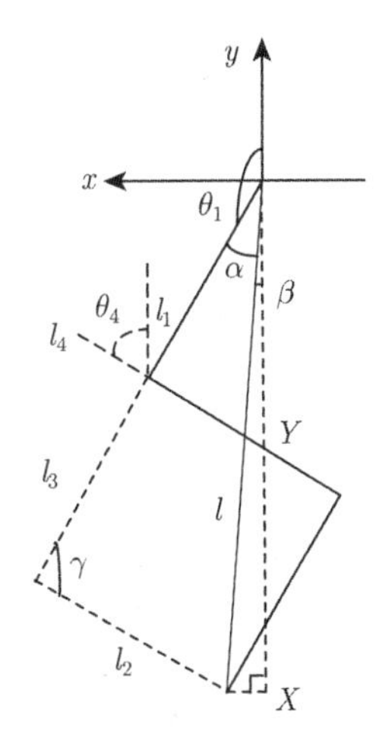

图 2-12 腿部侧面示意图

$$
\begin{aligned}
&\alpha = \arccos \frac{(l_1 + l_3)^2 + l^2 - l_2^2}{2l(l_1 + l_3)} \\
&\beta = \arctan \frac{X}{Y} \\
&\theta_1 = \pi - (\alpha + \beta)
\end{aligned} \tag{2-8}
$$

同时，可进一步求出 θ_4 的表达式，如式 (2-9)，θ_1 和 θ_4 的取值由足端轨迹坐标和 l_1, l_2, l_3 的杆件长度决定，是直接得到的。

$$
\begin{aligned}
&\gamma = \arccos \frac{(l_1 + l_3)^2 + l_2^2 - l^2}{2l_2(l_1 + l_3)} \\
&\theta_4 = \pi - \gamma - (\alpha + \beta)
\end{aligned} \tag{2-9}
$$

利用 MATLAB 软件，绘制 θ_1 和 θ_4 在一个周期内的角速度和角加速度变化曲线图，如图 2-13～图 2-16 所示。

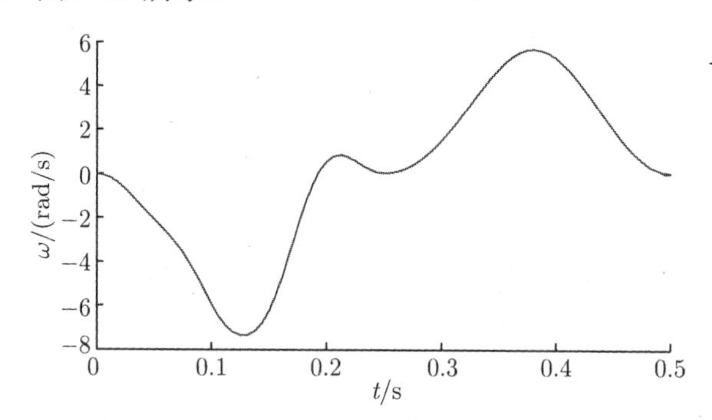

图 2-13　θ_1 角速度 (ω_1) 变化图

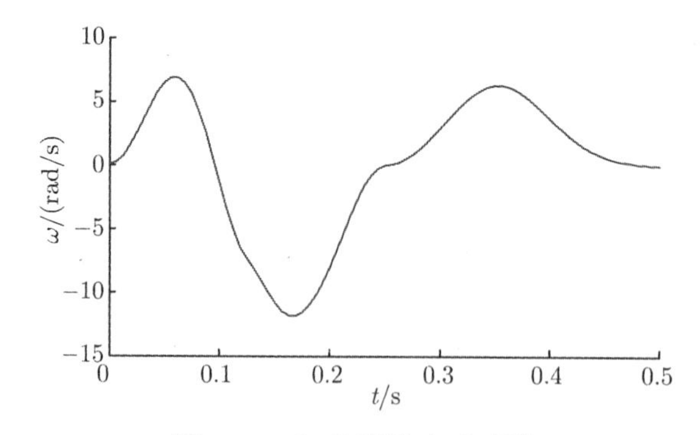

图 2-14　θ_4 角速度 (ω_4) 变化

由图 2-13～图 2-16 可以看出，θ_1 和 θ_4 的角速度和角加速度几乎都是从 0 开始变化，说明初始位置不会产生较大冲击，而且曲线平滑连续，说明运动连续，不产生突变，规划的足端轨迹合理。

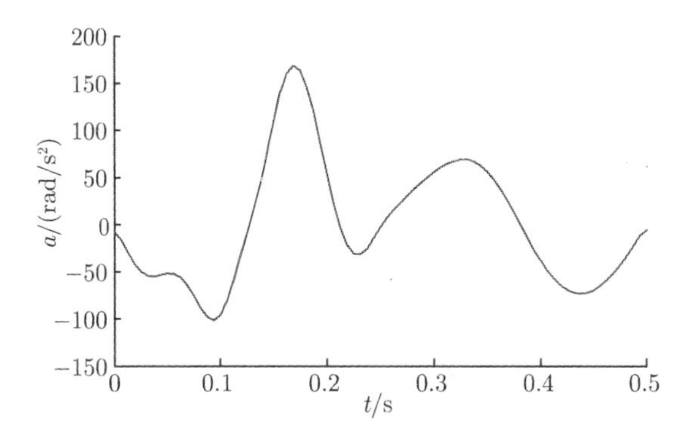

图 2-15 θ_1 角加速度 (a_1) 变化

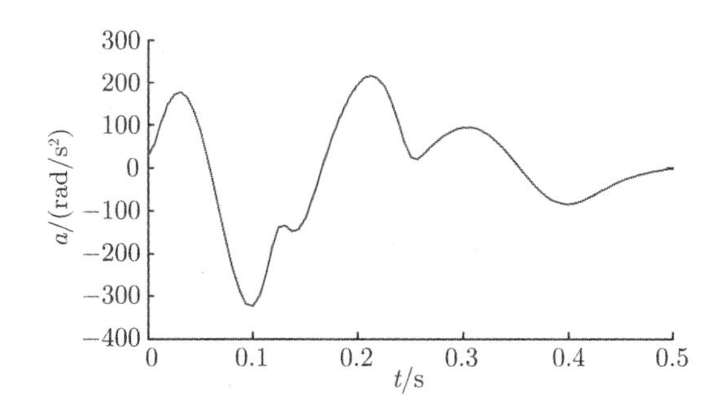

图 2-16 θ_4 角加速度 (a_4) 变化

在实际行走过程中，四足机器人除了前进、后退这种简单直线步态之外，还可以进行转弯、爬坡、上下楼梯等复杂步态，此时就需要用到第三自由度，如图 2-17 所示。前两个自由度是处于侧向平面的纵向自由度，而第三自由度是在空间中运动的横向自由度，四足仿生机器人腿侧向斜偏角为 θ_3，具体如图 2-18 和图 2-19 所示。

根据三维几何关系，很容易求解其末端轨迹坐标：

$$\begin{cases} P_x = (l_1 + l_3)\cos\theta_1 + l_2\cos\theta_4, \\ P_y = [(l_1 + l_3)\sin\theta_1 + l_2\sin\theta_4]\cos\theta_3 - b\sin\theta_3, \\ P_z = [(l_1 + l_3)\sin\theta_1 + l_2\sin\theta_4]\sin\theta_3 + b\cos\theta_3 \end{cases} \tag{2-10}$$

为求得 θ_3，令 $A = (l_1 + l_3)\sin\theta_1 + l_2\sin\theta_2$，则

$$\begin{cases} P_y + b\sin\theta_3 = A\cos\theta_3, \\ P_z - b\cos\theta_3 = A\sin\theta_3 \end{cases} \tag{2-11}$$

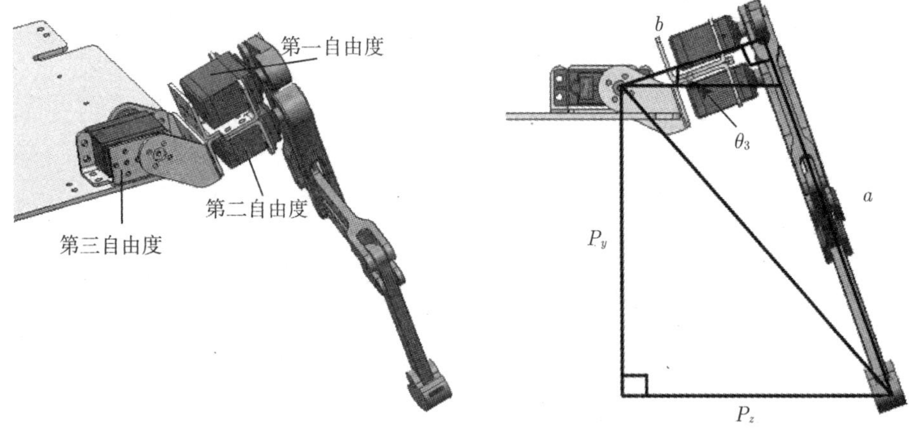

图 2-17　腿部三自由度　　　　图 2-18　三自由度主视图

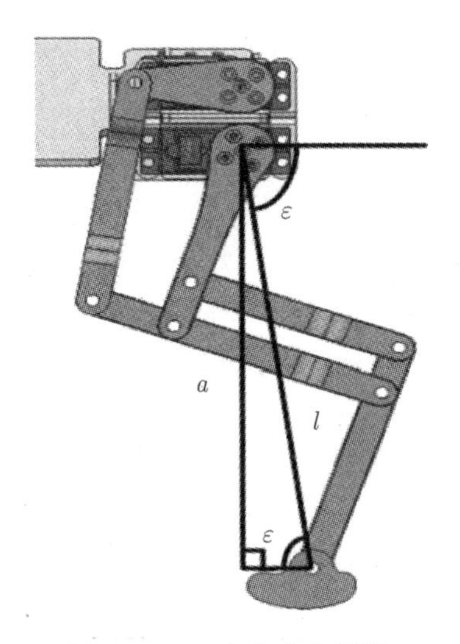

图 2-19　三自由度左视图

整理得

$$\frac{P_y + b\sin\theta_3}{P_z - b\cos\theta_3} = \frac{\cos\theta_3}{\sin\theta_3} \tag{2-12}$$

结合 $\cos^2\theta_3 + \sin^2\theta_3 = 1$，有

$$(P_y^2 + P_z^2)\sin^2\theta_3 + 2P_y b\sin\theta_3 + (b^2 - P_z^2) = 0 \tag{2-13}$$

解得

$$\begin{aligned} &\sin\theta_3 = \frac{-2P_y b \pm \sqrt{\Delta}}{2(P_y^2 + P_z^2)}, \quad \Delta \geqslant 0 \\ &\Delta = 4P_y^2 b^2 - 4(P_y^2 + P_z^2)(b^2 - P_z^2) \end{aligned} \tag{2-14}$$

当 $\Delta \geqslant 0$，有 $\theta_3 = \arcsin \dfrac{-2P_y b \pm \sqrt{\Delta}}{2(P_y^2 + P_z^2)}$。

因为机器人处于三维空间，需要将已知杆件长度和足端轨迹坐标转化为倾斜腿所在平面，如式 (2-15) 所示。

$$\begin{cases} a^2 = P_y^2 + P_z^2 - b^2, \\ l = \sqrt{a^2 + P_x^2}, \\ \varepsilon = \arctan \dfrac{a}{P_x} \end{cases} \tag{2-15}$$

得到四足机器人大腿髋关节与足端的连线长度 l 后，即可按照图 2-12 展示的几何关系，由式 (2-8) 和式 (2-9) 得到 θ_1 和 θ_4。

在运动学分析过程中，因为五杆并联机构是平面机构，所以只需在机器人腿所在平面进行分析即可。如图 2-20 所示，平面五杆并联机构具有两个自由度，杆 l_7 为固定机座，此时 θ_1 和 θ_4 是已知的，故设定 θ_1 和 θ_4 为主动输入函数。

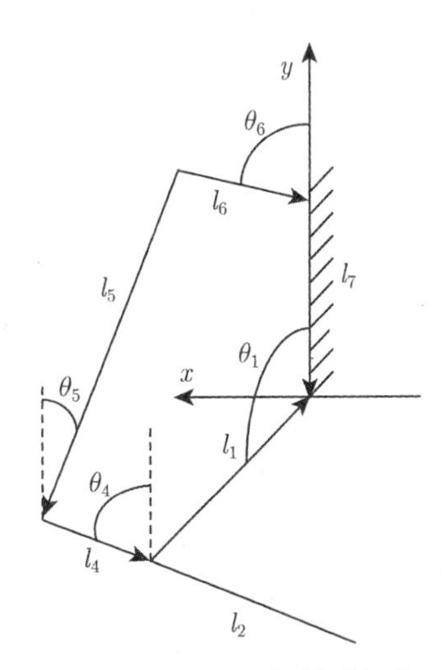

图 2-20 平面五杆并联机构

采用封闭矢量法，按照并联机构的特点，标注图 2-20 中各个杆件的矢量方向，并按照图示方向，写出矢量关系式如下：

$$\vec{l_1} + \vec{l_4} + \vec{l_5} = \vec{l_6} + \vec{l_7} \tag{2-16}$$

这里选用 θ_1 和 θ_4 为运动参数输入，为求得 θ_6，整理式 (2-16) 为式 (2-17)，消去 θ_5

$$\vec{l_6} + \vec{l_7} - \vec{l_1} - \vec{l_4} = \vec{l_5} \tag{2-17}$$

两边分别各自点乘，得到

$$\left(\vec{l_6} + \vec{l_7} - \vec{l_1} - \vec{l_4}\right) \cdot \left(\vec{l_6} + \vec{l_7} - \vec{l_1} - \vec{l_4}\right) = \vec{l_5} \cdot \vec{l_5} \tag{2-18}$$

展开，整理得到

$$l_1^2 + l_4^2 + l_6^2 + l_7^2 - l_5^2 + 2l_6 l_7 \cos\theta_6 - 2l_6 l_1 \cos(\theta_6 - \theta_1) - 2l_6 l_4 \cos(\theta_6 - \theta_4)$$

$$-2l_7 l_1 \cos\theta_1 - 2l_7 l_4 \cos\theta_4 + 2l_1 l_4 \cos(\theta_1 - \theta_4) = 0$$

令 $A=l_1^2+l_4^2+l_6^2+l_7^2-l_5^2$，$B=-2l_7l_1\cos\theta_1-2l_7l_4\cos\theta_4+2l_1l_4\cos(\theta_1-\theta_4)$，则

$$\begin{aligned}
\text{原式} &= A+B+2l_6l_7\cos\theta_6-2l_6l_1\cos(\theta_6-\theta_1)-2l_6l_4\cos(\theta_6-\theta_4)\\
&= A+B+(2l_6l_7-2l_6l_1\cos\theta_1-2l_6l_4\cos\theta_4)\cos\theta_6\\
&\quad -(2l_6l_1\sin\theta_1+2l_6l_4\sin\theta_4)\sin\theta_6\\
&= 0
\end{aligned}$$

令 $C=2l_6l_7-2l_6l_1\cos\theta_1-2l_6l_4\cos\theta_4$，$D=2l_6l_1\sin\theta_1+2l_6l_4\sin\theta_4$,，则有

$$A+B+C\cos\theta_6-D\sin\theta_6=0$$

令 $x_1=\tan(\theta_6/2)$，代入上式整理可得

$$(A+B+C)x_1^2-2Dx_1+(A+B+C)=0$$

解得

$$x_1=\frac{D\pm\sqrt{D^2-(A+B+C)(A+B-C)}}{A+B-C}$$
$$(\text{当}\Delta=D^2-(A+B+C)(A+B-C)\geqslant 0\text{时}) \tag{2-19}$$

由此，有

$$\theta_6=2\arctan(x_1) \tag{2-20}$$

本节提出的基于五杆机构的四足机器人腿部机构，根据足端运动时不能产生较大的冲击，规划出改进后零冲击的摆线轨迹，并由已知的足端轨迹坐标对五杆尺寸机构进行运动学逆解，以便于动力学分析。

2.3　动力学分析

动力学分析有很多种方法，通常是根据具体情况，分析判断所需要的方法。这里采用的是拉格朗日法[16]，从能量的角度出发，构造合适的微分方程，如式 (2-21) 所示，获得的方程项数相对较少，约束反力不会出现，简化方程，更利于解决问题。

两自由度的拉格朗日方程原始式子为

$$\frac{\mathrm{d}}{\mathrm{d}x}\left(\frac{\partial E_\mathrm{k}}{\partial\dot{q}_i}\right)-\frac{\partial E_\mathrm{k}}{\partial q_i}+\frac{\partial E_\mathrm{p}}{\partial q_i}+Q\frac{\partial r}{\partial q_i}=F_i\quad i=1,2 \tag{2-21}$$

在整个腿部机构中，E_k 表示总动能；E_p 表示总势能；Q 表示机构所受外力；q_i 和 F_i 分别表示广义坐标和广义力，因为 l_1 和 l_6 是主动件，故取 $q_1=\theta_1, q_6=\theta_6$。

推导约束方程。将各杆件依照矢量指向垂直向 x, y 轴进行投影，则有

$$\begin{cases} l_1\cos\theta_1 + l_4\cos\theta_4 + l_5\cos\theta_5 = l_6\cos\theta_6 + l_7\cos\theta_7, \\ l_1\sin\theta_1 + l_4\sin\theta_4 + l_5\sin\theta_5 = l_6\sin\theta_6 + l_7\sin\theta_7 \end{cases} \tag{2-22}$$

因为 θ_1 和 θ_6 均为关于时间 t 的函数，则分别对式 (2-22) 对时间 t 进行求导，可以得到

$$\begin{cases} w_1 l_1\cos\theta_1 + w_4 l_4\cos\theta_4 = -w_5 l_5\cos\theta_5 + w_6 l_6\cos\theta_6, \\ w_1 l_1\sin\theta_1 + w_4 l_4\sin\theta_4 = -w_5 l_5\sin\theta_5 + w_6 l_6\sin\theta_6 \end{cases} \tag{2-23}$$

整理得

$$\begin{cases} w_4 = \dfrac{w_6 l_6\sin(\theta_6-\theta_5) - w_1 l_1\sin(\theta_5-\theta_1)}{l_2\sin(\theta_3-\theta_2)}, \\ w_5 = \dfrac{w_4 l_4\sin(\theta_4-\theta_6) - w_1 l_1\sin(\theta_4-\theta_6)}{l_4\sin(\theta_4-\theta_5)} \end{cases} \tag{2-24}$$

因为 2.2 节已经求得 θ_1 和 θ_6 的表达式，那么可以分别由 θ_1 和 θ_6 对时间 t 进行求导得到 ω_1 和 ω_6，为方便后面的计算，将未知的 ω_4 和 ω_5 用已知的 ω_1 和 ω_6 表示，如式 (2-24) 所示。

借助基于能量观点的拉格朗日法，对四足机器人腿部机构采用动力学分析，首先推导约束方程，将未知的 ω_4 和 ω_5 用已知的 ω_1 和 ω_6 表示，并计算系统总动能，建立微分方程，求得腿部驱动电机的瞬时功率和总能耗，为 2.4 节的优化设计做铺垫。

2.4 优化设计

2.4.1 设计变量

根据前面的结构设计，选取的三段式杆长比例为 1 : 1 : 1，有 $l_1 = l_6 = l_8 = l_3 + l_9 = 80\text{mm}$，而 l_7 代表两个电机之间的距离，由市场上常见电机的尺寸，取 $l_7 = 25\text{mm}$，故有 $l_1 = 80\text{mm}$，$l_7 = 25\text{mm}$，而剩下的三根杆件 l_4, l_5, l_6 长度是未知的，为设计变量。

故取设计变量

$$X = [x_1, x_2, x_3] = [l_4, l_5, l_6]$$

2.4.2 约束条件

(1) 机构运动学约束。由之前计算 θ_3 表达式时，产生的 θ_3 有解的前提条件为

$$\Delta = D^2 - (A+B+C)(A+B-C) \geqslant 0$$

(2) 动力学约束。

$$\gamma_{\min} \geqslant [\gamma]$$

(3) 边界约束。根据机器人的其他杆件参考尺寸建立边界约束条件，

$$l_4 = [10, 50]\,,\ l_5 = [80, 140]\,,\ l_6 = [10, 60]$$

(4) 几何约束。根据五杆构件正确装配的前提，由三角形边长定理可得

$$|l_4 - l_5| \leqslant l_{10} \leqslant l_4 + l_5$$

式中，$l_{10}^2 = l_1^2 + l_6^2 + l_7^2 + 2l_6 l_7 \cos\theta_6 - 2l_1 l_7 \cos\theta_1 - 2l_1 l_6 \cos(\theta_1 - \theta_6)$。

2.4.3　目标函数

2.4.3.1　力矩性能

力矩性能是限制电驱机器人自由运动的一项重要因素。在关节电机选型时，需要保证电机峰值扭矩大于负载峰值扭矩，因此在相同的条件下降低负载峰值扭矩能选择质量更小的电机，从而有利于机器人行走性能、负载能力和续航性能的提高。于是机器人关节电机力矩性能子目标函数为

$$\min f_1(x) = \min\left[\max\left(\max|M_1|\,, \max|M_6|\right)\right]$$

2.4.3.2　速度性能

髋、膝关节的最大速度也是电机选型的重要依据。现阶段一般伺服电机无法做到高转速、高力矩的能量输出，所以必须平衡力矩与转速之间的关系，应使电机的角速度在一个步态周期内尽可能小，这样既可以降低对电机的性能要求，又可以避免因角速度过大，而造成电机伺服系统无法及时作出反应使控制失真的情况。于是机器人关节电机速度性能子目标函数为

$$\min f_2(x) = \min(\omega_6)$$

因为电机 1 的角速度不随五杆机构的不同而变化，故不需要优化考虑。

2.4.3.3　续航性能

当四足仿生机器人动态行进时，能量主要损耗在驱动各关节的旋转上。单位运动时间内，消耗能量的多少反映了机器人续航能力的强弱。因此，为了提高续航能力，一方面要考虑一个步态周期内关节电机的总能耗，另一方面要考虑机器人的轻质要求，使五杆总长最小，这样既可以减轻腿部质量，降低运动能耗，又可以减少机构空间，便于布局，所以建立如下机器人续航能子目标函数：

$$\begin{cases} \min f_3(x) = \min\left(P_1 + P_6\right), \\ \min f_4(x) = \min(l_4 + l_5 + l_6) \end{cases}$$

基于上述设计变量、约束条件和目标函数的分析，建立两自由度五连杆式机器人腿部优化模型

$$\min F(x) = \min[f_1(x), f_2(x), f_3(x), f_4(x)] x = (l_4, l_5, l_6)$$

2.4.4 基于层次分析法的遗传算法

在多目标优化设计中，机器人五杆机构的尺寸参数对各性能子目标函数存在着耦合关系，因此，如图 2-21 所示，采用层次分析法[17]求取每个性能指标的相对权重系数，将各参考指标综合为一个权衡标准，从而完成多目标优化过程求解最优解。

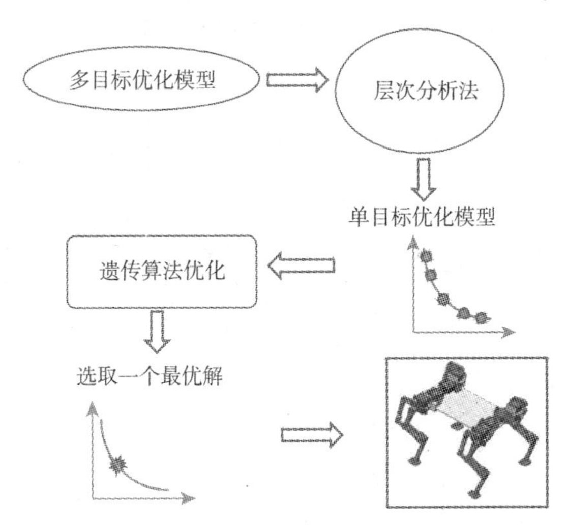

图 2-21 层次分析法框图

2.4.4.1 归一化处理

为了使各个子目标统一到一个新的目标函数中，必须保证各子目标具有统一的量纲，这样就需要将各子目标进行归一化处理。

首先对各个独立的分目标函数求最大值和最小值，再将实际的目标函数转化为 0~1 的一个无量纲数。即

$$f_k^*(x) = \frac{f_k(x) - \min(f_k(x))}{\max(f_k(x)) - \min(f_k(x))}.$$

2.4.4.2 权重计算

为了将不同的性能因素在目标衡量中的相对重要程度定量化，引用数字 1~9 及其倒数按照标度定义表对两两性能进行重要性的比对示值[18]。本设计中，设定

电机力矩性能重要性 = 电机速度性能重要性 > 电机总能耗重要性 = 杆长轻质化重要性，进而可以建立以下判断矩阵

$$\begin{vmatrix} 1 & 1 & 3 & 3 \\ 1 & 1 & 3 & 3 \\ \frac{1}{3} & \frac{1}{3} & 1 & 1 \\ \frac{1}{3} & \frac{1}{3} & 1 & 1 \end{vmatrix}$$

采用算术平均法进行权重计算，W_i 为几种性能指标的权重系数之比，即权比，可以使用下式计算得到

$$W_i = \frac{1}{n}\sum_{j=1}^{n}\frac{R_{ij}}{\sum\limits_{k=1}^{n} R_{kj}}, \quad i = 1, 2, 3, 4 \tag{2-25}$$

将式 (2-25) 代入到上述判断矩阵中，求解子目标函数 $f_1(x) \sim f_4(x)$ 的权比，如下式所示

$$\begin{cases} w_1 = 0.375, \\ w_2 = 0.375, \\ w_3 = 0.125, \\ w_4 = 0.125 \end{cases}$$

可以得到统一的目标函数为

$$\min F^*(x) = \sum_{k=1}^{n} w_k f_k^*(x). \tag{2-26}$$

2.4.4.3 遗传算法

待优化单目标函数式 (2-26) 是一个非线性优化问题，如表 2-4 所示，运用标准优化算法很难解决，这里采用遗传算法 (GA) 来求解。遗传算法是依照自然界生物之间相互选择、交叉繁衍、不断变异、逐步进化的过程，利用初始种群，每次迭代，随机产生一个群体，使其接近最优解。

表 2-4 遗传算法与标准优化算法间的差异

标准算法	遗传算法
每次迭代产生一个单点，点的序列逼近一个优化解，多适用于线性优化问题	每次迭代产生一个种群，种群逼近一个优化解，多适用于非线性优化问题
通过确定性的计算在该序列中选择下一个点	通过随机进化选择计算来选择下一代

遗传算法的基本运行流程如图 2-22 所示。

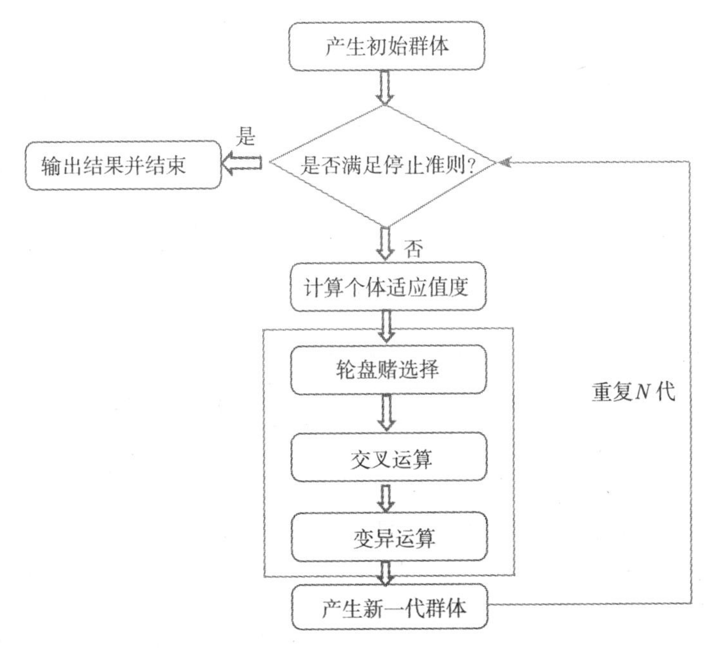

图 2-22 遗传算法基本运行流程图

2.4.4.4 优化结果及分析

如图 2-23 所示，该机器人由电路控制板、机械系统等构成。电路控制板采用 Arduino Mega 2560 主控板，拥有 12 路 PWM 输出，可以实时对系统的 12 路舵机进行位置控制；机械系统包括基座及 4 条完全相同的腿机构。各模块质量如表 2-5 所示。

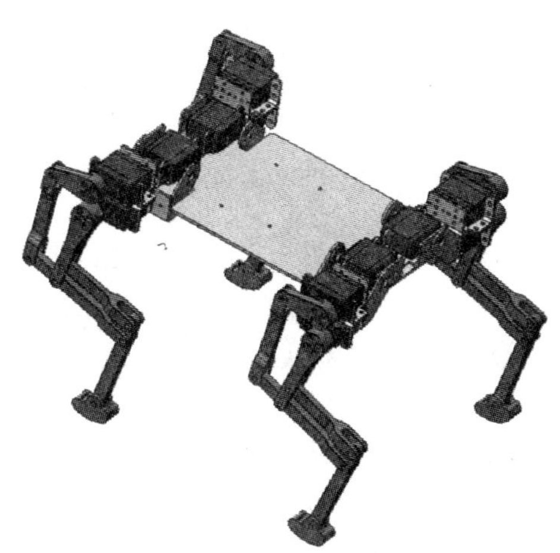

图 2-23 机器人样机模型

表 2-5　机器人各模块质量　(单位: g)

模块	质量
Arduino Mega 2560 主控板	37
舵机 (12 个)	12×72=864
机器人腿部 (4 个)	4×61=244
基座	525
移动电源 (1 个)	110
其他 (支架、连接件等)	155
合计	1935

考虑后期机器人工作负载为 1kg，则令机器人自重 $M = 1.935 + 1 = 2.935(\text{kg})$，$\eta = 0.7$。

设 $l_{4\min} = 10\text{mm}$，$l_{4\max} = 50\text{mm}$，$l_{5\min} = 80\text{mm}$，$l_{5\max} = 140\text{mm}$，$l_{6\min} = 10\text{mm}$，$l_{6\max} = 60\text{mm}$，初始化种群数量为 400，迭代次数 1000，交叉概率 0.8，分布系数 20 以及变异概率 0.5，分布系数 20。其优化收敛过程如图 2-24 所示。

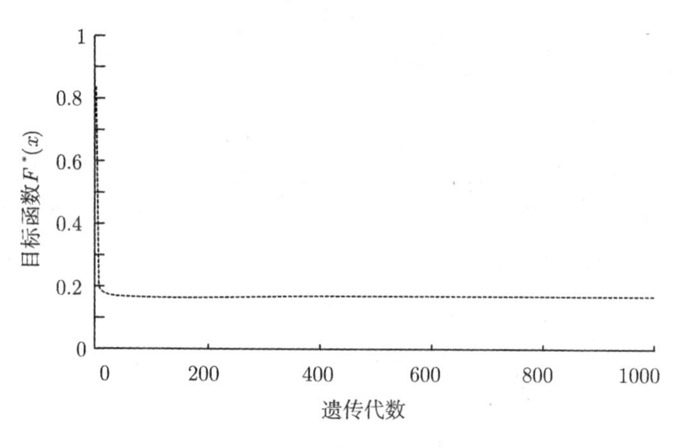

图 2-24　最优解收敛过程

最理想的最优解是令式 (2-26) 的值为零时的情况，然而对于实际问题，不同的子目标性能函数基本不可能同时达到最优状态。从图 2-24 可以看出，$F^*(x)$ 在开始迭代的 100 代内收敛迅速，迅速降低到 0.17 附近，200 代以后 $F^*(x)$ 基本稳定在 0.1694 左右，基本接近于零。

图 2-25直观地给出该最优解对应的杆长，分别为$l_4 = 31.784\text{mm}$，$l_5 = 95.978\text{mm}$，$l_6 = 38.856\text{mm}$。考虑实际加工方便，将杆长分别进行圆整并得到 3 组数据，如表 2-6 所示。

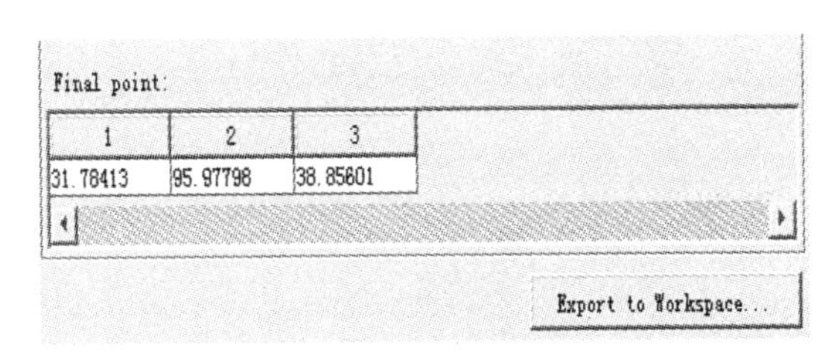

图 2-25　最优杆长

表 2-6　最优解圆整数据　(单位：mm)

杆长	I	II	III
l_4	31	31.5	32
l_5	95.5	96	96.5
l_6	38.5	39	39.5

对上述圆整后数据的 27 种组合采用枚举法并逐一计算，分别求取相应的 $F^*(x)$ 值，如表 2-7 所示。因为表中是按照 $F^*(x)$ 由小到大的顺序排列，而 $F^*(x)$ 越小越好，故展示前七组数据截屏。

表 2-7　待选杆长　(单位：mm)

杆长	1	2	3	4	5	6	7
l_4	31.5	31.5	32	31.5	32	31.5	32
l_5	95.5	96	96.5	96.5	96	96	96.5
l_6	39	38.5	39.5	38.5	39	39	39
Fun	0.169398	0.169401	0.169405	0.169406	0.169409	0.169410	0.169417

选定表 2-7 中最左端的数据为最优解，即设计变量最优解为

$$
\begin{aligned}
l_4 &= 31.5 \\
l_5 &= 95.5 \\
l_6 &= 39
\end{aligned}
$$

2.5　控制系统设计

2.5.1　控制系统总体框架

机器人有了一个多自由度的机械结构如同有了身体一般，但还需要一个大脑，这就要对四足机器人的控制系统进行设计。为了实现四足机器人基本的运动功能和抵抗侧冲击的功能，整个控制系统的设计分为三层，分别为上位机、下位机、终端机。如图 2-26 所示，其中上位机作为整个系统程序的编辑、调试，传感器数据的

检测分析平台；下位机完成程序的解算以及下级作为接入模块的交流平台；终端机主要完成相关指令的远程下达。

根据控制系统功能总体的设计，硬件选型遵循简易、配套、协调原则，设计框图如图 2-26 所示。

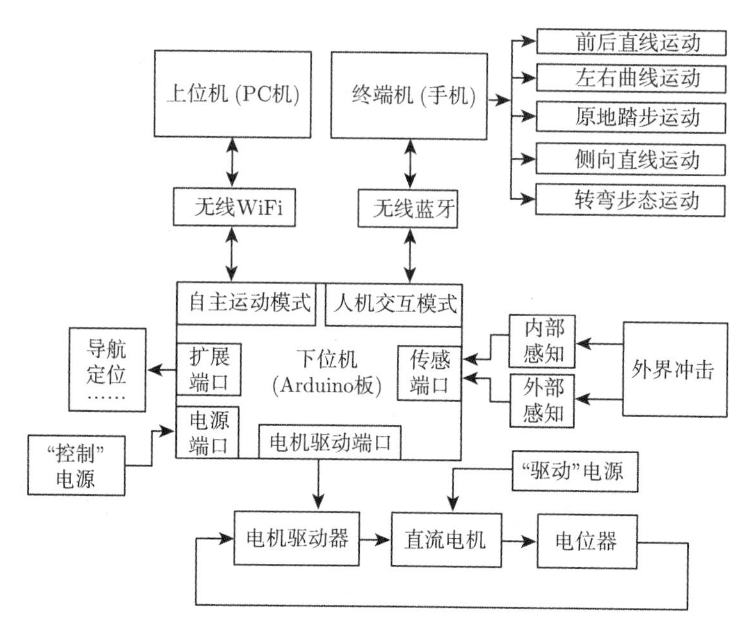

图 2-26　四足机器人控制系统框图

2.5.2　控制系统硬件选型

2.5.2.1　主控部件

本设计控制系统采用分层式的控制系统结构，整个控制系统分为上位机、下位机、终端机三层结构。在本设计控制系统中，上位机最重要的工作是状态的监控测量，以及下位机程序运行开发集成环境的平台，所以选用便携式笔记本。本设计选用了 64 位 Dell 笔记本，Win8 的操作系统，具有 2.5GHz 的性能参数；在控制系统中，下位机主要完成各子级模块的直接控制，并与上位机可以畅行通信。本设计选择 Arduino Mega 2560 控制板，其处理器核心是 ATmega 2560，采用 USB 接口的核心电路板，同时具有 54 路数字输入/输出口 (其中 16 路可作为 PWM 输出)，16 路模拟输入，能够同时控制 12 个伺服电机，4 路 UART 接口，满足多种通信接口的要求，一个 16MHz 晶体振荡器，一个 USB 口，一个电源插座；控制系统中的终端机主要是与下位机实现蓝牙通信，并且可以运行终端 App。本设计选择安卓智能手机 Coolpad 8675-HD，处理器为 ARMv7 Processor rev 4，Android4.4.2 版本系统，内载蓝牙 3.0 版本。

2.5.2.2 通信部件

由于控制系统是三层的结构体系，为了让这三层结构相对独立，需要实现相互间的通信设计，上位机及下位机之间需要进行传感数据的监控采集、控制程序的编制等行为。为了方便地实现功能，本设计选择无线 WiFi 的形式实现双方的数据通信，为了配合下位机的型号，选择 ESP8266 型无线模块，该模块是一款超低功耗的 UART-WiFi 透传模块，支持无线 802.11 b/g/n 标准、支持 STA/AP/STA+AP 三种工作模式、内置 TCP/IP 协议栈、支持多路 TCP Client 连接、3.3V 单电源供电、支持丰富的 Socket AT 指令。

在下位机和终端机之间，考虑双方的通信特点，选择无线蓝牙方式，可以将相关指令字符发送给 Arduino 主控板完成指定命令，选择 HC-06 蓝牙模块，输入电压 3.6~6V，未配对时电流约 30mA，配对后约 10mA。此模块蓝牙支持通过 AT 指令设置波特率、名称、配对密码，设置的参数掉电保存。蓝牙连接后可自动切换到透传模式。

2.5.2.3 传感部件

四足机器人反馈控制主要是用于抵抗外界的冲击，所以需要实时的对机器人的位姿进行感知，惯性测量单元 (IMU) 作为对机体姿态检测的传感器，为后面抵抗侧向冲击实时的感知加速度与角速度，选用 GY-85 九轴 IMU，包括三轴加速度传感器 ADXL345、三轴陀螺仪 ITG3205、三轴磁场传感器 HMC5883L，通过 I^2C 通信协议进行主从机的信息传输，表 2-8 给出了加速度及陀螺仪的相关字符命令。

表 2-8 加速度及陀螺仪命令字符

字符	功能	字符	功能
0×53	ADXL345 寄存器	0×68	ITG345 寄存器
0×32	X 轴加速度低位	0×07	陀螺仪采样频率
0×33	X 轴加速度高位	0×1B	陀螺仪数据采集

为了方便判断四足机器人的足端工作状态，需要一个传感器来判断足端是否在着地相，选择普通开关传感器，此开关传感器通过读取电路的通断来感应足端的开关状态。

2.5.2.4 驱动及动力部件

对于电机的选型，由于机器人主要的运动都在前向方向上，并且支撑时力矩较摆动时大，所以主要考虑髋关节支撑时电机的最大驱动力矩和最大关节转速是否满足实际需求。为了简化模型，将四足机器人的腿部模型简化如图 2-27 所示。

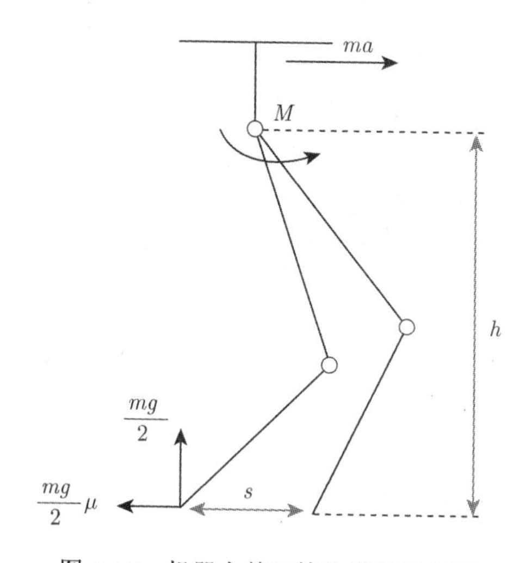

图 2-27　机器人单腿简化模型示意图

m— 机器人的质量；ma— 机器人惯性力；$mg/2$— 支撑时单腿承担的重力；μ— 底面摩擦系数；$mg\mu/2$— 足端所受摩擦力；s— 机器人跨一步距离；h— 支撑相时足端与髋关节距离；M— 髋关节所需力矩

令 $m=4\text{kg}, \mu=0.35, s=40\text{mm}, h=170\text{mm}$，惯性力产生的力矩忽略不计，由图 2-27 根据力矩平衡可得

$$M_{\max}=\frac{s}{2}\times\frac{mg}{2}+h\times\frac{mg\mu}{2}=1.59\text{N·m}$$

考虑到安全系数 $\varepsilon=1.2$，则

$$M_{电机}\geqslant M_{\max}\times\varepsilon=1.91\text{N·m} \tag{2-27}$$

对于电源的选择，整个控制系统需要两处电源，分别是 Arduino 主控板电源，工作电压为 5~12V，内部的降压模块会将电压降至 5V 供给芯片；舵机工作电源，所选电机工作电压为 6~8.4V。由于这两者工作电流不同，但是工作电压近似，所以选用 7.4V 锂电池，工作时控制电路和舵机驱动电路并联。

2.5.3　传感器滤波

对于 GY–85 有两种方法获得角度数据，分别是通过加速度传感器和陀螺仪传感器。对于加速度传感器，有两个问题：一是存在盲区，小角度重力加速度反应不灵敏；二是快速转动时，加速度反应速度跟不上，数据有抖动，不灵敏。对于陀螺仪，反应比较灵敏，但积分求解角度时会有累计误差。而通过两种方式的融合，可以用加速度对陀螺仪的数据进行误差校正，最后得到一个反应灵敏且误差较小的动态信号数据。传感器数据存在噪声和干扰的影响，需要通过程序进行滤波，基于以上因素考虑，本设计采用卡尔曼方法滤波。卡尔曼滤波是一种自适应最佳线性滤波器[15]，其关键的公式设计如下：

状态量预测

$$\alpha_i^- = \alpha_{i-1} + \omega_i \times \mathrm{d}t \tag{2-28}$$

协方差预测

$$\begin{aligned}
P_11_i^- &= P_11_{i-1} - (P_12_{i-1} + P_21_{i-1}) \times \mathrm{d}t + Q_\alpha \times \mathrm{d}t \\
P_12_i^- &= P_12_{i-1} - P_22_i \times \mathrm{d}t \\
P_21_i^- &= P_21_{i-1} - P_22_i \times \mathrm{d}t \\
P_22_i^- &= P_22_{i-1} + Q_\omega \times \mathrm{d}t
\end{aligned} \tag{2-29}$$

卡尔曼系数

$$\begin{aligned}
K_1_i &= \frac{P_11_i}{P_11_i + R_\alpha} \\
K_2_i &= \frac{P_21_i}{P_21_i + R_\alpha}
\end{aligned} \tag{2-30}$$

状态量更新

$$\alpha_i = \alpha_{i-1} + K\_1_i \times (\partial_i - \alpha_i^-) \tag{2-31}$$

协方差更新

$$\begin{aligned}
P_11_i &= P_11_i^- - K_1_i \times P_11_i^- \\
P_12_i &= P_12_i^- - K_1_i \times P_12_i^- \\
P_21_i &= P_21_i^- - K_2_i \times P_21_i^- \\
P_22_i &= P_22_i^- - K_2_i \times P_22_i^-
\end{aligned} \tag{2-32}$$

式中，Q_α 为角度数据置信度，$Q\_\alpha = 0.01$；Q_ω 为角速度数据置信度，$Q\_\omega = 0.0003$；R_α 为角度方差噪声，$R\_\alpha = 0.01$；∂ 为加速度测量的角度数据；α 为陀螺仪测量角度数据；ω 为陀螺仪测量角速度数据；初始协方差矩阵 $P = 0$。

2.6 总结和展望

随着计算机技术、电子技术、数控技术、传感器技术、工程材料技术等的不断发展，机器人的各方面机能逐步提升，使得整体机能也逐步加强。但目前绝大多数四足仿生机器人在速度性能、负载性能等方面效果依然不够理想，仍有较大的发展空间。并联机器人因运动惯性小，轨迹精度高，承载能力大，控制系统相对简单，将成为 21 世纪的发展主流。

由于个人知识匮乏、能力欠缺等原因，本设计并不是很完善。机器人的研究路途还很遥远，需要更多有知识、有能力的人去做更深入、更透彻的研究，为国家、为社会做出贡献。

参考文献

[1] 田兴华，高峰，陈先宝，等. 四足仿生机器人混联腿构型设计及比较. 机械工程学报，2013，49(6)：81-88.

[2] 刘静，赵晓光，谭民. 腿式机器人的研究综述. 机器人, 2006，28(1)：81-88.

[3] 田海波，马宏伟，魏娟. 串联机器人机械臂工作空间与结构参数研究. 农业机械学报，2013，44(4)：196-201.

[4] Raibert M，Blankespoor K，Nelson G，et al. Bigdog，the rough-terrain quadruped robot. Proceedings of the 17th World Congress, 2008：10823-10825.

[5] Semini C，Tsagarakis N G，Vanderborght B，et al. HyQ-Hydraulically actuated quad ruped robot：Hopping leg prototype. 2nd IEEE RAS and EMBS International Conference on Biomedical Robotics and Biomechatronics. IEEE，2008：593-599.

[6] 柴汇，孟健，荣学文，等. 高性能液压驱动四足机器人 SCalf 的设计与实现. 机器人, 2014，36(4)：385-391.

[7] Estremera J，Waldron K J. Thrust control，stabilization and energetics of a quadruped running robot. The International Journal of Robotics Research, 2008，27(10)：1135-1151.

[8] Spröwitz A，Tuleu A，Vespignani M，et al. Towards dynamic trot gait locomotion：design，control，and experiments with Cheetah-cub，a compliant quadruped robot. The International Journal of Robotics Research, 2013，32(8)：932-950.

[9] Hutter M，Gehring C，Bloesch M，et al. StarlETH：a compliant quadrupedal robot for fast，efficient，and versatile locomotion. 15th International Conference on Climbing and Walking Robot-CLAWAR 2012, 2012.

[10] Seok S，Wang A，Chuah M Y，et al. Design principles for highly efficient quadrupeds and implementation on the MIT cheetah robot. 2013 IEEE International Conference on Robotics and Automation (ICRA). IEEE，2013：3307-3312.

[11] Ye W，Fang Y F，Guo S. Reconfigurable parallel mechanisms with planar five-bar metamorphic linkages. Science China Technological Sciences，2014，57(1)：210-218.

[12] 赵东洋. 平面五杆并联机器人系统设计与实验研究. 北京：北京工商大学，2009.

[13] 李仁军，刘宏昭，李鹏飞. 考虑摩擦和参数不确定的平面五杆机构控制. 农业机械学报，2009，(4)：198-201.

[14] Blickhan R，Seyfarth A，Geyer H，et al. Intelligence by mechanics. Philosophical Transactions of the Royal Society of London A：Mathematical，Physical and Engineering Sciences，2007，365(1850)：199-220.

[15] Fischer M S，Blickhan R. The tri-segmented limbs of therian mammals：kinematics，dynamics，and self-stabilization-a review. Journal of Experimental Zoology Part A：Comparative Experimental Biology，2006，305(11)：935-952.

[16] 邓雪，李家铭，曾浩健，等. 层次分析法权重计算方法分析及其应用研究. 数学的实践与认识，2012，42(7)：93-100.

[17] 薛西若，郭建民. 传统遗传算法和改进的 NSGA-Ⅱ算法在多目标优化问题的应用. 锅炉技术，2013，44(6)：5-8.

[18] 刘蕊. 基于力传感器的四足机器人多步态规划及初步维稳控制. 南京：南京航空航天大学，2014.

[19] 南京农业大学. 一种视觉追踪的四足机器人：中国，201620066963.6. 2016.

第 3 章　壁面作业机器人*

大型船舶的船体和各种大型化工压力容器等的壁面材料都为钢质材料，一般由多块钢板焊接而成，存在数量众多的焊缝。由于长时间在高盐分、高腐蚀和高受压状态下工作，这些壁面极易产生各种缺陷，导致材料失效，因此需要对其进行检测。除此之外，这些钢质壁面一般都需要进行定期的除锈作业，而目前这些工作都是由工人借助脚架、吊车等简易设备完成，工作量大，危险系数高，并且维护效果普遍不好。鉴于此，许多工业发达国家都开始大力研究利用快速发展的机器人技术来完成这些高空、高危作业，并提高作业效率。壁面爬行机器人技术就逐渐成为机器人研究领域的研究重点。

根据壁面爬行机器人的工作环境，结合国内外壁面爬行机器人技术的发展状况并在总结各类壁面爬行机器人优缺点的基础上，提出一种基于永磁轮行走吸附技术的新型壁面爬行机器人机械本体结构，解决了钢质壁面爬行机器人灵活性不足以及轮式行走方式引起的吸附力不足等问题。

应用磁路设计原理并结合现代永磁材料，设计了新型的永磁轮机构，并对磁场进行理论分析和计算。建立了壁面爬行机器人在壁面吸附状态下的受力模型，对机器人进行安全性受力分析，验证了机器人的吸附可靠性。对壁面爬行机器人样机进行综合性能试验，并取得相应的试验数据，与设计参数进行对比表明，样机的性能参数符合设计要求。

3.1　壁面作业机器人简介

钢质壁面作业机器人是一种能够在壁面爬行作业的极限作业机器人，是集无损检测技术、机器人技术、自动控制技术、数据传输与通信技术等为一体的高技术产品，可以代替人工进行检测操作。当前，壁面作业机器人备受人们关注，各工业发达国家投入了大量人力物力，积极地进行理论和技术研究，研制出一些各具特色的壁面作业机器人。虽然目前的作业方式以人工为主，且机器人技术的实际应用并不成熟，如吸附作业不稳定、效果差等，严重阻碍了机器人的实际应用。但是值得注意的是，目前研究的壁面机器人结构主要针对垂直壁面或者是较大曲率半径壁面进行各种作业，而对形状较为复杂，中、小型曲率半径曲面的机器人结构研究较少，限制了壁面机器人的适用范围。随着科技的迅速发展，集众多先进技术于一

* 队伍名称：山东科技大学 IBM 团队，参赛队员：张萌萌、范君舰、赵坡；带队教师：魏军英

体的壁面作业机器人的研究越来越深入。钢质壁面作业机器人已经成为机器人研究的新宠。国内外各研究机构均对其进行大量的研究，并取得丰富的研究成果。因此，为改变壁面作业机器人目前存在的问题和科研现状，针对具有一定曲率半径的钢质壁曲面，研究稳定可靠的基于永磁吸附的钢质壁面作业机器人技术具有十分重要的意义。

3.1.1 壁面作业机器人创意设计的应用目的和实际意义

目前大型化工容器大多为钢质容器[1]，其表面的腐蚀和氧化是造成安全事故的诱因，因此工厂需定期对钢壁进行检测和维护。现行石化和船舶行业对壁面的维护主要是通过专门的维护服务公司来完成，而维护服务公司一般都是工人在登高车或者脚手架上借助无损探伤仪或者人工携带除锈、打磨等装备完成，如图 3-1 所示。除此之外，人工进行壁面维护时要保证大型罐状容器必须处在停机状态，这样会造成企业经济效益损失，降低企业的产能；另外，受工作条件、环境限制以及工人技术影响，人工方式完成任务存在很多缺陷，如雇佣人工成本高、高空作业危险、维护作业面不均匀等，特别是对于大型压力容器和船舶，很多焊缝无法靠近，给生产带来极大的安全隐患。

图 3-1 人工维护壁面现场

我国化工行业近年来发展迅速，与此同时大型钢质化工容器的使用数量越来越多，需要参与壁面维护的工人数量以及花费的时间、资金都在增加。这给壁面维护机器人的广泛应用带来了机会。壁面维护机器人可根据不同的工作环境搭载不同的工具，由工人进行远程监测和控制，在保证壁面维护效果的同时减少了工人的数量和工作量，降低壁面维护的人工成本，从根本上保证维护工人的安全。使用机器人代替人工在恶劣条件下工作是工业机器人的一个发展方向，实现壁面维护的机械自动化是一个由低级到高级、由简单到复杂、由不完善到完善的发展过程。钢质壁面作业机器人能够安全可靠地吸附于不同半径的钢质壁面上，并能灵活移动是其需要达到的基本要求，进而通过安装在多功能机械手上的除锈、喷漆等装备完成相应的壁面维护工作；机器的操作由最初的人工操作改为自动控制器，检测工人只需在地面观测显示器上通过无线数据传输技术接收的数据便可对壁面情况了如指掌。生产方式从机械化逐步过渡到机械控制自动化、数字控制自动化、计算机控制自动化。因此，机器人将最大程度地节约人力，提高生产效率。

3.1.2　国内外爬行机器人研究进展

在发达国家许多现代工业领域中，利用日益先进的机器人技术代替人工进行复杂危险的作业已成为一种趋势，而机器人技术能够大幅度提高生产效率的优势加快了这一趋势的发展。壁面爬行机器人技术是可以在高空壁面作业的机器人技术，已得到发达国家的广泛关注，并进行广泛的理论和技术研究。经过近 30 年的研究发展，壁面爬行机器人领域已经出现许多先进的研究成果，其中美国取得的研究成果最为突出。

图 3-2 是由美国研制的以特殊黏性材料为基础设计的两款壁面爬行机器人[2]。该机器人通过研究壁虎脚掌的吸附机理，研制出一种特殊的黏性材料，能够在大部分壁面材料上进行吸附。图 3-2(a) 为脚轮式样机，图 3-2(b) 为履带式结构的机器人样机。脚轮式样机有左右 2 个脚轮，每个脚轮上都有 3 个固定的有仿生黏性材料的吸附面，在爬行过程中，3 个吸附面交替吸附于壁面。履带式样机将仿生吸附材料固定于履带外表面上，使履带能够时刻吸附在壁面上。此外，这两款机器人样机都设计有抗倾覆机构，安装于机器人后部，从而提高机器人的安全性能。

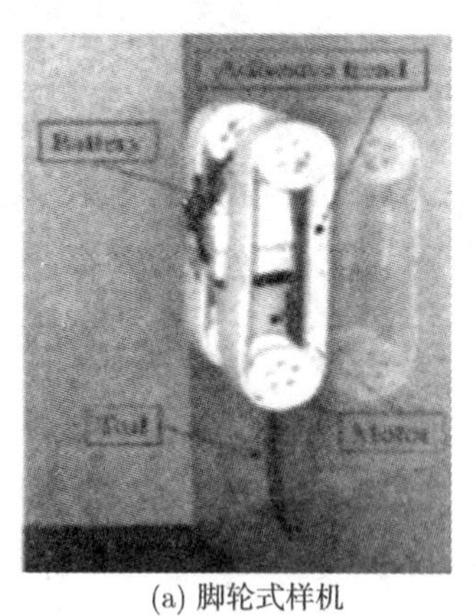

(a) 脚轮式样机

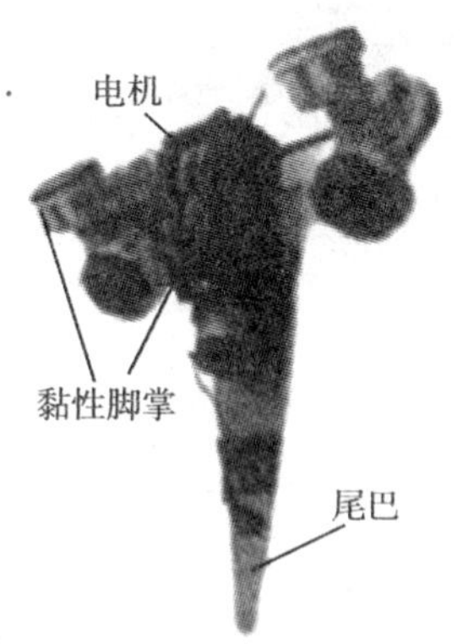

(b) 履带式结构的机器人样机

图 3-2　美国研制的仿生壁面爬行机器人

图 3-3(a) 为日本日立制作所研制的一种利用磁性材料进行吸附的履带式壁面爬行机器人[3,4]。该机器人将磁性材料镶嵌于履带外表面，形成磁性履带，适用于

钢质壁面作业。图 3-3(b) 和图 3-3(c) 所示的是经过改进后的履带式爬壁机器人，通过增加导杆和分级连杆的方式使履带可以适应具有一定曲率的壁面。由于磁块均匀分布于履带上，造成吸附力分布较为分散，在壁面行走过程中极易发生倾覆脱落的危险，此外，该机器人重量较大而且转弯较为困难。

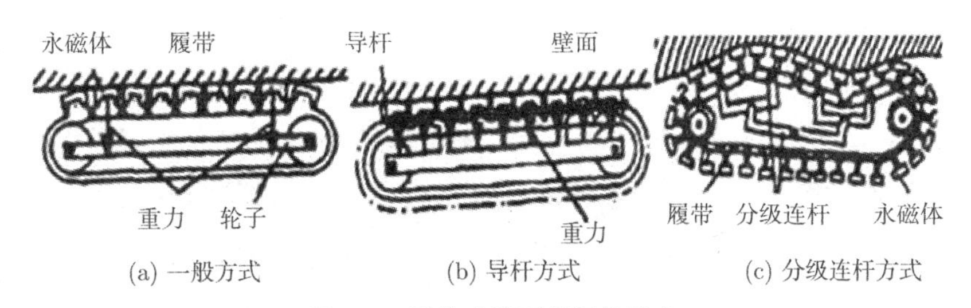

(a) 一般方式　(b) 导杆方式　(c) 分级连杆方式

图 3-3 履带式壁面爬行机器人

图 3-4 为美国研究机构研制的两种具有不同自由度的微型两足吸盘式壁面爬行机器人。图 3-4(a) 机器人具有 5 个关节，包括 1 个移动关节和 4 个旋转关节，而图 3-4(b) 只有 4 个旋转关节，机器人的体积很小，重量只有 450g。该壁面爬行机器人采用模糊算法控制，通过动力学分析建立末端坐标方程，以此对其进行路径规划。两足吸盘式爬壁机器人可以轻松地跨越两个过渡的壁面，适用于墙壁、天花板以及一些管道中。

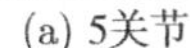
(a) 5关节

(b) 4旋转关节

图 3-4 两足吸盘式爬壁机器人

我国的壁面爬行机器人技术研究起步于 20 世纪 90 年代，目前根据实际的工程应用进行了一系列的研究开发，并取得丰富的研究成果，其中以哈尔滨工业大学为首的国内研究院校在壁面爬行机器人领域取得较大的研究成果[5−8]。

从 20 世纪 90 年代末期开始，哈尔滨工业大学在国家 “863” 科技项目的支持下，先后研发了真空吸附和永磁吸附两种吸附方式共 5 款壁面爬行机器人样机[9]。图 3-5 为我国第一台可以在壁面遥控的壁面爬行机器人，采用单吸盘轮式移动方式，用于国家核废料存贮罐的壁面安全检测工作；图 3-6 为磁履带式机器人，用于化工企业存贮罐罐壁的除锈、喷漆以及焊缝检测，该机器人采用永磁材料进行吸附，在链条的翼子板上安装有永磁吸附块，从而形成磁性履带，能够在钢质壁面上完成吸附和行走。针对锅炉水冷壁的清洗维护作业，又对机器人进行改进，将永磁铁块更换成和水冷壁具有相同弧度的永磁块，提高了行走效率，但机器人整体重量偏大，转弯困难，灵活性较差。

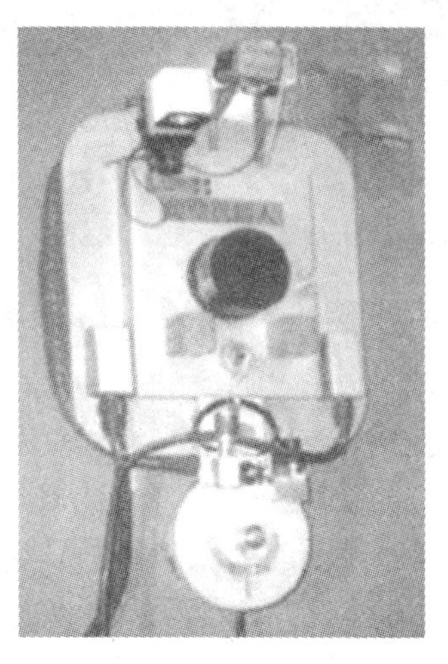

图 3-5　单吸盘爬壁机器人

图 3-6　磁履带式爬壁机器人

从 20 世纪 90 年代末期开始，北京航空航天大学也先后研制了 3 种类型的用于壁面清洗的壁面爬行机器人，如图 3-7 所示。图 3-7(a) 为气动式幕墙清洗机器人，其机构由气缸和吸盘组成，通过吸盘的交替吸附实现机器人的行走；图 3-7(b) 为牵引式幕墙清洗机器人，背部安装有一个大功率的风机，依靠风机抽取空气产

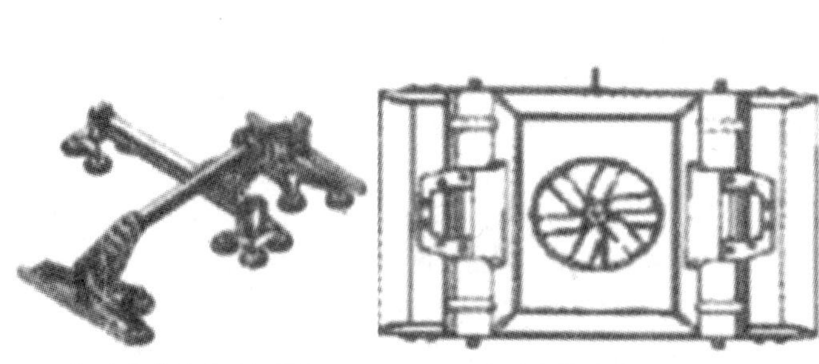

(a) 气动式幕墙清洗机器人　(b) 牵引式幕墙清洗机器人

(c) 曲面幕墙清洗机器人

图 3-7　清洗壁面爬行机器人

生的负压使机器人产生吸附力，而移动则依靠楼顶的绳索牵引，行走不够灵活，不能自主移动；图 3-7(c) 为曲面幕墙清洗机器人，其移动机构和吸附机构可以适应具有一定曲率变化的壁面，适用于国家大剧院的椭球形棚顶的清洗工作。

3.2 壁面作业机器人总体设计方案

3.2.1 壁面作业机器人设计技术路线

3.2.1.1 机器人本体设计

图 3-8 为机器人本体设计技术路线。其中钢质壁面爬行机器人本体设计主要包括磁吸附机构设计、壁面行走机构设计、壁面维护装置设计。机器人选取了永磁吸附方式，磁吸附壁面行走机构采用轮式运动方式，两个后轮为驱动轮，配合另外一个起支撑作用的万向轮，通过控制两驱电机实现机器人在钢质壁面上沿任意方向灵活可靠地运动。机器人安装有壁面维护装置，包括机械臂及除锈装置、机械臂可携带喷涂装置等，可实现对壁面铁锈的扫除工作，以及包括喷漆在内的多种作业。

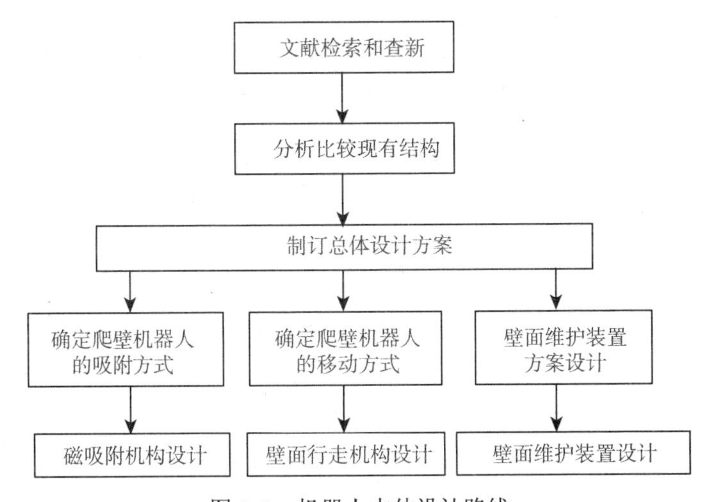

图 3-8 机器人本体设计路线

3.2.1.2 机器人控制系统设计

图 3-9 为机器人控制系统设计技术路线。其中控制系统总体方案的选择，是在充分考虑了具体工况和控制要求的基础上，确定选择以笔记本电脑作为上位机，PLC 作为下位机控制核心的总体控制方案。接下来对各部件进行选型、硬件安装、软件编程、调试试验，实现了对机器人整体移动动作和机械臂执行动作的控制。

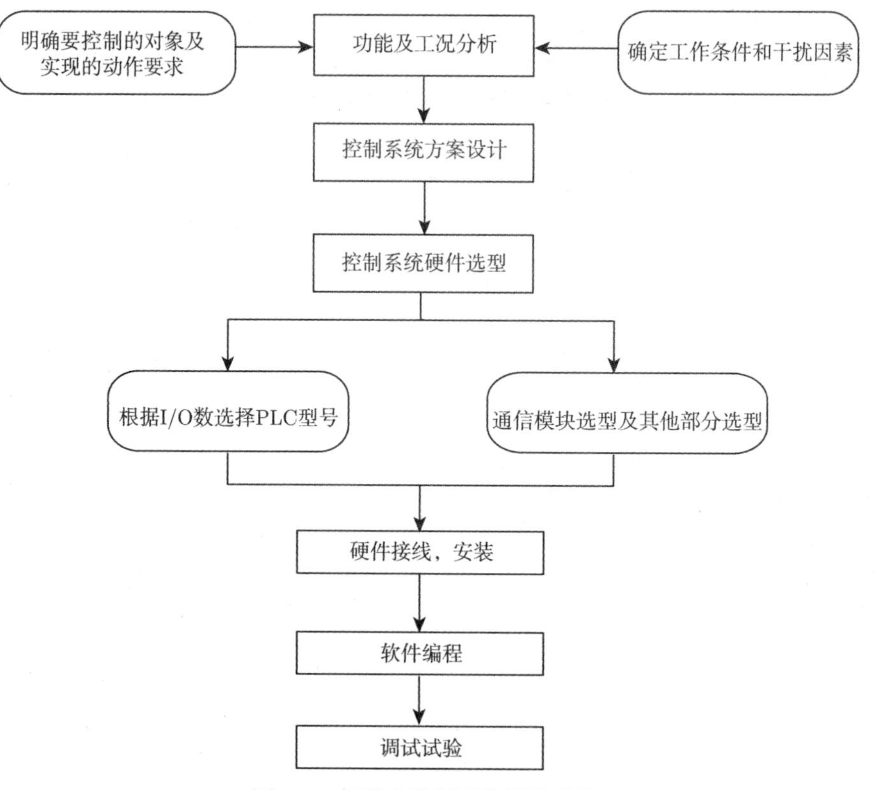

图 3-9　机器人控制系统设计路线

本机器人设计是一种基于永磁轮式吸附壁面的车体结构，它主要由吸附机构、驱动系统、移动机构以及多功能机械臂等构成，其结构简图如图 3-10 所示。

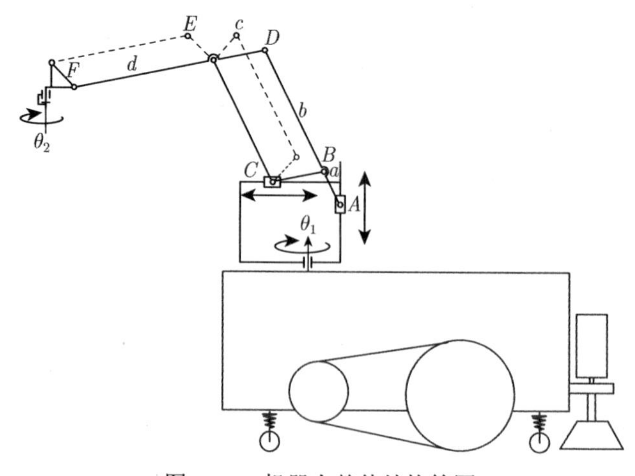

图 3-10　机器人整体结构简图

吸附机构用于产生吸附力，通过永磁轮的吸附作用使钢质壁面作业机器人能够可靠地吸附在容器壁面上，克服机器人本体及其负载重力的作用，无论静止还是运动，机器人都不会脱离壁面。

驱动系统用以产生驱动力并传递给主动带轮，驱动壁面作业机器人在大型罐状容器壁面上灵活地移动。电机采用对角布置，通过减速器和同步带轮分别与相应的主动轮联结。

移动机构主要由磁性轮和万向轮构成。两个主动轮与电机的分布相对应。机械本体的前后侧各安装一万向轮，用于支撑与导向[10]。为增加壁面作业机器人的自由度，使机器人更好地适应不同曲率半径的壁面，则在移动吸附机构与机器人底盘之间安装常闭合页，以保证壁面作业机器人在沿筒形容器轴向移动时，永磁轮与壁面之间的接触面积满足吸附要求。

多功能机械臂电动推杆驱动实现直线运动。两组电动推杆呈垂直安置，分别负责机械臂的水平与竖直方向的移动。同时，由于电动推杆本身的体积和自重较小且运动可控、精度高，使机械臂能够配合壁面作业机器人的移动，共同完成机器人的各项工作。机械臂的旋转运动为了节约空间、便于传动，考虑采用 42 系列步进电机驱动，通过同步带轮传递动力，大带轮作为机械臂的底座，直接带动机械臂旋转。

3.2.2 硬件设计

3.2.2.1 永磁轮结构设计

结合磁路分析，选用永磁轮结构作为钢质壁面作业机器人的移动机构。永磁体安装在轮子的内部，可以保护永磁体，永磁体固定在两侧的轭铁[11,12]之间，从而提高永磁轮的强度，同时起到引导磁路的作用。同步带轮安装于永磁轮中心，在传动过程中不会出现偏心力矩，传动可以更加平稳，同时使永磁轮机构更加紧凑。深沟球轴承的外圈与轭铁过盈配合，轴固定在两侧的夹板上，由同步带轮带动永磁轮转动。经试验证明，该方案在空载状态下仍可负重约 14kg，如图 3-11 所示。

图 3-11 负重试验

该结构方案的优势有：

(1) 永磁轮吸附功能和移动功能，使本体结构更加紧凑，利于降低机器人的重量和体积；

(2) 提高了永磁体利用率，有利于降低所使用永磁体的体积；

(3) 吸附力集中分布，提高抗倾覆效果。

3.2.2.2　移动机构的设计

本项目设计的壁面作业机器人的移动机构主要由万向轮、同步带及与其相配的同步带轮组成，如图 3-12 所示。

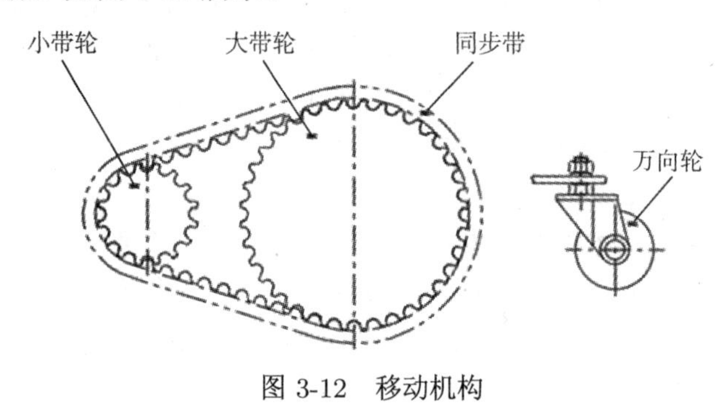

图 3-12　移动机构

1) 同步带设计与选型

(1) 确定设计功率 P_{d}。设计功率

$$P_{\mathrm{d}} = K_{\mathrm{a}} P \tag{3-1}$$

式中，K_{a} 为工作情况系数，针对壁面作业机器人，取 $K_{\mathrm{a}} = 1.2$；P 为电机额定功率，由所选电机型号可知 $P = 30\mathrm{W}$。

则由式 (3-1) 可得

$$P_{\mathrm{d}} = K_{\mathrm{a}} P = 1.2 \times 30 = 36\mathrm{W} \tag{3-2}$$

(2) 选择同步带的带型。同步带按齿形可分为梯形齿和圆弧齿两种[13,14]。圆弧齿同步带除了齿形为曲线形外，其结构与梯形齿同步带基本相同，节距相当，但齿高、齿根厚和齿根圆角半径等均比梯形齿大，带齿受载后，应力分布状态较好，减小了齿根的应力集中，提高了齿的承载能力，故本机器人设计选用圆弧齿同步带。

由电机选型计算可得减速电机的转速为 20r/min，即小轮转速为 20r/min，同时由式 (3-2) 可得设计功率 $P_{\mathrm{d}} = 36\mathrm{W}$，根据图 3-13 同步带选型图，由 20r/min 的小带轮转速及 36W 的设计功率交点，可选取同步带带型为 5M，即同步带节距 $P_{\mathrm{b}} = 5\mathrm{mm}$。

(3) 确定带轮节圆直径并验算带速。取小带轮的节圆直径 $d_1 = 50\mathrm{mm}$，大带轮的节圆直径 $d_2 = 110\mathrm{mm}$，则验算带速

$$v = \frac{\pi d_1 n_1}{1000} = \frac{\pi \cdot 50 \cdot 20}{1000} = 4.0\mathrm{m/min}, \text{符合性能指标。}$$

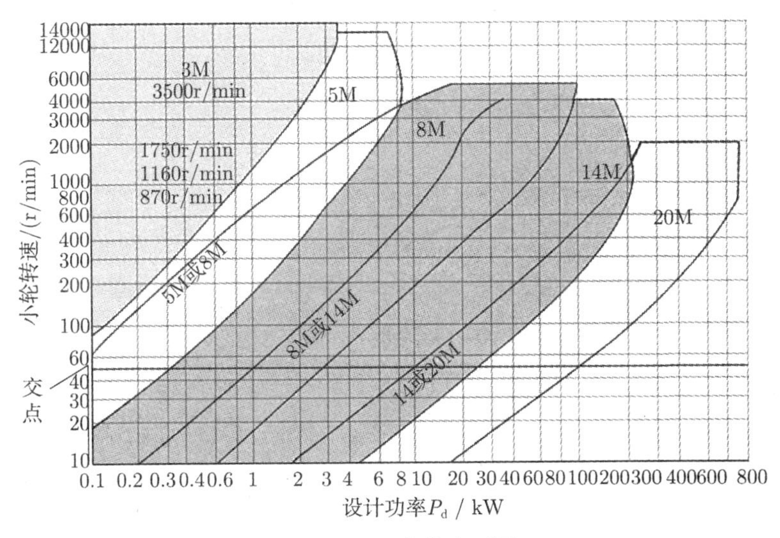

图 3-13 同步带选型图

(4) 确定同步带的轴间距 α 和节线长 L_0。初步定中心距 $\alpha_0 = 90\text{mm}$，则节线长

$$L_0 \approx 2\alpha_0 + \frac{\pi}{2}(d_1 + d_2) + \frac{(d_2 - d_1)^2}{4\alpha_0} = 441.2\text{mm} \tag{3-3}$$

故选取节线长 $L_\text{p} = 450\text{mm}$。

确定实际轴间距 α

$$\alpha = \alpha_0 + \frac{L_\text{p} - L_0}{2} = 94.4\text{mm} \tag{3-4}$$

即同步带的实际中心距为 94.4mm。

结合上述计算，则机器人设计选用 HTD-5M(节距为 5.00mm) 系列的同步带来实现壁面作业机器人的传动。其具体型号、尺寸如表 3-1 所示。

表 3-1 同步带型号和尺寸表

型号	节线长/mm	模宽/mm	带宽/mm	齿数
450-5M	450.00	450	20	90

同步带轮与同步带相配，根据节圆直径故选用小带轮型号为 HTD-5M-24-BF，大带轮型号为 HTD-5M-56-BS。

2) 壁面适应机构的设计

大型钢质容器通常形状、曲率不一，各种钢质壁面表面的工作条件也存在很大的差异。钢质压力容器的曲率不尽相同，给检测维修等作业带来了一定的困难。传统的钢质壁面作业机器人在适应不同曲率的钢质容器上具有一定缺陷[16]，由于底盘结构不具有柔性自适应性的特点，使普通的作业机器人只能对一种或几种曲率的钢质容器进行检测维修。

钢质壁面作业机器人克服了传统的机器人难以自适应不同曲率的缺陷，在底盘的改进中加入了柔性自适应机构，在研究国内外壁面适应机构的基础上，提出一种新型的壁面适应机构设计形式，如图 3-14 所示。弹性合页一端与电机连接板连接，另一端与车体底板相连接，行走驱动机构和车体通过弹性合页形成柔性连接。两永磁轮能够在一定角度范围内活动，使得钢质壁面作业机器人与不同曲率半径的曲面吸附，从而使机器人具有适应不同曲率半径壁面的特性，扩大了机器人的应用范围。

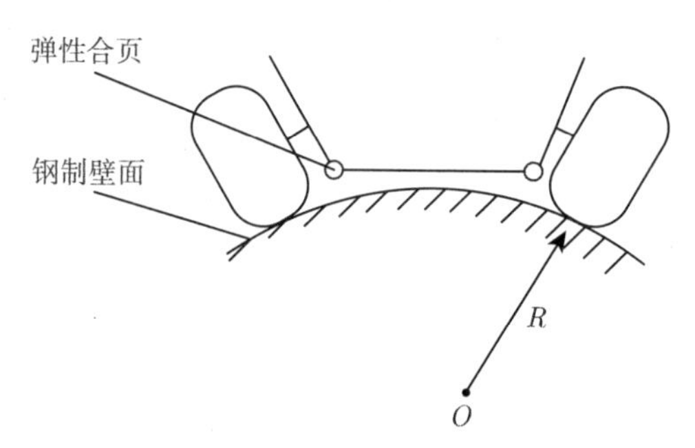

图 3-14　新型壁面适应机构

3.2.2.3　壁面维护装置的设计

1) 机械臂的设计

机械臂的机构设计参考已经成型的码垛机器人的结构，如图 3-15 所示。

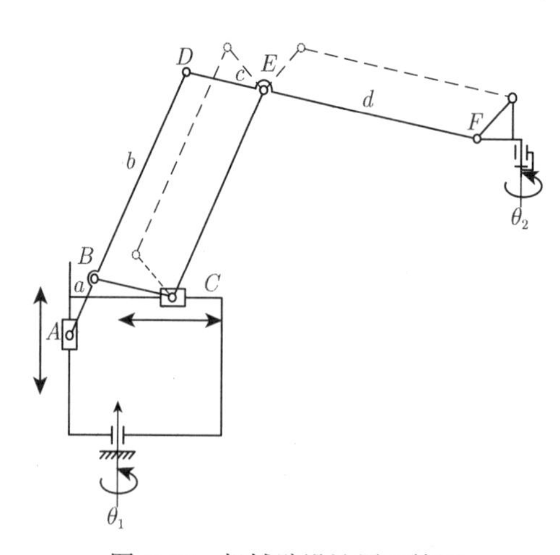

图 3-15　机械臂设计原理简图

机械臂在空间内具有 3 个自由度，分别为前后、上下的直线运动和沿机械臂底座轴线的旋转运动，相应的每个自由度需配备一个驱动装置。由于机械臂的负载并不是很大，初步确定为 5kg，机械结构方面是以铝合金为主要材料来满足强度要求，因此在设计过程中，主要考虑机械臂直线移动和旋转运动时的驱动问题。

机械臂中常用到的有液压、气动和机械驱动方式，这几种方式各有优点，如液压、气动驱动力大，机械驱动效率高，具体比较见表 3-2。

表 3-2 机械臂驱动方式的比较

项目	机械式	液压式	气动式
输出力	中等	很大	大
动作速度	低	稍高	高
位置控制	很好	好	一般
速度控制	一般	很好	好
自身体积	大	小	小
附加体积	小	大	大
构造	普通	稍复杂	简单

当机械臂行程较小时，可采用油缸或气缸直接驱动；当行程较大时，既可采用油缸或气缸驱动齿条传动的倍增机构，也可采用步进电机或伺服电机驱动，并通过丝杆螺母转换为直线运动。为了节约空间并适应工作环境的要求，选用电动推杆。电动推杆可以根据不同的应用负荷而设计不同推力的电动推杆，一般其最大推力可达 6000N，空载运行速度为 4~35mm/s，电动推杆以 24V/12V 直流永磁电机为动力源，把电机的旋转运动转化为直线往复运动。

2) 除锈装置的设计

目前，钢质壁面的除锈方法及工具有很多，常用的表面除锈方法有化学酸液浸泡法、手工除锈法、喷砂 (丸) 除锈法、机械除锈法以及压力除锈法等。一方面，对于不同种类的金属材料，其表面的锈是不同的，因此其除锈的方法也各不相同；另一方面，不同的表面工程技术，如电镀、涂装等，对于表面除锈的要求也是不同的。因此，实际选择除锈方法时，要根据金属材料的种类及具体表面工程的要求选择合适的除锈方法及工艺。如表 3-3 所示，列举了以上几种除锈方法的优缺点并进行了比较分析。

根据表 3-3 所列的几种除锈方法的比较分析，结合设计功能的要求与实际应用的场合，最终选择了电动钢丝刷除锈法，其实物装配图如图 3-16 所示。

3) 喷漆装置的设计

现在市场上的喷涂设备按照自动化程度可分为手动喷涂设备、半自动喷涂设备和全自动喷涂设备 3 种。

表 3-3　常用除锈方法优缺点对比

除锈方法		除锈工具	优点	缺点
化学法		酸液浸泡	适用于小型工件，除锈速度快，效果明显，对复杂形状的工件更为有效	仅适用于小型工件，不能用于大型金属工件的除锈
物理法	手工除锈	铲刀、刮刀、钢丝刷	工艺简单、费用低廉，适用于小面积除锈	除锈质量和效率低下，劳动强度大，人工危险系数高
	喷砂除锈	喷砂（丸）机	除锈质量好，效率高，适用于大型设备	磨料一般不能回收，对其他作业有影响，清理现场麻烦，环境污染较严重
	机械除锈	角向磨光机	适合表面比较平整光滑的钢质壁面，除锈光洁度较高	不适用于弯曲壁面和有焊缝等凸起的表面
		电动钢丝刷	适用于大型装备表面，适合在粗糙度比较大或表面有凸起的表面除锈	除锈质量相对较差，表面的除锈效果一般
	压力除锈	高压水加磨料	无粉尘污染，不损伤钢板，大大提高除锈效率	需要附带压力设备，对现场的环境影响较大，不能用于高空作业

图 3-16　电动钢丝刷除锈装配图

该喷漆装置设计的特点：蜗轮蜗杆传动方式加凸轮的设计，减速比大，传动效率高，结构紧凑，蜗轮可以得到精确的、很小的转动，适用于小型喷头。

3.2.2.4 控制系统设计

以壁面作业机器人的机械结构为基础，以控制系统的功能需求与任务为目标，对控制系统进行方案分析与设计，整个控制系统主要由上位机控制端、无线通信模块、视频监控模块、执行器控制核心、驱动器组成。图 3-17 为控制系统的整体框架图。

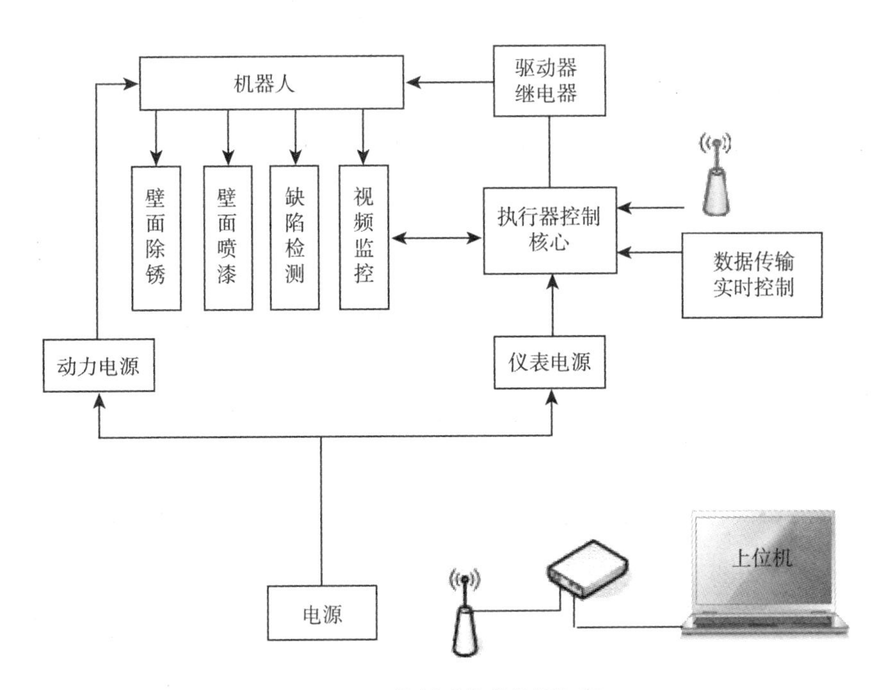

图 3-17 控制系统整体框架图

上位机控制端硬件采用笔记本电脑 + 无线通信发射模块来实现，利用组态王软件编写控制界面，将界面中的指令块与机器人的执行器控制核心内部的控制程序相对应，实现手动的模式设定、策略选择、运动控制、机械手动作控制、数据显示输出、视频监控等功能，同时也为机器人的调试、运行监测等提供方便，增强了控制系统的灵活性，从而实现人机交互的功能。

考虑到机器人工作现场各种信号的干扰，无线通信模块选用 RS232/RS485/RS422 串口转换成无线 ZigBee 适配器 FS-ZB485A。

除锈机器人应用现场环境通常较为恶劣，噪声较大，且采用磁吸附方式使磁场干扰严重，为了提高控制系统自身的抗干扰能力，采用西门子 S7-200 小型 PLC 为执行器控制核心。根据需要控制直流电机与步进电机的数目，确定 I/O 数，进而选取 PLC 的 CPU 型号为 S7-200 222，可以满足同时控制直流电机与步进电机的要求。

驱动器主要应用于步进电机，机械臂执行机构部分为了保证机械臂的动作精度，配有一台四线制步进电机，这台步进电机配置一个细分步进驱动器。而对于直流电机只需要控制其正反向和起停运动，采用普通继电器控制即可。

利用组态王的开发系统，监控操作界面包括机器人的各种运动控制以及视频实时监控等。

3.2.3 控制系统软件设计

PLC 的用户程序，是设计人员根据控制系统的工艺控制要求，通过 PLC 编程语言的编制规范，按照实际需要使用的功能来设计的。只要用户能够掌握某种标准编程语言，就能够使用 PLC 在控制系统中实现各种自动化控制功能。

3.2.3.1 PLC 应用程序

在 S7-200 系列产品中，已采用模块化方式编程。PLC 用户程序从结构上一般划分为三部分：主程序、子程序及中断程序。主程序是程序的主体，控制应用指令所在地，在每次的 CPU 扫描中，主程序的指令都会顺序执行一次。子程序是程序的各种功能模块，是程序的可选部分，它只有在主程序中通过 CALL 指令调用后，其中的指令才被执行。中断程序也是程序的可选部分，它只有在相应的中断事件发生后，该程序指令才会被执行。子程序和中断程序的执行都是位于主程序之后，但具体位置没有要求。每个子程序与中断程序负责一个功能，主程序通过程序序号来调用它们。

模块化程序编写方法可以实现多人协作共同工作，以加快开发进度，提高项目的开发效率，编写出风格一致的、稳定可靠的程序，并且有利于查找程序故障和调试程序。

3.2.3.2 人机交互界面设计

组态王所有应用程序都可以在组态王的开发系统中进行开发。界面一系列操作包括设计界面、对界面上的图素进行动画连接的定义等。画面开发系统不仅可以进行全部的画面图形开发，还可以与不同的数据库进行连接，抽象地显示控制对象。在数据的整体趋势显示、超限报警、进行记录等方面都有功能模块进行实现。只需要学会使用组态王图库进行开发使用，就可以设计出想要的界面，节约了时间也提高了效率。

利用组态王的开发系统，监控操作界面包括机器人的各种运动控制以及视频实时监控等。其运动监控操作界面如图 3-18 所示。

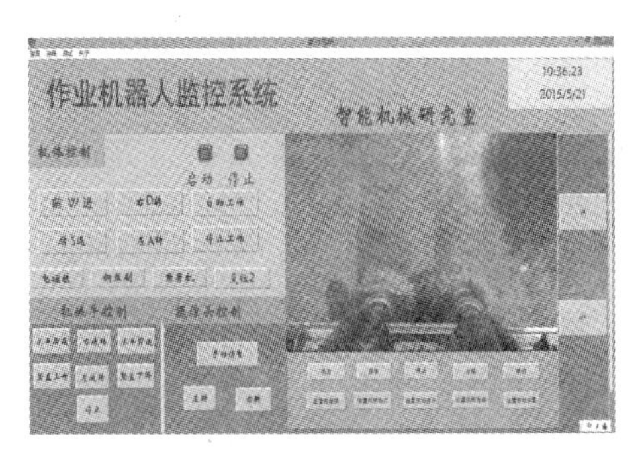

图 3-18 运动监控操作界面

3.2.3.3 无线通信模块设计与选型

在壁面作业机器人的工作过程中，所有控制动作都是通过上位机组态王软件的监控功能来实现的。由于壁面作业机器人的工作环境恶劣，所以采用原始的有线数据通信与数据传输已经无法实现。为此，在机器人设计中，采用 ZigBee 来完成组态王与 PLC 的无线通信和数据传输。

ZigBee 是专为工业控制设计的基于 IEEE 802.15.4 标准的低功耗个域网协议，是一种短距离、低功耗的工业无线通信技术。ZigBee 协议从下到上分别为物理层 (PHY)、媒体访问控制层 (MAC)、传输层 (TL)、网络层 (NWK)、应用层 (APL) 等。其中物理层和媒体访问控制层遵循 IEEE 802.15.4 标准的规定。ZigBee 网络主要特点是低功耗、低成本、低速率、支持大量节点、支持多种网络拓扑、低复杂度、快速、可靠、安全并易于实现无线信号的路由和中继放大，还可以避免 WiFi 信号的干扰，理论上可无限扩展无线信号的覆盖范围。图 3-19 为 FS-ZB485A 型 ZigBee 适配器。

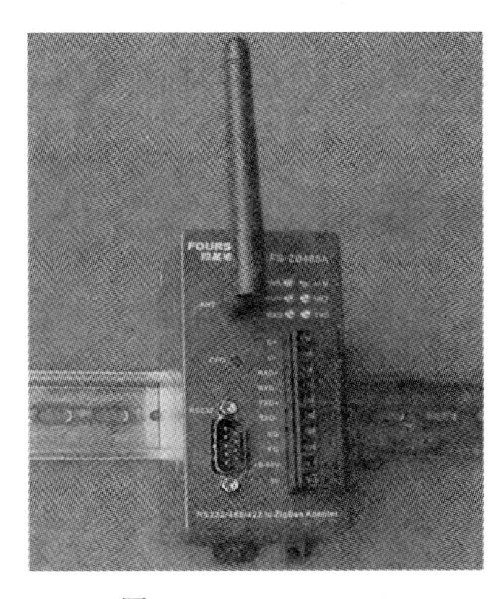

图 3-19 FS-ZB485A

使用 STEP7 Micro/Win 编程软件、PC Access 软件、组态王软件等，可实现对 S7-200 PLC 无线编程监控等。将一个模块的 RS485 口用双绞线连接到 S7-200 PLC 的 RS485 口，另一个模块的 RS232 口连接到电脑的 RS232 口，即可完成 PLC 与电脑的连接。其无线通信方案如图 3-20 所示。

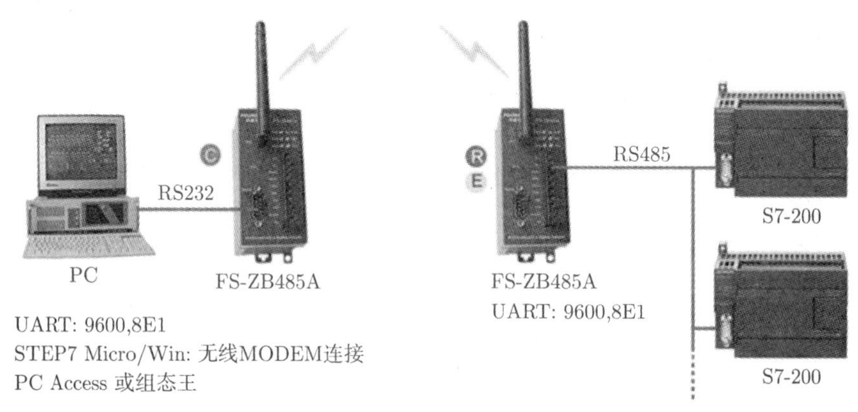

图 3-20 FS-ZB485A 无线通信方案

3.3 壁面作业机器人性能测试

为检验机器人的实际作业效果，按照机器人结构设计将各个零件加工后进行装配，制作出基于永磁吸附的爬壁机器人的实物样机，如图 3-21 所示。

图 3-21 基于永磁吸附的爬壁机器人实物样机

3.3.1 试验性能测试

3.3.1.1 测试目的和内容

通过测试基于永磁吸附的爬壁机器人的各项功能指标，发现机器人在运行过程中可能出现的问题和不足之处，进而加以整改和完善，以使得爬壁机器人能够实际应用到工业行业中，提高作业效率和质量。

按照对机器人的功能目标要求，对制作出的爬壁机器人物理样机进行试验测试，测试的主要内容包括曲面适应性能、负载性能及机动性能 3 个方面。

3.3.1.2 机器人曲面适应性能测试

机器人的壁面适应机构使其能够在不同曲率半径的钢质壁面的弧面上行走，根据对机器人的计算分析，该爬壁机器人能适应的曲面壁面的最小直径为 500mm。本设计对机器人在不同形状、不同曲率半径的钢质壁面上进行了爬行试验，可知机器人可在不同曲率半径的壁面吸附行走作业，最小吸附的容器壁面直径为 500mm。对于大于 500mm 直径的任意曲率钢质壁面，所研究的基于永磁吸附爬壁机器人均能稳定吸附作业，满足机器人稳定的曲面吸附适应性能。

3.3.1.3 机器人负载性能测试

基于永磁吸附的爬壁机器人负载能力的大小直接决定了机器人在实际应用中可携带的作业设备的质量，同时也间接地反映了机器人的磁吸附能力。因此，为检验永磁轮提供的磁力是否能够满足机器人在满负荷下的需求，也为后期现场的实际应用提供可靠的依据，需要对机器人的负载能力进行测试，以确保机器人在实际应用中的稳定可靠性。

首先对基于永磁吸附的爬壁机器人物理样机的机械本体质量 (包括控制系统) 进行测量，质量为 10kg，然后通过依次增加质量的方式对爬壁机器人进行静态负载能力测试，如图 3-22 所示。进行静态负载能力测试的机器人吸附在倾斜的平面上，测试点即添加负载的作用点选择在机器人车体的底端。

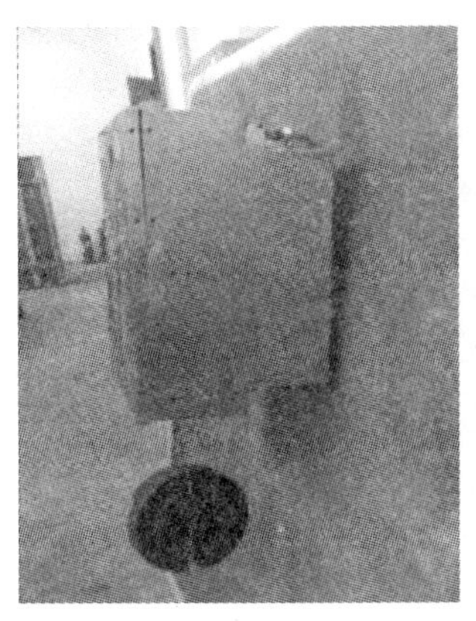
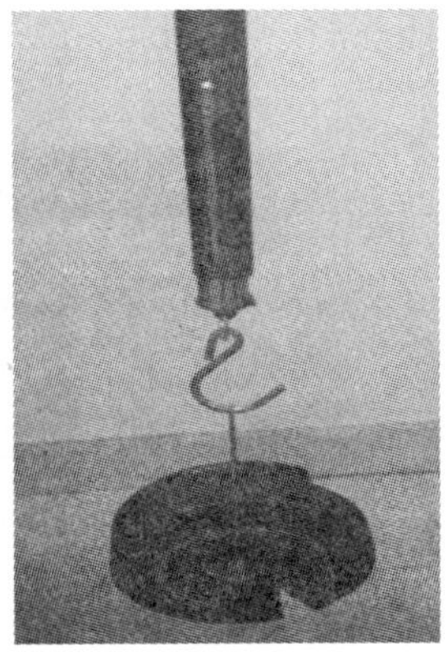
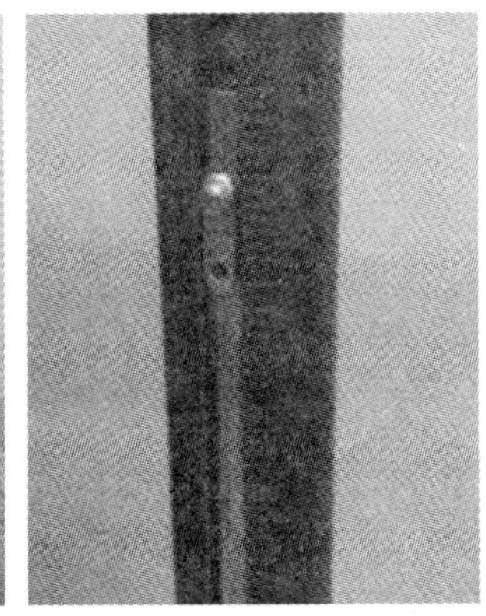

图 3-22 静态负载试验

测试的过程：第一次，将具有标准质量的试验机砝码系在本体作用点，试验机砝码的质量为 5kg，机器人稳定吸附，没有发生任何松动，继续添加负载；第二次，将质量为 5kg 的重物系在测试点，并将质量为 5kg 的试验机砝码放置在机器人车体的顶端，此次添加的总质量 10kg，机器人依然稳定吸附，测试继续；第三次，在车体顶端继续添加同样质量的试验机砝码，机器人滑落壁面，需要依次减少重物袋里的重物进行试验，当重物袋质量为 1.5kg 时，机器人吸附稳定，试验终止，此时重物的总质量为 11.5kg。

通过基于永磁吸附的爬壁机器人样机的静态负载测试，验证了机器人的负载能力能够满足甚至超出设计的目标要求，同时也验证了设计计算的永磁轮提供的磁吸附力足以满足机器人的功能需求。

3.3.1.4 机器人机动性能测试

制作出基于永磁吸附的爬壁机器人的物理样机后，需要对其进行机动性能测试，以便了解其实际的运动情况。机动能力测试主要是测试机器人在壁面的行走和作业过程中的原地转向能力、机械臂的灵活性以及机器人在运动过程中的最大移动速度和原地转弯的最大角速度。机动性能的测试内容主要包括机器人在钢质曲面上的原地转向试验、机械臂的动作及旋转试验以及机器人沿曲面的轴向和径向的行走试验。

3.3.2 试验数据对比及结论

通过对基于永磁吸附的爬壁机器人样机的一系列现场测试，可得到具体的试验数据，与设计参数相对比，如表 3-4 所示。

表 3-4 试验数据对比

参数名称	设计要求	试验数据	试验结果
机器人本体质量	≤ 10kg	10kg	满足要求
最小行走速度	≥ 4m/min	5m/min	满足要求
负载能力	≥ 8kg	11.5kg	满足要求
最小吸附力	≥1336N	1506N	满足要求

由试验数据对比表可知，基于永磁吸附爬壁机器人样机的试验数据能够满足设计参数的要求。机器人具有稳定的吸附能力、壁面适应能力、负载能力及一定的行走速度，能够稳定吸附于壁面进行除锈、焊缝检测及打磨等作业。

3.4 总　　结

在综合分析和研究国内外爬壁机器人发展现状及存在的问题的基础上，针对钢质壁面的特殊工作环境，提出了一种新型的基于永磁吸附爬壁机器人的机械结构设计方案。该设计方案能使机器人适用于不同曲率半径的钢质壁面，并具有稳定的吸附可靠性，可将其应用于现役的大型压力容器、船舶船体等钢质壁面的焊缝打磨、检测和壁面除锈，代替人工作业方式，提高作业的效率和质量。本设计主要完成了以下工作：

(1) 针对爬壁机器人的工作环境以及功能目标，对吸附理论和抗倾覆理论进行研究，提出基于永磁吸附爬壁机器人的功能要求和机械结构的设计方案，以结构设计原则为基础确定了吸附方式、行走方式及轮式移动的结构形式。基于吸附理论分析了磁吸附的应用原理，并设计一种能将永磁体的磁能积利用最大化的磁回路结构模型。

(2) 根据机器人的设计方案及功能需求，对爬壁机器人的机械结构进行详细的设计，包括行走驱动机构、永磁轮机构、壁面适应机构、抗倾覆机构及机械臂。分别对其建模装配成子装配体，进行检查，最后将各子装配体组合完成整个机器人的三维建模。

(3) 分析基于永磁吸附爬壁机器人的安全影响因素，包括吸附可靠性、倾覆力矩和行走机构的稳定适应性。建立了机器人受力模型，在此基础上对机器人的吸附可靠性、壁面适应性及抗倾覆性进行校核分析。

(4) 制作出基于永磁吸附爬壁机器人的物理样机，并对其进行综合性能测试，包括曲面适应性能、负载能力及机动能力测试，并在试验过程中得到一系列试验数据，与设计数据进行对比，其结果表明机器人样机的各个参数均达到设计要求。

综上所述，本设计的基于永磁吸附的壁面作业机器人能够稳定吸附于不同曲率半径的钢质壁面，行走灵活，机械臂能够携带设备对壁面进行除锈、焊缝检测及打磨等工作，提高了壁面的作业效率和质量。另外，机械臂也可携带其他壁面作业设备，将机器人的作业任务由单一化转向多功能化，具有较好的应用前景。

参 考 文 献

[1] 郑津洋，董其伍，桑芝富. 过程设备设计. 北京：化学工业出版社，2002: 1-30.
[2] 付宜利，李志海. 爬壁机器人的研究进展. 机械设计，2008，25(4)：1-5.
[3] 王珊. 在役化工容器壁面检测机器人的机械本体研究. 青岛：山东科技大学，2011.
[4] 李磊，叶涛，谭民，等. 移动机器人技术研究现状与未来. 机器人，2002, (5): 475-480.
[5] 崔旭明，孙英飞，何富君. 壁面爬行机器人研究与发展. 科学技术与工程，2010, (11): 2672-2677.
[6] Luk B L，Collie A A，Piefort V，et al. Robug III a tele- operated climbing and walking Robot. IEEE Conference Publication，1996，l, (427)：347-352.
[7] Carlo M，Metin S. A biomimetic climbing robot based on the gecko. Journal of Bionic

Engineering，2006, (3)：115-125.

[8] Dean G，Crocker L，Read D，et al. Prediction of deformation and failure of rubber-toughened adhesive joints. International Journal of Adhesion and Adhesives，2004, (24)：295-306

[9] 肖立，佟仕忠，丁启敏，等. 爬壁机器人的现状与发展. 自动化博览，2005, (1)：81-82.

[10] 韩建友. 高等机构学. 北京：机械工业出版社，2004.

[11] 熊有伦. 机器人学. 北京：机械工业出版社，1992.

[12] 朱世强，王宣银. 机器人技术及其应用. 杭州：浙江大学出版社，2001.

[13] 衣正尧，弓永军，王兴如，等. 船舶除锈爬壁机器人设计方案研究. 机床与液压，2010, (7)：65-67.

[14] 王兴如，弓永军，衣正尧，等. 超高压水射流船舶爬壁除锈机器人力学特性分析. 机床与液压，2008, (10): 67-70.

[15] 周寿增，董清飞. 超强永磁体——稀土铁系永磁材料. 北京：冶金工业出版社，2004.

[16] 薛龙，姚斌，李明利. 球罐焊接机器人行走机构的磁轮研制. 新技术新工艺，2002，(9)：11-12.

[17] 汤双清，沈洁，陈习坤, 等. 基于磁荷模型的永磁体空间磁场的有限元分析和计算. 三峡大学学报 (自然科学版)，2003，25(5)：452-455.

第4章　履带式遥控扫雷车*

许多战乱国家到处都散布着未爆炸的各种弹药和地雷，因此，扫雷机器人就成为必须工具。根据扫雷作业环境的不同，扫雷机器人可分陆用和海域用两类。陆用扫雷机器人用于陆地战场，它可以代替工兵探测、清除陆地战场的地雷障碍；海域用扫雷机器人用于探测、清除海域的水雷障碍，以避免不必要的人员伤亡。虽然机器人目前在大部分领域还不能完全替代人类，但在某些特定情况下使用机器人作业往往要比人工更加安全并且节省成本。不过目前全球的地雷数量着实令人担忧，据保守估计约有上亿颗地雷被埋在地下，且随时有引爆的可能，所以能够安全完成探雷任务的机器人成为排雷工作的首选工具。尽管之前已经有不少比较出色的解决方案，但因技术和产品价格限制，大部分国家还没有大面积推广。若具有扫雷功能的机器人大批量生产，其成本会有所降低，能够让更多的国家享受到这项技术所带来的切身利益 [1,2]。

本设计履带式遥控扫雷车主要由机械运动系统、金属探测报警系统、图像传输系统和无线遥控系统组成。该设计一旦发出报警声，探测仪上的警示红灯也会点亮，气泵会松开标记物并做下标记。机械臂底座装置模拟战场上的真实环境，将金属探测报警装置加装在履带车的前方，并伸出约有半个车身的距离，当金属探测装置发现隐藏在地下 20~30mm 的金属 (面积不小于 60mm×80mm) 时，蜂鸣器发出警报声，摄像头固定在机械臂的旋转底座，确保机械臂旋转的同时摄像头也能随之转动。这样就可以通过操纵机械臂来看清前方的道路，有利于操作人员远距离观察并遥控机械臂的抓取动作。

本装置的履带车包括底座、承重轮、驱动轮，其底座的左右两侧对称安装有承重轮、驱动轮。底座下安装有电源，底座上通过角接触球轴承连接基座，基座上安装有立支架，立支架上安装有机械臂。机械臂包括大臂、中臂、手腕回转件，大臂上安装有中臂，中臂通过手腕回转件连接末端夹手。

金属探测报警系统包括探测传感器、红色警报灯、蜂鸣器。

本履带式遥控扫雷车适用于那些较平坦、开阔地区扫雷及排雷工作，也可用于进行狭窄空间的作业。另外，该机器人通过前置摄像头可以进行战场环境的侦察，有极强的隐蔽性。

* 队伍名称：山东大学浩然二队团队，参赛队员：汪越、李芝、吕承侃；带队教师：王立志

4.1　项目研制背景与意义

4.1.1　装置研究背景

仅海湾战争后，在科威特和伊拉克边境一万多平方公里的地区内，有 16 个国家制造的 25 万颗地雷，85 万发炮弹，以及多国部队投下的布雷弹及子母弹的 2500 万颗子弹，其中至少有 20%没有爆炸。另外，在许多国家和地区甚至还残留有第一次世界大战和第二次世界大战中未爆炸的炸弹和地雷。因此，扫雷机器人的需求量是很大的。

4.1.2　国外研究现状

国外的扫雷机器人个头较大，如图 4-1 所示，一般是对现有的军用车辆的改装，加载扫雷器具、爆破物等，可在沙地、泥土地、碎石地等区域作业。这种大型的扫雷机器人扫雷效率虽高，但仅适用于沙漠平原地带的扫雷任务，而不适用于地形复杂的山地作业。由此可见，小型的扫雷机器人更适用于山地和道路起伏较大的区域，以及作业空间比较狭小的地域。

图 4-1　扫雷机器人

4.1.3　国内研究现状

我国科研设计人员承担的课题“面向国际人道主义的微小型扫雷机器人研究”在机器人探雷技术、排雷技术、机器人与控制技术等方面都有较大的进展，研制的微小型探雷扫雷机器人，已通过鉴定，并参加了在南京举行的“国际扫雷培训班”的教学演示和在昆明举行的全国扫雷经验交流会的演示。该机器人接受“人道主义扫雷”任务，已被交付给成都军区某工兵团，参加联合国黎巴嫩国际维和保障扫雷行动，提升了国家形象[3]。

2006 年起，我国先后派遣 10 批维和官兵远赴黎巴嫩执行扫雷任务，自行研制的综合扫雷车、扫雷爆破筒、多功能扫雷耙、新型扫雷防护服、气压抛射扫雷器、装甲救护车等“中国制造”扫雷装备，充分展示了我军维护世界和平的铿锵步伐[4]。

如图 4-2 和图 4-3 所示为国内自主研发的扫雷机器人。其中图 4-2 所示的机器人可由一台笔记本电脑控制，操作简单，在具有以下特点：具有三节履带式结构，前后节均可俯仰，以适应条件较为复杂的地理环境，机动灵活；体积较小，可以进入狭小空间作业，且在做侦察用时具有很强的隐蔽性；可用于战场环境下的扫雷任务。图 4-3 是自动型排爆机器人，先把程序编入磁盘，再将磁盘插入机器人身体里，机器人能分辨出哪些是危险物品，以便排除险情。但是由于成本较高，所以应用较少，一般是在情况危急时才使用。

图 4-2 自主研发的扫雷机器人

图 4-3 自动型排爆机器人

从以上可以看出，国内的扫雷机器人功能较为单一，是将扫雷和排雷任务分开的。必须使用专用的扫雷机器人和排雷机器人，而不能用同一种机器人完成这两种机器人的任务。从发展趋势来看，自动型排爆机器人由于价格昂贵并不适宜大批量生产。所以研制一款能够通过遥控进行扫雷和排雷的机器人迫在眉睫。

4.1.4 项目研究方向及意义

随着机器人的应用越来越广泛，无人化、智能化新型工程装备已成为各国工程装备发展的主要趋势，各种不同类型的探雷扫雷机器人竞相登台亮相。其中军用机器人是高科技的载体，世界各国都对军用机器人的研究投入了大量精力。总的来说排爆机器人的智能水平还不是很高，因此其发展趋势将围绕着提高其智能水平方面进行。扫雷机器人具有以下的发展趋势：

(1) 提高人机交互，但并不是不需要人的参与。目前国际上的扫雷机器人大都是遥控 + 半自主的方式，因此，提升人机交互能力将是提高扫雷、排雷机器人智能水平的手段之一。

(2) 发展多传感器系统。利用各种传感器的综合使用实现对地雷的精确探测和精准抓取。

(3) 小型化扫雷机器人是战场上的特殊装备，所以减小其体积将会显著地提升扫雷机器人在战场上的生存能力。

尽管扫雷机器人的技术还有待进一步探索和完善，但它在军事领域中的作用却越来越明显。装备扫雷机器人，不仅能降低人工排雷风险，而且弥补了机械扫雷的不足。人机结合扫雷方法，使扫雷速度和安全性大大提高。

4.2 系统设计

4.2.1 概述

机械臂式搬运机器人已经成为机器人研究领域的一个重要分支，且随着传感技术、计算机科学、人工智能及其他相关学科的迅速发展，移动机器人正向着智能化和多样化的方向发展，其应用也越来越广泛，几乎渗透到所有领域。在军事、危险行业、服务业等许多应用场合，需要机器人以无线接收方式实时接收控制命令，以期望的轨迹、速度、方向灵活自如地运动。移动机械臂系统是由一个机械臂固定在一个移动机器人平台上的一类移动机器人系统，移动机械臂同时具有移动和操作两大功能。本项目设计的目的是将机械臂与移动式机器人结合起来，实现机械臂的可遥控移动式抓取，这样就使得机械臂不是限制在一个小范围内移动，而是通过安装的移动机器人能够在大范围内移动。

本设计的履带式遥控扫雷车正是将机械臂式搬运机器人与探测、夹取、报警、遥控、图像传输功能相结合，使其用于军事领域，主要目的是通过车载的机械臂、摄像头、金属探测仪，利用无线接收设备实现操作人员远距离的遥控探测、夹取从而实现其扫雷、排雷功能。另外，由于该装置加装了摄像头，也可用于对敌情的侦察，具有极高的隐蔽性。

该履带式遥控扫雷车主要由机械运动系统、金属探测报警系统、图像传输系统和无线遥控系统组成。其中，机械运动系统主要由具有 5 个自由度的机械臂和载运履带车组成。金属探测报警装置安装在履带车的前方，当金属探测装置发现隐藏在地下 20~30mm 的金属时，蜂鸣器便会发出报警声，并且探测仪上的警示红灯也会点亮。操作人员就可以通过图像传输系统远距离了解实时情况。

在整个操作过程中摄像头会将实时录像通过无线发送给主机，这样操作人员身处数十米远之外就能够清晰地观察到前方的情况，再通过视频观察使用手机操纵载运车的行走。为了避免排雷所带来的人身伤害，本装置采用远程蓝牙遥控机械臂，在蓝牙信号的有效范围之内，就可以实施对目标物体的抓取。而在抓取物体的夹具方面，使用的是可变角度的夹取方式，即操作人员可以通过观察目标物体的摆放方式选取最合适的角度进行夹取。

装置整体模型图如图 4-4 所示。

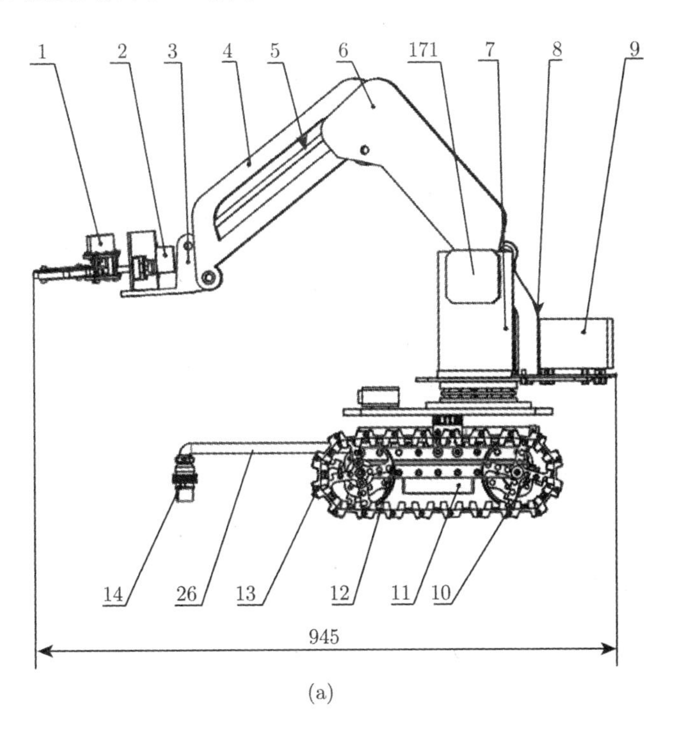

(a)

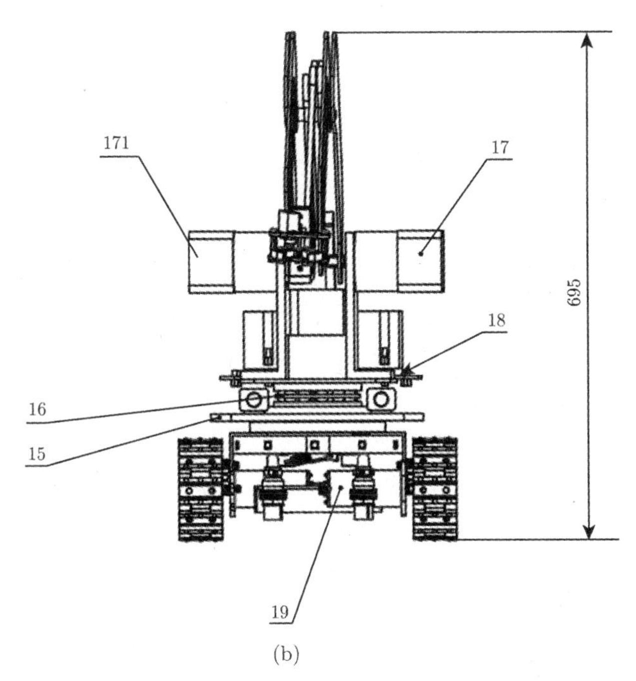

(b)

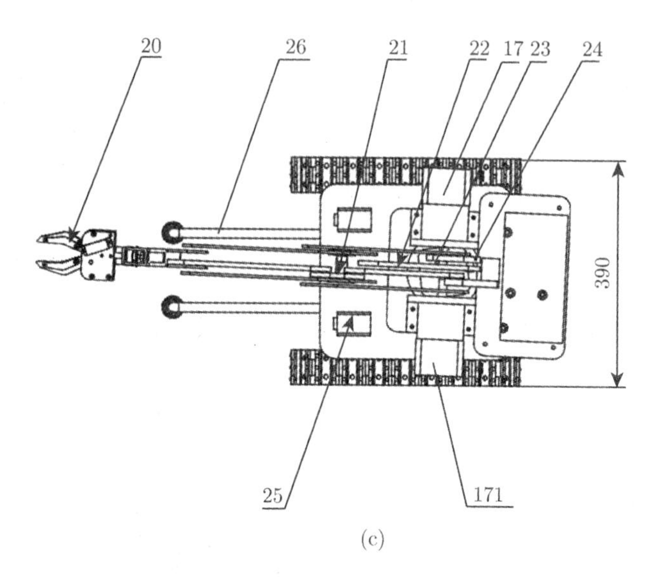

(c)

图 4-4 履带式遥控扫雷车整体模型图 (单位：mm)

1— 夹手舵机；2— 闭合舵机；3— 手腕回转件；4— 中臂；5— 连杆一；6— 大臂；7— 立支架；8—L 型支架；9— 电路箱；10— 承重轮；11— 电源；12— 驱动轮；13— 履带；14— 探测传感器；15— 底座；16— 深沟球轴承 6025；17— 行星减速电机一；171— 行星减速电机二；18— 高度调节螺母；19— 直流电机；20— 末端夹手；21— 三角件；22— 连杆二；23— 连杆三；24— 扇形杆；25— 摄像头；26— 碳纤维

4.2.2 行走机构履带车设计

考虑到该扫雷机器人的使用环境主要是崎岖不平的路面，与轮式载运车相比较，履带车有以下 3 个优势：①对路面的要求很低，越野能力突出，而适用于崎岖不平的路面就需要具备一定的爬坡和越障能力。②由于扫雷车的工作环境恶劣且负重较大，普通的轮式载运车难以保证在复杂的路面长时间行驶，履带的防护能力比轮胎更好，在战场上的防护能力更强；③履带车由于其独特的底盘结构，使其与同等重量的轮式车相比有着更强的动力，更适合在崎岖的路面载重行驶。履带车模型和实物图分别如图 4-5 和图 4-6 所示，其性能参数见表 4-1。

机器人的行走机构为履带车驱动方式：左右共有 10 个轮，其中与电机相连的齿形轮为驱动轮，分别受左右两个带减速器的直流电机控制，剩余轮为承重轮，由此构成 10 轮对称结构。左右齿形轮除负责前进与后退外，当两轮的转速不同时，还可以实现曲线行走以及原地旋转。而履带车的运动是无线遥控的，当履带车的无线与手机无线连通时就可以通过手机远距离操纵履带车前行、后退或转弯。由于履带车主要是取代人完成高危险的作业，所以在实际扫雷过程中履带车的可遥控距离越远越好，这样才能保证操作人员的人身安全。经过测试，该履带车的可遥控范围为 30m，已经超出中小型地雷的有效杀伤半径，操作人员可在地雷的杀伤半径之外进行遥控扫雷、排雷工作。

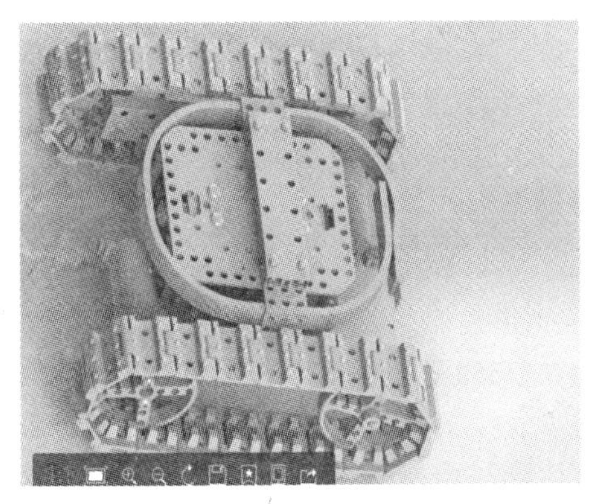

图 4-5 履带车模型

图 4-6 履带车实物

表 4-1 履带车的性能参数

性能名称	参数	性能名称	参数	性能名称	参数
负载电流	200mA	负载力矩	3000N·m	轴径	4mm
堵转电流	4500mA	工作电压	10V	供电方式	2 节干电池
堵转力矩	9.5N·m	轴伸出尺寸	14.5mm	载重	5kg
负载转速	100±10r/min	平地最大车速	0.5m/s	遥控方式	无线遥控 (30m 内)

考虑到履带车的实际作业环境，其电源应该是便携式的可充电电源。所以该履带车选用的是两节 5 号干电池，为其提供 10V 的电压。由于该履带车的底盘较高，故将电源与无线模块固定在车身下方，既调节了重心，又节省了空间。而且履带车的车速也在操作人员的操控之中，操作人员可根据路况的不同对车速进行合理设置。该履带载运车的全负荷平地车速最大为 0.5m/s。

电机控制车轮运动情况如表 4-2 所示。

表 4-2 电机控制车轮运动情况

左电机状态	右电机状态	运动状态
正转	正转	直线前进
反转	反转	直线后退
正转	反转	右转弯
反转	正转	左转弯
停	正转	原地逆时针转
正转	停	原地顺时针转

4.2.3　检测装置与报警装置的设计

检测装置与报警装置主要用来检测金属物质的存在，由于大部分地雷都是金属制品或者含有大量的金属成分，在传感器的检测范围内检测到金属物体时，传感器上的红灯会持续点亮，蜂鸣器也会发出蜂鸣声以示报警，气泵释放标志物进行标记。当金属物品不在检测范围内时，红灯会熄灭，蜂鸣器也不会报警。这样操作人员可以通过听到蜂鸣器的警示声或者由摄像头看到红灯点亮了解探测状况，有利于及时采取相应的措施，如停车。

该检测装置采用的是电感式位置传感器，根据传感器大小的不同，其检测距离也不同。所用的传感器检测距离为 30mm，检测物体的面积最小为 60mm×80mm。而传感器的安装需要考虑到地雷对车的威胁以及车的反应距离，所以将传感器通过两根碳纤维管伸出半个车身，约 250mm，这样在传感器检测到地雷时就为车与危险品之间预留了安全距离。另外，传感器的高度可以通过螺母调节，这样可以根据不同的路况将传感器调到不同的高度。其实物如图 4-7 所示。

图 4-7　检测装置与报警装置实物

4.2.4　图像传输系统

由于该扫雷车的行进和对机械臂的控制都是通过无线遥控实现的，这也就意味着如果没有附加的图像传输系统，整套装置一旦离开了人的视线范围就无法进行准确的操作。所以在该装置上采用无线图像传输系统，机器人通过摄像头即时采集图像信号，并通过无线视频传输模块传输给遥控部分，这样就可以保证在无线通信的情况下，即使扫雷车离开了人的视线范围，操作人员也可以通过摄像头传回来的图像对机械臂、履带车进行操作。当然由于扫雷车的体积较小，如果调整好合适的角度，该扫雷车也可用于战场环境的侦察。

实际操作中摄像头的作用至关重要。首先，当金属探测器探测到地雷时，红色报警指示灯点亮，只要调整好摄像头就可以通过电脑或者手机等移动设备发现警报从而采取相应的措施。其次，扫雷车在离开操作人员的视线后，操作人员就无法根据路况来对扫雷车进行适当的遥控操作，所以摄像头的另一个功能就是通过移动设备将前方路况及时地传输给操作者，以便操作者对扫雷车进行控制。另外，由于是远程操控机械臂抓取排雷，需要机械臂能够精准地抓起物体，这样对遥控机械臂就提出极高的要求，所以通过无线传输设备，操作人员就可以从电脑中实时地观察机械臂的抓取情况，从而对机械臂的抓取角度进行调整。其工作画面如图 4-8 所示。

图 4-8 工作画面

4.2.5 机械臂的结构设计与控制

该扫雷车的机械结构关键在于机械臂，机械臂的设计是否合理以及其加工的精度将直接影响到对机械臂的操作。由于机械臂采用远程遥控，所以任何小的误差经过机械臂连杆机构的放大作用后在末端夹手处都会造成较大的误差。而该机械臂采用的是八杆机构，通过平行连杆的作用使机械臂在运动过程中末端始终保持水平，这样无论机械臂怎样运动都能够保证机械臂末端的夹手保持在水平位置，有利于机械夹手位置的确定和遥控。该机械臂的另一优势就是，夹手可以 180° 旋转，可以根据物体位置的不同对夹手的角度进行调整，以便于对物体的夹取。另外，由于该机械臂的旋转是由固定在底部的步进电机控制的，所以，理论上该机械臂可以 360° 旋转进行物体的抓取，极大地增加了机械臂的可抓取范围，开阔视角。其模型如图 4-4(a) 所示。

4.2.5.1 机械臂技术指标

该机械结构为八连杆机构，整体具有 5 个自由度，包括平台的旋转、机械臂的前后摆动、上下升降，以及末端夹具的旋转与张开、闭合。通过平行连杆的设计使得机械臂在伸缩、升降过程中末端夹具始终保持水平。机械臂具有基座 (腰)、大臂、中臂、小臂、手腕回转 5 个自由度。现根据反恐排爆集成平台的实际需求，对五自由度。排爆机械臂提出如下技术指标。

(1) 各关节的工作范围如下：基座，0° ~250°；大臂俯仰，0° ~150°；中臂俯仰，0° ~80°；小臂俯仰，0° ~50°；手腕回转，0° ~180°。

(2) 手爪开合范围：0° ~120°。

(3) 手臂总长：70cm；臂负重能力：1.5kg。

(4) 大臂、中臂、小臂和手腕等关节上都需安装位置传感器，以便机械臂主要关节可以实现计算机联动，操作员只要针对手爪运动直接进行遥控操作，而不需更多考虑各关节的运动，操作方便、高效。

(5) 带有一台摄像机，并配备录像机对必要的排爆过程进行录像。

(6) 提供无线控制方式。控制距离 30m；可以集控制机械臂操作、路面探视、报警监视于一体，以有效减小电缆线径。

(7) 在手腕上可以安装不同夹具对爆炸物进行夹取。

(8) 附加云台照明系统，便于夜间使用。

(9) 电源：12V 直流电源，采用便携式可充电电池。

(10) 抓重：1kg。

(11) 自由度数：5 个。

(12) 最大工作半径：600mm。

在分析机械臂的抓取范围时，利用 ADAMS 软件对机械臂的运动进行仿真，通过对指定零件设定 X 轴、Y 轴的运动轨迹，可以知道机械臂手腕的最大伸展长度和最高、最低升降范围，这样就可以确定其末端的抓取范围。经过仿真，该机械臂的最大伸展范围为超出车身 600mm，相对于地面的最大抬升高度为 200mm，其仿真数据如图 4-9。

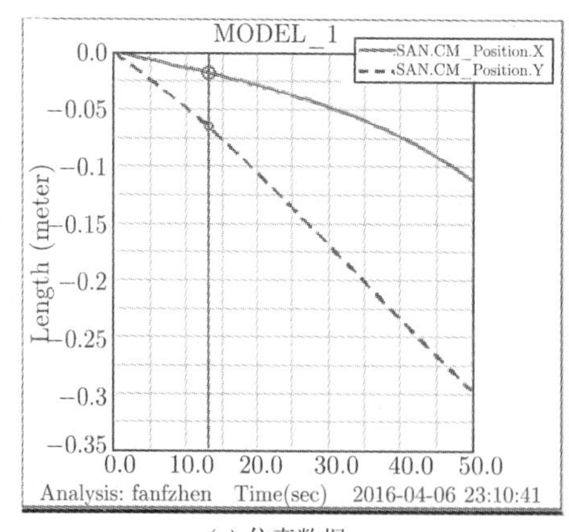

(a) 仿真数据　　(b) 仿真模型

图 4-9　ADAMS 软件对机械臂运动仿真结果

4.2.5.2 机械臂结构设计

机械臂底座驱动力矩的计算。底座、大臂、连杆的运动均为回转运动，其中驱动回转时的驱动力矩必须克服底座转动时所产生的惯性力矩、电机的转动轴与支承孔处的摩擦阻力矩，以及由于转动件的中心与转动轴线不重合所产生的偏重力矩。底座转动时所需的驱动力矩可按下式计算：

$$M_{驱} = M_{惯} + M_{偏} + M_{摩}$$

式中，$M_{驱}$ 为驱动手腕转动的驱动力矩，N·cm；$M_{惯}$ 为惯性力矩，N·cm；$M_{偏}$ 为参与转动的零部件的重量 (包括工件、手部、夹具) 对转动轴线所产生的偏重力矩，N·cm。

下面以底部电机的受力情况为例，分析各阻力矩的计算。

1) 底座加速运动时所产生的惯性力矩 $M_{惯}$

若底座起动过程按等加速运动，底座转动时的角速度为 ω，起动过程所用的时间为 Δt，则

$$M_{惯} = (J + J_1)\frac{\omega}{\Delta t}(\mathrm{N{\cdot}cm})$$

式中，J 为参与底座转动的部件对转动轴线的转动惯量，$\mathrm{N{\cdot}cm{\cdot}s^2}$；$J_1$ 为工件对底座转动轴线的转动惯量，$\mathrm{N{\cdot}cm{\cdot}s^2}$。

若工件中心与转动轴线不重合，其转动惯量 J_1 为

$$J_1 = J_{\mathrm{c}} + \frac{G_1}{g}e_1^2$$

式中，J_{c} 为工件对过重心轴线的转动惯量，$\mathrm{N{\cdot}cm{\cdot}s^2}$；$G_1$ 为工件的重量，N；e_1 为工件的重心到转动轴线的偏心距，cm，ω 为手腕转动时的角速度，rad/s；Δt 为起动过程所需的时间，s。

2) 底座转动件和工件的偏重对转动轴线所产生的偏重力矩 $M_{偏}$

$$M_{偏} = G_1e_1 + G_3e_3(\mathrm{N \cdot cm})$$

式中，G_3 为底座转动件的重量，N；e_3 为底座转动件的重心到转动轴线的偏心距，cm。当工件的重心与底座转动轴线重合时，则 $G_1e_1 = 0$。

3) 底座转动轴在轴颈处的摩擦阻力矩 $M_{摩}$

$$M_{摩} = \frac{f}{2}(R_Ad_2 + R_Bd_1)(\mathrm{N \cdot cm})$$

式中，d_1，d_2 为转动轴的轴颈直径，cm；f 为摩擦系数，对于滚动轴承 f=0.01，对于滑动轴承 f=0.1；R_A, R_B 为支承反力，N，可按底座转动轴的受力分析求解。

根据 $\sum M_A(F) = 0$，得

$$R_B l + G_3 l_3 = G_2 l_2 + G_1 l_1$$

$$R_B = \frac{G_1 l_1 + G_2 l_2 - G_3 l_3}{l}$$

同理，根据 $\sum M_B(F) = 0$，得

$$R_A = \frac{G_1(l + l_1) + G_2(l + l_2) + G_3(l - l_3)}{l}$$

4) 电机选择及校核

(1) 电机选择力矩：5.5N·m；电流：3A；轴径：5mm；轴长：15mm。

(2) 电机校核。

①测定参与底座转动的部件的质量 $m_1 = 5$kg(经过测量得知机械臂的和电路部分的质量有 4kg，考虑到夹持物体的质量，共重 5kg)，分析部件的质量分布情况：质量密度等效分布在一个半径 $r = 50$mm 的圆盘上，那么转动惯量

$$\begin{aligned} J &= \frac{m_1 r^2}{2} \\ &= \frac{5 \times 0.05^2}{2} \\ &= 0.0125(\text{kg}\cdot\text{m}^2) \end{aligned}$$

工件的质量为 5kg，质量分布于长 $l = 100$mm 的棒料上，那么转动惯量

$$\begin{aligned} J_{\text{c}} &= \frac{ml^2}{12} \\ &= \frac{5 \times 0.1^2}{12} \\ &= 0.042(\text{N}\cdot\text{m}) \end{aligned}$$

②底座转动件和工件的偏重对转动轴线所产生的偏重力矩为 $M_{偏}$，考虑底座转动件重心与转动轴线重合，$e_1 = 0$，夹持工件一端时工件重心偏离转动轴线 $e_3 = 50$mm，则

$$\begin{aligned} M_{偏} &= G_1 e_1 + G_3 e_3 \\ &= 10 \times 10 \times 0 + 5 \times 10 \times 0.05 \\ &= 2.5(\text{N}\cdot\text{m}) \end{aligned}$$

③ 底座转动轴在轴颈处的摩擦阻力矩为 $M_{摩}$；对于滚动轴承 $f = 0.01$，对于滑动轴承 f=0.1；d_1，d_2 为底座转动轴的轴颈直径，$d_1 = 30$mm，$d_2 = 20$mm；R_A，R_B 为轴颈处的支承反力，粗略估计 $R_A = 300$N，$R_B = 150$N。

$$
\begin{aligned}
M_{摩} &= \frac{f}{2}(R_A d_2 + R_B d_1) \\
&= \frac{0.01}{2}(300 \times 0.02 + 150 \times 0.03) \\
&= 0.05(\mathrm{N \cdot cm}) \\
M_{驱} &= M_{惯} + M_{偏} + M_{摩} = 0.042 + 2.5 + 0.05 \\
&= 2.592(\mathrm{N \cdot cm})
\end{aligned}
$$

$$
M_{驱} < M = 5.5(\mathrm{N \cdot m})
$$

所以选择的电机合理。

4.2.5.3 机械臂控制思路

通信：机械臂的整体运动是依靠 3 个行星齿轮减速电机控制的，其中一个控制底座的旋转，另外两个分别控制大臂和连杆的旋转。而其末端的夹取装置则是通过两个舵机实现的，一个实现夹具的 180° 旋转，另一个控制夹具的闭合与张开。

供电：12V 直流便携式可充电电池。

电路固定：考虑到机械臂的底座要实现 250° 的旋转，为了避免因机械臂的旋转而引起线路的拉扯，所以将线路固定在机械臂的底座上，这样就可以保证线路随着机械臂的旋转而旋转，也有利于机械臂重心的平衡。

这一整套动作都是通过蓝牙遥控的，其通信如表 4-3 所示。

表 4-3 蓝牙通信说明

发送字母	电机转向
Q	底座顺时针
A	底座逆时针
W	大臂抬起
S	大臂落下
E	连杆抬起
D	连杆落下
R	夹手顺时针
F	夹手逆时针
T	夹手闭合
G	夹手张开

该履带式遥控扫雷车的程序设计代码请登陆中国工程机器人大赛暨国际公开赛网站获取，具体链接地址为：http://robotmatch.cn/upload/files/2017/5/12102832437.txt。

4.3　结论与展望

4.3.1　结论

扫雷机器人的研究内容广泛，包括移动机构、精确定位技术、智能控制技术、多传感器信息融合技术、导航和定位技术等。它既借鉴移动机器人的理论和方法，又拓宽新的研究领域，具有相当的研究和应用前景。研究有特色的排爆机器人，无疑具有巨大的社会效益和经济效益。目前，世界上许多国家都在开展排爆机器人的研究工作，并已取得重要成果。但排爆机器人的研究应先易后难，边研制边推广，循序渐进，不断提高。在排爆机器人的研制中不应过分追求技术的先进性，而应把针对有限目标的实际应用放在首位。另外，排爆机器人系统的优势决定了机器人能广泛地应用到一切可能对人员生命、健康构成威胁的场所，如军事应用、宇宙探索、处理化学危险品泄漏等[5]。

(1) 创意方面。现有的军用扫雷机器人大多只能完成扫雷和夹取任务的其中之一。该履带式遥控扫雷车通过车载的机械臂和车上加装的金属探测器可以同时完成探测雷和夹取雷的过程。

(2) 机械结构方面。该装置的机械臂主体采用连杆机构，通过安装在机械臂底座上的 3 个减速电机减轻了连杆机构的负担，使得承重能力提升。而目前的低端机械臂大多用舵机控制，只能实现定性运动，精度差。而高端的机械臂需要使用谐波减速机，价格昂贵。

(3) 功能方面。履带式底盘适应复杂的地理条件，体积小能够在狭小的空间下作业。在进行侦察时有很强的隐蔽性，探测高度为 0~30mm，可以 360° 摆动探测。通过摄像头即时采集图像信号，通过无线视频传输模块提供给遥控部分。当探雷器探测到有雷信息后，会自动传响报警铃、点亮警示灯，并且放下标记物。

(4) 操作方面。远程遥控探雷夹取，减少对人身的伤害，操作简单，电脑传输图像，手机操控履带车和机械臂，且机械臂的 360° 夹取范围适应复杂物体的夹取。

(5) 采用模块化结构，各模块独立运作。

4.3.2　展望

排爆机器人一般工作在非结构化的未知环境中，因此，研究具有局部自主能力的、通过人机交互方式进行遥控操作的半自主排爆机器人将是今后发展的重要方向。半自主排爆机器人就是具有局部自主环境建模、自主检障和避障、局部自主导航移动等功能的机器人，它能够自主地完成规划好的任务，而复杂环境分析、任务规划、全局路径选择等工作则由操作人员完成，通过操作人员与机器人的协同完成所指定的任务。其发展趋势如下：

(1) 标准化、模块化。目前，机器人的研制还处于各自为政的状态，各个研究机构所采用的部件规格不一，要促进机器人的发展，必须像 20 世纪 70 年代 PC 产业的发展一样，采用标准化部件。而采用模块化的结构，可以提高系统的可靠性和增强系统的扩展性能[6]。由于各模块功能单一、复杂性低、实现容易，通过增减模块可以改变系统的功能，容易形成系列化产品。重视机器人研制的技术通用化、结构模块化，强调研发的技术继承性，降低研究风险，节约研制经费，提高机器人的可靠性，完善机器人产品的系列化。机器人作为一个机电产品，要想真正实现产业化，必须软硬件分离，并且将其软硬件模块化、标准化，每一块都可以作为一个产品，就像汽车的零部件。标准化包括硬件的标准化和软件的标准化，硬件的标准化包括接口的标准化和功能模块的标准化；软件的标准化首先是建立一个通用管理平台，其次是通信协议的标准化和各种驱动软件模块的标准化。

(2) 控制系统智能化。排爆机器人作为一种在地面移动的机器人，经过多年的研究和发展，已取得很多成果。早期研制的排爆机器人大多是遥控式，移动平台和机械臂都是由操作人员进行操作和控制的，如“手推车”排爆机器人。20 世纪 80 年代后期，由于新的控制方法、控制结构和控制思想的出现，研究人员开始研究具有一定自主能力的移动机器人，它可在操作人员的监视下自主行驶，在遇到困难时操作人员可以进行遥控干预，如以色列研制的 TSR150 机器人能进行有限的障碍导航。到了 90 年代，一些移动机器人逐渐向自主型发展，即依靠自身的智能自主导航、躲避障碍物，独立完成各种排爆任务。全自主排爆机器人近期还难以实现，能做到的是自主 + 遥控的半自主方式。因为地面环境复杂，虽然 GPS、电子罗盘等可给机器人定位，但在地面行驶时必须对地面环境进行建模和处理，才能决定如何行动[7]。只有计算机视觉技术解决了复杂环境的处理问题，全自主危险操作机器人才有可能实现。

(3) 通信系统网络化。通信系统是排爆机器人控制系统的关键模块之一。国外在移动机器人网络控制的研究取得一定进展，出现了网上远程控制的实例。Patrick 等的遥控操作机器人项目中，用户可以通过互联网用浏览器控制一台移动机器人在迷宫中运行。Luo 和 Chen 集成本地智能化自主导航远程通信开发出的移动机器人可令用户通过互联网对其进行远程导航控制。建立基于 Interact 的机器人遥控操作，可使操作人员远离具有危险性的排爆作业环境，避免造成人身伤害[8]。

参考文献

[1] 马香峰．工业机器人的操作机设计．北京：冶金工业出版社，1996．

[2] 吴振彪．工业机器人．武汉：华中理工大学出版社，2006．

[3] 黄远灿．国内外军用机器人产业发展现状．机器人技术与应用，2009，(2)：25-31．

[4] 朱世强, 王宜银. 机器人及其应用. 杭州: 浙江大学出版社, 2000.
[5] 王馨立. 军用机器人即将踏上战场今年正式交付美军使用. 人民网，2012-03-22。
[6] 孙柏林. 无人平台在军事领域里的应用. 自动化博览，2003，(S1)：145-149.
[7] 王永寿. 美国军用机器人的现状与开发动向. 飞航导弹，2003, (2)：11-15.
[8] 王海彬，黄永生，姚丹霖. 国外地面军用机器人系统综述. 汽车应用，2005, (11)：18-20.

第 5 章　工程创新智能小车*

随着微电子技术的发展与进步，智能小车具有很高的研究价值与开发前景。本项目设计是一款基于 IAP15F2K61S2 型单片机的智能小车。该小车由循迹模块、测距模块、寻光模块、避障模块、电机驱动模块、灭火模块、显示模块、语音模块和无线通信模块组成。系统分为执行子系统和控制子系统。执行子系统运用传感器技术和电机传动技术，各子模块以单片机为控制中枢，实现小车的自动循迹、红外避障、超声波测距、寻光、液晶显示功能；控制子系统通过 38kHz 红外载波、2.4GHz 无线和语音三种通信方式来对小车发送指令，实现小车运动状态的改变。整个系统采用模块化设计，能够通过不同模块的组合实现多样化的功能，满足多种工作环境下的要求。测试表明，该项目设计具有较高的灵活性和可靠性，可控性高，运行稳定。

5.1　系统整体设计

5.1.1　系统整体方案设计

智能小车分为功能执行控制系统和底盘驱动控制系统两部分。本设计是以 IAP15F2K61S2 型单片机为控制核心，直流电机为执行核心，能够实现红外循迹、红外避障、超声波避障、寻光、灭火和红外遥控、无线遥控、语音遥控功能，其系统总体结构图如图 5-1 所示。

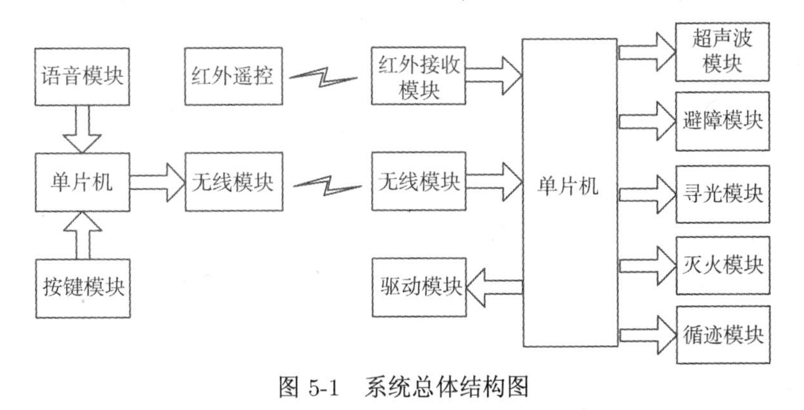

图 5-1　系统总体结构图

* 队伍名称：江苏科技大学热血雄鹰团队，参赛队员：汪文立、朱文祥、丁柏文；带队教师：王琪、金琦淳

循迹功能模块使用红外对管读取道路的反馈信息，再经控制器处理后，控制智能小车的方向，实现其沿着特定轨迹行走的功能。

避障功能模块具有两种实现方案：红外避障和超声波避障。红外避障采用红外对管实现障碍物的检测，而超声波避障采用超声波测距实现对障碍物的检测，当检测到障碍物后，智能小车自动躲避障碍物。

寻光功能模块利用光敏传感器对光源的敏感性控制智能小车执行相应任务。

灭火功能模块通过在特定的运行轨迹上，实时对轨迹周围的火源进行探测，一旦发现火源，火焰传感器就发送信号给控制器，并控制打开风扇灭火，实现预定轨迹火焰检测及灭火的功能。

红外遥控模块通过红外遥控器发射红外编码指令来控制小车的运动状态。

无线遥控模块通过无线键盘发射无线信号来控制小车的运动状态。

语音遥控模块通过语音指令来控制小车的运动状态。

5.1.2 控制系统方案

小车的整体系统结构图如图 5-2 所示，整个系统以 IAP15F2K61S2 型单片机为控制核心，结合黑线循迹模块、超声波模块、寻光模块、灭火模块、红外避障模块和液晶显示模块，实现小车的黑线循迹、超声波测距、黑夜寻光、红外避障、液晶显示、寻找火源灭火等功能。整个系统采用高性能单片机，工作稳定、处理速度快、综合性强，能使小车的各项功能稳定及可靠的实现。

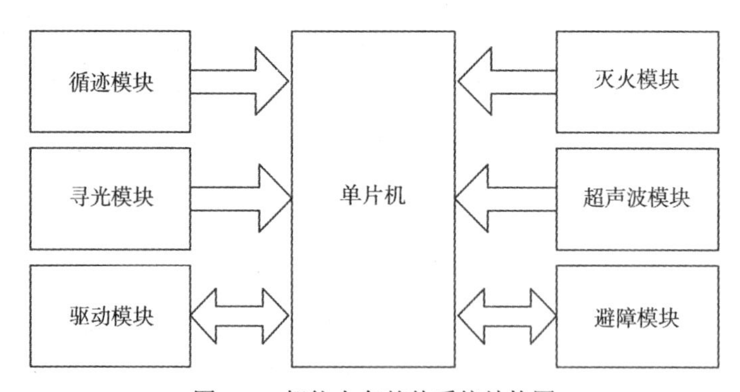

图 5-2 智能小车整体系统结构图

5.1.2.1 黑线循迹设计方案

黑线循迹模块主要采用 4 对 TCRT5000 红外对管，通过红外对管对黑线的检测，沿着黑线行走[1]。由于黑线吸收光线，白色地面反射光线，红外对管根据是否接收到反射光，通过 LM393 运算放大器输出 TTL 高低电平发送给单片机，以检测车身是位于黑线上还是位于两侧。最后由程序调整小车的位置，使其保持在黑线上行走，且每个模块上都安装有一个电位器，能够调节红外对管对反射光的敏感度，方便调整红外对管和地面之间的距离。

5.1.2.2 超声波测距设计方案

超声波测距模块选用的是 HC-SR04 型超声波模块实现避障功能 [2]。HC-SR04 模块由超声波收发探头、控制电路和驱动电路构成，测距范围为 3~400cm，测距精度可达到 3mm。超声波发射装置发射 8 个频率为 38kHz 的周期电平并检测回波，一旦检测到有回波信号，就会输出一个响应给接收端，使接收端置高电平，高电平所持续的时间就是超声波从发射到返回的时间。因此可以通过测量该接收端高电平持续的时间来计算距离，即距离 = 时间 × 声速 (340m/s)/2。在测量时发送周期不宜过短，以避免对检测回波造成干扰。

5.1.2.3 寻光设计方案

在寻光设计方案中，最主要的是将光信号转化为电信号，除了传统的利用光敏电阻和 A/D 转换器之外[2]，还可采用光敏传感器。

本系统设计的寻光模块采用光敏传感器，根据光敏电阻对周围环境的感知阻值的不断变化，自身电压也随之改变，通过与滑动变阻器上的电压比较，经 LM393 放大输出高低电平来判断前方是否有光源，单片机做出判断，控制小车转弯或直行，并随着光源行走，也可通过调节滑动变阻器的阻值大小来改变光敏传感器对光源强度感知的强弱。

5.1.2.4 红外避障设计方案

红外避障方案采用红外对管避障[3]。红外对管根据是否接收到反射的红外光来判断前方有无障碍物，信号由 LM393 对比、放大传输到单片机来执行转弯或者直走的动作。通过电位器可以调控小车与障碍物之间的距离。

5.1.2.5 灭火设计方案

灭火模块采用火焰传感器对火源进行探测[4]，其检测波长在 760~1100nm 范围内的光源，探测角度 60°，模块上有电位器，可以调节传感器对火焰的敏感程度。当小车进入火源场地时，火焰传感器会迅速收集周围信息，若收集到火焰发出的红外光，则通过 LM393 电压比较器返回比较值，将火焰信息传输给单片机进行处理。

灭火装置采用的是简单风扇模拟灭火，由于单片机的 I/O 口输出的电流不足以驱动带有风扇的电机，所以就需要加驱动电路将单片机 I/O 口的电流放大。L9110 驱动器是一款为控制和驱动电机设计的两通道推挽式功率放大器件，具有较大的电流驱动能力。

灭火模块通过火焰传感器收集来自火场的火焰光波信息并将数据反馈给单片机，然后通过程序配置 L9110 驱动器接收来自单片机的火焰信号从而驱动电机的运转，再由电机带动扇叶进行灭火。

5.1.2.6 电机驱动方案设计

电机驱动器采用 L298N[5]，其引脚 1 和引脚 15 驱动的发射极分别单独引出，以便接入电流采样电阻，形成电流传感信号。内含 4 通道逻辑驱动电路，即有 2 个 H 桥的高电压、大电流、双全桥式驱动器，接收 TTL 逻辑电平信号。驱动器电源端分为逻辑控制电源和电机驱动电源，分别为 5V 和 7.4V。器件外部接 8 个二极管，用以保护 L298N，防止电机在正反转切换时因负载电机两端电压过高或过低，而对周围元器件造成损坏。

L298N 模块有 6 路输入通道和 4 路输出通道，单片机通过 I/O 口控制 IN1，IN2，IN3，IN4 输入端，实现电机的正转、反转和停止，并控制 ENA、ENB 两个使能端，结合单片机内部 PCA 模块输出的 PWM 脉宽进行平滑调速，使小车两轮差速，实现转向的功能。驱动输出逻辑表如表 5-1 所示。

表 5-1 驱动输出逻辑表

ENA(ENB)	IN1(IN3)	IN2(IN4)	电机运行情况
高 (H)	高 (H)	低 (L)	正转
高 (H)	低 (L)	高 (H)	反转
低 (L)	—	—	停止

5.1.2.7 液晶显示方案设计

在本设计中，要将超声波模块测试的距离显示出来，因此，采用 LCD1602 型液晶显示模块[6]。LCD1602 液晶也称为字符型液晶显示器，其由点阵组成，可显示数字、字符和字母。显示时，每位之间都有一个点距的间隔，每行之间也有间隔，起到字符间距和行间距的作用。

5.1.3 小车底盘驱动设计

本设计智能小车采用 IAP15F2K61S2 型单片机为控制核心，直条单轴减速马达为动力源，L298N 为驱动电机芯片。采用三种不同的通信方式控制小车的运动状态，分别是红外通信、无线通信及语音通信，系统分为控制部分和执行部分，其系统结构图如图 5-3 所示。

本设计使用不同的通信方式以适应不同的使用环境，通过控制板发射不同的信号指令来使得小车进行前进、左转、右转、后退的动作。

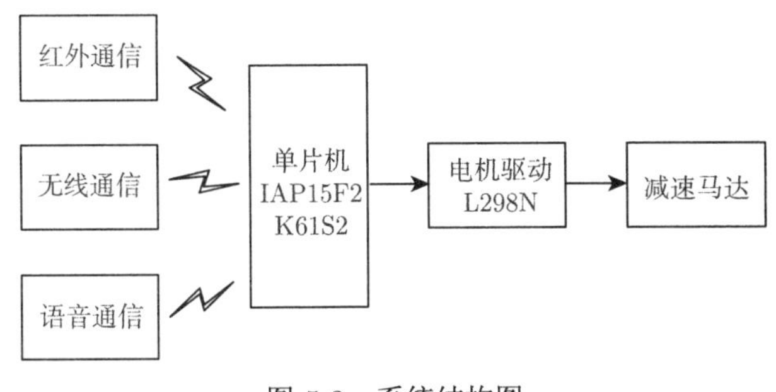

图 5-3 系统结构图

5.1.3.1 红外通信模块

红外通信是一种信息传播的通道，其依靠 950nm 近红外波段的红外线作为信息交互的介质。红外通信通过发送端发射二进制信号，再将信号调制为相应的脉冲串信号，最后经红外发射管发射红外信号，红外接收端将得到的光脉冲信号转换成电信号，信号经放大、滤波电路处理，再将处理过的信号解调为二进制的数字信号输出给单片机。

本设计的红外通信模块设计思路是通过红外发射遥控器发射红外信号，再由红外接收头接收信号，最后驱动智能小车。红外通信模块由发射模块和接收模块两部分组成。发射部分选用如图 5-4 所示的红外遥控器，按下按键，按键所对应的控制指令和系统码调制在 38kHz 的载波上，信号经放大并驱动红外发射管，最终输出红外信号[7]。而接收部分则选用 1838T 型红外接收器 (图 5-5)。

图 5-4 红外遥控器　　图 5-5 1838T 型红外接收器

5.1.3.2 无线通信模块

无线通信是通过在自由空间利用电磁波信号进行信息传递的一种通信方式，在信息通信领域发展十分迅速，已经应用到生活的方方面面。

本设计采用 NRF24L01 型无线通信模块，其实物如图 5-6 所示。该模块工作在 2.4GHz ISM 频段，集成了功放、天线、振荡器等多个模块于一体，体积小，使用方便[8]。

图 5-6　NRF24L01 型无线通信模块实物图

NRF24L01型无线通信模块特性如下：

(1) 工作于 1.9~3.6V 低电压区；

(2) 在空中传输速率高速达 2Mb/s，极大地降低了数据在无线传输中的碰撞概率；

(3) 配置多个频点，可以满足用户多点通信或者调频通信的要求；

(4) 功耗极低，在正常发射功率下，模块在发射和接收时，工作电流都只有 10mA 左右，在掉电模式和待机模式下功耗更低[9]；

(5) 模块体积小，天线采用印制导线，直接印在模块的 PCB 板上，成本低、效益高；

(6) 融合了 ShockBurst 技术，在这个模式下，使用先入先出堆栈区，数据能够低速地进入，控制器也能高速地发射数据，具有低功耗、抗干扰性强、低电流等特点；

(7) 内置自动重发功能，能够根据是否有应答信号回传，对已经丢失的数据包重新进行数据的发送；

(8) NRF24L01 型无线通信模块有 4 种工作方式：接收、发射、待机和掉电方式。其中，在收发方式中分为 3 种，收发方式根据寄存器中的配置自行确定[10]。

5.1.3.3　语音通信模块

语音识别技术 (ASR) 是将人类的声音转化为文字或者指令的过程，实现一种脱离键盘、鼠标的交互界面。本设计选用 LD3320 型语音通信模块，其实物如图 5-7 所示，它是一款基于 ASR 技术非特定人语音识别的语音芯片。该芯片融合了识别算法，通过对大量语音数据的模型分析并建立数学模型，提取其中的基元语音特征及各个基元之间的差异，利用算法融合在嵌入式系统中，实现了高度集成单芯片的解决方案。

图 5-7　LD3320 型语音通信模块实物图

1) 语音模块功能介绍

(1) 模块对工作供电电压要求低，工作电压仅为 3.3V；

(2) LD3320 型语音通信模块不需要语音训练，只需通过标准拼音发音，识别精度高；

(3) LD3320 型语音通信模块内部集成存储器和 A/D 转换器，省去外围电路的设计；

(4) LD3320 型语音通信模块最多能存储 50 条关键词识别指令，其指令为标准的汉语拼音，每个汉语拼音之间需用一个空格来隔开，且指令长度可达 10 个汉字或 79 个字符，内容也可以进行动态修改；

(5) 支持并行和串行口通信，大大简化了与单片机的通信方式；

(6) 内部有 16 位 D/A、A/D 转换器，且集成有麦克风、语音播放、耳机和喇叭等电路。

2) 语音模块引脚结构

LD3320 型语音通信模块引脚结构如图 5-8 所示，引脚功能如表 5-2 所示。

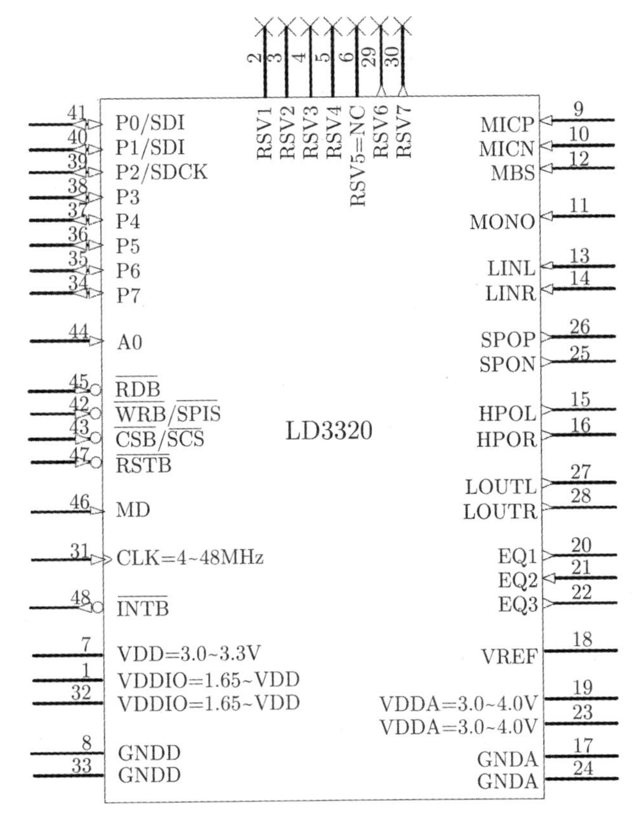

图 5-8 LD3320 型语音通信模块引脚结构图

由于语音识别模块的敏感性，在识别过程中当环境嘈杂、距离过远或当语音内容相对于预设关键字漏字、多字时，容易发生误识别。为了降低误识别率，可以再多存储几条相关的预存指令，但对应的指令没有相应的后续动作，可用这样的方式吸收错误识别，也可将模块设置为口令模式，只有当模块识别到口令后，其余的语音指令才有效[12]。

表 5-2　LD3320 型语音通信模块引脚功能表

序号	引脚符号	说明
1	34~41(I/O)	并行 I/O 口
2	31(CLK)	时钟输入
3	1、7、32(VDDIO)	数字 I/O 电路电源 3.3V
4	41(P0/SDI)	并行口 (第 0 位) 公用 SPI 输入
5	42($\overline{\text{WRB}}$/$\overline{\text{SPIS}}$)	写数据允许
6	43($\overline{\text{CSB}}$/$\overline{\text{SCS}}$)	并行方式片选信号
7	44(A0)	地址或数据选择
8	45($\overline{\text{RDB}}$)	读数据允许
9	46(MD)	0：并行工作方式；1：串行工作方式
10	47($\overline{\text{RSTB}}$)	复位信号
11	48($\overline{\text{INTB}}$)	中断信号
12	8 和 33(GNDD)	I/O 和数字电路接地
13	9(MICP)	麦克风输入
14	10(MICN)	麦克风输入
15	11(MONO)	单声道输入
16	12(MBS)	麦克风偏置
17	13(LINL)	立体声 (左端)
18	14(LINR)	立体声 (右端)
19	17 和 24(GNDA)	模拟信号接地
20	18(VREF)	声音信号参考电压
21	20~22(EQ)	喇叭音量外部控制
22	19 和 23(VDDA)	模拟信号电源 3.3V
23	16(HPOR)	耳机输出 (右端)
24	15(HPOL)	耳机输出 (左端)
25	28(LOUTR)	LineOut 输出 (右端)
26	27(LOUTL)	LineOut 输出 (左端)
27	25(SPON)	喇叭输出 (负端)
28	26(SPOP)	喇叭输出 (正端)

5.2 系统设计

智能小车底盘为电路 PCB 板，驱动小车的电机采用型号为 1A120-1812L 的直条单轴减速马达，其传动比分级精细，结构紧凑，体积小，承受过载能力强，因此符合要求的场地环境较多。

系统设计主要分为硬件电路设计和软件程序设计。主要包括以单片机为核心的控制电路，外围电路模块有显示电路模块、驱动电路模块、循迹电路模块、超声波测距模块、寻光模块、红外避障模块、下载模块、灭火模块、矩阵键盘电路设计、红外通信电路设计、无线通信电路设计和语音通信电路设计。

5.2.1 显示模块设计

5.2.1.1 显示模块电路设计

显示模块采用 LCD1602 液晶显示器来显示输出数据，即可以显示两行，每行 16 个字符。第一行用于显示时间，第二行用于显示运算过程及结果，通过 D0~D7 引脚向 LCD1602 写指令字或写数据以使 LCD 实现不同的功能或显示相应的数据。其接口电路如图 5-9 所示。

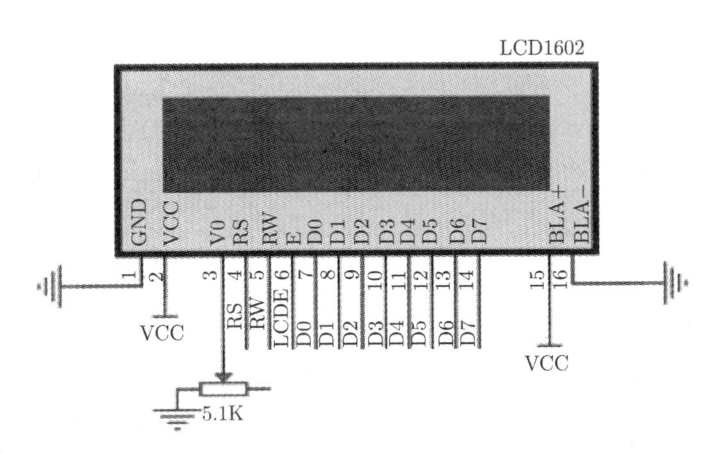

图 5-9 LCD1602 液晶显示器接口电路图

5.2.1.2 显示模块程序设计

1) LCD1602 显示模块流程

显示程序的过程为：显示开始时，先进行 LCD 的初始化，判断是否显示汉字或 ACSII 码或图形，若不显示，则返回；若显示的是汉字或 ACSII 码，则进行相应功能的设置，然后送地址和数据，再判断是否显示完，显示完后则结束显示命令。其流程框图如图 5-10 所示。

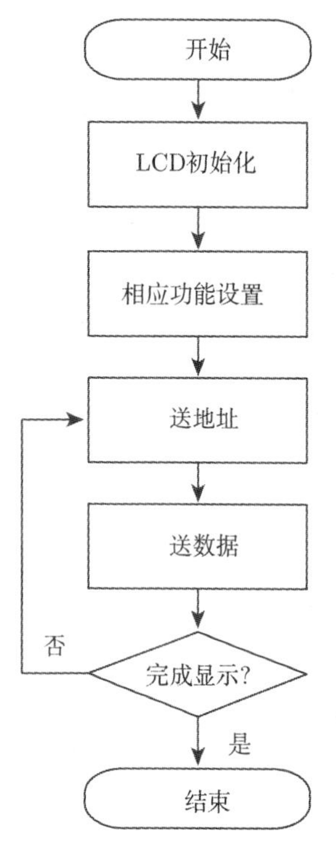

图 5-10　LCD1602 显示流程框图

2) LCD1602 显示模块主要程序

显示模块 LCD1602 利用液晶显示的透光度来控制，这样就形成带有彩色屏幕显示的效果。相比其他显示屏，它还有明显的优势。因为透光率决定了屏幕的明暗和颜色的变化。其他参数并不改变，所以不存在刷新率、延迟等影响。LCD1602 初始化显示程序[13]代码请登陆中国工程机器人大赛暨国公开赛网站下载，具体链接地址为：http://robotmatch.cn/upload/files/2017/5/12102953703.txt。

5.2.2　驱动模块设计

5.2.2.1　驱动模块电路设计

驱动模块采用 L298N 驱动小车，驱动芯片连接的外围电路如图 5-11 所示。电机类似于电感元器件，有时会在电源突然停止时，产生电感电压击穿元器件，因此需在电路设计中加入 8 个续流二极管[14]。在电源电压和地之间并联一只 100μF 的电解电容和一只 0.1μF 的陶瓷电容，以消除电源干扰。

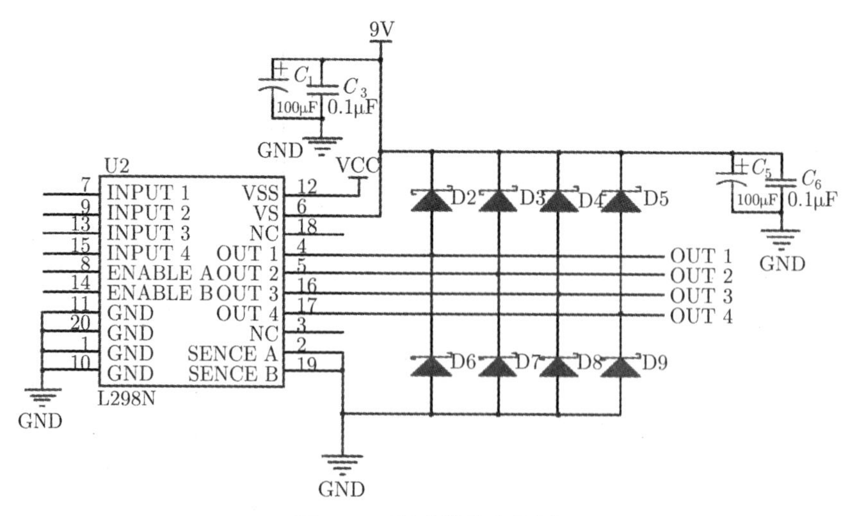

图 5-11　驱动模块电路图

5.2.2.2 驱动模块程序设计

1) 驱动模块流程图

整个系统先由单片机程序初始化 L298N 驱动芯片和内部的 PWM 模块，然后是整个系统运行过程中单片机是否接收到产生两轮驱动的指令，如果接收到则可以进行两轮驱动，实现小车的前进、后退、左转、右转等功能。驱动模块流程图如图 5-12 所示。

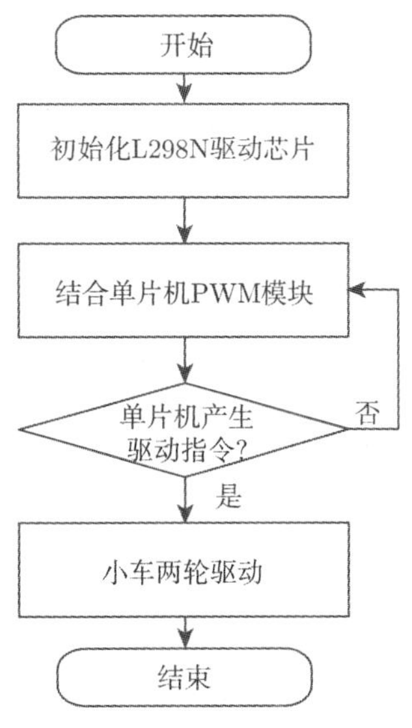

图 5-12 驱动模块工作流程图

2) 驱动模块主要程序

在设计驱动程序时， 需要将选用的 L298N 驱动芯片和单片机中集成的 PWM 模块相结合。这样配置的程序相比于传统的利用定时器模拟 PWM 输出的程序更加简洁明了。驱动程序代码请登陆中国工程机器人大赛暨国际公开赛网站下载，具体链接地址为：http://robotmatch.cn/upload/files/2017/5/12102931421.txt。

5.2.3 循迹模块设计

5.2.3.1 循迹模块电路设计

循迹模块电路如图 5-13 所示，LM393 的输出端相当于一个集电极没有接电阻的三极管，在设计时需要在输出端接一个上拉电阻，不同的阻值会影响输出电平的值，一般选用 10kΩ 左右的电阻。在反相输入端和红外对管之间接入一个 10kΩ 的上拉电阻，是为了增强红外对管接收到信号后将信号增强输出。

图 5-13 中 R_1、R_2、R_5 为限流电阻。R_1 的阻值决定红外发射管功率的大小，其阻值越小，红外发射管的功率就越大。选择 R_2 和 R_5 时，只需满足发光二极管的正常工作范围即可，一般阻值选定为 1kΩ。

图 5-13 中 R_6 为滑动变阻丝，它是一个分压电阻，为同相端提供一个参考电压，整个循迹过程中，通过调节滑动变阻丝来改变参考电压以控制与地面检测的高度。

图 5-13 中电容 C_1 用于电路的高频滤波，也可为电路提供一个断电延时，C_2 电容把噪声等干扰接地，提高信号传输的稳定性。

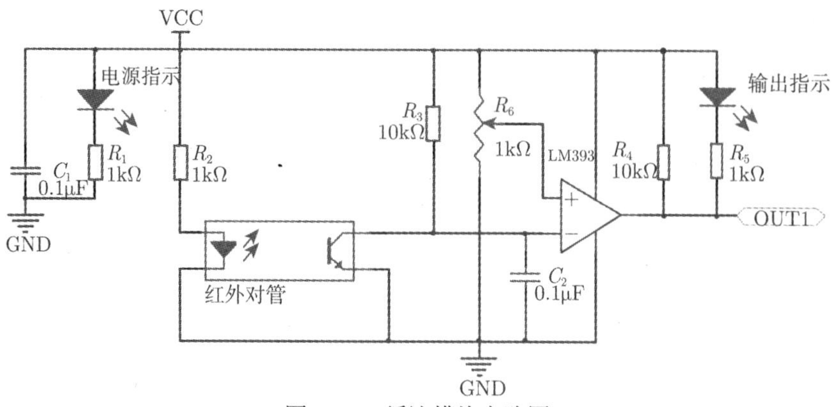

图 5-13　循迹模块电路图

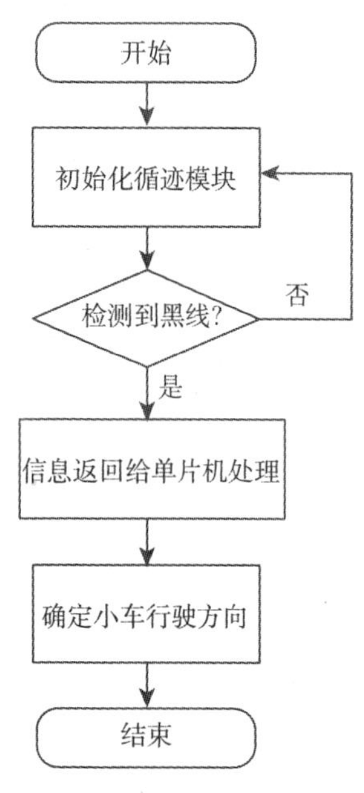

图 5-14　循迹工作流程图

5.2.3.2　*循迹模块程序设计*

1) 循迹模块流程图

循迹模块利用红外对管检测黑线，在检测过程中黑线吸收光，白地反射光，从而确定行走的方向，整个过程中将检测到的信息传输给单片机处理，循迹模块流程图如图 5-14 所示。

2) 循迹模块主要程序

循迹模块程序主要是利用红外检测模块返回给单片机的一个 TTL 电平值来控制小车的驱动转向，整个程序设计中有 4 路红外循迹对管。小车偏离黑线时，最外面的 2 个红外对管模块检测到黑线，使小车的驱动轮反向转动以此增强小车的转向力度，从而不会使得小车偏离黑线。其主要程序代码请登陆中国工程机器人大赛暨国际公开赛网站下载，具体链接地址为：http://robotmatch.cn/upload/files/2017/5/12103350671.txt。

5.2.4　超声波测距模块设计

5.2.4.1　*超声波测距模块电路设计*

整个系统设计中，超声波电路因其复杂性和不稳定性，采用的是集成化的超声波测距模块，超声波测距模块总共有 4 个引脚。超声波测距模块引脚排列图如图 5-15 所示。

(1) 采用 I/O 触发测距，给至少 10μs 的高电平信号；

(2) 模块自动发送 8 个 40kHz 的方波，自动检测是否有信号返回；

(3) 信号返回给 I/O 口电平的时间就是声波发射到返回的时间。

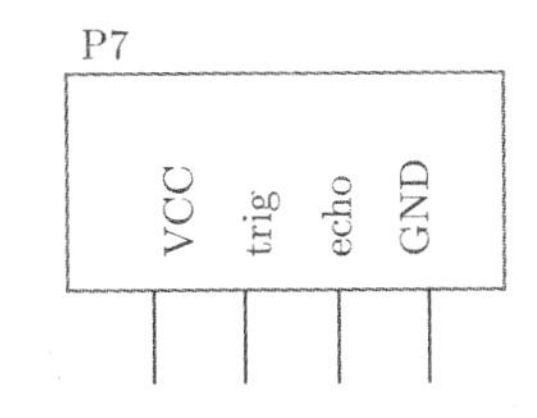

图 5-15　超声波测距模块引脚排列图

5.2.4.2　超声波测距模块主要程序设计

1) 超声波测距模块流程图

系统设计中，超声波测距模块先由单片机初始化程序，然后发射信号方波看有无返回接收。如果接收到就传输给单片机进行计算，得出测量的距离。超声波测距模块流程图如图 5-16 所示。

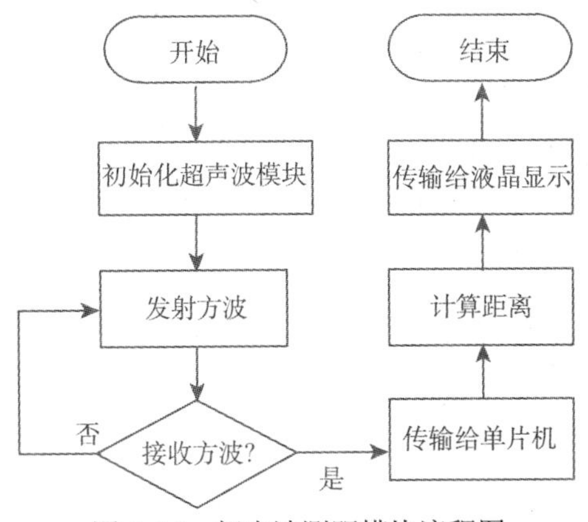

图 5-16　超声波测距模块流程图

2) 超声波测距模块程序

超声波测距模块程序利用定时器 1 来计数，这个计数值就是声波发出时到接收时的时间值。超声波测距模块的程序代码请登陆中国工程机器人大赛暨国际公开赛网站下载，具体链接地址为：http://robotmatch.cn/upload/files/2017/5/12103056796.txt。

5.2.5　寻光模块设计

5.2.5.1　寻光模块电路设计

寻光模块电路图如图 5-17 所示。LM393 的输出端相当于一个集电极没有接电阻的三极管，在设计时需要在输出端接一个上拉电阻，不同的阻值会影响输出电平的值，一般选用 10kΩ 左右的电阻。在反相输入端和红外对管之间接入一个 10kΩ 的上拉电阻，是为了红外对管接收到信号之后将信号增强输出。

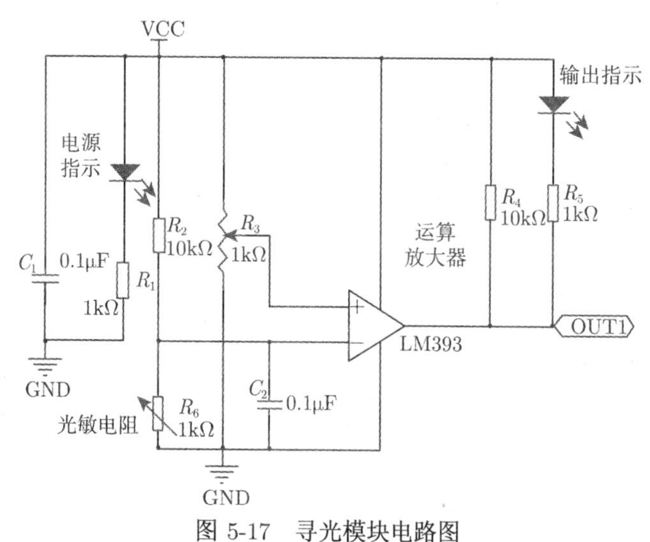

图 5-17　寻光模块电路图

图 5-17 中 R_6 为滑动变阻丝，它是一个分压电阻，为同相端提供一个参考电压。整个循迹过程中，通过调节滑动变阻丝来调节参考电压以达到控制与地面检测的高度。

图 5-17 中电容 C_1 是用于电路的高频滤波，也可为电路提供一个断电延时。C_2 电容是把如噪声等干扰接地，提高信号传输的稳定性。

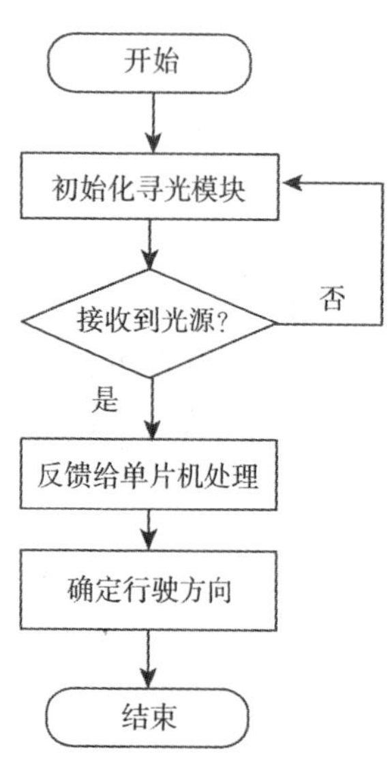

图 5-18　寻光模块流程图

5.2.5.2　寻光模块主要程序设计

1) 寻光模块流程图

在寻光模块系统中，首先由单片机初始化寻光模块程序，然后根据光敏电阻阻值的变化去调节反馈给单片机的电压值，达到改变行驶方向的目的。寻光模块流程图如图 5-18 所示。

2) 寻光模块程序

在寻光模块的设计中，采用了 3 路采集光源模块。每一路寻光模块中都是通过光敏电阻阻值的变化，返回一个电压值和 LM393 进行比较再次返回一个高低电平来判断这一个方向上是否存在光源，寻光模块程序代码请登陆中国工程机器人大赛暨国际公开赛网站下载，具体链接地址为：http://robotmatch.cn/ upload/files/2017/5/12103324703.txt。

5.2.6 红外避障模块设计

1) 红外避障模块流程图

红外避障系统的设计类似于循迹模块。首先红外避障模块使用一对红外对管，单片机先对其进行初始化设置，然后发射红外光波看接收的红外对管是否能接收返回的红外光波信号。如果有信号返回，就说明前面有障碍物，从而确定小车的行驶方向。红外避障模块流程图如图 5-19 所示。

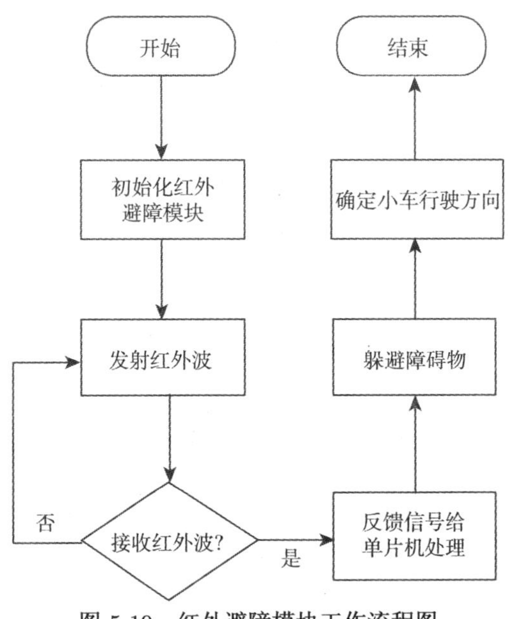

图 5-19 红外避障模块工作流程图

2) 红外避障模块程序

红外避障模块由 3 路红外避障红外对管组成。如果有障碍物，红外发射出去的红外线就会被反射回来。传感器一检测到信号就通过 LM393 比较之后传输给单片机，然后单片机控制小车的两轮驱动。红外避障模块的程序代码请登陆中国工程机器人大赛暨国际公开赛网站下载，具体链接地址为：http: //robotmatch.cn/upload/files/2017/5/12103124546.txt。

5.2.7 灭火模块设计

5.2.7.1 灭火模块电路设计

灭火模块是由火焰传感器检测火源的信息之后发送给单片机进行处理，单片机处理好信号后再将灭火指令发送给灭火装置，从而达到灭火效果。灭火模块的电路原理图如图 5-20 所示。

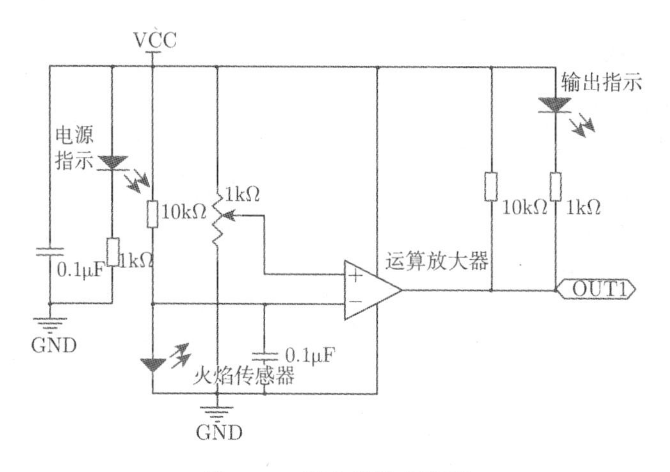

图 5-20 灭火模块电路图

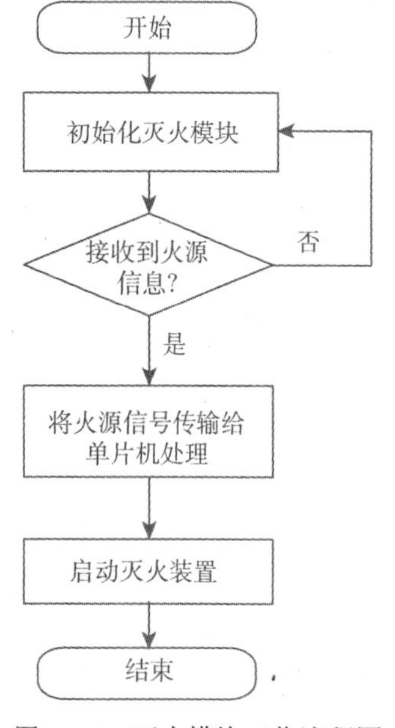

图 5-21 灭火模块工作流程图

5.2.7.2 灭火模块主要程序

1) 灭火模块流程图

设计系统中，小车上的灭火模块由火焰传感器和灭火装置组成。整个过程先由单片机初始化灭火模块，然后火焰传感器检测是否有火源，将检测到的火源信息传输给单片机处理。将处理好的信息转化为灭火指令传输给灭火装置，通过单片机 I/O 电平的高低带动灭火电机的转动。灭火模块流程图如图 5-21 所示。

2) 灭火模块程序

灭火模块程序主要由两部分组成，一是火焰传感器检测火源的程序，二是单片机发送给灭火装置的指令程序。编写灭火程序时，是将循迹程序和灭火程序相结合的，将循迹与灭火组合起来实现循迹灭火的功能。灭火模块程序代码请登陆中国工程机器人大赛暨国际公开赛网站下载，具体链接地址为：http://robotmatch.cn/ upload/files /2017/5/12103246250.txt。

5.2.8 矩阵键盘电路设计

本设计采用的是 2×4 的非编码矩阵键盘，其电路图如图 5-22 所示。该键盘结合程序编写实现按键操作，相比于机械编码键盘，结构简单，应用方便，且相对于独立键盘更能节省 I/O 口资源 [15]。

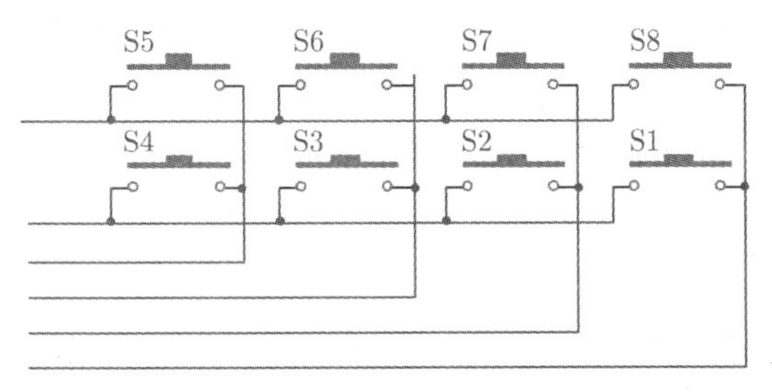

图 5-22 矩阵键盘电路图

非编码矩阵键盘的工作原理是行列扫描法，将列线所接入的单片机 I/O 口作为输入端，而行线所接入的 I/O 口则作为输出端。将行线所接 I/O 口置低，进行检测。当没有按键按下时，所有列线输入端 I/O 口为高电平，代表无按键按下。一旦有按键按下，列线输入是低电平，输入端 I/O 口就会被拉低。通过读取输入线 I/O 的电平状态就可知是否有按键按下。按键模块的工作流程图如图 5-23 所示。

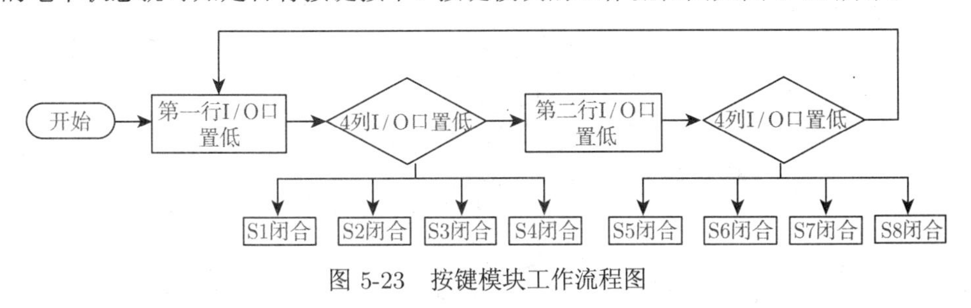

图 5-23 按键模块工作流程图

5.2.9 红外通信系统设计

5.2.9.1 红外通信电路设计

红外通信电路如图 5-24 所示，OUT 引脚连接单片机的外部中断引脚 P3.0，连接 OUT 引脚的电阻起限流作用，以免电流过大烧坏元器件；VCC 引脚连接电源 5V；GND 引脚接地。

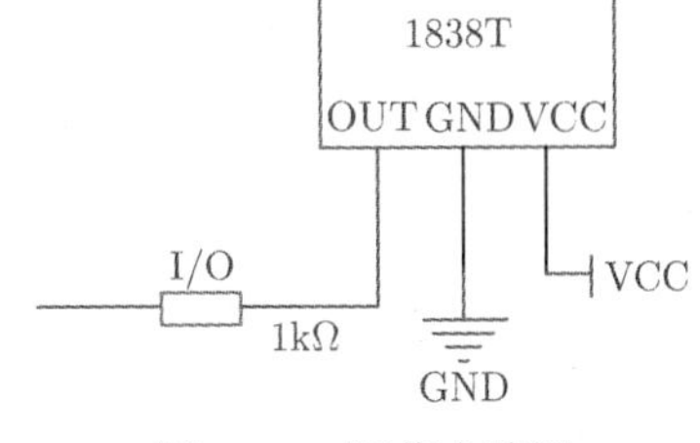

图 5-24 通信电路图

5.2.9.2 红外通信程序设计

在设计红外通信程序之前，首先要确定红外编码标准，因为不同公司生产的遥控芯片采用的遥控码格式不一样。本设计采用 NEC 标准。根据 NEC 标准，发射数据时用“0.56ms 高电平 +0.565ms 低电平 =1.125ms”表示 0，用“0.56ms 高电平 +1.69ms 低电平 =2.25ms”表示 1。当红外一体接收头接收到 38kHz 信号时输出的波形是反向的，遥控器按下键值后，接收端 OUT 引脚将产生的 9ms 的低电平和 4.5ms 的高电平作为引导码，然后出现的是连续的 32 位编码，由用户识别码高位、用户识别码低位、操作码及其反码组成。此外，如果按键一直被按下，将会发送重发码，由 9ms 低电平和 2.5ms 高电平作为重发码的引导码，NEC 标准协议比特值“0”和“1”表示方法如图 5-25 所示。

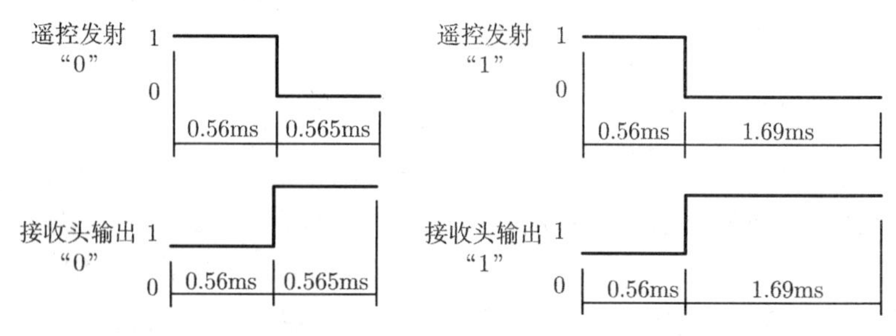

图 5-25　红外信号时序图

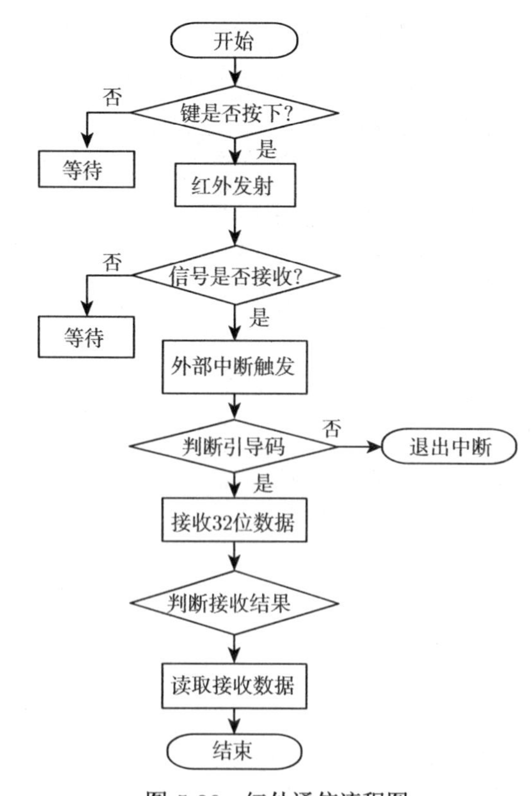

图 5-26　红外通信流程图

本设计采用单片机的定时器及外部中断来记录高低电平的时间进行解码，在外部中断方式上采用下降沿触发的方式，根据 NEC 标准进行操作码的读取，系统根据指令要求驱动电机改变小车的运动状态。红外通信流程图如图 5-26 所示。红外通信解码主程序代码请登陆中国工程机器人大赛暨国际公开赛网站下载，具体链接地址为：http://robotmatch.cn/upload/files/2017/5/1210322421.txt。

5.2.10 无线通信系统设计

5.2.10.1 无线通信电路设计

无线通信电路图如图 5-27 所示，在引脚 9 和引脚 10 之间接入一个 16MHz 的时钟电路，作为 NRF24L01 的外部时钟源，引脚 11，12，13 则是外部天线电路，在引脚 VDD 和 VSS 处都接入一只去耦电容，起尖峰电流过滤的作用。

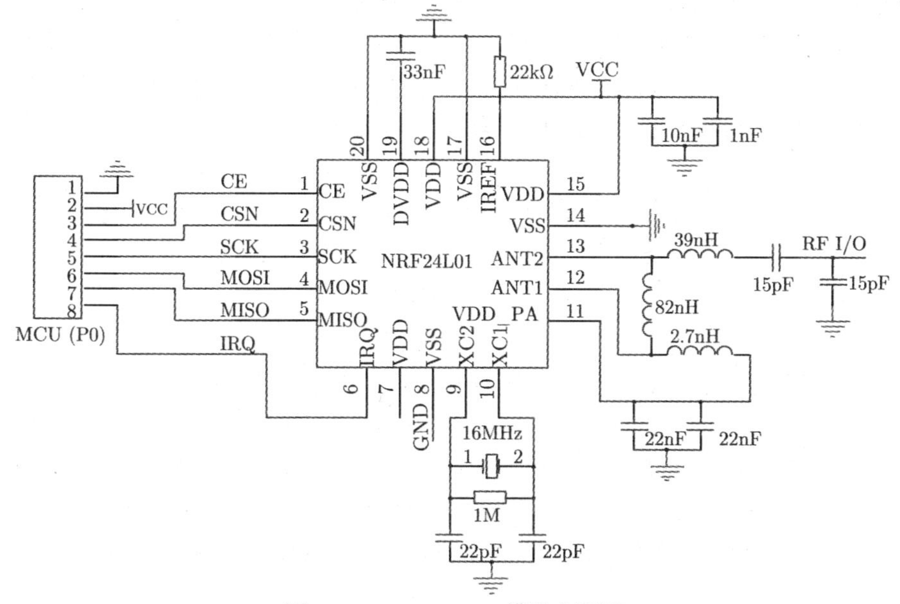

图 5-27 NRF24L01 模块电器图

5.2.10.2 无线通信程序设计

首先，NRF24L01 模块与单片机的通信方式是通过 SPI 协议进行数据传输，本设计单片机采用 I/O 口进行 SPI 接口的模拟与无线芯片进行通信，使用 SPI 通信最大的数据传输速率为 10Mb/s。SPI 是一种将数据在同一时间内双向传输且传输速率极高的通信总线，并且在芯片的引脚上只占用 4 根线，节约了芯片引脚资源，同时在绘制 PCB 时也能够在布局上节省空间，提供便捷[10]。

单片机通过 SPI 时序对 NRF24L01 进行读与写的基本操作，从而对其内部资源进行配置。本设计采用 Enhanced ShockBursh^{TM}(增强型突发) 模式，数据低速输入微控制器，但能够高速发送。同时此模式下有应答信号环节，以防止发送数据丢失，一旦数据丢失，则可以通过重发功能将数据恢复。既节省系统工作量，又缩短数据在空中停留的时间，保证了数据传输的质量。在接收模式下可同时接收 6 个不同通道的数据，且所有通道都可设为 Enhanced ShockBursh^{TM} 模式 NRF24L01 模块。

dat 值为 0 时，代表读数据；dat 值非 0 时，代表写数据。SPI 单个字节读写程序、无线接收主函数、无线发送主函数的具体程序代码请登陆中国工程机器人大赛暨国际公开赛网站下载获取，具体链接地址为：http://robotmatch.cn/upload/files/2017/5/12103030531.txt。

NRF24L01 无线模块之间的工作流程分为发射部分和接收部分。接收模式工作流程为设置 NRF24L01 为接收模式，按照 SPI 时序写入无线模块的接收发射地址、信号通道、发射速率和数据长度。进入等待接收数据，通过不断地查看寄存器，观察有没有数据。若接收到数据，则 CE 置低并清除中断标志，自动进入发射模式，回传应答信号；若未接收到数据，则一直保持接收状态。然后进入程序循环，使 NRF24L01 保持接收状态，工作流程图如图 5-28 所示。

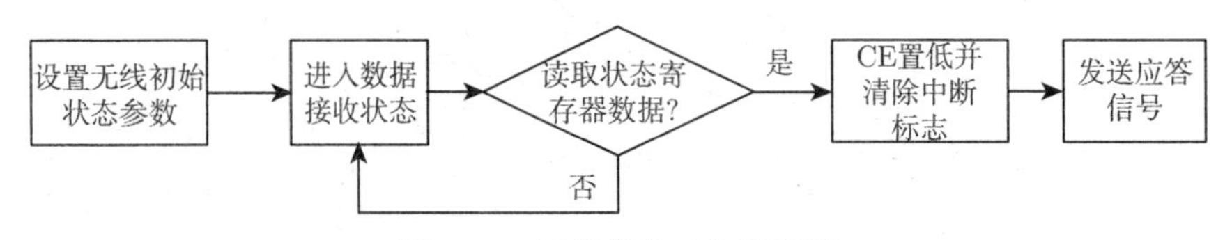

图 5-28　无线接收工作流程图

发射模式工作流程为设置 NRF24L01 为发射模式，按照 SPI 协议写入发射和接收节点地址、自动应答功能、允许接收通道、自动重发次数、通信频率及发射的参数。CE 置高，激活寄存器中数据并发送。随后开启自动应答模式，接收应答信号。如果接收应答信号成功，置位 IRQ 并转为发送模式，继续循环发送数据。如果未接收到应答信号，则重新发送上一次数据包，工作流程图如图 5-29 所示。

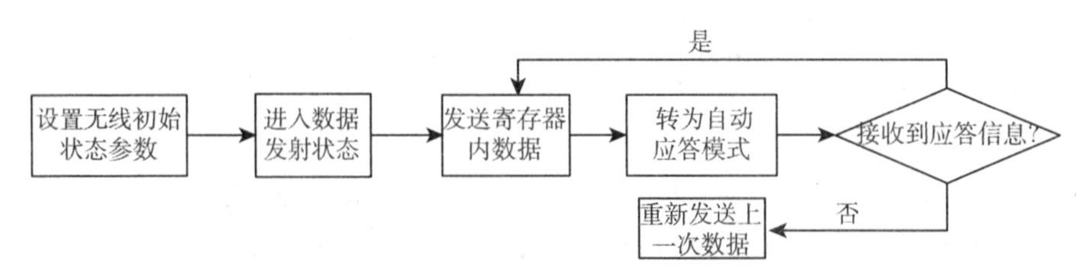

图 5-29　无线发射工作流程图

5.2.11　语音通信系统设计

由于语音通信模块存在识别距离短的问题，增加了对智能小车远距离操控的难度，所以本设计采取通过无线语音的方式来实现对智能小车的远程操控。首先将语音识别内容传输给单片机，再由单片机经无线模块发送给小车，小车由无线模块接收语音指令[11]。

5.2.11.1 语音通信电路设计

语音通信电路原理图如图 5-30 所示，本设计 LD3320 模块采用并行方式和内部集成的单片机通信，使用 P0~P7 8 根数据线，WRB，RDB，CSB，AO 4 根控制信号线和 1 个中断返回信号线 INTB，电源端接 3.3V，且必须接外部时钟，可接收频率为 4~48MHz，其余还有一些辅助电路，如电源的滤波、麦克风的偏置等。

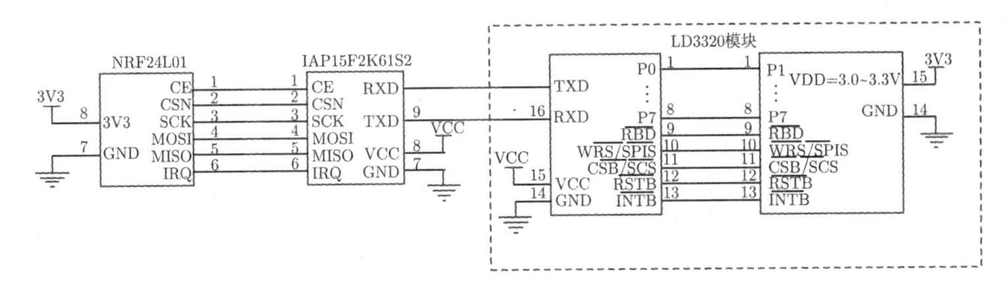

图 5-30 语音通信电路原理图

整个语音模块与主控芯片 IAP15F2K61S2 通过 TXD 和 RXD 两根线进行串口通信实现数据传输。NRF24L01 无线模块与主控芯片通过 I/O 口连接。

5.2.11.2 语音通信模块程序设计

如图 5-31 所示，语音识别系统工作过程为：首先通过 MCU 用拼音串的方式将用户需要的关键词信息写入到 LD3320 关键词语列表；再由麦克风采集外界声音，经过频谱分析后提取其中的语音特征信息 (即关键词语)，通过语音识别器与关键词语列表内的词语进行逐个对比，寻找到最接近的一个词语为最佳的识别结果；最后将最佳识别结果传回给 MCU。

在 LD3320 语音程序中，ASR 模块识别流程分为 4 个部分：

(1) RunASR() 函数完成一次完整的 ASR 语音识别程序；

(2) LD_AsrStart() 对 ASR 模块进行初始化；

(3) LD_AsrADDFixed() 向 ASR 模块中添加需要识别的关键词；

(4) LD_AsrRun() 开始一次完整的语音识别流程。

语音模块程序内容过长，这里仅给出语音识别主程序，其程序代码请登陆中国工程机器人大赛暨国际公开赛网站下载，具体链接地址为：http://robotmatch.cn/upload/files/2017/5/12103415515.txt。

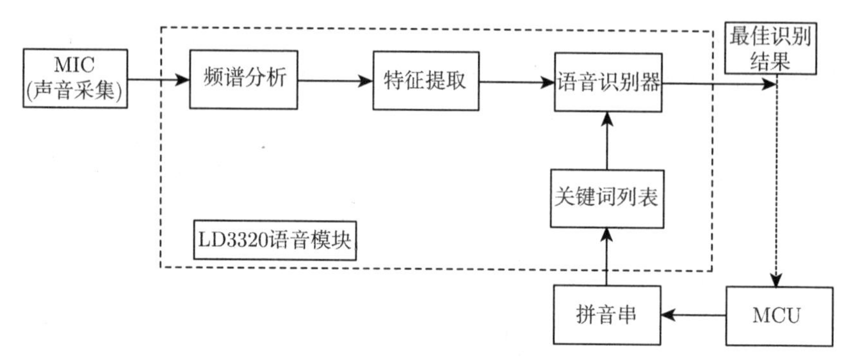

图 5-31　语音识别系统框图

5.3　系 统 调 试

5.3.1　Keil 软件简介

Keil C51 是智能小车系统程序的编译环境，能够使用 C 语言进行程序编写。C 语言生成目标代码效率高，执行效率高，使用范围广，移植性强，非常适合本系统的软件程序编写。该软件还提供 C 编译器及功能强大的仿真调试器，使用十分方便并能够对程序进行在线仿真，达到了事半功倍的效果。

在 Keil 软件编写程序时，为了使条理清晰及便于查找漏洞，都选用模块化的编写方式，通过在一个工程下建立多个 C 文件和 C 文件之间的调用来实现整个程序功能。在程序工程编译发生错误时，能够及时在软件下方的窗口得到错误的原因提示，可以改正后再次进行编译，使得整个程序设计过程十分轻松。Keil 编译环境如图 5-32 所示。

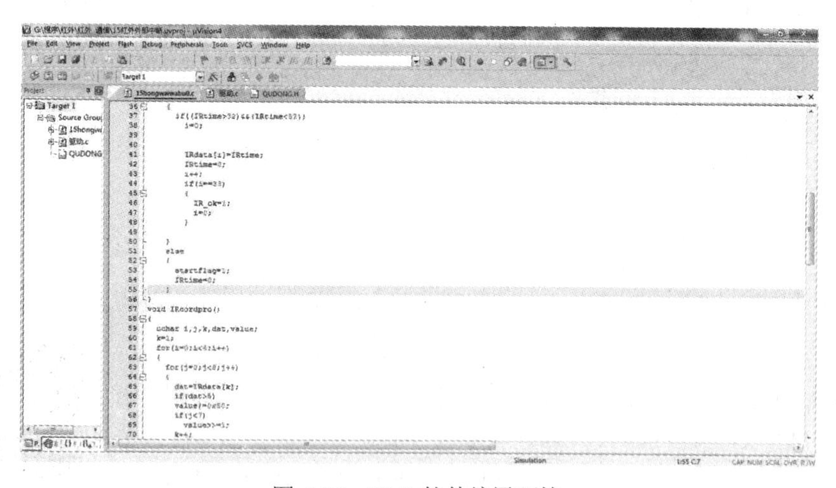

图 5-32　Keil 软件编译环境

5.3.2 STC-ISP-V6.85 下载器

STC-ISP-V6.85 下载器是 STC 公司专用的下载软件。首先选择单片机型号 IAP15F2K61S2，选择与单片机连接的 COM 口，勾选程序运行的 IRC 频率，一般选择为 12MHz，打开由 Keil 软件程序生成的 HEX 文件。程序进行调试的界面如图 5-33 所示。

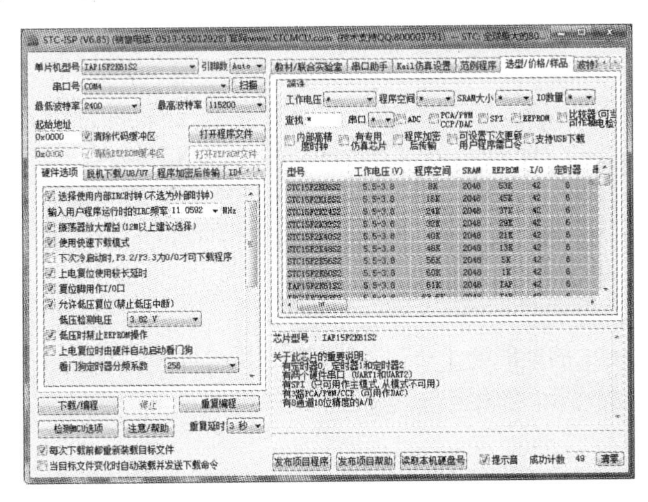

图 5-33 程序进行调试的界面图

5.3.3 硬件调试

第一步是拿到做好的 PCB 板，根据原理图和 PCB 图反复对照所购买元器件的封装引脚是否一致，然后在完成的 PCB 板上进行元器件的焊接。在焊接的过程中要注意焊接的顺序，按照功能的划分分别焊接，其中要注意元器件的极性，是否有焊错、虚焊、漏焊。在焊接完成后一定要使用万用表对照原理图检测整个电路的通断，并测量稳压芯片稳压后的电压是否正常[13−17]。

第二步是下载程序试验，控制板上的单片机下载程序通过 USB 转 TTL 下载器连接 (图 5-34)。通过 4 根连接线与控制板上单片机引出的 IO 引脚连接进行程序下载，4 根连接线分别是 VCC，GND，TXD，RXD，其中 VCC 和 GND 分别连接控制板上的 VCC 和 GND，下载器上的 TXD 连接 RXD，下载器上的 RXD 连接单片机上的 TXD，通过这样的

图 5-34 UBS 转 TTL 模块图

连接方式实现程序下载。打开 PC 端的 STC-ISP-V6.85 下载器点击下载程序，然后拔出 VCC 或 GND 一端的连接，再重新连接上电，此时程序将会进行下载。分别下载红外通信程序、无线通信程序、语音通信程序，并进行系统测试。在通信时，程序的频率要与小车的单片机频率一致，本设计系统选择的是 12MHz。

在硬件调试过程中一些问题值得注意：在测试无线模块时，小车总是接收不到执行指令，发现是无线模块在收发数据时数据丢包，尝试更换程序、更换无线模块等都没有明显效果，最后发现需要在 GND 和 3.3V 电源之间增加电容来过滤干扰，问题才得以解决。

5.3.4　电机仿真

在系统设计中，主要需要测试的是小车的驱动性能。在小车驱动的基础上再增加小车的各个功能模块。在调试驱动模块时，选用 Protues 仿真单片机驱动电机。

在仿真中，将驱动芯片 L298N 的 4 个输入端分别接入单片机的 P2.0，P2.1，P2.2，P2.3 口，将 L298N 的使能端 ENA，ENB 分别接入单片机的 P1.0，P1.1 口。电路连接图如图 5-35 所示。电路接入示波器的波形如图 5-36 所示。

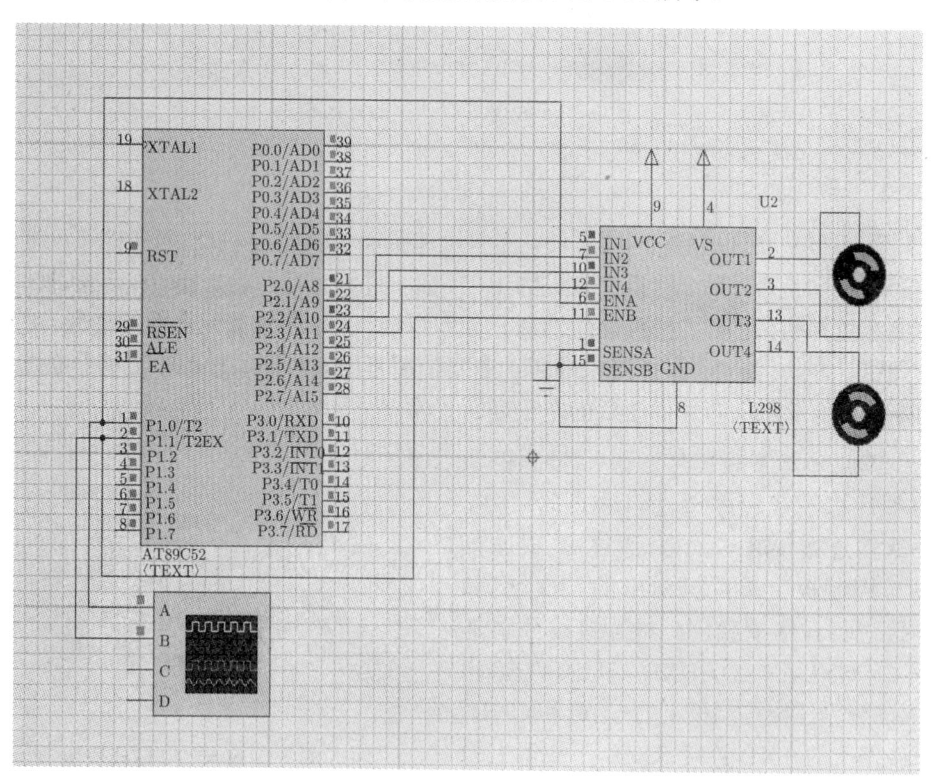

图 5-35　电路连接图

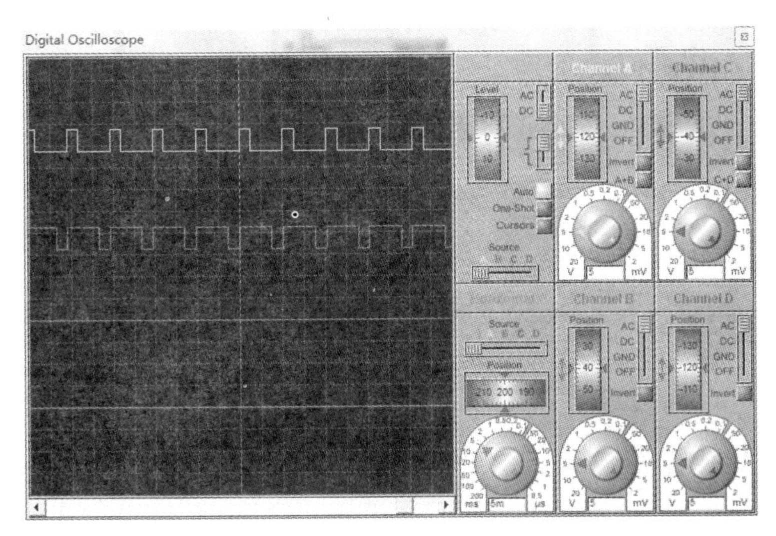

图 5-36　示波器的波形图

5.3.5　SPI 通信仿真

由于无线模块和语音模块内部都是利用 SPI 进行通信，所以通过验证 SPI 底层程序来确保整个程序的正确性，编写一个使用 SPI 协议的无线发送程序进行波形的验证。本设计使用 Protues 软件进行信号分析，Protues 是一款 EDA 工具并能仿真单片机及外围器件。

(1) 首先选用 STC89C52 仿真 (使用此单片机不影响仿真结果)，然后在 CE，CSN，SCK，MOSI 接至示波器，电路连接图如图 5-37 所示，最后通过单片机运行无线程序进行仿真。

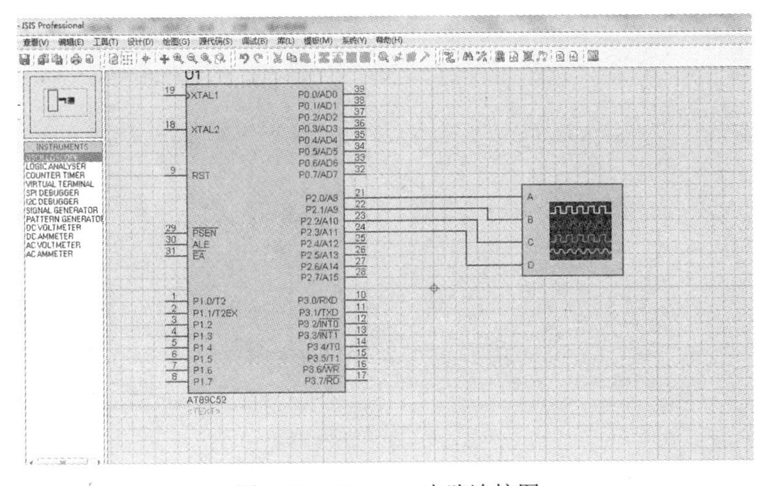

图 5-37　Protues 电路连接图

(2) 设置单片机的时钟频率为 12MHz，导入已编写好的无线发送程序，程序流程为经过初始化后，循环发送 4 次数据。芯片设置图如图 5-38 所示。

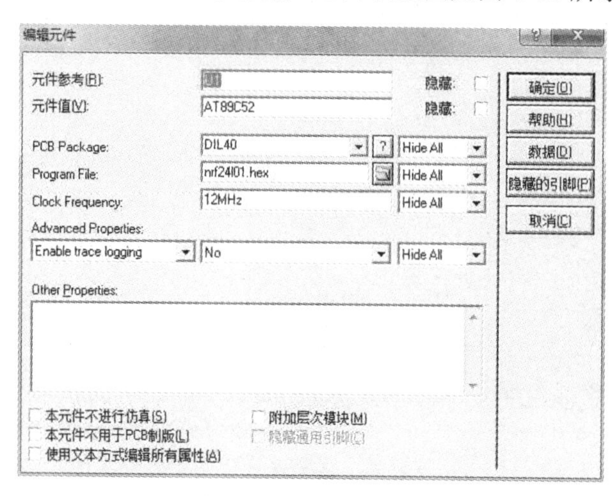

图 5-38　芯片设置图

(3) 开始仿真，打开示波器观察 4 路波形，波形如图 5-39 所示，图中自上而下分别是 CE，CSN，SCK，MOSI，CE 为使能端，当 CE 为低时，无线芯片使能；SCN 为 SPI 的片选信号，当 SCN 为低后，SPI 等待接收指令；SCK 为时钟线，当 CE 使能，SCN 使能产生 8 个高电平的波形作为时钟频率；MOSI 是数据线。图 5-39 中前半段是在无线模块初始化中写入本地地址、接收端地址、工作频道频率等初始化信息，后半段为发送的数据，程序中发送 0XAA，则正好是 10101010，所以形成了 5 段 4 个高电平脉冲，表示发射了 5 次 0XAA 的数据。最后确保 SPI 通信协议程序编写正确。

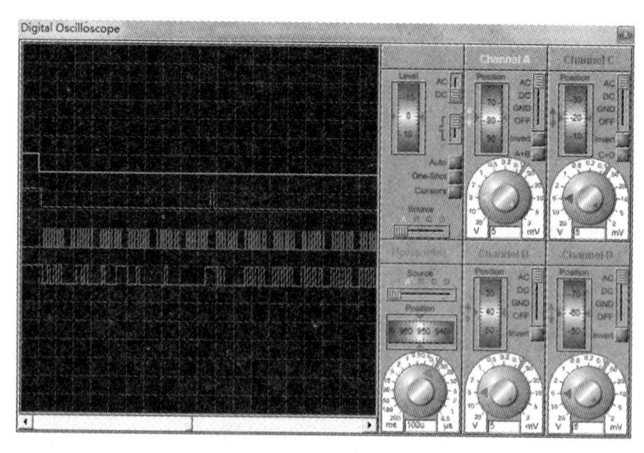

图 5-39　示波器波形图

参 考 文 献

[1] 刘群, 郑丹莹, 刘鸣. 红外反射式传感器的自寻迹小车的设计. 实验科学与技术, 2007, 5(5): 154-156.

[2] 宁慧英. 基于光电传感器的智能小车自动寻迹控制系统. 仪表技术与传感器, 2012, (1): 108-110.

[3] 强彦, 叶文鹏, 屈明月, 等. 基于红外避障的智能小车的设计. 微电子学与计算机, 2013, (2): 140-143.

[4] 林凡强, 张阳, 杨文旭. 基于红外火焰传感器和最小二乘法的灭火机器人. 传感器与微系统, 2015, (1): 110-112.

[5] 李付军. 一种基于 80C196KC 和 L298N 的直流电机 PWM 控制技术. 自动化技术与应用, 2012, (3): 78-81.

[6] 郭天祥. 51 单片机 C 语言教程. 北京: 电子工业出版社, 2008.

[7] Kang S, Luo G Y. Design of infrared communication system. Applied Mechanics and Materials, 2014, 556: 4916-4919.

[8] 荚庆, 王代华, 张志杰. 基于 nRF24L01 的无线数据传输系统. 现代电子技术, 2008, (7): 68-82.

[9] Christ P, Neuwinger B, Werner F, et al. Performance analysis of the nRF24L01 ultra-low-power transceiver in a multi-transmitter and multi-receiver scenario.Proceeding of IEEE Sensors, 2011: 1205-1208.

[10] 刘志平, 赵国良. 基于 nRF24L01 的近距离无线数据传输. 应用科技, 2008, (3): 55-58.

[11] King S, Frankel J, Livescu K, et al. Speech production knowledge in automatic speech recognition . Acoustical Society of America. 2007, 121(2): 723-742.

[12] 姜杰文, 姜彦吉, 邴晓环, 等. 基于 LD3320 的非特定人识别声控灯系统设计. 现代电子技术, 2015, 38(11): 27-30.

[13] 马忠梅, 籍顺心, 张凯, 等. 单片机的 C 语言应用程序设计. 北京: 北京航空航天大学出版社, 2006.

[14] 秦曾煌. 电工学 (下册). 北京: 高等教育出版社, 2009.

[15] 李贺, 程祥, 曾令国. 基于 nRF24L01 芯片的近程无线通信系统设计. 现代电子技术. 2014, (15): 32-34.

[16] 杜希栋, 王志伟, 潘黎, 等. 基于 LD3320 的非特定语音控制小车设计. 信息技术, 2015, (1): 53-55.

[17] 谢龙汉, 鲁力, 张桂东. Altium Designer 原理图与 PCB 设计及仿真. 北京: 电子工业出版社. 2012.

第二篇

仿人竞速机器人

第 6 章　双足机器人 I*

双足机器人是现代机器人研究开发领域中的前沿课题之一。双足机器人集电子、计算机、机械、材料、传感器、控制技术及人工智能等多门学科于一体，充分体现了一个国家的智能化和自动化研究水平。作为国家高科技实力的重要标志，双足机器人技术现已成为发达国家目前重点研究开发的技术之一。

本章着重介绍采用数字舵机 AX-12 和 AX-18 设计制作的两类行走机器人，即双足窄足竞步机器人和双足交叉足竞步机器人。按照比赛规则，进行机器人结构的优化设计，通过 RoboPlus 软件对机器人不断调试，以及对数据和机器人步态的分析，最终机器人能够以最快的速度按照规则完成比赛任务。

6.1　双足机器人简介

自 1962 年美国制造出第一台实用的示教型工业机器人以来，国际上对工业机器人的开发、研制和应用已有 50 多年的历史。

国外双足机器人的研究早在 20 世纪 80 年代就已形成热潮，并且提出许多系统的建模及控制的理论和方法。而国内的研究还比较零散，很多研究都集中在机器人的步态控制上，完整的动力学建模还涉及较少。

在双足机器人的建模研究中，国外针对不同的自由度提出许多值得借鉴的思想和方法。20 世纪 70 年代的多体动力学的发展简化了多体系统的建模方法，使建立的模型更适用于计算机编程和实时控制，很多工业机器人都用这种方法建模，但缺点是力学模型的建立与控制模型的建立是分开的，把力学模型转化为控制模型的过程很繁琐。20 世纪 80 年代，这个问题被更多人关注，于是发展了一批适用于双足机器人的建模方法。在 1989 年提出一种直接非线性解耦法 (DNDM)，这种方法用经过修正的拉格朗日方程建立动力学方程并在其上做适当的变换从而得到解耦的控制方程。在 1998 年建立一个多达 12 个自由度的机器人动力学模型时，提出了用优化的有关理论来建立模型的方法。这种方法主要是对步态进行优化，再把建立的优化方程直接进行仿真计算，得到机器人的特性参数。随着这些研究方法的发展，双足机器人的模型也越来越复杂，从简单自由度被动式机器人发展到拥有多达 17 个自由度的主动式机器人，后者基本上可以完成行走、转向、小跑等动作。在控制系统的设计上也诞生了很多具有特色的方法：① 计算法。由力学方程得到控

---

* 队伍名称：江西理工大学华南虎 2 队，参赛队员：刘昊、植俊铭、朱悦人；带队教师：谢旭红、刘祚时

制方程，这种方法要求详细知道系统的结构参数，否则不能有很好的效果，经常与 PD 控制法、PWM 控制法结合使用。② 鲁棒性控制法。其控制系统参数有高度的低敏感性、抗干扰性，当无法确切知道系统的结构参数时，这种方法可以有相当的准确性和稳定性。③ 自适应控制法。这种方法是在机器人的关节和脚上加一些传感器，根据传感器的数据调整关节和脚上的力和力矩以达到实时控制。

国内对建模理论的系统研究很少，但在步态研究和控制研究方面却很擅长，并且很有创新。例如，张克等提出用小波神经网络控制双足机器人的步态；柳洪义等则对机器人脚触地所带来的冲击进行较为详细的研究[1]。

总之，现在的双足机器人正与人工智能、计算机、新材料等技术相结合。随着机构和控制复杂度的提高，其建模方法除了理论上的不断完善之外，也越来越依靠许多知名的多体系统计算与仿真软件，如 ADAMS, MATLAB 和 ANSYS；其控制系统正朝着自治的方向发展，为制造更加人性化和智能化的机器人打下坚实的基础。

本项目研究目标：以自行设计的电路板作为控制板或者使用 CM-530 控制板通过独立编程，实现机器人的步行、弯曲、前后翻等功能。经过组装、编程、调试，已能够顺利实现步行、弯曲、前后翻、拐弯等一系列动作。

6.2　技术方案设计

双足机器人的控制系统的本质是非线性的控制系统，其每一步都相当于是两条腿单独运动的合成。因此，在机器人运动的每一个瞬间，其运动都是站立腿与摆动腿运动的合成。双足竞步机器人同时又是一个动态系统，是将机器人的控制模块和驱动机构等结合到一起，组成一个完整的能完成行走等动作的系统。本设计将理论与实践相结合，根据中国工程机器人大赛暨国际公开赛中对交叉足机器人的机构以及尺寸的要求，在参考当前双足机器人已有研究成果的前提下，完成了双足机器人的整体结构系统、控制硬件电路系统、软件控制系统的创新设计。这里将对机器人系统的整体机械结构、硬件、软件等系统设计过程的技术问题进行简要介绍。

6.2.1　双足机器人设计

6.2.1.1　机器人整体结构

为了便于仿人双足机器人的步态分析，现介绍一些基本概念[2]。

(1) 起步。指机器人从双脚静止的零位移状态开始到一个具有平稳周期运行的过渡阶段，也是双足机器人获得初始步行速度的阶段。

(2) 止步。双足机器人由平稳周期性运动逐渐减速至零，最后静止的过程。机器人支撑的平衡状态也逐渐静止平衡[3]。

其步行运动的时序关系图如图 6-1 所示。

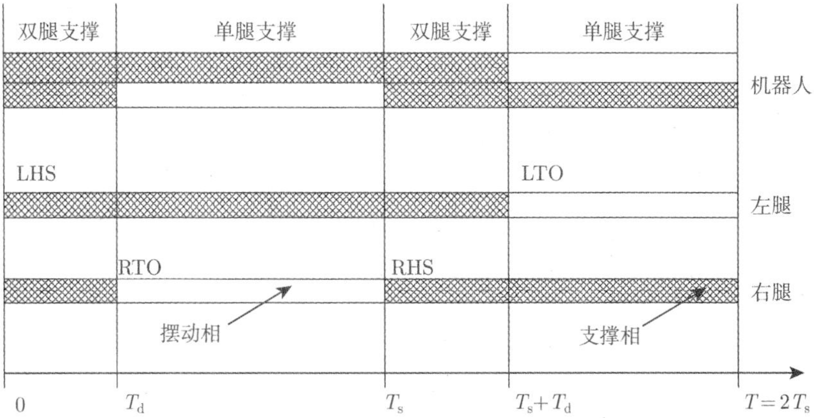

双腿支撑 单腿支撑 双腿支撑 单腿支撑
机器人
LHS LTO
左腿
RTO RHS
右腿
摆动相 支撑相
0 T_d T_s T_s+T_d $T=2T_s$

图 6-1 步行运动的时序关系图

采用 D-H 法则建立双足机器人的结构模型 (图 6-2)[4]。本法则有两个方案：方案一是由 Denavit 和 Hartenberg 在 1995 年提出的；方案二是美国斯坦福大学 John J. Craig 教授在方案一的基础上提出的改进方法[5]。运用 John J. Craig 教授改进的方法制作一个坐标系[6]。

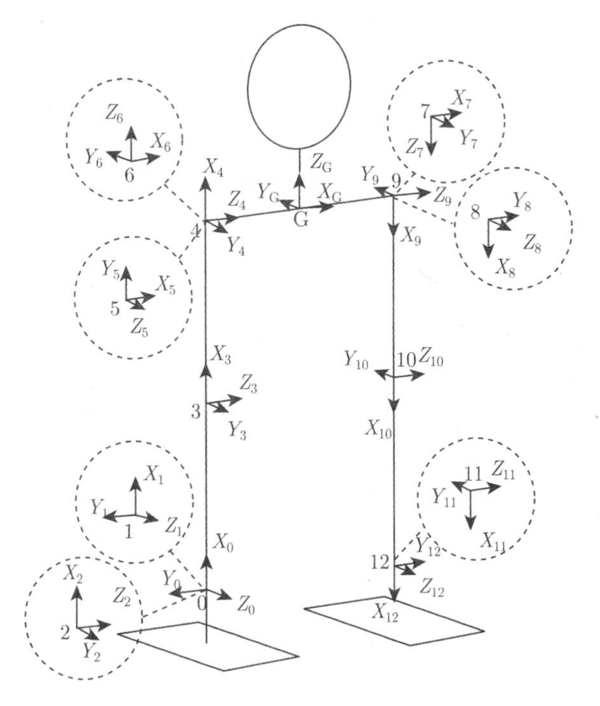

图 6-2 采用 D-H 法则建立的双足机器人结构模型

D-H 法则建模的步骤：建立每个关节部位的连杆局部坐标系；确定相邻关节的坐标系相对变换；建立机器人的总变换矩阵。

本项目参赛所使用的双足交叉足机器人，其结构设计是根据中国工程机器人暨国际公开赛中双足机器人竞赛规则的要求，在规定尺寸范围内，尽量做到保证结构强度的基础上，节省材料，降低重量，这是在大赛中取得好成绩尤为重要的因素。

图 6-3 为本次比赛设计的双足交叉足竞步机器人的实物图。图中的整体结构框架由上而下依次为："双耳" 支撑板、横梁支撑块、CM-530 控制盒、两块腰部 U 形连接件、8 块舵机间长方形连接件、6 个数字舵机、两块 F 形交叉足脚板、稳压模块及若干连接线，其中所有的连接零件均使用铝合金数控切割加工制作而成[7]。

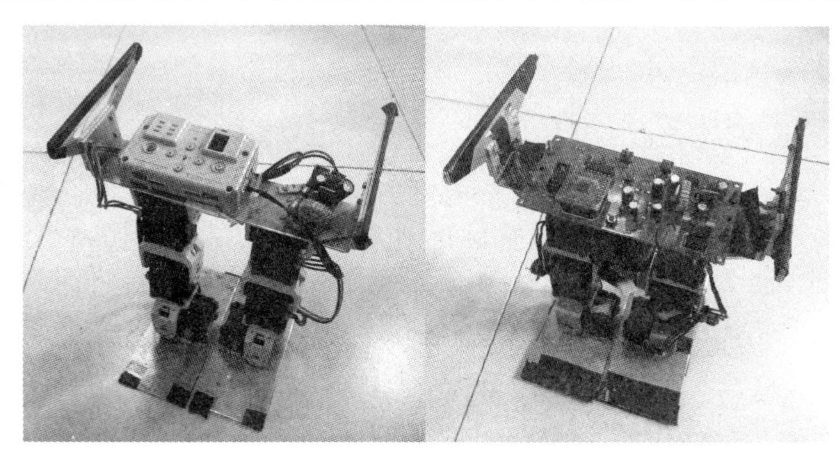

图 6-3　交叉足机器人

整体机器人的结构有以下特点：

(1) 较重的电池安装于支撑横梁的中下部，可有效降低机器人整体的重心及维持机器人机身良好的平衡状态，保证机器人行走的稳定性。

(2) 机器人供电电池采用 4 节 18650 可充电锂电池串接而成，其总容量大，续航能力强，保证机器人长时间运行；且电池采用松紧魔术贴臂带安装于机器人本体上，方便随时安装与拆卸。

(3) 所有机械结构均采用偏薄型铝合金板材料加工而成，同时采用镂空结构，减轻了整个双足机器人的重量，有效地降低机器人运动过程中的惯性，使机器人在行走过程中更加灵活轻巧，速度更快。

(4) 经过精心设计的 F 形支撑脚板可以有效避免双足机器人在行走过程中出现相互干涉的现象，且该设计结构能够使机器人的重心始终保持在 F 形脚板的支撑范围内，避免机器人摔倒。

(5) 机器人整体结构对称，质量分布均匀，保证了机器人整体的美观性，且进一步保证了机器人行走过程中的稳定性。

(6) 在机器人的 F 形脚掌与地接触的面上贴上井字形的黑色电工胶布带，能有效地减轻横向的滑移和横向偏角，同时减小了纵向的摩擦力，使机器人前进阻力减小，避免了前栽现象的发生；胶带粘贴于脚掌，可以缓冲因脚掌不平时，机器人快速行走带来步态不稳的现象。

交叉足机器人每个机械零部件的设计制作和整个结构的装配过程中需注意以下规律：

(1) 在装配机器人的各个部件以及固定螺丝时，特别是舵机与连杆部件相连接时，用力不能过大，否则会造成机器人的连接部件、舵机以及螺丝的损坏。

(2) 在机器人试运行时，为避免因程序或者驱动元件的损坏而导致机器人变形，需要断开电源，并对机器人进行修整。

(3) 所使用的驱动电机在长时间使用的情况下有可能会损坏齿轮，因此必须定时对其进行检查，避免因电机的破损而导致机器人其他部件损坏。双足竞步机器人的结构主要包括机器人控制器、左上肢、右上肢、左足、右足、左足底、右足底、电源。其中左右足分别由 3 个舵机组成。其整体结构如图 6-4 所示。

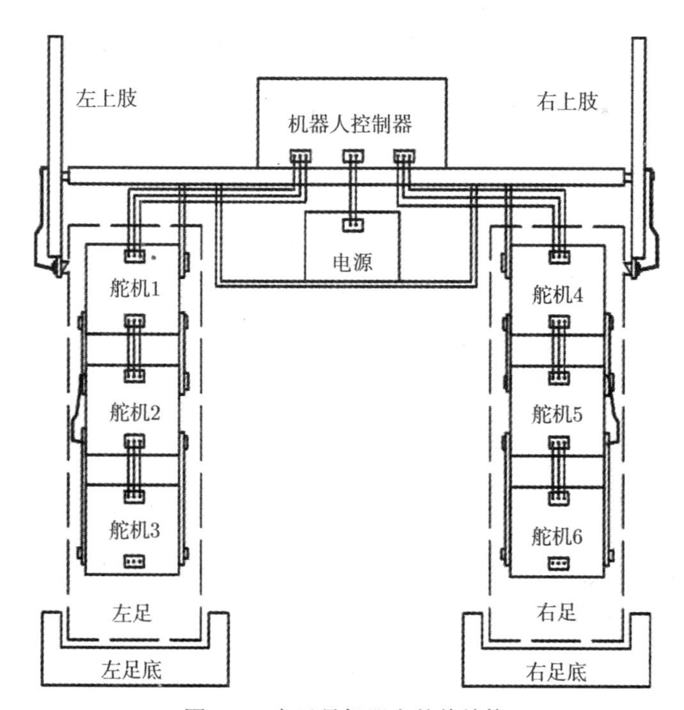

图 6-4 交叉足机器人整体结构

6.2.1.2　机器人驱动元件

双足竞步机器人的驱动元件一般作为其关节部件。驱动部件的选取与机器人行动的整体性能有很大的关联，因此选择哪种类型的驱动部件在设计中是至关重要的。本设计使用电机作为机器人的驱动部件。

直流电机使用直流电来驱动，普遍运用在规模不是很大的电器设备上。在 20 世纪 70 年代，一批新型的直流电机被研制成功，这种直流电机属于大惯量脉宽调制电机，同时具备小惯量电机响应速度快的优点，能很好地适应大惯量的负载。

步进电机不同于直流电机，它的控制信号是数字型的。步进电机一般是开环控制，其工作原理是把电脉冲信号转换成所需的其他类型的信号，比如位置或角度。步进电机的性能一般与其负载的大小没有很大的关系，只要在负荷范围之内，步进电机转动的速度及其定位点只与数字脉冲信号的个数和周期有关。

舵机就是直流伺服电机，目前广泛应用在机器人的控制系统中。舵机作为机器人的驱动部件是靠转动的角度信号来实现的。由于舵机与其他种类的电机相比，位置控制比较精确，通过调节 PWM 的占空比就可以改变其转动的角度，而且可以与单片机等控制器接口，控制机器人的行走。所以，采用数字舵机作为本设计研究的机器人的关节驱动元件是最佳选择。

综上所述，本设计研究的机器人控制系统选择利用舵机作为其关节驱动元件，也就是其关节部分，实现双足竞步机器人的步态行走。选用型号为 AX–12＋数字舵机作为机器人的关节驱动元件。AX–12＋数字舵机在控制方式上与其他的舵机有所不同，它不是简单的 PWM 控制，而是利用 UART 通信协议给其发送指令串来实现驱动，通过舵机的电源线、信号线和地线就可完成对多个舵机的控制 (多个舵机通过数据线串联)。AX–12＋数字舵机实物图如图 6-5 所示。

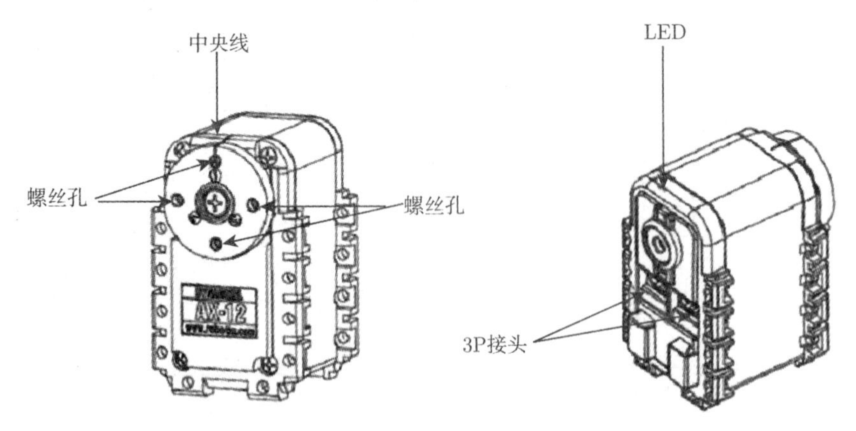

图 6-5　AX–12＋数字舵机实物图

6.2.2 机器人控制系统简介

机器人的控制系统相当于人的中枢神经，它决定着机器人如何运作，指挥机器人完成所要求的动作。该系统控制所有舵机的转动，当控制系统发送指令给机器人各个关节的舵机时，舵机就会转动相应的角度，从而实现机器人的运动。因此控制系统的设计相对于整个机器人系统来说尤为重要[8]。机器人的控制系统由自主研制的主控板和 CM-530 型控制器组成。前者偏重硬件设计，后者偏重软件设计。

6.2.2.1 主控板

自主研制的控制板可分为 2 个模块，分别是主控电路板和通信板。

硬件部分主要包括 2 块 PCB 板: 主控制板和通信板。所有的硬件电路均采用独立分块的设计思路。主控制板主要包括: MCU 控制模块电路，主要用于控制机器人步态数据，使舵机之间相互协调工作；电源稳压模块电路，主要用于给 MCU、其他相关芯片以及 AX–12＋舵机提供稳定的电压；舵机控制模块电路，主要用于实现对舵机的数据接收和控制。

图 6-6 为自制的主控电路板，图 6-7 为 RS232 通信板。

图 6-6 主控电路板

6.2.2.2 CM-530 控制器

此次设计大赛所使用的 CM-530 (图 6-8) 是 Bioloid 机器人套件组专用的中央控制模块。Dynamixel 的 CM-530 控制器采用 6 节 9.6V 的镍氢充电电池供电；可以提供 128kB 的动画储存；6 个控制按钮用来操纵伺服系统，含有红外线、声音、旋转控制器、蜂鸣器、液晶显示屏等组件。另外，其硬件对过流保护也有要求，采用多重电路设计，充分保护控制器不会与电源相连接导致烧毁。

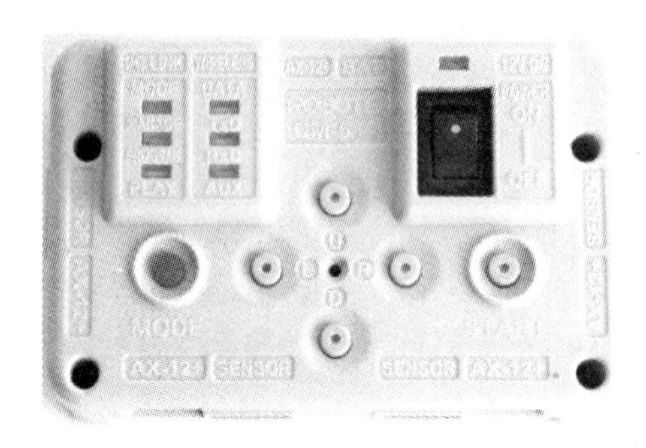

图 6-7　RS232 通信板

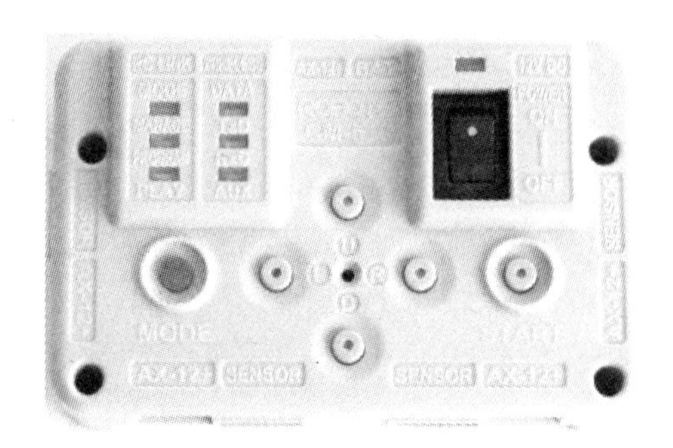

图 6-8　CM-530 控制器

控制器采用的主控芯片是 STM32F103，其 72MHz 的主频及众多的外设使得导入的算法能够快速执行。此外，这款 ARM 芯片可以根据其官网提供的库函数来编写程序，极大地解决了需记住众多寄存器的难题。

根据机器人的大小和使用伺服电机的数量，并将运作情况自动显示，可以控制 AX–12、AX–12＋、AX–18 等类型的舵机。其与舵机的通信接口采用的是 UART 通信协议，可通过串联的方式，依次与 256 个电机通信。其工作模式可细分为：行为控制程序运行模式 (PLAY 模式)、Dynamixel 管理模式 (MANAGE 模式) 和运动编辑模式 (PROGRAM 模式)。

本设计使用 CM-530 控制舵机运转。机器人由 6 个舵机组装而成，左右两边各 3 个，分别模拟人腿上的 3 个关节，通过导入程序实现对 6 个舵机的控制，从而实现机器人完成走路、翻跟斗等一系列动作。

6.2.3　软件设计

系统的总体设计是指从系统高度考虑程序结构、数据形式、程序功能的实现手法和手段。本机器人的系统软件运行总体设计流程：系统初始化，执行回归函数让舵机回到初始位置——立正姿态，保存当前位置，输入目标位置，判断第一组舵机是否到位。当第一组舵机到位及当前位置与目标位置相同时，置低该引脚，即第一个机器人的关节开始运动。当第一组舵机没到位时继续判断第二舵机，直到四组舵机全部判断结束，拉低四个引脚，第一个动作完成，将几组动作连接起来便可以连贯地做任何动作。

程序设计语言的基本成分包括：① 数据成分，用于描述程序涉及的数据；② 运算成分，用于描述程序中包含的运算；③ 控制成分，用于描述程序中包含的控制；④ 传输成分，用于表达程序中数据的传输。

利用 STM32F103 产生多路 PWM 波。控制器可以同时产生多路不同脉宽的 PWM 波，从而实现同时控制多路舵机的转动。而产生 PWM 波的主要方法是利用 STM32F103 本身自带的 16 位定时、计数器以及分时操作系统的思想。

程序采用将算法与数据结构分离的方式进行编写，具体而言就是将机器人所要进行的运动数据及 6 个数字舵机的数值进行编号写入数据库中，而数据库实际上是一个 8 位无符号的整型值的数组，将这些数组封装到一个文件中。然后编写机器人所要顺序执行的各个算法，即五步走、前翻、后翻、直行，将这些也封装到一个文件中。最后将这两个格式的文件都导入到控制器中。这样的设计可极大地缩短开发周期并且便于后期的代码维护及调试。

该双足竞步机器人软件程序采用 C 语言编程，其程序代码请登陆中国工程机器人大赛暨国际公开赛网站下载获取，具体链接地址为：http://robotmatch.cn/upload/files/2017/5/12103511687.txt。

6.3 系统整体调试设计

6.3.1 系统硬件调试

在焊接电路之前，首先对所用的器件进行检测，确保各元器件正常，再进行电路板焊接。在焊接时，要注意虚焊的出现和正负极元件的正确焊接，避免通电后出现短路、烧坏元器件情况发生。在焊接器件时，要一个一个模块地焊接，这样方便调试。每个模块调试无误后再进行下一个模块的焊接。

整个电路板焊完后，首先是静态调试，目的是排除硬件故障，然后再联机仿真、在线调试。对系统硬件进行初步调试，只能排除一些明显的静态故障，而硬件中各个部件内部存在的故障和部件之间连接的逻辑错误必须通过联机仿真、在线调试才能排除。在检测故障时可以利用万用表、示波器等工具来帮助检测工作。

6.3.2 软件调试

(1) 跟踪调试。跟踪应用程序用户能够在运行应用程序时与串口实时通信模块看到 PC 指针在代码程序中的确切位置。跟踪仅执行一行语句，有利于观察变量。如果调用函数，则进入函数中，有利于查看所调用函数中的错误。通过跟踪可以查看程序运行的每一步，清晰地了解整个程序的运行过程，方便修改其中出现的错误。

(2) 单步调试。单步调试同样是执行一行程序语句，但不会进入到程序调用的其他函数中。该方法适合查看某单一函数，对其调试。如果确认错误就在此函数内而不在其调用的函数内，使用此调试方法比跟踪调试更省时省力。

(3) 断点调试。在程序代码某行设置断点，全速运行时遇到断点会停止。该方法适合程序整体调试时对某一段进行定位调试。

(4) 查看变量。观察窗口、数据窗口以及鼠标直接放于程序中要查看的变量上(可直接看到当前变量内的值)。通过添加观察项菜单将用户希望观察的变量添加到观察窗口及数据窗口来观察。在设计过程中常用观察窗口观察程序图 6-9 中的变量，修改程序中的错误。

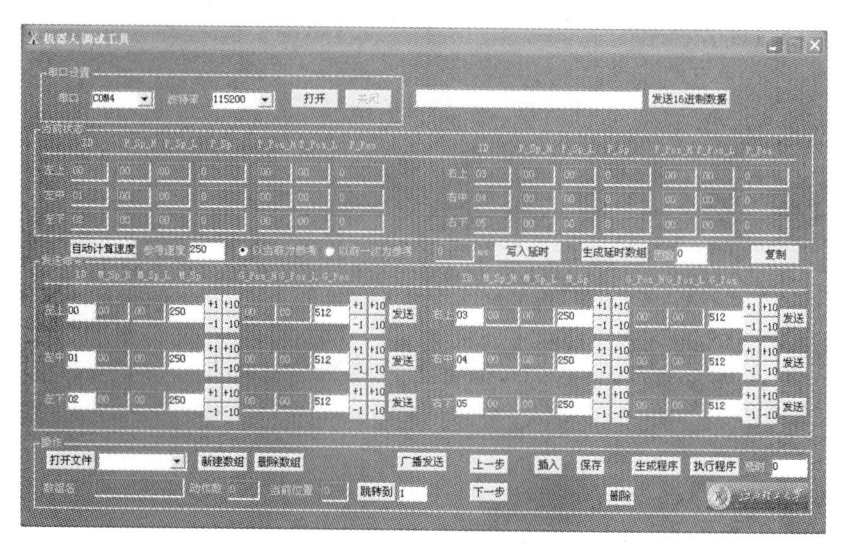

图 6-9　调试软件窗口

6.3.3　整体调试

将各个部分的硬件模块合并成一个整体，把软件各部分程序合并到一个主程序中。通过 MDK 编程软件和 ISP 程序烧写软件开始整体调试，硬件用万用表测试各部分的接通性。软件主要通过设置断点、单步执行等方法来测试程序的正确性。在确定软硬件无问题后，将程序通过烧程器把程序烧到单片机中，完成整个系统。

本设计机器人结合自身的优点，通过机械与控制配合、软件与硬件配合，发挥各自的优点，对机器人进行整体机械结构设计，并在不断调试过程中进行改进，最终确定机器人设计方案。

控制部分查阅相关资料，通过模拟仿真，设计出独有的控制板，对整台机器人进行运动控制。经过多次调试之后最终确定方案。

对于软件部分则采用入门相对简单的 C 语言进行编写。C 语言是种通用的、面向过程的程序语言，具有高效、灵活、功能丰富、表达力强和较好的移植性等特点，便于新手入门。

整体调试是研制机器人花费时间最多的环节，也是决定机器人成绩好坏的关键环节，需要很强的耐心和毅力。

在此过程中需要不断地进行尝试和修改，使机器人既稳又快，需要花费非常多的脑力劳动和体力劳动。

参 考 文 献

[1] 彭商贤, 赵臣, 张启先. 试论国内外机器人机械学的发展趋向. 机器人, 1991, 13(3): 48-53.

[2] 马宏绪, 应伟福, 张彭. 两足步行机器人姿态稳定分析. 计算技术与自动化, 1997, 16(3): 14-18.

[3] 马宏绪. 两足步行机器人动态步行研究. 长沙：国防科学技术大学, 1995.

[4] 柯显信. 仿人形机器人双足动态步行研究. 上海：上海大学, 2005.

[5] Craig J J. Introduction to Robotics. Upper Saddle River: Pearson Prentice Hall, 2005.

[6] 朱晓光. 双足机器人步态与路径规划研究. 北京：华北电力大学, 2012.

[7] 郭晓明. 双足竞步机器人控制系统的研究与设计. 赣州：江西理工大学, 2013.

[8] 蒲昌玖. 双足步行机器人的运动规划方法研究. 重庆：西南大学, 2009.

第 7 章　双足机器人 II*

如今，先进的机器设备给人们的生活和生产带来很大的影响，提高了生活质量和生产效率。而智能机器人作为先进技术的结合体，近年来被人们不断开发，用于生产、医疗、救援等多个领域，并取得很好的效果。我国双足机器人的研究是从 1985 年开始的，并经过不断发展，已成为各个院校的研究课题。

本项目研究的双足机器人旨在利用合适的机械结构，通过各个舵机的配合联动，实现机器人重心随左右脚变化并向前移动，建立起一个理论和实践相结合的模型，以更好地研究机器人的运动情况。采用机械结构优化和程序调试相结合的方法，实现更稳、更快的运动。本设计的创新之处有两点：首先是在比赛规则的允许范围内，最大限度增加脚板大小，以提高走路的稳定性和翻跟头时的腰力；其次是在腰板上用铜柱连接作为翻跟斗的接触点，这相比于直接用铝板弯曲连接在腰板上的方法，既节省材料、减少重量，又降低制作过程的难度。

7.1　双足机器人概述

7.1.1　国外机器人研究状况

双足机器人的研究始于 20 世纪 60 年代。早在 1968 年，美国通用公司的 R. Mosher 试制一台名为 “Rig” 的操纵型双足步行机器人，揭开双足机器人研究的序幕。但该机器人只有踝和髋两个关节，操纵者靠力反馈感觉来保持机器人的平衡。1968~1969 年，M. Vukobratovic 提出了一种重要的研究双足机器人的理论，即 MP 稳定判据，并研制出世界第一台真正意义的双足机器人。随后，牛津大学的 Witt 等也制造了一台双足步行机器人，这款机器人在平地上走得很好。日本于 1986 年研制出 WL-12 型双足机器人，该机器人通过躯体运动来补偿下肢的任意运动，在躯体的平衡作用下，实现步行周期 1.3s、步幅 30cm 的平地动态步行。日本本田公司推出的 “ASIMO”，高 130cm，体重 48kg，双脚步行方面采用 i-WALK 智能实时柔性行走技术，其预测移动控制功能使机器人能够实时预测下一步运动，并按照预测来移动重心。因此，ASIMO 能够改变它的行走坡度，并通过平滑地调节步幅来改变行走的快慢。索尼公司的第二代机器人 SDR-4X 实现了更为复杂的行走控制和更为丰富的通信功能。SDR-4X 集成的实时自适应运动控制系统使其能够

* 队伍名称：山东大学 (威海) 团队，参赛队员：孙学友、吴晨阳、周锋；带队教师：王小利、宋勇

在不规则的地形和斜坡上行走，即使受到外部压力也能够保持行走姿态。SDR-4X 可以实现 7 种动作：最高速度为 15m/min 的前进/后退/左右横行；由俯卧/仰卧状态起立；在前进过程中左右转身；单腿站立 (在斜面上也可做这个动作)；在凹凸不平的路面上行走；踢球；舞蹈。之后，索尼公司又推出了改进版的 SDR-4X Ⅱ，身高 50cm，重量为 5kg。这款机器人可以自行充电，几乎达到投产水平。此外，英国、俄罗斯、南斯拉夫、加拿大、意大利、德国、韩国等国家在行走机器人方面也做了许多研究工作。而美国和日本多年来引领国际机器人的发展方向，代表国际机器人领域的最高科技水平。目前，日本除了比较关注特种机器人和服务机器人以外，还注重中间件的研制。近年来日本基本上在做模仿性的工作，突破性技术比较少。而美国在机器人领域的技术开发方面，一直保持着世界领先地位。

7.1.2 国内机器人研究状况

哈尔滨工业大学从 1985 年开始双足步行机器人的研制工作，先后研制出 HIT-Ⅰ、HIT-Ⅱ和 HIT-Ⅲ。HIT-Ⅰ具有 12 个自由度，可实现静态步行；HIT-Ⅱ具有 12 个自由度，髋关节和腿部结构采用平行四边形结构；HIT-Ⅲ具有 12 个自由度，基于神经网络逼近系统逆动力学模型和 RBF 神经网络前馈控制的力矩补偿控制方法，实现了动态的步行行走。国防科技大学于 1988~1995 年，先后成功研制平面型 6 自由度机器人 KDW-Ⅰ、空间运动型机器人 KDW-Ⅱ和 KDW-Ⅲ。其中 KDW-Ⅲ具有 12 个自由度，可实现步幅 40cm，步速 4s/步的平地行走和上下台阶等静态步行。北京理工大学在 2002~2005 年先后完成 BHR-01 和 BHR-02 拟人机器人的研制，其中 BHR-02 高 1.6m，重 63kg，配置 32 个自由度，可表演太极拳和刀术等复杂动作，考虑复杂环境的应用，并提出了基于机器人自身约束条件的行走调节步态控制算法。清华大学于 2002 年 4 月研制出拟人机器人 THBIP-Ⅰ。THBIP-Ⅰ高 1.80m，重 130kg，几何尺寸及质量分布均参考我国成年人相应的参数进行设计，共配置 32 个自由度。为了复现人体踝关节侧摆的非线性驱动力特性，THBIP-Ⅰ踝关节侧摆采用“行星减速器＋四连杆传动”的独特结构，实现了踝侧摆和踝前摆两关节传动轴垂直正交，同时减少运动干涉性，提高传动性能。

目前，国内外对机器人的研究很多，由于机器人可控性好，可以代替人类完成各种活动，已经广泛用于生产实践中，如汽车生产车间利用机器人进行零部件装配等。多足机器人的各项研究也已经进入较完善的阶段。

国内的研究中比较系统的建模理论很少，但在步态研究和控制研究方面却很有创新。国外的双足机器人研究早在 20 世纪 80 年代就已经形成热潮，并且提出很多非常系统的建模及控制的理论和方法。我国在这方面的研究则比较少，很多研究集中在机器人的步态控制上，完整的动力学建模还较少涉及，这有待我们的进一步努力。

7.1.3　机器人的组成

机器人由机械部分、传感部分、控制部分三大部分组成。这三大部分可分为驱动系统、机械结构系统、感知系统、机器人–环境交互系统、人机交互系统和控制系统 6 个子系统，如图 7-1 所示。

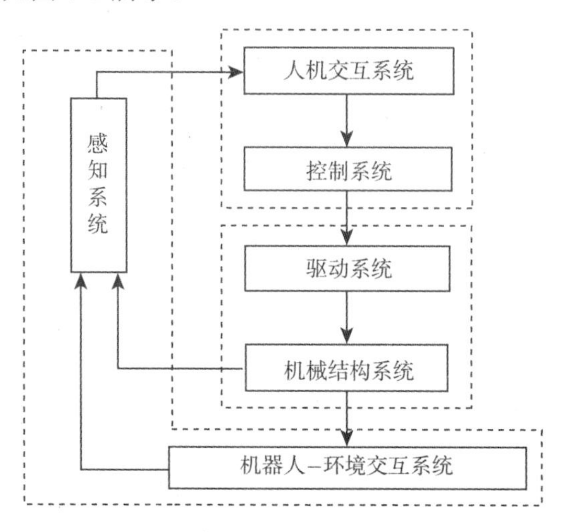

图 7-1　机器人的结构

(1) 驱动系统。要使机器人运行起来，需给各个关节即每个驱动自由度安装传动装置，这就是驱动系统。

(2) 感受系统。它由内部传感器模块和外部传感器模块组成，获取内部和外部环境状态中有意义的信息。智能传感器的使用提高了机器人的机动性、适应性和智能化的水准。人类的感受系统感知外部世界是极其灵巧的，然而，对于一些特殊的信息，传感器比人类的感受系统更有效。

(3) 机器人–环境交互系统。机器人–环境交互系统是实现机器人与外部环境中的设备相互联系和协调的系统。机器人与外部设备集成为一个功能单元，如加工制造单元、焊接单元、装配单元等。

(4) 人机交互系统。人机交互系统是人与机器人进行联系并参与机器人控制的装置，即指令给定装置和信息显示装置。

(5) 控制系统。控制系统的任务是根据机器人的作业指令程序以及从传感器反馈的信号，支配机器人的执行机构完成规定的运动和功能。如果机器人不具备信息反馈特征，则为开环控制系统；如果具备信息反馈特征，则为闭环控制系统。根据控制原理可分为程序控制系统、适应性控制系统和人工智能控制系统。根据控制运动形式可分为点位控制和连续轨迹控制。

7.1.4 仿人机器人研究现状

现在，国际上对机器人的概念已经逐渐趋近一致，即机器人是靠自身动力和控制能力来实现各种功能的一种机器。联合国标准化组织采纳了美国机器人协会给机器人下的定义：“一种可编程和多功能的，用来搬运材料、零件、工具的操作机；或是为了执行不同的任务而具有可改变和可编程动作的专门系统”。

机器人以其具有灵活性、提高生产率、改进产品质量、改善劳动条件等优点而得到广泛应用。但目前绝大多数机器人的灵活性，只是就其能够“反复编程”而言，工作环境相对来说是固定的，所以一般称之为操作手 (manipulator)。

正如人类活动的范围和探索的空间是人类进步的标志一样，机器人的智能同样体现在运动空间的大小上。为了获得更大的独立性，人们对机器人的灵活性及智能化提出更高的要求，要求机器人能够在一定范围内安全运动，完成特定的任务，增强机器人对环境的适应能力。因此，近年来，移动机器人特别是自主式移动机器人成为机器人研究领域的中心之一。

智能移动机器人是一类能够通过传感器感知环境和自身状态，实现在有障碍物的环境中向目标自主运动，从而完成一定作业的机器人系统。路径规划是按照某一性能指标搜索一条从起始状态到目标状态的最优或近似最优的无碰撞路径。基于实时传感信息的模糊逻辑算法，参考人的驾驶经验，通过查表得到规划信息，实现局部路径规划。模糊逻辑法将模糊控制本身所具有的鲁棒性与基于生理学上的“感知–动作”行为结合起来，为移动机器人在未知环境中导航提出一种新思路。

7.1.5 双足机器人简述

“双足步行机器人的研究是由仿生学、机械工程学和控制理论等多种学科相互融合而形成的一门综合学科, 是机器人研究的一个重要分支。”[1] 双足行走机器人属于类人机器人，典型特点是机器人的下肢以刚性构件通过转动副连接，模仿人类的腿及髋关节、膝关节和踝关节，并以执行装置代替肌肉，实现对身体的支撑及连续地协调运动，各关节之间可以有一定角度的相对转动。与其他足式机器人相比，双足机器人具有如下优点：

(1) 双足机器人对步行环境要求很低，能适应各种地面条件而且具有较强的逾越障碍的能力，不仅能够在平面行走，而且能够方便地上下台阶及通过不平整、不规则或较窄的路面，故它的移动“盲区”很小。

(2) 双足机器人具有广阔的工作空间，由于行走系统占地面积小，活动范围大，其上配置的机械手具有更大的活动空间，也可使机械手设计得较为短小紧凑。

(3) 双足行走是生物界难度最大的步行动作，但其步行性能却是其他步行结构所无法比拟的。双足机器人能够在人类的生活和工作环境中与人类协同工作，而不需要专门为其对环境进行大规模改造。所以双足机器人具有广阔的应用领域，特别

是在为残疾人 (下肢瘫痪者或截肢者) 提供室内和户外行走工具、极限环境下代替人工作业等方面更是具有不可替代的作用[2]。

7.2　研究内容和实现情况

7.2.1　研究内容

要设计一个小型双足机器人系统，需将整个工程划分为三大部分：机械实体部分、电路部分、软件程序部分，这三部分既相互独立又相互联系。这三部分需要考虑整个机器人系统的综合性能整体进行设计，每部分独立设计、测试，然后组合完成机器人系统。为了设计制作的机器人能够完成向前行走的功能，需要完成以下任务：设计机器人机械各部位的机械零件；设计双足机器人的机械结构及控制电路系统；设计调试机器人的 PC 上位机程序。

此外，还要学习 16 路舵机控制板的使用，利用中断模拟输出 PWM 波控制舵机打角；学习焊接电路；掌握机械结构原理和力学原理制作机器人结构骨架。

在比赛场地，以双足步行方式移动，从起跑线出发，通过一个长方形比赛区域，完成比赛规则要求的动作，快速走过终点线。用舵机控制板控制 6 个舵机实现双足机器人交叉足直立行走、向前翻跟斗和向后翻跟斗，完成规定动作并且确保完成时间尽量短。机器人由与脚底板相邻的舵机控制机器人的重心左右移动来实现前进，与脚底板相连的舵机平放在脚底板上，舵机的扭力输出轴与前进方向平行。

7.2.2　实现情况

成功制作出双足机器人交叉组机器人骨架，完成 16 路舵机控制板对舵机的控制，实现了平稳地完成翻跟斗和直立行走的规定动作，如图 7-2 和图 7-3 所示。

图 7-2　机器人脚底板

图 7-3　机器人直立

1) 行走

机器人抬起一条腿单脚着地站立后，通过向前迈腿，向后蹬腿，并利用大脚板可提供的最大扭矩保持身体平衡，来向前行走，跨步距离大约 120mm，时间大约 1s，即可以实现快速行走，为防止打滑，脚板底部添加了橡胶垫。

2) 翻跟头

以向前翻跟头为例，实现卧倒、翻转、起立，并且依靠两腿翻转，所以在翻的时候可基本保持直线。

3) 整体动作

向前行走 5 步，立正，完成 5 个向前翻跟头，向前行走 5 步，完成 5 个向后翻跟头，再快速走向终点，距离 6000mm。如图 7-4 所示。

图 7-4 交叉足翻跟头

7.3 系统整体设计

根据项目整体机构高度、重量、总自由度数、自由度的布局以及整体机构最终要达到的步幅和步速的要求，首先确定双足机器人机构的整体设计方案，其次根据研制进度的需要，按重要程度由高至低分步地进行机构的设计、加工、装配和调试，直至满足设计要求。

7.3.1 机器人结构与制作要求及解读

按照 2016 年中国工程机器人大赛暨国际公开赛双足竞步机器人组比赛规则中对机器人的制作要求："只有双足结构，机器人整体尺寸不超过 (长) 250mm×(宽) 200mm×(高) 300mm，头部尺寸不超过 (长) 250mm×(宽) 120mm，单足尺寸不超过 (长) 150mm ×(宽) 200mm，整体重量不超过 2kg。使用不多于 6 只舵机和 1 个舵控板制作完成，要求自主式脱线控制；机器人各个关节之间的连接件是刚性体，不允许使用弹性连接件；禁止使用传感器以帮助机器人导航"[3]。

从规则要求来看，机器人的尺寸、重量都有限制。这就要求选择合适的制作材料，机械结构设计也要合理。另外，为了增加稳定性，应尽量降低机器人的重心，加大腿部重量，减轻头部重量，要合理分配各个部分的高度和重量，在比赛规则限制范围内达到机械结构最合理。禁止使用弹性连接件和传感器，这就要求控制算法和机械结构需配合得当，在机器人不能感觉外部条件变化的情况下尽量保证其直线行走。

7.3.2 比赛计分规则及解读

竞赛内容：机器人站在起跑线后，裁判发令计时开始，启动机器人，比赛开始。机器人先向前走 5 步、立正；接着卧下、向前翻跟斗 5 次、起立；再向前走 5 步、立正；然后卧下 (身体向后)、向后翻跟斗 5 次、起立；最后快速向前走向终点线。规定比赛时间不超过 4min。

计分规则：不按指定动作次序运行的机器人，将按次序偏差的次数扣分。每出现一次偏差，就在记录的比赛时间上附加 10s。

比赛过程分为 4 个阶段：

阶段 1，即前翻阶段，向前走 5 步，向前翻跟斗 5 次，再向前走 5 步；

阶段 2，即后翻阶段，向后翻跟斗 5 次；

阶段 3，即前行阶段，向终点线走去；

阶段 4，即全程。到达终点线，完成全程。

比赛成绩排名：按阶段 4，3，2，1 的顺序依次排名。

比赛过程中出现下列情况之一，结束比赛，记录“机器人走过的距离”和“走过这段距离所用的时间”[3]，作为没有完成赛程的队伍比赛成绩的排名依据。

(1) 比赛过程中，机器人的某一只单足压线；

(2) 比赛过程中，机器人的某一只单足出界；

(3) 机器人行走时跌倒，自主方式爬不起来；

(4) 在比赛过程中，机器人出现在原地不动的情况，停止时间超过 10s；

(5) 比赛时间超过规定的最长比赛时间；

(6) 裁判认定的其他结束比赛情况。

比赛过程中出现下列情况之一，中止比赛，不计成绩，即比赛成绩计 0 分。

(1) 裁判发令后，机器人在 10s 内没有启动；

(2) 在行进过程中，机器人明显使用非双足直立行走方式行进；

(3) 在比赛过程中，参赛队员触碰到机器人；

(4) 裁判认定的其他违规情况。

从计分规则可以看出，首先应该保证机器人在比赛区域内动作，避免出现跌倒、压线及出界的情况，这是能够顺利完成比赛的必要条件；其次在机器人能正确无误地完成所有动作的情况下，应尽量减少比赛耗时，这就对控制算法提出较高的要求。

7.3.3 双足机器人整体分析

本次设计的双足机器人在外形上属于类人机器人，所以在机械结构的搭建方面有必要参照仿生学的相关知识。哈尔滨工业大学的郭志攀在其研究中有关于机器人结构设计的详细介绍[4]。

7.3.3.1 对称性布置

本次设计的机器人结构，其主要特点如下：

(1) 步行运动中普遍存在结构对称性。Goldberg 等研究了步行运动中的对称性，发现机身运动的对称性和腿机构的对称性之间存在相互关系。在单足支撑阶段，对称性的机身运动要求腿部机构也是对称的；在双足支撑阶段，机身对称性运动未必需要腿部机构的对称性，除非有额外的约束条件。根据这一点，在结构设计时采用对称性布置。

(2) 框架的设计有效地利用了舵机的尺寸大小，并使舵机的活动范围尽量符合各关节的活动范围。

(3) 采用多关节型结构。关节是机器人的基础部件，其性能的好坏直接影响机器人的性能。机器人关节呈现出大力矩、高精度、反应灵敏、小型化、机电一体化、标准化和模块化等特点，以适应机器人技术发展的需要[4]。

7.3.3.2 总体布置

根据比赛要求，将机器人分为三大部分：机械结构件、控制部分和伺服电机。而控制部分又分为三大模块：舵机控制模块、电源模块、稳压模块。其中电源模块分别为单片机和舵机供电，舵机控制模块控制舵机的转向和角度，各个舵机通过刚性支架的连接实现腿部的正确动作，从而支持机器人完成整个比赛。

7.4 硬 件 设 计

机械结构组成分为关节衔接、顶板、脚底板、舵机和电池五部分。关节衔接、顶板和脚底板的材料为铝板。舵机为单驱动双轴舵机，配两个舵盘，驱动盘和辅助盘，保证机器人关节的灵活。整体结构为双足直立，脚印为交叉足，六驱动设计。

电路板设计分为电源控制模块和 16 路舵机控制板。电源控制模块主要采用 7.2V 锂电池供电，经直流稳压器至 5V 供单片机使用，再分别用 2 个直流稳压器为 6 个舵机供电。

7.4.1 自由度配置

该双足竞步机器人设计是要实现拟人下肢多自由度的平稳行走，为了降低设计难度及其整体高度，按照目前普遍采用的下肢 6 个自由度的关节配置形式，实现满足比赛要求的关节配置。具体自由度配置为单腿髋关节 1 个，膝关节 1 个，踝关节 1 个，2 个髋关节通过头部固定，形成稳定、对称的机械结构。其中髋关节用于抬腿迈步和辅助平衡，膝关节用于调整机器人重心，辅助迈步，踝关节用于迈步时和髋关节、踝关节配合支撑整个机器人的重量并调整与地面的接触方式以适应地形。根据比赛要求结合实际需要，舵机的安装方向设计为：按照机器人前进方向摆放，6 个舵机的转动方向均为绕轴前后转动。

7.4.2　材料选用及结构

考虑机器人整体重量的限制和支架刚性的硬度要求，选择铝板作为腿部支撑支架，主要有长 U 形架、短 U 形架、多功能支架。铝板有硬度大、重量轻的特点，可减轻机器人在运动过程中因为舵机转动而引起的机械结构振动及变形，增加稳定性。由于头部主要在翻跟斗时起支撑作用，变形小，而且形状及高度需考虑机器人翻跟斗时的实际情况，所以选用较易加工成型的铝板作头部材料，分为两部分：一部分为一块平板，用于通过和髋关节连接固定两条腿；另一部分为加高部分，用于保证机器人在翻跟斗时头部可以很好地接触地面，加高部分用螺丝固定在平板上，这样在调试过程中如果头部高度不合适可以重新制作加高部分进行更换而不需要重新固定两条腿。脚部使用铝板制作，在脚底粘贴防滑胶作为防滑材料。

7.4.3　电源选择

由于机器人要实现自主脱线控制且对总重量有具体要求，所以机器人所使用的电源要求有较小的体积和较轻的重量，而且舵机和单片机的工作电压都较低，所以电池不需要有很高的电压，参考现在手机使用的可充电锂电池，因此使用可充电的锂电池作为电源。聚合物充电锂电池的主要参数见表 7-1。

表 7-1　锂电池参数

产品类型	聚合物充电锂电池
电池型号	Lion Power 7.4V，1300mA·h，25C
电池容量	1200mA·h
持续放电倍率	25C
尺寸	约 70mm×35mm×12mm
插头类型	平衡充插头，JST 插头
充电方式	需要用平衡充充电，充电电流 0.5～1A
其他性能	外观颜色：标准色，带包产品重量：约 64g

7.4.4　驱动方式选择

要实现机器人行走及翻跟斗的基本动作，主要问题是要实现对各关节位置、速度的协调控制，驱动器需要具备运行稳定可靠、响应及时、精确、灵敏的特点。

目前机器人的驱动方式主要有液压驱动、气压驱动和电机驱动 3 种方式。液压驱动方式虽然具有驱动力矩大、响应速度快等特点，但成本高、重量大、工艺复杂，且有发热问题，同时安全性也得不到保证。气压驱动易于高速控制，气动调节阀的制造精度要求没有液压元件高，无污染，但是位置和速度控制困难，并且其工作稳定性差，压缩空气需要除水。液压驱动与气压驱动不能实现试验系统自带能源的目标，直接决定了这两种驱动方式难以应用到双足机器人系统中。目前小型机器人中广泛采用电机驱动方式，电机驱动方式成本低，精度高，可靠且维修方便，容易和计算控制系统相连，应用方便[5−7]。

舵机又分为数字舵机和模拟舵机，两者在机械结构方面是完全一样的，主要由马达、减速齿轮、控制电路等组成，而数字舵机和模拟舵机的最大区别在控制电路上，数字舵机的控制电路比模拟舵机的多了微处理器和晶体振荡器。数字舵机在以下方面与模拟舵机不同：处理接收机的输入信号的方式；控制舵机马达初始电流的方式，减少无反应区 (对小量信号无反应的控制区域)，增加分辨率以及产生更大的固定力量。模拟舵机本身存在无反应区，导致其反应迟钝，而且在舵机转动过程中，需要持续为其施加脉冲，效率低下。相对于传统模拟舵机，数字舵机具有以下 2 个优势：① 因为微处理器的关系，数字舵机可以在将动力脉冲发送到舵机马达之前，对输入的信号根据设定的参数进行处理。这意味着动力脉冲的宽度，就是说激励马达的动力，可以根据微处理器的程序运算而调整，以适应不同的功能要求，并优化舵机的性能。② 数字舵机以高得多的频率向马达发送动力脉冲。就是说，相对于传统的 50 脉冲 /s，现在是 300 脉冲 /s。虽然由于频率高的关系，每个动力脉冲的宽度减小，但马达在同一时间里接收到更多的激励信号，并转动得更快。这也意味着不仅仅舵机马达以更高的频率响应发射机的信号，而且“无反应区”变小；反应变得更快；加速和减速时也更迅速、更柔和；数字舵机提供更高的精度和更好的固定力量。

综合考虑比赛要求和性价比，选用 RDS15 型数字舵机作为机器人关节，其实物图如图 7-5 所示。其主要参数如下。

图 7-5 RDS15 型数字舵机实物图

(1) 结构材质：精密金属齿轮、铁心马达、双轴承、方形抗干扰电位器；

(2) 尺寸：40mm×20mm×40mm；

(3) 重量：60g；

(4) 反应转速：无负载速度 0.18s/60°(6V)，0.16s/60°(7.2V)；

(5) 工作死区：4μs；

(6) 工作电压：4.8~7.2V；

(7) 工作扭矩：14kg·cm(6V)，15kg·cm(7.2V)。

舵机控制原理为：参考陈强等[7] 用 PWM 信号的脉宽差来控制电路板接收来自信号线的控制信号，控制电机转动，电机带动一系列齿轮组，减速后传动至输出舵盘。舵机的输出轴和位置反馈电位计相连，舵盘在转动的同时，带动位置反馈电位计，电位计将输出一个电压信号到控制电路板，进行反馈，然后控制电路板根据所在位置决定电机转动的方向和速度，从而达到目标停止。其工作流程为：控制信号 → 控制电路板 → 电机转动 → 齿轮组减速 → 舵盘转动 → 位置反馈电位计 → 控制电路板反馈。

舵机的控制信号周期为 20ms 的脉宽调制 (PWM) 信号，其中脉冲宽度 0.5～2.5ms, 相对应的舵盘位置为 0° ～ 180°，呈线性变化。也就是说，给它提供一定的脉宽，输出轴就会保持一定对应角度。无论外界转矩怎么改变，直到给它提供一个其他宽度的脉冲信号，才会改变输出角度到新的对应位置上 (图 7-6)。舵机内部有一个基准电路，产生周期为 20ms，宽度 1.5ms 的基准信号，有一个比较器，将外加信号与基准信号相比较，判断出方向和大小，从而产生电机的转动信号。

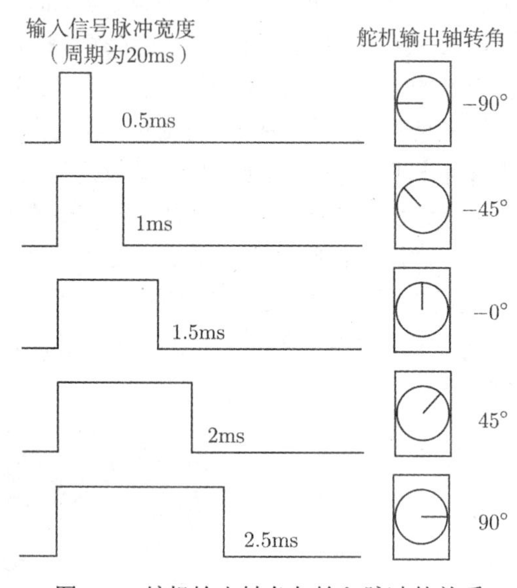

图 7-6　舵机输出转角与输入脉冲的关系

7.4.5　稳压电路设计

为给舵机提供稳定的 5V 工作电压，采用 LM2596 舵机稳压。LM2596 系列是 3A 电流输出降压开关型集成稳压器，它内部集成有固定频率振荡器 (150kHz) 和基准稳压器 (1.23V)，并具有完善的保护电路：电流限制、热关断电路等。该器件只需极少的外围器件便可构成高效稳压电路。LM2596 开关电压调节器是降压型电源管理单片集成电路，能够输出 3A 的驱动电流，同时具有良好的线性和负载调节特性；可固定输出 3.3V、5V、12V 的电压，可调输出低于 37V 的各种电压；其内部集成频率补偿和固定频率发生器，开关频率为 150kHz，与低频开关调节器相比较，可以使用更小规格的滤波元件；由于该器件只需 4 个外接元件，可以使用通用的标准电感，这更优化了 LM2596 的使用，极大地简化了开关电源电路的设计。该器件还有其他一些特点：在特定的输入电压和输出负载的条件下，输出电压的误差可以保证在 ±4%的范围内，振荡频率误差在 ±15%的范围内；可以仅用 80μA 的待机电流，实现外部断电；具有自我保护电路 (一个两级降频限流保护和一个在异常情况下断电的过温完全保护电路)。

在该舵机控制板中，单片机和舵机供电互相隔离，防止单片机和舵机一方因电压波动造成对另一方的影响，针对舵机采用 LM2596 型可调稳压器，解决了舵机联动电压波动比较大的问题，还可以通过电位器调节改变舵机的供电电压。

7.4.6 步态规划

双足机器人的步态是指在步行过程中，机器人身体的各个部分在时序和空间上的一种协调关系，也可以说是各个关节在运动过程中每时每刻的位置、速度和加速度。步态规划就是根据步行的要求和地面条件的约束，设计出预期的机器人各运动部分 (或关节) 的运动轨迹[8]。

参考中国科学技术大学的刘志川[1] 关于双足机器人步态规划的研究，对于双足步行机器人而言，步态规划必须保证以下 2 个原则：① 所规划的步态必须满足设定的目标；② 机器人按照规划步态行走时必须始终保持自身的稳定。在设计中，机器人腿部动作可以模拟人类行走动作，将人类关节与机器人各个自由度相对应，分析人类行走方式，从而反映在机器人关节上，与人类行走方式相对应得出合理的机器人行走方式。

7.4.6.1 行走步态规划

双足机器人完整的步行过程包括 3 个阶段。

(1) 起步阶段。由初始的双腿并立静止状态变化到行走状态，一条腿向前跨出半步距离，髋部速度由零上升到恒定值。

(2) 整步阶段。两条腿交替地向前跨出一步距离，髋部速率保持不变。

(3) 落步阶段。后腿向前跨出半步，落在与另一条腿并行的部位，髋部速度减小到零，恢复成双腿并立静止状态。

因此行走步态设计如图 7-7 所示。

7.4.6.2 翻跟斗步态规划

胡凌云和孙增圻等曾对机器人步态进行详细研究[6]。经过分析人类翻跟斗的过程发现，机器人由于刚性支架和自由度的限制，与人类动作很难达到一致，所以结合实际情况做了大量改动。根据实际情况设计出的翻跟斗过程为：

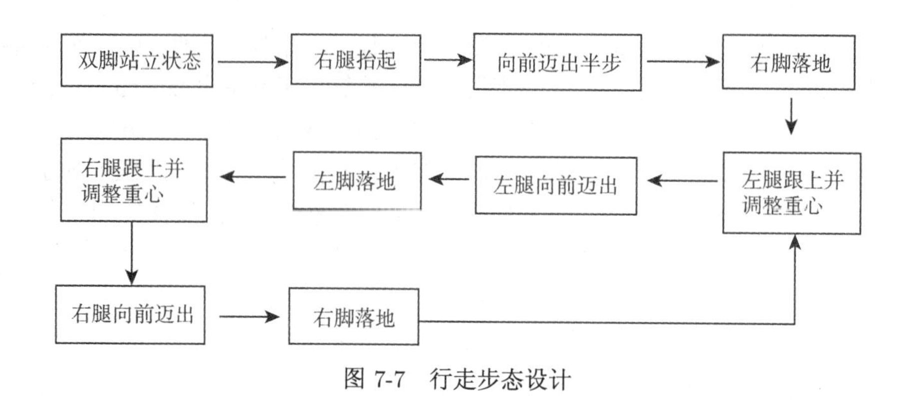

图 7-7　行走步态设计

(1) 在站立状态下髋关节和膝关节均按照相同方向运动，完成低头动作并使其头部接触地面；

(2) 抬起一条腿往前翻并靠惯性使头部完全平稳着地；

(3) 该条腿伸入头部下方空间内放好，抬起另一条腿也往前翻并放入头部下方，同时调整踝关节使其更好地贴合地面；

(4) 在站立状态髋关节先弯曲 90°，然后膝关节按相同方向运动 90°，完成低头动作并使其头部接触地面；

(5) 抬起一条腿往前翻并靠惯性使头部完全平稳着地；

(6) 该条腿伸入头部下方空间内放好，抬起另一条腿也往前翻并放入头部下方，同时调整踝关节使其更好地贴合地面；

(7) 髋关节和膝关节同时运动，使机器人完成翻跟斗的动作回到站立状态。

7.5　软件设计

软件设计主要是舵机控制板对应的上位机的开发。在舵机控制板对应编程软件上，修改 PWM 波的占空比控制舵机打角。通过对 6 个舵机的打角协调来实现直立行走和向前、向后翻跟斗。

在程序设计前，首先必须了解舵机控制原理，并先从单个舵机的控制到多个舵机的控制。对于舵机，其转角为一个绝对位置，即给定一脉宽的信号，舵机就会转动到固定的转角位置，无论其上一个时刻的位置如何。例如，当输入信号的脉宽为 2.0ms 时，舵机便会转到 135° 的位置，这个位置的定位是由舵机内部电路自动反馈校正完成的。

利用 PWM 波对舵机进行控制，不同脉宽的 PWM 波会使舵机转动一定的角度，舵机控制板可以通过上位机直接修改 PWM 的脉宽。

程序流程设计如图 7-8 所示。该项目设计的程序代码请登陆中国工程机器人大赛暨国际公开赛网站下载获取，具体链接地址为：http://robotmatch.cn/upload/files/2017/5/12103536359.txt。

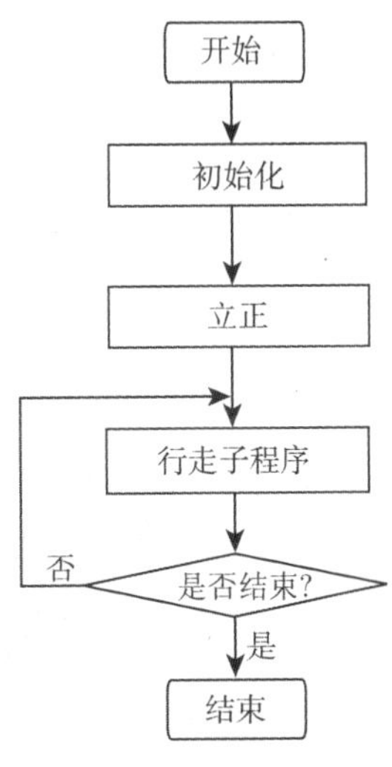

图 7-8 设计流程图

本项目设计使用的 16 路舵机控制器最多可以同时控制 16 个舵机，适用于市面上大多数的机器人和机械臂。其中 8 路带有过载保护功能，可大大降低舵机被烧坏的危险，提高了舵机的寿命。舵机板结构尺寸为 40mm×55mm，孔位 34mm×59mm。其主要功能：

(1) 这款舵机控制器可以在线调试舵机运行，并保存下载动作组，实现脱机运行。上位机软件可提供 128 (0~127) 组动作组保存，其中每组动作又可保存 256 个动作。

(2) 这款舵机控制器可与别的单片机通信，单片机可以向控制器发送指令，使得机器人可以实现智能控制，比如避障、循迹、声控等。

舵机控制板 (图 7-9) 使用 ATmega16 型单片机，其主要特点如下：

ATmega16 AVR 内核具有丰富的指令集和 32 个通用工作寄存器。所有的寄存器都直接与算术逻辑单元 (ALU) 相连接，使得一条指令可以在一个时钟周期内同时访问两个独立的寄存器。这种结构大大提高了代码效率，并且具有比普通的 CISC 微控制器最高至 10 倍的数据吞吐率。

16kB 的系统内可编程 Flash (具有同时读写能力)，512kB EPROM，1kB SRAM，32 个通用 I/O 口线，32 个通用工作寄存器，用于边界扫描的 JTAG 接口，支持片内调试与编程，3 个具有比较模式的灵活的定时器/计数器 (T/C)，片内/外中断，可编程串 USART，有起始条件检测器的通用串行接口，8 路 10 位具有可选差分输入级可编程增益 (TQFP 封装) 的 ADC，具有片内振荡器的可编程看门狗定时器，一个 SPI 串行端口，以及 6 个可编程选择的省电模式。工作于空闲模式时，CPU 停止工作，而 USART、两线接口、ADC、SRAM、T/C、SPI 端口以及中断系统继续工作；掉电模式时，晶体振荡器停止振荡，所有功能除了中断和硬件复位之外都停止工作；在省电模式下，异步定时器继续运行，允许用户保持一个时间基准，而其余功能模块处于休眠状态；ADC 噪声抑制模式时，终止 CPU 和除了异步定时器与 ADC 以外的所有 I/O 模块的工作，以降低 ADC 转换时的开关噪声；待机模式下，只有晶体或谐振振荡器运行，其余功能模块处于休眠状态，使得器件只需要极小的电流，同时具有快速启动能力；扩展待机模式下，则允许振荡器和异步定时器继续工作。

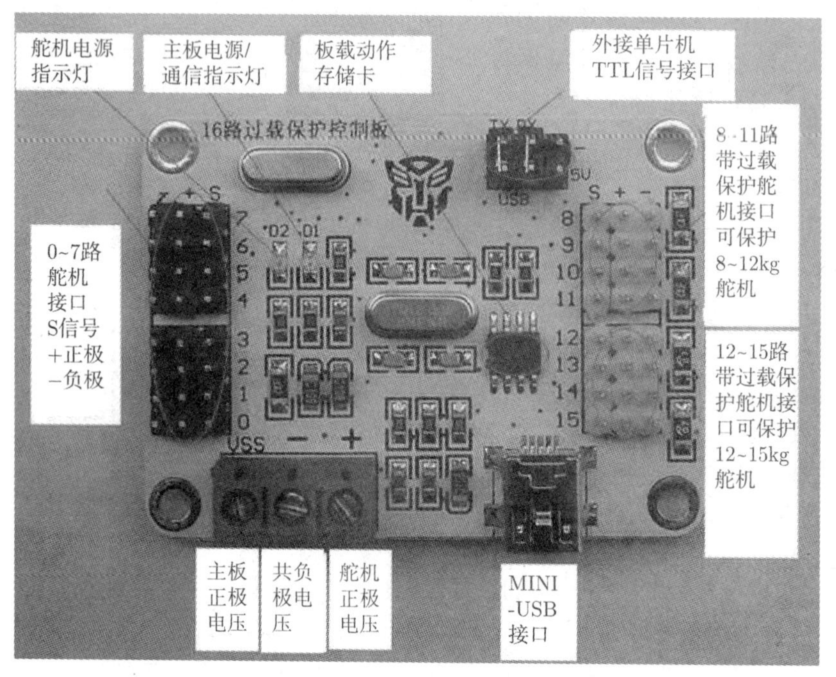

图 7-9　舵机控制板

7.6　系统开发与调试

此次设计的机器人主要由机械结构和控制系统组成。如果认为机械结构是人的骨架，那么控制系统就是人的大脑，所以机器人的先进程度与功能强弱通常都直接与其控制系统的性能密切相关。机器人控制系统是根据指令及传感信息控制机器人完成一定的动作或作业任务的装置，它是机器人的核心，决定了机器人性能的优劣。因此，机器人控制系统是影响机器人性能的关键部分之一，在一定程度上影响着机器人的发展。

参考偶晓飞关于机器人制作的相关研究成果[8]，机器人技术的实现不仅取决于其机械结构的优化，在很大程度上还依赖于一个性能优良的智能控制系统；而一个工作稳定、精度可靠、实时性强的控制系统不仅需要高级的控制算法，还需要实现控制算法的手段。很长时间以来国内外的学者提出了诸多的控制算法，也设计出实现某些算法的控制器，但整个技术还处在试验阶段，特别是一些高级控制方法在实际应用中效果不理想，所以机器人控制系统有待进一步研究。

设计并制作一种能够完成指定动作的双足机器人，根据预先设计的动作，以及定制的指令程序完成一系列高难度的动作，包括前滚翻、后滚翻等。

在软件设计部分，从双足竞步机器人的编程中可以体会到，整个程序并不复杂。主要围绕 PWM 波的控制进行。通过上位机修改 PWM 参数，从控制一个舵机到同时控制多个舵机。将系列 PWM 脉宽值构成动作组，分别进行行走、翻跟斗等动作，编写的程序简洁明了且易于调试。

硬件电路部分，由于使用舵机控制板对 6 个舵机进行控制，故只需焊接稳压电路为舵机控制板和舵机供电即可。主要难度在 3 块直流稳压模块的布局和焊接。测试时，利用万用表检查各处接线情况和电压输出值，不要一检测出问题，就重新接焊板子，这样解决不了任何问题，而是浪费元件材料和研制时间。

机械制作方面，尤其是对双足竞步机器人的机械构造决不可疏忽。在后期机器人的调试中，大部分精力都花在机器人步伐的分解上。良好的硬件结构能够轻松分解出好的步伐，并能在程序中很好地执行。电池 7.2V 采用锂电池供电，分别用稳压器给单片机和舵机供电，避免抢电现象的发生。

在先前机器人制作过程中，由于机器人做得太高，使得整体重心不稳，导致很难分解出步伐，不能保持动作，后期对机械结构进行重新搭建、设计处理，包括增大脚板等处理。

7.7　结　论

机器人已经成为中国制造转向中国智造的重要力量。工业和信息化部部长苗圩曾在“两会”期间表示，工业机器人在工业领域的推广应用，将提升我国工业制造过程的自动化和智能化水平，降低人工成本上升和人口红利，减少对我国工业竞争力的影响，提高生产效率和产品质量，降低生产成本和资源消耗，保障安全生产，保持和提升我国工业的国际竞争力。

在制作、设计机器人过程中，完全按照双足竞步机器人的比赛要求进行，因此机器人可以顺利完成所有大赛要求的任务。该机器人包括三大部分，其中机械结构的稳定合理是机器人能完成各种动作的基本保证；舵机的可靠运行是机器人能按大赛要求实现规定动作必不可少的条件；控制电路和控制算法与机械结构的默契配合保证了机器人能够快速有效地完成比赛。

在机械结构的设计过程中，由于之前缺乏实践经验，所以在制作过程中遇到了不少困难，特别是头部和脚部的制作，先后尝试多种不同的材料，最终才确定使用铝板。加工铝板十分不便利，其硬度大且较轻，经过广泛参考文献资料，由于设计的机器人重心不合适的问题多次更换脚部的形状，最后才获得成功。硬件电路设计方面，由于一开始舵机控制板和舵机供电没有进行隔离，导致舵机没有工作在额定电压下，功率不够；因舵机在运动过程中会产生电压、电流脉冲，影响单片机的工作。对于稳压器的选择，进行多次更换，主要是因为舵机的连续运动，稳压器具有发热现象，影响使用。经过团队成员的密切合作和共同努力，这些问题最终都得到圆满的解决。

参考文献

[1] 刘志川. 双足机器人的步态控制研究. 合肥：中国科学技术大学, 2009.

[2] 许艳惠. 一种双足机器人的步态规划研究. 核电子学与探测技术, 2010, 30(4): 542-545.

[3] 2016 年中国工程机器人大赛双足竞步机器人组比赛规则. 中国工程机器人大赛暨国际公开赛组委会. 2016.

[4] 郭志攀. 小型双足机器人设计及运动规划研究. 哈尔滨：哈尔滨工业大学, 2007.

[5] 朱晓光. 双足机器人步态与路径规划研究. 北京：华北电力大学博士学位论文, 2012.

[6] 胡凌云, 孙增圻, 张小畏, 等. 双足机器人步态控制研究方法综述. 计算机研究与发展, 2005, 42(5): 728-733.

[7] 陈强, 孙倩, 张小畏, 等, 基于脉宽差控制算法的双足竞步机器人设计. 自动化博览, 2012, (4): 86-88.

[8] 偶晓飞. 交叉足印双足机器人的设计与实现. 仪表技术, 2016, (2): 9-13.

第8章 双足机器人III*

双足步行机器人一直是机器人领域的研究热点之一，也是工程类机器人比赛中备受关注的比赛项目。为了让更多的人了解机器人、喜爱机器人，中国工程机器人大赛暨国际公开赛组委会在原有的窄足竞步和交叉足竞步的基础上，新增了单电机双足竞步比赛项目。该项目要求设计一个小型双足竞步机器人，模仿体育运动的田径比赛项目，在比赛场地内完成规则要求的双足竞步机器人比赛任务。针对比赛要求，机器人创新竞赛小组进行多种结构设计及可行性研究，最终确定了仿照交叉足式的步态方案。

考虑到单电机自由度的限制，本设计在交叉足结构基础上进行简化设计，最终实现单电机机器人在重心不发生左右偏移的情况下，两脚交替落地，重心平稳向前平移。

8.1 设计简介

单电机双足区别于其他双足最明显的就是只有一个自由度。在窄足机器人中，机器人行走主要靠踝关节控制重心横移 (升降)，依靠膝关节和髋关节实现其重心在重力作用线过脚底情况下的前后平移。在交叉足中，由于没有自由度实现重心左右的移动，步态简化为利用踝、膝、髋三个关节共同实现脚底平行于地面的重心前移。

由于单电机双足只有一个自由度，实现重心左右的平移并不容易，因此拟采用类似于交叉足的结构设计。下面对本项设计的结构设计、实际制作中遇到的问题及解决方法进行详细说明。

8.2 机械设计

8.2.1 SolidWorks 设计机械结构

单电机双足作为一个新项目，可供参考的文献资料寥寥无几。其基本约束是单个电机、整体尺寸 (不超过 150mm×110mm×200mm)、单足尺寸 (不超过 70mm×100mm) 和供电电压 (不超过 3.7V)。要求具有双足结构，以直立行走的方式移动。

* 队伍名称：解放军理工大学疾风队，参赛队员：桑德成、潘冠兵、刘勇；带队教师：沈新民、张蕉蕉

中国工程机器人大赛暨国际公开赛官网上公布了几段视频，虽然有推荐结构可供参考，但是推荐的机器人表现欠佳。其中一种设计上端有一固定轴，滑轨连接曲柄带动足部。这种结构采用如图 8-1 所示的摆动曲柄滑块机构。

图 8-1　推荐结构步态结构

曲柄与电机输出轴相连，当曲柄转动时，受到曲柄和滑块导轨的共同约束，滑块会做往复运动，而这个滑块连接腿部结构。对这种步态进行分析后，发现其存在的弊端：两只脚在任一时刻都不会同时着地，并且重心前移时前脚始终为倾斜状态。这样的步态对于走直线来说是不利的，两脚交替的瞬间往往会产生较大晃动，而晃动会使机器人产生较大偏航。

为了实现更好的效果，本项目设计决定自行设计结构。设计阶段历经纸上草图、软件建模、钣金加工、调试验证等阶段。下面简要对 SolidWorks 建模阶段和选材阶段做介绍。

SolidWorks 提供了顶尖的钣金设计能力，软件可以直接使用各种类型的薄片、法兰等特征，使得角处理以及边线切口等钣金操作变得非常容易；可以直接按比例放样折弯、圆锥折弯、复杂的平板型的处理。考虑到钣金加工更为方便并满足要求，故采用 1.5mm 铝合金进行钣金三维建模。

如图 8-2 所示，初步设想机器人共包含 6 个金属零件，主要有 E 形足 2 个，舵机支架 1 个，电池架 1 个，轴承座 2 个。舵机输出轴与大尺寸轴承座一端相连，另一端通过一个法兰轴承与足部连接。电池架与足部通过螺丝紧定，另一端通过法兰轴承与小尺寸轴承座相连，轴承座连接另一足，同时足部用螺丝和舵机支架连接。

由于机器人左右方向不能实现重心移动，考虑到交叉足足部 C 形结构，对此加以修改，将脚底设计为类似于交叉足的 E 形足，有利于提高单脚支撑的稳定性，使单脚重心落于足底的形心上。如此可保证在两脚交替时，不会因重心不过作用点发生站立不稳的现象。其次，对于刚度较小的材料来说，适当增加脚底的面积对提高结构可靠性有较大帮助。

大尺寸的轴承座，一端与舵机输出轴的舵盘用螺丝固定，另一端用小孔内套法兰轴承与脚底的侧面相连。这里有一个小技巧，采用内径为 3mm、外径为 8mm 的法兰轴承，法兰轴承与轴承座采用过盈配合 (过盈配合属于紧配合中的一种，也就是说，相配对的轴径要大于孔径，必须采用特殊工具挤压进去，或利用热胀冷缩的特性，将孔加热，趁孔径扩大，迅速套到轴上，待冷却收缩后两个零件紧紧配合成一体)，为保证配合紧密，确定轴承座的孔径为 7.9mm。两者牢固的配合可以保证不会产生径向移动。

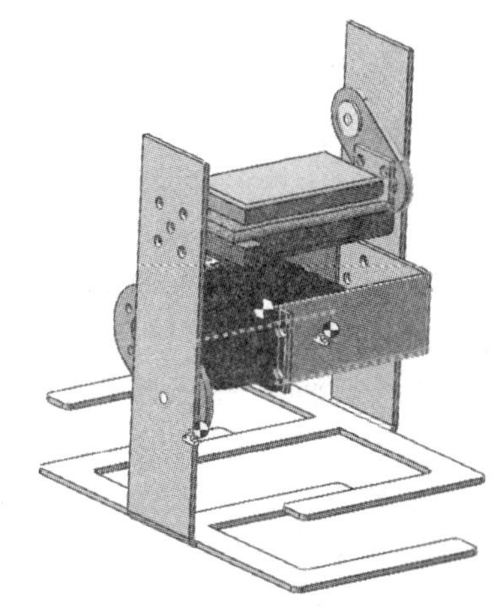

图 8-2 三维效果图

小尺寸的轴承座，用来连接电池架和另一足，确切地说，是用来连接主动部分和从动部分的，两端的小孔都用来连接法兰轴承，采用过盈配合，使两部分的连接做到轴向无滑动，而径向可以相对转动。

8.2.2 材料的选定

常用的材料是有机玻璃、塑料、金属等。本项目设计要求机器人重量在 500g 以内，综合几种材料的刚度、强度及密度等相关参数，最终选用钣金。利用激光钣金切割技术和折弯技术完成零件的制作。合金是综合性能较好的一类金属，目前市面上常见的有铝合金和合金钢。

8.2.2.1 方案一 (铝材)

3000 系铝合金是以锰为主要合金元素的铝合金，以 3003、3A21 为主，属于热处理不可强化铝合金。我国 3000 系铝合金生产工艺较为优秀，它的塑性高，焊接性能好，强度比 1 系铝合金高，而耐蚀性能与 1 系铝合金相近，因此，3000 系铝合金是一种耐腐蚀性能良好的中等强度铝合金，且用途广，用量大，密度小，易于折弯加工。

8.2.2.2 方案二 (钢材)

合金钢除含有普通碳钢的铁、碳外，还添加有其他合金元素 (如铬、镍、钒、钛、铜、钨、钴等)，有的还含有某些非金属元素 (如硼、氮等)。合金钢中由于含有不同种类和数量的合金元素，采取适当的工艺技术，可分别生产具有较高的强度、韧性、淬透性、耐磨性、耐蚀性、耐低温性、耐热性等特殊性能的材料。

8.2.3　最终结构

由于机器人尺寸较小，零件又以细长为主，材料的刚度不足，铝合金零件更容易产生应力形变。在多次调试过程中，难免产生更大的误差。而相同厚度的合金钢硬度要比铝合金大很多，但不足之处是其密度 3 倍于铝合金。经过 SolidWorks 质量测量，使用 1.5mm 合金钢在满足重量要求的情况下也可以完成任务，因此，最终确定使用合金钢作为材料。

在结构设计阶段，最初构想方案有利用惯性带动后腿前进的，也有利用柔性连接实现运动的，但基于稳定和规则的考虑，为寻求一种稳定、可靠的结构，最终确定如图 8-3 所示的结构。在确定结构后，制作过程中遇到的最大问题就是折弯误差较大，人工折弯对折弯线和折弯的角度把握都存在不足。

图 8-3　最终实物图

随着 3D 打印技术的日趋成熟，工业级 3D 打印已经使误差控制在 0.3~0.6mm，材料也有 ABS 合成材料和树脂硅胶等。本设计出于对重心控制的考虑，没有选择 3D 打印技术加工结构。但今后其他的项目设计，可以考虑使用 3D 打印技术完成实体的制作。

8.2.4　步态设计

本设计的重点是左右不产生重心移动，所以步态设计必须以此为出发点。按照上述结构设计，除前进方向外，机器人不应在其他方向上存在自由度。

8.2.4.1　方案一 (脚底水平步态)

如图 8-4 所示，在舵机输出轴转动时，带动大尺寸轴层座做圆周运动，同时带动腿部结构绕其做圆周运动。此时由于小尺寸轴承座的约束作用，使得两 E 形足永远保持平行。最终实现的运动是一足绕另一足做圆周运动，同时两脚面始终平行。

当将机器人置于地面上时，空间相对靠下的足成为支撑足。两足相对位置持续改变，则体现为两脚依次作为支撑足，交替向前支撑，实现机器人重心向前和向上的平移。这种运动方式最大的优点就是脚底始终平行于地面，不会产生较大偏航。

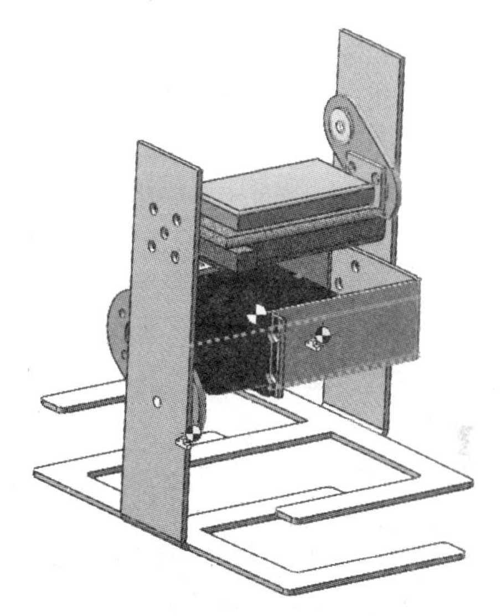

图 8-4 脚底水平步态分析

8.2.4.2 方案二 (脚底倾斜步态)

如图 8-5 和图 8-6 所示，当减少小轴承座的约束作用时，两腿运动时约束减少导致空间位置在上的腿可以自由转动，此时通过对空间位置在上的腿进行配重，可保证当一腿着地时，另一腿作为非支撑腿以倾斜的角度被向上带起，同时在空中保持脚的角度始终倾斜，直至落地为止，另一脚动作与前一脚抬腿过程不变，此动作交替进行即可完成行进的过程。

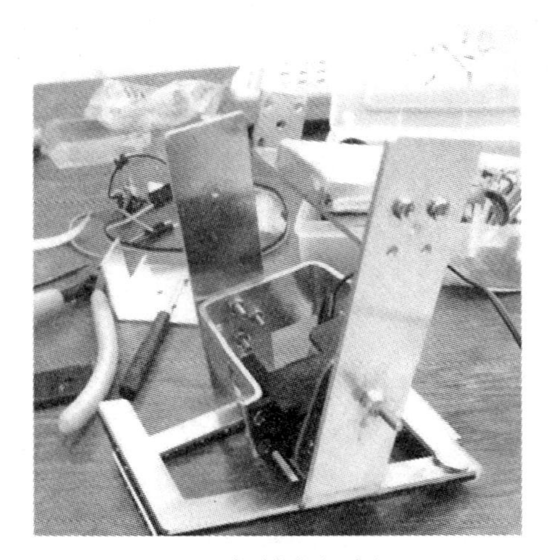

图 8-5 倾斜步态过程一

图 8-6 倾斜步态过程二

8.2.4.3　方案确定 (脚底倾斜步态)

在实际制作过程中，由于钣金折弯和螺丝的安装不可避免地产生误差。在折弯中，折弯很难保证 90°，折弯的位置也很难确定，使得实物很难满足方案一中的要求，尤其是图 8-1 所示的结构中的 2 个自制轴承座，很难保证平行关系。这样使得结构中的矩形结构成为类似于梯形或者平行四边形。更严重的问题就是两腿在最高和最低的极限位置时，产生卡顿。原本的平行关系在极限位置形成了不该出现的 X 形状态，之后瞬间加速，两腿随即卡死。经过多次加工调整，这种误差始终不可存在。

经过考虑，决定选择方案二，将小尺寸轴承座拆除，改成脚底倾斜的步态前进方式。虽然方案二落地时的平稳性远不如方案一，但是受限于加工技术。因此，在完成任务的前提下，选择方案二。

8.3　控 制 部 分

本设计的目的是利用电机输出动力，完成直线行走任务，由于没有传感器，故电路设计部分比较简单，主要由电源和电压控制部分组成。

8.3.1　电源

根据比赛规则，必须使用 3.7V 的电源。基于重量和方便固定等因素的考虑，机器人需要 3.7V 聚合物锂电池供电完成比赛任务。该电池主要参数有。

(1) 电压：标称电压 3.7V；

(2) 充电器：5V；

(3) 内阻：90mΩ；

(4) 充电温度：0~45℃；

(5) 放电温度：$-20 \sim +60$℃；

(6) 充电电压：4.2~5V；

(7) 容量：1300mA·h；

(8) 重量：32.9g；

(9) 电池尺寸：10mm×34mm×50mm。

在实际使用中，发现此电池在充满电的情况下，电压表测得为 3.8V，于是使用降压模块进行降压并调速。

8.3.2　调速方案的选定

调速方案是指利用一定的装置使输出转速发生变化。在机器人制作中广泛使用的有电机调速器调速和降压模块调速 2 种。

8.3.2.1 电机调速器调速

直流调速器就是调节直流电动机速度的部件，上端和电源相连，下端和直流电动机连接，可方便地对直流电机进行速度调节。

8.3.2.2 降压模块调速

降压模块连接在电路中，可以方便地对输出电压进行降压，但要注意降压模块的工作范围以及输入、输出不能接反。选用如图 8-7 所示的 LM2596S 型降压模块。

图 8-7 LM2596S 型降压模块

1) LM2596S 型降压模块参数

(1) 输入：直流 3~40V (输入电压必须比要输出电压高 1.5V 以上，不能升压)。

(2) 输出：直流 1.5~35V，电压连续可调，高效率，最大输出电流为 3A。

(3) 尺寸：(长) 45mm× (宽) 20mm× (高) 14mm (含电位器)。

(4) 为了保证输出稳定，须保持最小 1.5V 压差。

(5) 电压调节：接入电源 (3~40V)，调节蓝色电位器旋钮 (一般顺时针旋转升压，逆时针旋转降压) 并用万用表监测输出电压情况。

2) LM2596S 的接线方式

(1) 焊接：直接将电源线焊在输入 (输出) 端口。

(2) 焊插针：可通过引线插入插针或者插在洞板上使用；或者加引脚后直接焊接在 PCB 上。

由于电源的电压严格控制在 3.7V，这使得许多参赛队使用锂电池或者铅蓄电池供电时都要增加一个调压零件，这在一定程度上影响了机器人的结构。对于相同的结构，不同的电压使得电机转速改变，原有的误差也会发生改变。为了确保结构的重心与建模一致，故没有选用电机调速器调速。

8.4 动力部分

单电机双足机器人相较于普通双足机器人，最大的特点在于只能由一个电机提供动力，而普通电机输出的转速一般可达每分钟几千转，这样的转速显然不能直接应用于双足机器人。输出轴的转速必须依靠一定的减速机构，使动力控制在双足机器人需要的范围内。

8.4.1　电机和减速箱

为了获得较为合适的转速传递到两腿作为动力，在使用直流电机的情况下，必须制作一个减速箱。目前制作的方法主要有手工加工、3D 打印、激光切割、机床加工等。3D 绘图制作减速箱存在一定的难度，而加工和安装中又会产生一定的误差，这些误差的出现都会严重影响齿轮的啮合，从而影响传动的效果，所以考虑用现有舵机改装。

8.4.2　舵机

舵机是遥控模型控制动作的动力来源，不同类型的遥控模型所需的舵机种类也不一样。

舵机主要是由外壳、电路板、无核心马达、齿轮和位置检测器构成。其工作原理是由接收机发出信号给舵机，经电路板上的芯片判断转动方向，再驱动无核心马达开始转动，通过减速齿轮将动力传至摆臂，同时由位置检测器送回信号，判断是否已经到达定位。位置检测器实际上就是可变电阻，当舵机转动时电阻值也会随之改变，检测电阻值便可知转动的角度。一般的伺服马达是将细铜线缠绕在三极转子上，当电流流经线圈时便会产生磁场，与转子外围的磁铁产生排斥作用，进而产生转动的作用力。依据物理学原理，物体的转动惯量与质量成正比，因此要转动质量越大的物体，所需的作用力也越大。舵机要求转速快、耗电小，于是将细铜线缠绕成极薄的中空圆柱体，形成一个重量极轻的五极中空转子，并将磁铁置于圆柱体内，这就是无核心马达。

为了适合不同的工作环境，有防水、防尘设计的舵机；应不同的负载需求，舵机的齿轮有塑胶和金属的区别，金属齿轮的舵机一般都是大扭力和高速型，齿轮不会因负载过大而崩牙；较高级的舵机会装置滚珠轴承，使得转动时更轻快、精准。

电压会直接影响舵机的性能，速度快、扭力大的舵机，除价格贵之外，还会具有高耗电的特点。因此，使用高级舵机时，务必搭配高品质、高容量的镍镉电池，提供稳定且充裕的电流，才可发挥舵机应有的性能。

采用 RB-35CS 舵机进行改装。RB-35CS 是奥松机器人推出的高性价比的 360° 连续旋转机器人专用伺服舵机，可安装配套车轮实现步进电机效果，其内部采用的电机为直流有刷空心杯电机，内部采用无铁转子，具有能量转换效率高、激活制动响应速度快、运行稳定可靠、自适应能力强、电磁干扰少等优点；与同等功率的铁心电机相比，体积小，重量轻；舵机反馈电位器采用电压控制双极性驱动方式，具有反应速度更快、无反应区范围小、定位精度高、抗干扰能力强、兼容性好等优势，在机器人与航模领域广泛应用。以下为 RB-35CS 舵机的参数。

(1) 工作电压：DC 4.8~6V；

(2) 控制方式：正脉冲在 1500；

(3) 工作频率：50Hz；

(4) 工作脉宽：500～2500μs；

(5) 死区设定：10μs；

(6) 无负载速度：0.14s/60° (4.8V)；0.12s/60° (6V)；

(7) 扭矩大小：3kg·cm(4.8V)；3.5kg·cm(6V)；

(8) 制作工艺：空心杯马达；

(9) 工作温度：0～60°C；

(10) 重量：36g；

(11) 线长：300mm；

(12) 产品尺寸：40.8mm×20.1mm×38mm；

(13) 接线方式：红色 (正)，棕色 (负)，黄色 (信号)；

(14) 附件包：圆舵盘、一字舵角、十字舵角、米字舵角、紧固螺钉、防震橡胶垫、铜套、舵盘固定自攻螺钉。

8.4.3 方案确定——改装舵机

由于舵机采用的电机为直流有刷空心杯电机，内部采用无铁转子，具有能量转换效率高、激活制动响应速度快、运行稳定性可靠、自适应能力强、电磁干扰少等优点，与同等功率的铁心电机相比，体积小、重量轻，并且方便固定。只需拆除舵机内部的电机控制板，就可得到如图 8-8 所示的空心杯电机和减速箱。

图 8-8 空心杯电机

8.5 赛前调试

在做好上述设计性工作的基础上，为了取得更好的比赛成绩，采取的措施包括：

(1) 在脚底增加一层黏性胶皮，一方面增加摩擦力，另一方面使脚底落地时能有更好的缓冲。

(2) 在实际操作中，电机调速器和降压器件的功能都是调节转速的，两者在功能上相近，为了简化结构，采用降压器调节转速。

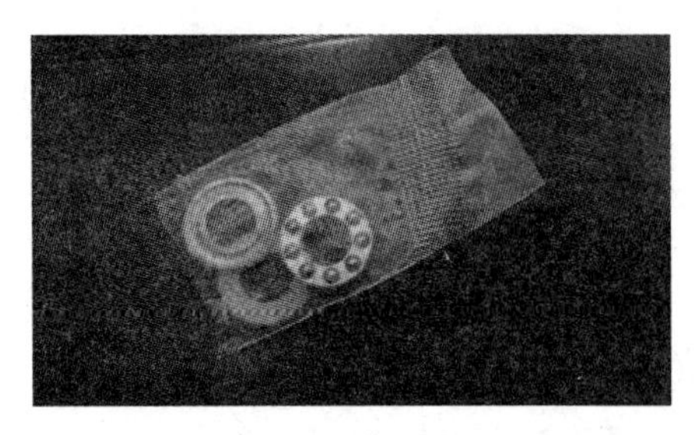

图 8-9　滚珠轴承

(3) 通过对两脚的配重，可影响机器人左右重心变化，从而修正机器人行走时的左右偏差。

(4) 最初设计时，使用的是内径为 3mm、外径为 8mm 的法兰轴承，但在实际操作中发现法兰轴承径向固定并不好，增加了机器人的不确定因素。

经过测试，使用如图 8-9 所示的外径较大的垫片上带有沟槽的滚珠轴承，此种轴承轴向固定要比法兰轴承更为牢靠，操作误差更小。

8.6　改进方案与展望

方案一之所以没能实现，是因为一端为动力轴，而另一端没有动力。在运动时，有动力的一端受驱动杆的力实现比较稳定的圆周运动，而不具有动力的一端在运动时不稳定，极易出现卡死现象。如此，使得很小的误差就会影响两腿的运动状态。

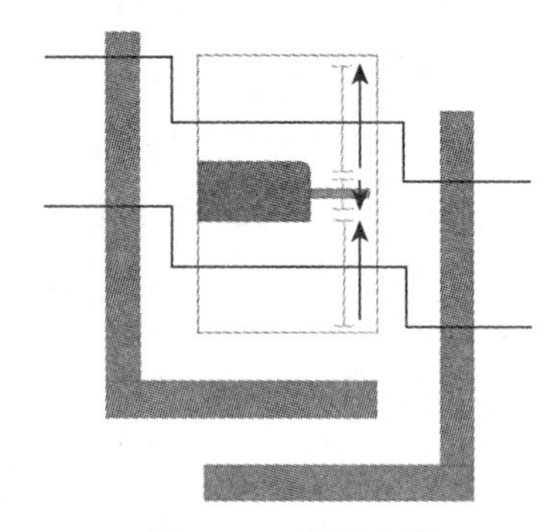

图 8-10　改进方案

对此就图 8-10 的结构做出修改。如图 8-10 所示，舵机输出轴通过外啮合与两条 Z 形轴相连，当舵机输出轴转动带动齿轮，齿轮又同时带动两根杆同步转动，通过两点确定一条线段，即确定两腿的位置关系。

这样的结构使得腿部两个连接点都是有动力的，即腿部的运动状态整体比较稳定，不会出现不确定的卡死现象，同时需制作两根轴和固定轴用的外壳。

双足机器人一直都是机器人比赛的热点，这种基于欠驱动的运动机构设计一改以往双足机器人结构复杂、一成不变的情况，给双足机器人注入了新的活力。对于初入机器人门槛的学生来说，这将是一个很好的学习领域。

单电机机器人不仅符合低碳、环保、绿色的要求，也是对社会上倡导的“极简主义”的完美诠释。单电机能做的事情远远不止这些，还有单电机越野、单电机竞速等。期待在下一届比赛中，选手们有更多的创意设计。

参 考 文 献

[1] Craig J J. Introduction to Robotics Mechanics and Control. 3rd ed, Upper Saddle River:

Pearson Prentiu Hall, 2005.
[2] ROBO-ONE 组委会. 双足步行机器人制作指南. 北京：科学出版社, 2013.
[3] 巩云鹏, 田万禄, 张祖立, 等. 机械设计课程设计. 沈阳：东北大学出版社, 2000.
[4] 孙桓. 机械原理. 6 版. 北京：高等教育出版社, 2001.
[5] 濮良贵, 纪名刚. 机械设计. 7 版. 北京：高等教育出版社, 2001.
[6] 梁贵书, 董华英. 电路理论基础. 北京：中国电力出版社, 2005.

第 9 章　双足机器人Ⅳ*

机器人技术代表了机电一体化的最高成就，是 20 世纪人类最伟大的成果之一，也是一个国家制造业水平和综合实力的象征。其中双足步行机器人因其体积相对较小，对非结构性环境具有较好的适应性，避障能力强，移动盲区很小等特点，越来越受到人们的关注，因此对其控制研究和步态规划具有现实意义。

本设计主要介绍双足竞步机器人的国内外发展，以及 PWM 指令算法和舵机的联动控制；通过研究人类行走方式以及翻跟斗的动作，对机器人的行走步态进行简单的规划，设计出简化的机械结构模型，并以此为基础进行适当的调整，设计出符合交叉足竞步机器人比赛要求的电路和全部动作程序。

机械结构方面，通过自制和购买部分结构，实现整体的稳定性；电路设计方面，采用单按键的方式，启动按键使机器人复位并快速开始比赛；程序设计方面，将程序下载到试验样机中，验证程序设计的可行性和合理性，通过反复调试、修改和验证，使机器人顺利完成比赛规定的动作。

9.1　设 计 简 介

近代机器人学是一门新兴的综合性学科，涉及机械工程技术、计算机工程技术、控制工程技术、人工智能、电子工程技术以及仿生学等十多种学科的研究成果。机器人中的双足步行机器人虽然只有近 40 年的历史，但是由于其独特的适应性和拟人性，已成为机器人领域的一个重要发展方向。双足步行机器人与轮式、爬行式和履带式等移动机器人相比，有着更好的环境适应性，这种优越性在非结构环境中表现尤为突出。

9.1.1　双足机器人的研究概况

随着国内外学者纷纷投入到机器人领域的研究中，机器人也逐渐进入工业生产和人类的生活[1]。根据机器人的发展进程，通常分为以下三代：

第一代机器人主要指只能以“示教–再现”方式工作的机器人，只能依靠人们给定的程序，重复进行各种操作。

第二代机器人是具有一定传感器反馈功能的机器人，能获取作业环境、操作对象的简单信息，通过计算机处理、分析，对动作进行反馈控制，表现出低级的智能。

* 队伍名称：山东大学郑锦波队，参赛队员：郑锦波、曲梅、刘华瑾；带队教师：王立志

第三代机器人是指具有环境感知能力，并能做出自主决策的自治机器人，具有多种感知功能，可进行复杂的逻辑思维，判断决策，在作业环境中可独立行动。

9.1.1.1 国外研究概况

拟人机器人的研究是一个很诱人、难度很大的研究课题。关于这方面的研究日本走在了世界的前列。早稻田大学理工学部 1973 年建立了“人格化机器人”研究室，曾开发出不少拟人机器人系统[2]。例如，会演奏钢琴的机器人、双足步行机器人以及电动假肢等。该研究室的带头人高西淳夫教授说：“人格化机器人的一个很大特征就是它具有与人类相近的结构，机器人与人类的共存是我们研究开发的课题之一。”[3]

当今世界，有“机器人王国”之称的日本在双足步行机器人研究领域处于绝对领先地位，早稻田大学的加藤一郎教授于 1968 年率先开展了双足步行机器人的研制工作，并先后研制出 WAP 系列样机。其中 WAP-1 型步行机器人具有 6 个自由度，每条腿有髋、膝、踝三个关节；关节处使用人造橡胶肌肉，通过充气、排气引起肌肉收缩，肌肉的收缩牵引关节转动从而实现步行。1971 年，研制出 WAP-3 型双足机器人，仍采用人工肌肉，具有 11 个自由度，能在平地、斜坡和阶梯上行走。同年又研制出 WL-5 型双足步行机器人，该机器人采用液压驱动，具有 11 个自由度，下肢做三维运动，上躯体左右摆动以实现双足机器人重心的左右移动。1973 年，在 WAP-5 型的基础上配置机械手及人工视觉、听觉等装置研制出自主式机器人 WAROT-1。1980 年，推出 WL-9DR(Dynam、Refined) 型双足机器人[4]，该机器人采用预先设计步行方式的程序控制方法，通过对步行运动的分析及重复试验设计步态轨迹，用设计出的步态控制机器人的步行运动，采用以“单脚支撑期为静态、双脚切换期为动态”的准动态步行方案，实现了步幅 45cm，每步 9s 的准动态步行。1984 年，研制出采用踝关节力矩控制的 WL-10DR 型双足机器人，增加了踝关节力矩控制，将一个步行周期分为单脚支撑期和转换期。1986 年，又成功研制了 WL-12(R) 型双足机器人，该机器人通过躯体运动来补偿下肢的任意运动，实现步行周期 1.3s，步幅 30cm 的平地动态步行。而代表双足步行机器人和拟人机器人研究最高水平的是本田公司和索尼公司。本田公司从 1986 年至今已经推出 Pl，P2，P3 系列机器人，在 P2 和 P3 系列中，使用大量的传感器：陀螺仪 (测定上体偏转的角度和角速度)、重力传感器、六维力/力矩传感器和视觉传感器等，利用这些传感器获取机器人当前的状态和外界环境的变化，并基于这些传感器对下肢各关节的运动作出调整，实现动态步行。

除日本之外，美国、英国、加拿大等也对步行机器人做了大量的基础理论研究和样机研制工作，并取得一定成果。美国俄亥俄州立大学的美籍华人郑元芳博士是美国双足步行机器人研究者中一位杰出人物。他基于神经网络研制出 2 台双足步行机器人，分别命名为 SD-1 和 SD-2。SD-1 具有 4 个自由度，SD-2 具有 8 个自由度，其中 SD-2 是美国第一台真正类人的双足步行机器人。他利用 SDR-2 于 1986 年实现了平地上的前进、后退以及左、右侧行；1987 年，又成功实现了动态步行。1971~1986 年，英国牛津大学的 Witt 等制造并完善了一个双足步行机器人，该机器人在平地上行走良好，步速达 0.23m/s。前面所述的研究主要是关于主动式步行机器人 (靠关节电机驱动)。而加拿大的 Mc Geer 主要研究被动式双足步行机器人，即在无任何外界输入的情况下，仅靠重力和惯性力实现步行运动。1989 年，他建立了平面型的双足步行机构，两腿为直杆机构，没有膝关节，每条腿各装有一个小电机来控制腿的伸缩，无任何主动控制和能量供给，在斜坡上，可依靠重力实现动态步行。目前，主动式和被动式双足步行机器人在研究上很少互相借鉴[5−7]。

9.1.1.2　国内研究概况

我国双足步行机器人的研制工作起步较晚，是从 20 世纪 80 年代才开始研究和应用的。1986 年，我国开展了“七五”机器人攻关计划。1987 年，我国的“863”高技术研究发展计划将机器人研究开发列入其中。目前我国从事机器人研究与应用开发的单位主要是高校和有关科研院所等。

自 1985 年以来，相继有几所高校取得了一定的成果，其中以哈尔滨工业大学和国防科技大学成果较为显著。在自然科学基金和国家“863”计划的支持下，哈尔滨工业大学自 1985 年开始研制双足步行机器人[8]，迄今为止已经完成 3 个型号的研制工作。

2000 年 11 月 29 日，国防科技大学研制出我国第一台类人型双足步行机器人“先行者”，高 1.4m，重 20kg，可实现前进/后退、左/右侧行、左/右转弯和手臂前后摆动等各种基本步态，行走频率每秒两步，能平地静态步行和动态步行。从只能平地静态步行，到能快速自如地动态步行；从只能在已知环境下步行，到可在小偏差、不确定环境下行走，实现了多项关键技术突破。

9.1.2　双足步行机器人的特点及意义

机器人是现代科学技术发展的必然产物，因为人们总是设法让机器来代替繁重的工作，从而发明了各种各样的机器[9]。机器的发展和其他事物一样，遵循着由低级到高级的发展规律，机器发展的最高形式必然是机器人。而机器人发展的最高目标是制造出像人一样可以行走和作业的机器人，也就是拟人机器人。因为它具有良好的环境适应性，并且这种特点在高低不平的路面上以及具有障碍物的空间里更加突出，所以与之相关的问题已经成为研究热点。拟人机器人的研制工作开始于 20 世纪 60 年代，短短的几十年时间内，其研制工作进展迅速。步行机器人的研制工作是其中一项重要内容。目前，机器人的移动方式主要包括轮式、履带式、爬行式、蠕动式以及步行等方式。对轮式和履带式移动机器人的研究主要集中在自主运动控制上，如避障路径规划等。这两种机器人过分依赖于周围环境，应用范围受限。爬行和蠕动式机器人主要用于管道作业，具有良好的静动态稳定性，但速度较低。常见的步行机器人有双足、四足和六足等。自然界事实、仿生学以及力学分析表明：在具有许多优点的步行机器人中，双足步行机器人因其体积相对较小，对非结构性环境具有较好的适应性，避障能力强，移动盲区很小等优良的移动品质，格外引人注目。

首先，对于支撑路面，双足步行机器人的要求很低，理论上只需要分散的、孤立的支撑点，就可以自行选择最佳的支撑点，获得最佳的移动性能。而轮式移动机器人通常要求连续的、硬质的支撑路面，对于恶劣的支撑路面，只能被动地适应。

其次，在存在障碍物的情况下，双足步行机器人能够跨越与自身腿长相当的障碍物，甚至跳越障碍，而轮式移动机器人仅能滚越尺寸小于轮子半径的障碍物。机器人力学计算表明，双足步行机器人的能耗通常低于轮式和履带式。步行是人类的一种基本活动能力，双足步行技术的发展促进动力型假肢的研制，将有可能解决截瘫病人和小儿麻痹症患者的行走问题，为康复医学做出贡献。对机器人双足动态行走机理的深入研究也使我们更深刻地理解人类活动的内在本质，有助于生物医学工程和体育运动科学的发展。而双足步行机器人与传统的轮式机器人相比，最具有挑战性的问题之一在于，它的单双足交替支撑的步行方式使得双足步行机器人难以保持较好的稳定性使人们在机器人稳定性和步态规划方面的研究更加深入。

最后，由于双足机器人具有多个关节，每个关节又有多个自由度，所以双足机器人的运动非常灵活，可以通过这样一个模型来进行运动学和动力学的分析试验，为我们的设计研究提供了理想的试验平台。

综上论述，双足机器人的研究领域非常广泛。首先，它涉及工业、生活、科研等多个方面，涵盖自动化、人工智能、机械等学科，推动了我国技术产业的发展；其次，双足机器人的研究可以作为一个独立的课题供广大高校及科研机构学习，展现了它的研究价值；最后，双足机器人的研究也可以作为医学研究的参考，同时还可以向娱乐机器人以及服务机器人等方向发展。

9.1.3 研究内容和主要工作

为了促进机器人技术在我国的发展，全国各地尤其是部分高校举办了各种类型的机器人大赛。其中最引人瞩目的舞蹈机器人项目就是为了促进双足步行机器人的发展而设立的。由于步行机器人的实现目前还存在很多技术难题，舞蹈机器人项目基本是以轮式机器人为主，还没有出现步行机器人参赛。由此可见，双足步行机器人的发展还有一段很长的路要走。研制双足步行机器人的一项重要内容就是步态规划。所谓的步态，是指在步行过程中，步行本体的身体各部位在时序和空间上的一种协调关系，步态规划就是给出机器人各关节位置与时间的关系，是双足步行机器人研制中的一项关键技术，也是难点之一。步态规划的好坏将直接影响双足步行机器人的行走稳定性、美观性以及各关节所需驱动力矩的大小等多个方面，已经成为双足步行机器人领域的研究热点。

本设计的主要任务就是在研读大量文献资料后，认真研究人类行走过程，并通过适当的调整，完成交叉足竞步机器人行走程序设计，再将设计好的程序下载到试验样机中，验证设计程序的可行性和合理性，通过反复的验证和改进，使机器人能顺利地完成比赛任务。

9.2　机器人总体设计方案

9.2.1　交叉足机器人介绍

交叉足机器人的机械结构主要部分是双足，并且只能靠步行的运动方式来移动。在设计时，机器人区分正面和背面，要求以箭头指向标识出机器人的正面。比赛规则要求：交叉足双足竞步机器人使用不多于 6 只舵机和 1 个舵机控制板制作完成；自主式脱线控制；机器人各个关节之间的连接件是刚性体，不允许使用弹性连接件。

机器人整体尺寸不超过 (长) 250mm×(宽) 200mm×(高) 300mm；规定机器人前进方向为其宽度方向，机器人正面往前、立正姿势站立时，正对机器人看去，左右为长度方向，前后为宽度方向，上下为高度方向。机器人头部尺寸不超过 (长) 250mm×(宽) 120mm；规定机器人正面往前、立正姿势站立时，正视机器人头部看去，左右为长度方向，前后为宽度方向。机器人单足尺寸不超过 (长) 150mm ×(宽) 200mm；规定机器人正面往前、立正姿势站立时，正视机器人单足看去，左右为长度方向，前后为宽度方向。机器人整体重量不超过 2kg。

从上面的限制条件可以知道，对制作机器人的材料高度和重量都有要求，制作机器人的材料按照使用场合的不同来确定，如底盘 (机器人的脚底板) 在符合条件的情况下，越重越好，这样能使机器人的重心降低，在移动过程中保持稳定不会跌倒；而机器人腿部以上的重量，在符合条件的情况下，越轻越好，否则机器人的重心太高，前后卧下的情况下，容易倾倒；这需要根据实际情况处理好重量和高度的分配，才能取得满意的效果。

9.2.2　交叉足机器人结构设计

根据中国工程机器人大赛暨国际公开赛要求以及确定的自由度配置方案，选用模拟舵机、控制板，设计机器人的零件。本着结构尽量简单、尽量采用通用零件、外形美观等原则，对机器人的外观进行优化。本设计的机器人结构主要有以下特点：

(1) 步行运动中普遍存在结构对称性。研究步行运动中的对称性发现，机身运动的对称性和腿机构的对称性之间存在着相互关系。在单足支撑阶段，对称性的机身运动要求腿部机构也是对称的；在双足支撑阶段，机身对称运动未必需要腿部机构的对称性，除非有额外的约束条件。根据这一点，在结构设计时采用对称性布置。

(2) 框架的设计有效地利用了舵机的尺寸大小，并使舵机的活动范围尽量符合各关节的活动范围。

(3) 采用多关节结构。

由于机器人的各关节是用舵机驱动的，为了减小机器人的体积，减轻重量，机器人的结构做成框架型。框架的设计有效地利用了舵机的尺寸大小，并使舵机的互动范围能尽量符合关节的活动范围。

9.2.3 硬件设计

9.2.3.1 硬件实际设计图

图 9-1～ 图 9-5 给出了机器人实际设计图。

图 9-1 舵机

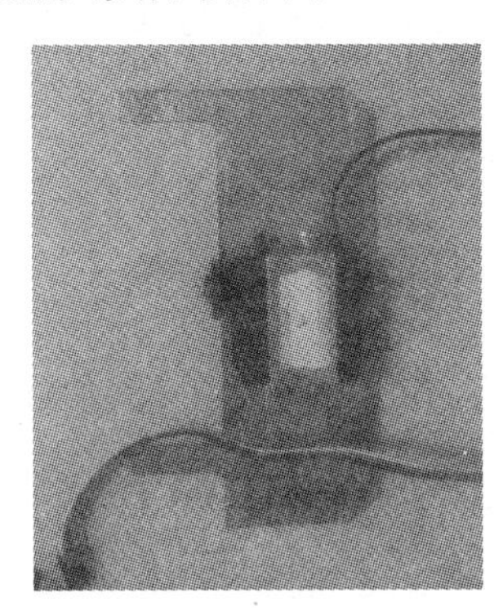

图 9-2 脚底板

图 9-3 U形架

9.2.3.2 电路设计原理

电路设计分为 3 个部分：电源部分、程序下载部分、给舵机供电部分。选用 STC89C51 型单片机作为控制器，该单片机为 8 位，内置上电复位电路与高精度 LC 振荡时钟，可省去焊接外部晶振和复位电路，完全能够实现双足机器人步态与行走控制。选用两节 12650 4.2V 可充电电池作为电源，经 1117 型稳压器输出 5V 电压分别给单片机和舵机供电 (供电时，单片机单独使用一路 1117 输出电压，另外 6 个舵机，每 2 个共用一路 1117 电源供电)。程序下载部分利用单片机串口通信，实现程序下载与机器人的调试。电路设计原理图如图 9-6 所示。

图 9-4　头

图 9-5　整体结构装配总图

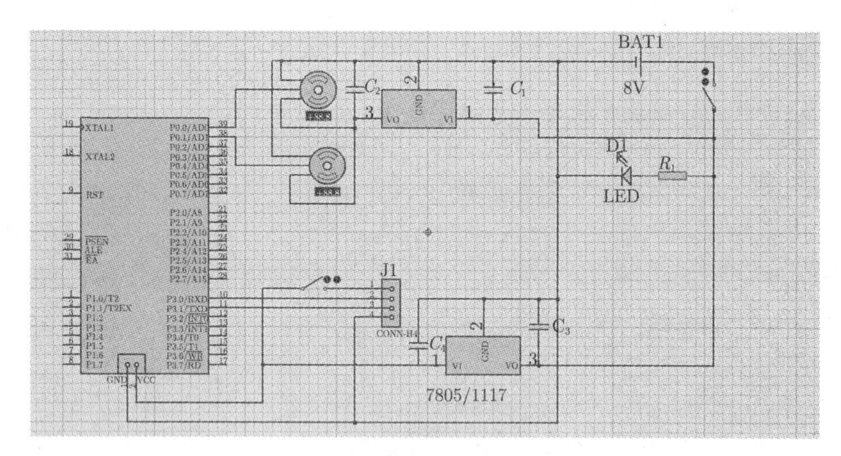

图 9-6　电路设计原理图

9.3　交叉足机器人行走步态设计

如何规划机器人步态使其稳定行走仍是人形机器人研究领域的关键技术之一。步态是在步行运动过程中，机器人的各个关节在时序和空间上的一种协调关系，步态规划的目标是产生期望步态，即产生在某个步行周期中实现某种步态的各关节运动轨迹 (期望运动轨迹)。步态规划是机器人稳定步行的基础，也是双足步行机器人研究中的一个关键技术。要实现和提高机器人的行走性能，必须研究实用而有效的步态规划方法，实现机器人的稳定步行。

人类在研究人体结构之前花费了大量的时间去研究昆虫、哺乳动物的腿部移动，以及登山运动员在爬山时的腿部运动方式。这些研究帮助我们更好地了解在行走过程中发生的一切，特别是关节处的运动。比如，在行走的时候会移动重心，并且前后摆动双手来平衡身体。这些构成了人形机器人行走的基础方式，人形机器人和人类一样，有髋关节、膝关节和足关节，机器人中的关节一般用“自由度”来表示。一个自由度表示一个运动可以或者向上，或者向下，或者向右，或者向左，分散在身体的不同部位，所以骨骼结构因此而生。

9.3.1 步态规划基本原则

对双足步行机器人而言，理论上可供选择的步态有无数种。但是，步态规划必须保证 2 个原则：所规划的步态必须满足设定的目标；机器人按照规划步态行走时必须始终保持自身的稳定。同时，所规划的步态还应符合人类的行走习惯，并使控制尽可能简单。人类行走步态是几千年演化的结果，是自然界中最合理的行走方式，符合人类的行走习惯的步态不仅能使机器人保持稳定，而且能使其所消耗的能量减少到最低。此外，机器人的行走必须加以人为的控制，如果规划的步态存在控制上的困难甚至难以实现，显然意义不大。

9.3.2 步态设计

中国工程机器人大赛暨国际公开赛的双足竞步机器人组比赛规则交叉足项目要求：机器人通过步行的方式从起点线走到终点线 (相距 200cm，限宽 60cm)。比赛开始时，先走出 3 步距离、立正，然后卧下、向前翻跟斗 3 次，再起立、向前走出 3 步距离、立正，然后卧下 (身体向后)，再向后翻跟斗 3 次，再起立，然后以轻快步履走向终点，参赛机器人要在 4min 以内完成所有动作。

为了符合比赛的要求，将整套动作的设计分成三大块，分别是前三步行走步态的设计、翻跟斗的设计和连续行走步态的设计，其中前三步和连续行走的设计有很多相似之处，可统一设计，另外还包括主程序和相关辅助程序的设计。

9.3.2.1 前三步步态设计

双足机器人步态研究的一个重要方法就是简化出双足机器人的结构。由于双足机器人的原始模型是一个高阶次、多变量、强耦合、非线性和变结构的复杂动力学系统，要对它进行直接研究甚至是理解都很困难，所以必须在某种条件下进行简化。这种简化必须具备真实性和可复原性，人类通过交替地以一条腿作为支撑，向前摆动另一条腿，并伴以躯干和手臂的运动来实现灵活的步行运动，其过程和机理是非常复杂的。研究证明：双足步行机器人在平稳步行的条件下，能够实现上身躯和下肢的运动解耦，并且容易对下身躯的各个关节角实施角度规划，因此可以利用解耦控制分别控制上身躯和下身躯的运动，并且对下身躯的各个关节角实施轨迹规划。因此，在分析和模拟人类的步行运动时，进行简化，去掉一些复杂的动作细节，重点抓住下肢的主要动作特点和要领。

一个完整的行走周期分为双腿支撑阶段和单腿支撑阶段。在双腿支撑阶段，两只脚都与地面接触，这个阶段开始于前脚的后跟接触地面，结束于后脚的脚尖离开地面。单腿支撑阶段一条腿支撑身体，另外一条腿完成步行前移。在单腿支撑阶段，一只脚固定在地面上而另一只脚从后往前摆动，步行时，机器人交替地进入双腿支撑阶段和单腿支撑阶段。

9.3.2.2 翻跟头步态设计

由于大赛要求机器人有翻跟头的动作，为了满足比赛要求，搜集了人类翻跟头的文献资料，人类翻跟斗时动作的连贯性和柔韧性是机器人无法比拟的，所以在动作的设计上做了大量的改动。

9.3.2.3 连续前进步态设计

连续行走步态设计和前三步的设计方法是一样的，只是在连续行走的设计中没有停止步态，其余步态只是前三步的连续循环调用，故不再赘述。

9.3.2.4 主程序流程

前面对三个子程序分别进行设计，主程序只是对子程序的调用。按照交叉足竞步机器人比赛相关规则的要求，设计出了主程序。程序中的翻跟头程序 fan_gentou $(3, n)$ 中的 n 可以取 +1 和 −1，+1 表示向前翻，−1 表示向后翻。该项目的程序代码请登陆中国工程机器人大赛暨国际公开赛网站下载获取，具体链接地址为：http://robotmatch.cn/upload/files/2017/5/1210365578.txt。

9.3.2.5 PWM_6 流程

6 路舵机输出子程序，其功能是实现 6 路舵机的 PWM 信号在最短的时间内输出，其中包括给舵机端口赋值，将接收到的数值放入寄存器的数组中，然后按照大小排序，循环作差后重新赋值并参与逻辑与运算，之后将 P0 口全部拉高为高电平并延时 500μs 后，根据 PWM 宽度控制舵机旋转角度。

9.4 舵机联动单周期指令算法研究

9.4.1 舵机 PWM 信号介绍

PWM (pulse width modulation，脉冲宽度调制，简称脉宽调制) 是利用微处理器的数字输出来对模拟电路进行控制的一种非常有效的技术，其特点在于上升沿与下降沿之间的时间宽度。目前使用的舵机主要依赖于模型行业的标准协议，随着机器人行业的逐渐独立，有些厂商已经推出全新的舵机协议，这些舵机只能应用于机器人行业。

本设计采用的是 8 位 STC12C5410AD CPU，其数据分辨率为 256，经过舵机极限参数试验，将其划分为 250 份，那么 0.5~2.5ms 的脉冲宽度为 2ms，即 2000μs，2000μs÷250=8μs，则 PWM 的控制精度为 8μs，以 8μs 为单位递增控制舵机转动与定位，舵机可以转动 185°，因 185°÷250=0.74°，则舵机的控制精度为 0.74°。由此可以定义 1DWT=8μs，1DWA=0.74°。

9.4.2 单舵机拖动及调速算法

舵机为随动机构，当其未转到目标位置时，将全速向目标位置转动；当其到达目标位置时，将自动保持该位置。所以对于数字舵机而言，PWM 信号提供的是目标位置，跟踪运动要靠舵机本身。像 SH-0680 这样的模拟舵机需要时刻供给 PWM 信号，舵机自身不能锁定目标位置，所以控制系统是一个目标规划系统。

9.4.3 算法分析

使用定时器中断的方式产生所需的 PWM 波，定时器初始化后，由定时器 0 产生 20ms 的脉冲周期，开始执行第一组数据。定时器 1 被赋予第 n 个舵机的脉宽值 (n 初始值为 0，对应 A0 口)，同时对应第 n 个舵机的 I/O 口翻转，输出为高，定时器 1 定时时间到，进入中断，n 口翻转，输出变为低，同时 $n++$，循环上述过程，直到 $n=5$，这时 $j++$，n 重新赋 0，等待定时器 0 的中断发生后，进入下一组数执行，这样一直循环，直到执行完所有的数据 ($j=m$) 为止，即机器人走完一个完整的步态。

当同时发给 6 个舵机位置目标值时，该指令的执行周期应尽量短，目的有 2 个：为了将来扩充至 24 舵机；目标越快，舵机的转动速度越快。以 P0 口的 6 路为 1 组或称 1 个单位，连续发出目标位置，形成连续的目标规划曲线，电机在跟随过程中自然形成位置与速度的双指标曲线，实现 6 路舵机联动。为了方便以后扩充到 P1，P2 口的 24 舵机的联动控制，采用并行运算，目前采用的并行算法是 P0.0~P0.5 为一个基本单位，6 位一并。

9.5 试验验证及结果分析

如果按照传统的产品研发过程，通过试制机器人物理样机，并对样机进行反复的修改后定型，需要耗费大量的时间和资金。而通过虚拟样机技术，在制造机器人物理样机之前就可进行样机的测试，发现潜在的问题。这样可以简化机器人的研发设计过程，缩短研发周期，节省研发费用，大幅度地提高设计可行性。

9.5.1　Keil 软件介绍

Keil C51 是美国 Keil Software 公司出品的 51 系列兼容单片机 C 语言软件开发系统，与汇编语言相比，C 语言在功能、结构性、可读性、可维护性上有明显的优势，因而易学易用。Keil 软件提供了包括 C 编译器、宏汇编、连接器、库管理和一个功能强大的仿真调试器等在内的完整开发方案，通过一个集成开发环境 (μVision) 将这些部分组合在一起。

μVision 与 Ishell 分别是 C51 for Windows 和 for Dos 的集成开发环境 (IDE)，可以完成编辑、编译、连接、调试、仿真等整个开发流程。开发人员可用 IDE 本身或其他编辑器编辑 C 或汇编源文件，然后分别由 C51 及 C51 编译器编译生成目标文件 (.OBJ)。目标文件可由 LIB51 创建生成库文件，也可以与库文件一起经 L51 连接定位生成绝对目标文件 (.ABS)。ABS 文件由 OH51 转换成标准的 HEX 文件，以供调试器 dScope51 或 tScope51 进行源代码级调试，也可由仿真器直接对目标板进行调试，或直接写入程序存储器如 EPROM 中。

使用独立的 Keil 仿真器时的注意事项：

(1) 仿真器标配 11.0592MHz 的晶振，但用户可以在仿真器上的晶振插孔中换插其他频率的晶振。

(2) 仿真器上的复位按钮只能复位仿真芯片，不能复位目标系统。

(3) 仿真芯片的 31 引脚 (EA) 已接至高电平，仿真时只能使用片内 ROM，不能使用片外 ROM；但仿真器外引插针中的 31 引脚并不与仿真芯片的 31 引脚相连，故该仿真器仍可插入到扩展有外部 ROM(其 CPU 的 EA 引脚接至低电平) 的目标系统中使用。

Keil μVision4 版本引入灵活的窗口管理系统，使开发人员能够使用多台监视器。新的用户界面可以更好地利用屏幕空间，更有效地组织多个窗口，提供一个整洁、高效的环境来开发应用程序。新版本支持更多的 ARM 器件，还添加了一些其他新的功能。

ARM 公司发布的集成开发环境 RealView MDK 开发工具中集成了 Keil μVision4 版本，其编译器、调试工具实现与 ARM 器件的最完美匹配。

9.5.2　试验调试过程

将 Keil 软件安装后，在 “工程” 菜单下选择 “新建工程”，然后将工程名称保存为 “交叉足竞步机器人”。再选择 Intel8052AH，将制作好的 C 程序加入到新的工程中，再在 “工程” 菜单下选择 “为目标 ‘目标 1’ 设置选项” 弹出对话框。之后就会弹出工程属性对话框，在第三页 “输出” 选项卡下，将生成 HEX 文件的选项打上对钩。点击“确定”完成工程属性的调整，之后可生成 HEX 文件。对于下面的烧录软件，需要的就是 HEX 文件。可以选择完全编译，在系统信息区看是否生成 HEX 文件。如果显示 “双足竞步机器人”0 个错误，说明此程序调试正确，可以下载到机器人样机中进行验证。

9.5.3 试验演示

从 9.5.2 节的程序调试结果显示，设计程序正确，可以利用 STC-ISP 软件将程序下载到机器人中进行试验验证。

9.5.4 实际测试

双足竞步机器人比赛场地的尺寸是 2000mm×600mm，机器人需要在规定的时间、规定的场地范围之内完成比赛要求的动作，在此前提条件下，机器人要以最短的时间完成所有动作，同时速度和稳定性都要求比较可靠。

9.6 结 论

按照双足竞步机器人的比赛要求，本机器人可以很好地完成大赛要求的任务。其中机械结构是机器人能否稳定运动的基础，硬件电路决定了机器人实现的功能，而软件部分则是控制的核心，算法的好坏直接决定完成任务的质量。

项目进行过程中，我们对步态设计和舵机联动进行深入的分析，对双足机器人的工作原理有了更清晰的认识。实际操作时，进行机器人的机械结构设计，曾遇到了很大困难，多次的设计都由于不符合对称要求，不能达到稳定性要求。经过反复修改，最终解决了机械结构中的问题。在调试程序过程中，我们充分体会到所选用的单片机性能的优越性和便利性，同时也学会使用 Keil 和 STC-ISP 软件。

整个项目的设计制作无疑是一个辛苦的过程。但是在王立志老师的悉心指导和全组成员的共同努力下，我们最终完成了本项目设计。

参 考 文 献

[1] 卢璥. 仿人机器人的发展现状及展望. 科技信息, 2012, (21): 42, 55.

[2] 阮晓钢, 仇忠臣, 关佳亮. 双足行走机器人发展现状及展望. 机械工程师, 2007, (1): 17-19

[3] Kazuo H, Masato H, Haikawa Y, et al. The Development of Honda Humanoid. Robot. Proceeding of the 1998 IEEE International Conference on Robotics and Automation. 1998: 1321-1326.

[4] Chevallereau C, Abba G. Rabbit: a tested for advanced control theory. IEEE Control Systems Magazine, 2003: 57-59.

[5] 刘志川. 双足机器人的步态控制研究. 合肥: 中国科学技术大学, 2009.

[6] 许艳慧. 一种双足机器人的步态规划研究. 核电子学与探测技术, 2010.
[7] 周云松, 裴以建, 余江, 等. 双足行走机器人步态轨迹规划. 云南大学学报 (自然科学版), 2006, (1): 20-26.
[8] 谭冠政, 谭立洲, 朱剑英. 两足步行机器人计算控制系统设计方法的研究. 中南矿冶学院学报 (自然科学版), 1994, (2): 236-241.
[9] 吴浪, 周炜. 浙江大学成功研制大型仿人机器人. 科技创新与品牌, 2011, (11): 30.

第 10 章　双足机器人 V*

针对比赛要求，以 IAP15F2K60S2 型单片机作为双足机器人控制单元的核心，使用 6 个 MG995 舵机作为关节驱动和一个控制板作为机器人的驱动，使机器人自主地以步行的方式从起点线走向终点线，利用身体的各关节做一些预定的动作：直走、前滚翻、后滚翻。为尽可能地提高双足机器人在快速行进过程中的稳定性，通过计算机编程，工程设计，动手制作与技术构建，结合日常观察等方法发现设计的问题与不足，并不断地去寻求最佳的解决方案，激发创造力，最终完成了双足机器人的制作，并在双足机器人的结构及动作调试、控制、驱动等方面获得了良好的解决方案，实现了仿人机器人在赛道上的快速稳定行走。通过制作 U 形支架连接舵机，构成机器人的双腿；通过小型舵机的旋转实现双足机器人腿部的自由度；通过串口调试，反复观察机器人的动作并最终确定机器人行走的最佳动作；使用 8V 电池和 7805 稳压 5V 给单片机和舵机供电。最终本设计实现了大赛要求的全部功能，各种动作均达到预期的效果。

10.1　机器人发展史

1920 年，捷克作家卡雷尔·卡佩克发表科幻剧本《罗萨姆的万能机器人》。卡佩克在剧本中把捷克语 “Robota” 写成了 “Robot”，引起了广泛关注。从此，“robot” 以及相对应的中文 “机器人” 一词开始流行，成为机器人一词的起源。

机器人的祖先可以追溯到两千多年前。我们知道古人用滴漏计时，其实这就是一种自动化设备——水钟。那时，人们将两个水壶一上一下放置，上面的水壶将水滴到下面的水壶里，下面的水壶里安放一个浮标，浮标上有表示时间的刻度。这样浮标随着水位的升高而升起，人们就会在水壶外面看到那些表示时间的刻度。水量的稳定与否决定了时间是否准确。于是，人们就增加几个水壶，使它们形成了一个系统，一个自动化机器的内部都有一套相互关联的设备。

20 世纪 60 年代前后，随着微电子学和计算机技术的迅速发展，自动化技术取得飞跃性的发展，出现了现在普遍意义上的机器人。

1950 年，美国作家艾萨克·阿西莫夫在科幻小说 *I, Robot* 中首次使用了 “Robotics” 一词，即 “机器人学”。阿西莫夫提出了 “机器人三原则”：机器人不应伤害人类，且在人类受到伤害时不可袖手旁观；机器人应遵守人类的命令，与第一条违背的命令

* 队伍名称：山东大学浩然二队，参赛队员：刘斐文、张润宇、季婷婷；带队教师：王立志

除外；机器人应能保护自己，与第一条相抵触者除外。机器人学术界一直将这三原则作为机器人开发的准则，阿西莫夫也因此被称为“机器人学之父”。

1954 年，美国人 George C. Devol 提出第一个工业机器人方案并在 1956 年获得专利。

1959 年，美国英格伯格和德沃尔制造出世界第一台工业机器人——“尤尼梅逊”，意为“万能自动”。“尤尼梅逊”的样子像一个坦克炮塔，炮塔上伸出一条大机械臂，大机械臂上又接着一条小机械臂，小机械臂再安装着一个操作器。这三部分可以相对转动、伸缩，很像人的手臂。

1968 年，美国斯坦福研究所研制出世界第一台智能型机器人。这个机器人可以在一次性接收由计算机输出的无线遥控指令后，自己找到目标物体并实施对该物体的某些动作。1969 年，该研究所对机器人的智能进行测定，他们在房间中央放置了一个高台，在台上放一只箱子，同时在房间一个角落里放了一个斜面体。命令机器人爬上高台并将箱子推到地上去。开始，机器人绕着台子转了 20min，却无法登上去。后来，它发现了角落里的斜面体，于是走过去，把斜面体推到平台前并沿着这个斜面体爬上了高台将箱子推下去。这个测试表明，机器人已经具备了一定的发现、综合判断、决策等智能。“Shakey”是世界第一台智能机器人，它带有视觉传感器，能根据人的指令发现并抓取积木，不过控制它的计算机有一个房间那么大。

1997 年，日本本田公司研制出世界第一台可以像人一样行走的步行机器人“P2”。这是机器人发展史上的一个里程碑。现在的机器人已经可以跳舞、翻跟头。机器人的手也非常灵巧，可以握住鸡蛋，拿起一根针。在电子生产线上的机械手，则快速、精确得远远超过人手。

经过近百年的发展，机器人已经在很多领域中取得巨大成绩，其种类也不胜枚举，几乎各个高精尖端的技术领域都少不了它们的身影。机器人的成长经历了 3 个阶段。第一个阶段，机器人只能根据事先编好的程序工作，它好像只有干活的手，不懂得如何处理外界的信息；第二个阶段，机器人好像有了感觉神经，具有触觉、视觉、听觉、力觉等功能，这使得它可以根据外界的不同信息做出相应的反馈；第三个阶段，机器人就真正地长大成人，它不仅具有多种技能，能够感知外面的世界，而且还能不断自我学习用自己的思维来决定该怎么做和怎么去做。第一个阶段的机器人是小孩子，人称为“示教再现型”；第二个阶段的机器人是一个青年，称为“感觉型”；第三个阶段的机器人则是成年人，称为“智能型”。[1]

10.2　系统整体设计

10.2.1　交叉足机器人比赛规则解读

10.2.1.1　比赛场地

场地使用 2440mm×1220mm×18mm 的白色实木颗粒板，比赛区域是由边线、起跑线和终点线构成的长方形，其中边线、起跑线和终点线使用 16mm 宽的黑色防水电工绝缘胶带，比赛场地尺寸为 6000mm×1000mm。

10.2.1.2 比赛任务

在比赛场地上，小型交叉足机器人以双足步行方式移动，从起跑线出发，通过一个长方形比赛区域，完成比赛规则要求的动作，快速走过终点线。机器人站在起跑线后，裁判发令计时开始，启动机器人。机器人先向前走 5 步、立正；接着卧下、向前翻跟头 5 次、起立；再向前走 5 步、立正；然后卧下 (身体向后)、向后翻跟头 5 次、起立；最后快速向前走向终点线。

从以上内容可知，首先，应该确保机器人在规定的区域内活动，然后自主向前行走按照要求执行相应的动作，不会发生跌倒、踩线等错误的动作，这是比赛顺利进行的前提条件；其次，机器人应该在可以准确无误地完成相应动作的情况下，尽量使整个过程的耗时最少，这是比赛能否取得胜利的关键。

10.2.1.3 机器人结构与规格

机器人使用不多于 6 个舵机和 1 个舵机控制板制作完成，要求机器人只有双足结构，以双足直立行走的方式移动。另外，机器人区分正面和背面，要求以箭头指向表示出机器人的正面。机器人整体尺寸不超过 (长)250mm×(宽)200mm×(高)300mm，机器人整体重量不超过 2kg。

10.2.2 机器人的结构设计

机器人的结构通常由四部分组成，即执行机构、驱动系统、控制系统和智能系统。对于交叉足机器人，只包含执行机构、驱动系统和控制系统三部分。

10.2.2.1 执行机构

众所周知，人的功能活动 (劳动) 分为脑力劳动和体力劳动 2 种，两者往往又不能截然分开。从执行器官讲，就是在大脑支配下的嘴巴和四肢。单从体力劳动来讲，可以靠脚力、肩扛，但最主要的是手臂，而手的动作离不开胳臂、腰身的支持与配合。手部的动作和其他部位的动作是靠肌肉收缩和张弛，并由骨骼作为杠杆支持而完成的。

机器人的执行机构包括手部、腕部、腰部和基座，它与人体结构基本对应，其中，基座相当于人的下肢。机器人的构造材料使用无生命的金属和非金属材料，加工成各种机械零件和构件，其中有仿人形的“可动关节”。机器人的关节 (相当于机构中的“运动副”) 有滑动关节、回转关节、圆柱关节和球关节等类型，每个部位采用何种关节，是根据具体部位的运动来决定的。机器人的关节保证了机器人各部位的可动性[2]。

对于交叉足机器人，只包含腰部和基座。机器人的腰部相当于人的躯干，是连接臂部和基座的回转部件。机器人的基座是整个机器人的支撑部件，相当于人的两条腿，要具备足够的稳定性和刚度。

10.2.2.2 驱动系统

机器人的驱动系统是将能源传送到执行机构的装置。驱动器有电动机 (直流伺服电机、交流伺服电机和步进电机)、气动和液动装置 (压力泵及相应控制阀、管路)；传动机构最常用的有谐波减速器、滚珠丝杠、链、带及齿轮等。

目前机器人的驱动方式主要有液压驱动、气压驱动和电机驱动 3 种方式。液压驱动就是利用液压泵对液体加压，使其具有高压势能，然后通过分流阀 (伺服阀) 推动执行机构进行动作，从而达到将液体的压力势能转换成做功的机械能。液压驱动的最大特点就是动力比较大、力和力矩惯性比大、反应快，比较容易实现直接驱动，特别适用于要求承载能力和惯性大的场合。其缺点是多了一套液压系统，对液压元件要求高，否则容易造成液体渗漏，噪声较大，对环境有一定的污染。

气压驱动的基本原理与液压驱动相似。其优点是工质 (空气) 来源方便、动作迅速、结构简单、造价低廉、维修方便，其缺点是不易进行速度控制、气压不宜过高、负载能力较低等。

电动驱动是当前机器人使用最多的一种驱动方式，其优点是电源方便，响应快，信息传递、检测、处理都很方便，驱动能力较大；其缺点是因为电动机转速较高，必须采用减速机构将其转速降低，增加了结构的复杂性。目前，一种不需要减速机构可以直接用于驱动、具有大转矩的低速电机已经出现，这种电机可使机构简化，同时可提高控制精度[2]。

机器人的驱动系统相当于人的消化系统和循环系统，保证机器人运行的能量供应。

舵机是一种最早应用在航模运动中的动力装置，是一种微型伺服马达，它的控制信号是一个宽度可调的方波脉冲信号，所以很方便和模拟系统接口。只要能产生标准的控制信号的模拟设备都可以用来控制舵机，比如 PLC、单片机和 DSP 等。而且舵机体积紧凑，便于安装，输出力矩大，稳定性好，控制简单。根据所需的驱动力矩要求和性价比方面的考虑，选用 MG995 舵机。

10.2.2.3 控制系统

机器人的控制系统由控制计算机及相应的控制软件和伺服控制器组成，相当于人的神经系统，是机器人的指挥系统，对其执行机构发出动作命令。不同发展阶段的机器人和不同功能的机器人，所采取的控制方式和水平是不同的。本设计采用 IAP15F2K60S2 型单片机对机器人进行控制。

10.2.3 总体设计分析

10.2.3.1 自由度的分析

对机器人进行具体设计。首先要对机器人的自由度安排进行考虑，以使其可以完成预先设想的动作；其次是考虑各个连接部件，如舵机、卡口的尺寸，各卡口的形状以及电池和电路板的尺寸等。

要使双足机器人实现人的一些动作，那么双足步行机器人必须有它的独特性。事实上，关于运动灵活性，人类拥有 400 个左右的自由度。因此，机器人的关节的选择、自由度的确定是很有必要的，步行机器人自由度的配置对其结构有很大影响。自由度越少，结构越简单，可实现功能越少，控制起来相对简单；自由度越多，结构越复杂，可实现功能越多，控制过程相对复杂。因此，自由度的配置必须合理。

按照目前世界上普遍采用的下肢 6 个自由度的关节配置形式，来实现行走功能所必需的各关节自由度分布，具体自由度配置为：单腿髋关节 1 个，膝关节 1 个，踝关节 1 个。髋关节用于摆动腿，实现迈步，并起到辅助平衡作用；膝关节用于调节重心的高度，以及改变摆动腿的着地高度，使之与地形相适应；踝关节用来和髋关节相配合实现支撑腿的移动，以及调整与地面的接触状态。

10.2.3.2 动作设计

机器人的行进过程共分为 4 个部分：向前走 5 步、向前翻跟头 5 次、向前走 5 步、向后翻跟头 5 次、一直向前走。

向前走 5 步，首先右腿抬起、向前落下，然后左腿抬起、向前落下，如此再重复一次，最后右腿抬起，向前，落下之后左脚与右脚并齐，机器人立正。向前翻跟头，首先头部向前卧倒着地，然后右腿抬起伸直，在右腿下落中左腿抬起，之后左腿着地，在右腿和左腿都落地并稳定后，再让机器人腿部和头部伸直，呈站立姿势。重复向前翻跟头 5 次后，再向前走 5 步。向后翻跟头，头部向后卧倒着地，然后左腿抬起伸直，在左腿下落中右腿抬起，之后右腿着地，在右腿和左腿都落地并稳定后，再让机器人腿部和头部伸直，呈站立姿势。一直向前走，重复向前走 5 步中的右脚下落、左脚下落。

10.3 硬件设计

10.3.1 主控制板

作为机器人的控制中心，主控制板是以 IAP15F2K60S2 型单片机为核心，同时包括稳压模块和电源模块，如图 10-1 所示。

图 10-1　主控制板

10.3.1.1　单片机

选用 IAP15F2K60S2 型单片机。该单片机集成了以下特点和功能：增强型 8051 内核，单时钟机器周期，速度比传统 8051 内核单片机快 8~12 倍；60kB Flash 程序存储器；1kB 数据 Flash；2048B 的 SRAM；3 个 16 位可自动重装载的定时、计数器 (T0、T1 和 T2)；可编程时钟输出功能；至多 42 根 I/O 口线；2 个全双工异步串行口 (UART)；1 个高速同步通信端口；8 通道 10 位高速 ADC；3 通道 PWM、可编程计数器阵列/捕获/比较单元；内部高可靠上电复位电路和硬件看门狗；内部集成高精度 RC 时钟，常温工作时，可省去外部晶振电路[3]。

STC15F2K60S2 型单片机中包含中央处理器 (CPU)、程序存储器 (Flash)、数据存储器 (RAM)、数据 Flash 存储器、定时/计数器、I/O 接口、通用异步串行通信接口 (UART) 和中断系统、SPI 接口、高速 A/D 转换模块、PWM(或捕获/比较单元)、看门狗电路、电源监控以及片内 RC 振荡器等模块，几乎包含数据采集和控制中所需的所有单元模块，可称得上一个片上系统 (SoC)。

STC15F2K60S2 型单片机提供了 14 个中断请求源，分别是：外部中断 0(INT0)、定时器 0 中断、外部中断 1(INT1)、定时器 1 中断、串口 1 中断、A/D 转换中断、低压检测 (LVD) 中断、PCA/CCP 中断、串口 2 中断、SPI 中断、外部中断 2、外部中断 3、定时器 T2 中断以及外部中断 4。除外部中断 2、外部中断 3、定时器 T2 中断及外部中断 4 固定是最低优先级中断外，其他的中断都具有 2 个中断优先级，可实现二级中断服务程序嵌套。用户可以用关总中断允许位 (EA/IE.7) 或相应中断的允许位屏蔽相应的中断请求，也可以打开相应的中断允许位来使 CPU 响应相应的中断申请；每一个中断源可以用软件独立地控制开中断或关中断状态；部分中断的优先级别均可用软件设置。高优先级别的中断请求可以打断低优先级的中断，反之，低优先级的中断请求不可以打断高优先级的中断。当两个相同优先级的中断同时发生时，将由查询次序决定系统先响应哪个中断。

STC15F2K60S2 型单片机内部集成了以下与定时功能有关的模块：3 个 16 位的定时/计数器 (T0、T1 和 T2)，不仅可以方便地用于定时控制，而且还可用作分频器和用于事件记录；可编程时钟输出功能，可用于给外部器件提供时钟；3 路可编程计数器阵列，可用于软件定时器、外部脉冲的捕捉、高速输出以及脉宽调制输出。

STC15F2K60S2 型单片机具有 2 个采用 UART 工作方式的全双工串行通信接口 (串行口 1 和串行口 2)。每个串行口由 2 个数据缓冲器、1 个移位寄存器、1 个串行控制寄存器和 1 个波特率发生器等组成。每个串行口的数据缓冲器由串行接收缓冲器和发送缓冲器构成，它们在物理上是独立的，既可以接收数据也可以发送数据，还可以同时发送和接收数据。接收缓冲器只能读出，不能写入，而发送缓冲器则只能写入，不能读出。

STC15F2K60S2 型单片机的串行口有 4 种工作方式，有的工作方式的波特率是可变的。用户用软件编程的方法在串行控制寄存器中写入相应的控制字节，即可改变串行口的波特率和工作方式。

此外，STC15F2K60S2 型单片机有 6 种复位方式：外部 RST 引脚复位、软件复位、掉电复位/上电复位 (并可选择增加额外的复位延时 180ms，也叫 MAX810 专用复位电路，其实就是在上电复位后增加一个 180ms 复位延时)、内部低电压检测复位、MAX810 专用复位电路复位、看门狗复位。其引脚排列图如图 10-2 所示。

10.3.1.2 稳压模块

本设计采用 4 个 7805 稳压器为 6 个舵机提供稳定的电压，以保证舵机正常的工作。7805 三端稳压集成电路有 3 个引脚，分别是输入端、接地端和输出端，TO-220 为标准封装。在实际应用中，应在三端集成稳压电路上安装足够大的散热器 (当然小功率的条件下不用)。当稳压管温度过高时，稳压性能将变差，甚至损坏。

当制作中需要一个能输出 1.5A 以上电流的稳压电源，通常采用几块三端稳压电路并联，使其最大输出电流为 n 个 1.5A，但需注意的是：并联使用的集成稳压电路应采用同一厂家、同一批号的产品，以保证参数的一致；另外在输出电流上留有一定的余量，以避免个别集成稳压电路失效时导致其他电路的连锁烧毁。

此外，还应注意，散热片总是和最低电位的接地端相连。在 78 $\times\times$ 系列中，散热片和接地端连接，而在 79 $\times\times$ 系列中，散热片却和输入端连接。

7805 三端稳压器内部电路具有过压保护、过流保护、过热保护等功能，这使它的性能很稳定，能够实现 1A 以上的输出电流；具有良好的温度系数，应用范围很广泛；可以运用本地调节来消除噪声影响，解决与单点调节相关的分散问题，输出

电压误差精度分为 ±3%和 ± 5%。

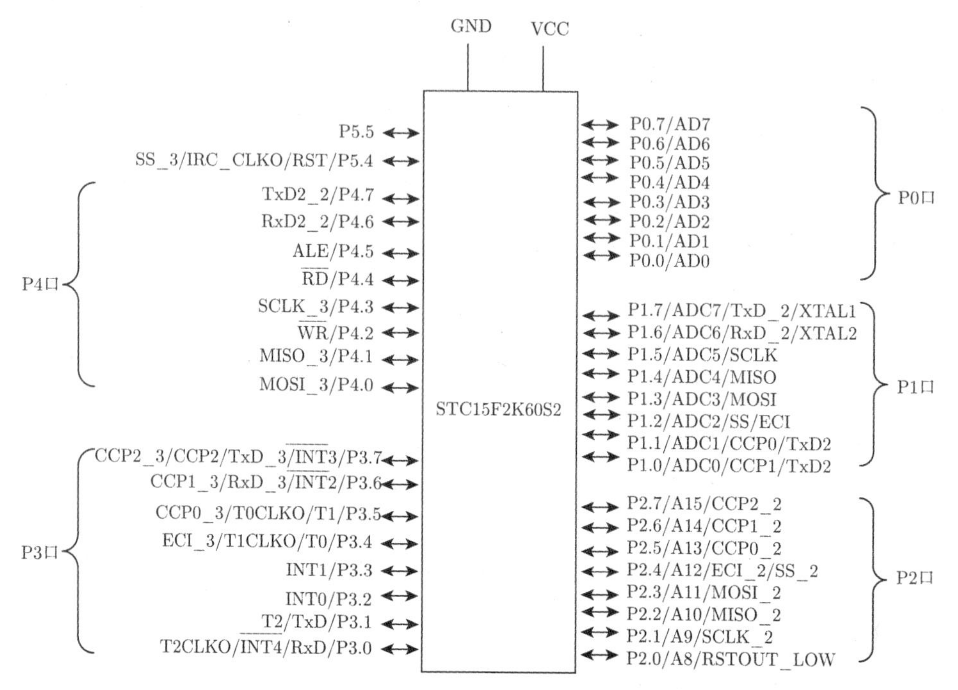

图 10-2　STC15F2K60S2 型单片机的引脚排列图

7805 三端稳压器在电路运用中应注意以下事项：输入输出压差不能太大，太大则转换效率急速降低，而且容易击穿损坏。最高输入电压不能超过 35V；输出电流不能太大，1.5A 是其极限值。大电流的输出，散热片的尺寸要足够大，否则会导致高温保护或热击穿；输入输出压差也不能太小，低于 2V 稳压效率就急速下降。

78×× 系列的稳压集成块的极限输入电压是 36V，最低输入电压比输出电压高 3~4V。还要考虑输出与输入间压差带来的功率损耗，所以一般输入为 9~15V。7V 的电压要想输出 5V，则需要使用低压差的稳压集成电路。也可以使用 3 只普通的整流二极管降压，也能得到 5V 的较为稳定的电压，二极管的允许电流大于设计所需要的电流即可。

10.3.1.3　电源模块

本项目设计采用两块 18650 锂电池为舵机和单片机供电。

18650 是日本 SONY 公司为了节省成本而定下的一种标准性的锂离子电池型号，其中 18 表示直径为 18mm，65 表示长度为 65mm，0 表示为圆柱形电池。常见的 18650 电池分为锂离子电池、磷酸铁锂电池。锂离子电池电压为 3.6V 和 4.2V，磷酸铁锂电池电压为 3.2V。

锂离子电池具有重量轻、容量大、无记忆效应等优点，因而得到普遍应用——许多数码设备都采用锂离子电池作电源，尽管其价格相对来说比较昂贵。锂离子电池的能量密度很高，它的容量是同重量的镍氢电池的 1.5~ 2 倍，而且具有很低的自放电率。此外，锂离子电池几乎没有“记忆效应”且不含有毒物质，这也是它广泛应用的重要原因。另外，请注意锂离子电池外部一般标有英文 4.2V Lithium ion battery (锂离子电池) 或 4.2V Lithium secondary battery (锂二次电池)、4.2V Lithium ion rechargeable battery(充电锂电池)，所以用户在购买电池时一定要看清电池块外表的标志，防止因为没有看清电池类型而将镍镉、镍氢电池误认为锂离子电池。

18650 电池寿命理论为循环充电 1000 次。由于单位密度的容量很大，所以多用于笔记本电脑。除此之外，因 18650 电池在工作中的稳定性能非常好，也被广泛应用于各大电子领域: 高档强光手电，随身电源，无线数据传输器，电热保暖衣、鞋，便携式仪器仪表，便携式照明设备，便携式打印机，工业仪器，医疗仪器等。

锂离子电池的工作原理就是指其充放电原理。当对电池进行充电时，电池的正极上有锂离子生成，生成的锂离子经过电解液运动到负极。而作为负极的碳呈层状结构，它有很多微孔，到达负极的锂离子就嵌入到碳层的微孔中，嵌入的锂离子越多，充电容量越高。同样道理，当对电池进行放电时 (即我们使用电池的过程)，嵌在负极碳层中的锂离子脱出，又运动回到正极。回到正极的锂离子越多，放电容量越高。我们通常所说的电池容量指的就是放电容量。不难看出，在锂离子电池的充放电过程中，锂离子处于从正极→负极→正极的运动状态。如果把锂离子电池形象地比喻为一把“摇椅”,“摇椅”的两端为电池的两极，而锂离子就像优秀的运动健将，在“摇椅”的两端来回奔跑。所以，专家们又给了锂离子电池一个可爱的名字——摇椅式电池。

锂电池充电控制分为 2 个阶段: 第一阶段是恒流充电，在电池电压低于 4.2V 时，充电器会以恒定电流充电；第二阶段是恒压充电阶段，当电池电压达到 4.2V 时，由于锂电池的特性，如果电压再高，就会损坏，充电器会将电压固定在 4.2V，充电电流会逐步减小，当电流减小到一定值时 (一般是设置电流的 1/10 时)，切断充电电路，充电完成指示灯亮，充电完成。

锂离子电池过度充放电会对正负极造成永久性损坏。过度放电导致负极碳片层结构出现塌陷，而塌陷会造成充电过程中锂离子无法插入；过度充电使过多的锂离子嵌入负极碳结构，而造成其中部分锂离子再也无法释放出来。

1) 18650 锂电池的一般配置

(1) 单节标称电压：3.6V 或 3.7V；

(2) 充电电压：4.20V (钴酸锂为 4.2~4.3V)；

(3) 最小放电终止电压：2.75V，低于这个电压容易导致电池容量严重下降乃至报废；

(4) 最大充电终止电压：4.20V；

(5) 直径：(18 ± 0.2)mm；

(6) 高度：(65 ± 2.0)mm；

(7) 容量：1000mA·h 以上，常规容量为 2200~3200mA·h。

2) 18650 锂电池的优点

(1) 容量大。一般为 1200~3600mA·h，而一般电池容量只有 800mA·h 左右。

(2) 寿命长。正常使用时，循环寿命可达 500 次以上，是普通电池的 2 倍以上。

(3) 安全性能高。不易爆炸，不易燃烧，无毒，无污染，经过 RoHS 商标认证；各种安全性能一气呵成，循环次数大于 500 次；耐高温性能好，65℃条件下放电效率达 100%；为防止电池短路现象，正负极是分开的，所以发生短路现象的可能已经降到最低。加装保护板，避免电池过充过放，这样还能延长电池的使用寿命。

(4) 电压高。电压一般都在 3.6V、3.8V 和 4.2V，远高于镍镉和镍氢电池的 1.2V 电压。

(5) 没有记忆效应。在充电前不必将剩余电量放空，使用方便。

(6) 内阻小。

(7) 可串联或并联组合成 18650 锂电池组。

(8) 使用范围广。可用于笔记本电脑、对讲机、便携式 DVD、仪器仪表、音响设备、航模、玩具、摄像机、数码照相机等电子设备。

18650 锂电池的最大的缺点就是它的体积已经固定，若安装在一些笔记本或是产品的时候不是很好定位。当然这个缺点也可以是优点，相对其他聚合物锂电池等锂电池的可定制和可变换大小来讲这是缺点，而相对于一些指定电池规格的产品来说又成了优势。18650 锂电池容易发生短路或发生爆炸，也是相对于聚合物锂电池来说的，如果相对一般的电池，这一缺点就不是那么明显了。18650 锂电池生产均需要有保护线路，防止电池被过分充量而导致放电。当然这个对于锂电池来说都是必需的，也是锂电池的一个通弊，因为锂电池采用的材料基本都是钴酸锂材料，而钴酸锂材料的锂电池不能大电流放电，安全性较差。18650 锂电池的生产条件要求高，这无疑增加了生产成本。

10.3.2 驱动设计

10.3.2.1 电机选型

常用的电机有直流电机、步进电机、舵机等。其具体比较见表 10-1。

表 10-1 直流电机、步进电机、舵机的比较

电机	优点	缺点	适用重量	应用场合
直流电机	功率大、接口简单、容易购买、型号多	较难装配、较贵、控制复杂	任何重量的机器人	较大型机器人
步进电机	精确的速度控制、型号多、接口简单、便宜	体积大、较难装配、功率小、控制复杂	轻型机器人	巡线跟踪机器人、迷宫机器人
舵机	易于安装、接口简单、功率中等	负载能力较低、速度调节范围较小	重量为 2.5kg 的机器人	小型机器人、步进机器人

由于本次设计的机器人是小型交叉足机器人，因此选用舵机作为机器人的各关节。经过多方考虑，最终采用 MG995 舵机。

10.3.2.2 舵机

舵机就是集成了直流电机、电机控制器和减速器等，并封装在一个便于安装的外壳里的伺服单元，是能够利用简单的输入信号比较精确地转动给定角度的电机系统。

舵机安装了一个电位器 (或其他角度传感器) 检测输出轴转动角度，控制板根据电位器的信息能比较精确地控制和保持输出轴的角度。这样的直流电机控制方式叫闭环控制，所以舵机更准确地说是伺服马达 (servo)。

舵机的主体结构主要有：外壳、减速齿轮组、电机、电位器、控制电路。其工作原理是控制电路接收信号源的控制信号，并驱动电机转动；齿轮组将电机的速度成大倍数缩小，并将电机的输出扭矩放大相应倍数，然后输出；电位器和齿轮组的末级一起转动，测量舵机轴转动角度；电路板检测并根据电位器判断舵机转动角度，然后控制舵机转动到目标角度或保持在目标角度。

舵机的工作原理是控制信号由接收机的通道进入信号调制芯片，获得直流偏置电压。它内部有一个基准电路，产生周期为 20ms、宽度为 1.5ms 的基准信号，将获得的直流偏置电压与电位器的电压比较，获得电压差输出。最后，电压差的正负输出到电机驱动芯片决定电机的正反转。当电机转速一定时，通过级联减速齿轮带动电位器旋转，使得电压差为 0，电机停止转动。

舵机的控制一般需要一个 20ms 的时基脉冲，该脉冲的高电平部分一般为 0.5～2.5ms 范围内的角度控制脉冲部分。以 180° 角度舵机为例，对应的控制关系为：0.5ms，0°；1.0ms，45°；1.5ms，90°；2.0ms，135°；2.5ms，180°。

图 10-3 为 MG995 舵机，其参数如下。

(1) 产品名称：辉盛 MG995/双足机器人/机械手/遥控车/55G 金属铜齿轮舵机伺服器；

(2) 产品型号：MG995，产品尺寸：40.7mm×19.7mm×42.9mm；

(3) 产品重量：55g；

(4) 工作扭矩：13kg/cm；

(5) 反应转速：无负载速度 0.17s/60°(4.8V)，0.13s/60°(6.0V)；

(6) 使用温度：−30 ~ +60℃；

(7) 死区设定：4μs；

(8) 转动角度：最大 180°；

(9) 舵机类型：模拟舵机；工作电流：100mA；使用电压：3~7.2V；

(10) 结构材质：金属铜齿、空心杯电机、双滚珠轴承；

(11) 无负载操作速度：0.17s/60°(4.8V)；0.13s/60°(6.0V)；

(12) 连接线长度：30cm，信号线 (黄线)，电源线 (红线)，地线 (暗红线)；

(13) 堵转扭矩；

(14) 插头规格：JR 和 FUTABA 通用；

(15) 适合机型：双足机器人/机械手/遥控车，适合 50~90 级甲醇固定翼飞机以及 26~50cc 汽油固定翼飞机等模型；

(16) 附件：舵盘、固定螺钉、减振胶套及铝套等附件；

(17) 适用范围：1:10 和 1:8 平跑车、越野车、卡车、大脚车、攀爬车、双足机器人、机械手、遥控船，适合 50~90 级甲醇固定翼飞机以及 26~50cc 汽油固定翼飞机等模型。

图 10-3　MG995 舵机

其具体的电路图如图 10-4 所示。

10.3.3　机械结构

根据比赛规则要求，设计的交叉足机器人主要由金属铝条构成，在确定机器人的结构尺寸比例时，通过研究大量的人体下半身运动的图片、视频，考虑如何才能使机器人可以走得更加稳定，用时最少，最终确定了一个原始模型。然后根据比例缩放得到。在制作之前进行大量的仿真与试验，在确定最合适的尺寸之后，才正式进入制作。

本项目制作的机器人包括脚部、腿部、头部三部分。其中，腿部由 U 形架、蝶形架、舵机共同构成。在对做好的交叉足机器人进行研究后，确定了各部分的尺寸，先将各部分切割出来，然后再对其进行精加工与打孔，使用螺丝装配，从而实现整个机器人的机械结构的设计。

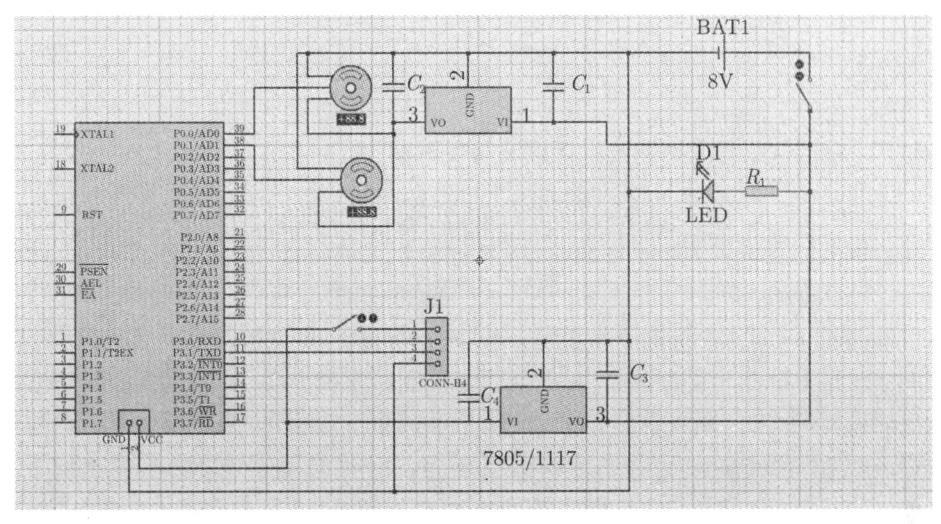

图 10-4 舵机驱动电路图

10.4 软件设计

为了实现模型样机的试验调试，在硬件设计的基础上进行系统软件设计，通过实际机械系统运动控制理论研究，规划了一套简便的调试方案以验证样机设计的合理性，并进行预定步态的相应关节调试。

10.4.1 PWM 输出的占空比控制舵机的旋转角度

通过软件设计 PWM 输出占空比从而控制舵机旋转的角度，通过阅读相关资料，将舵机旋转角度最终转化为 500~2500。

10.4.2 定时器软件产生脉宽调制波

通过软件产生脉宽调制波，使得单片机的 I/O 口可以驱动舵机，节约机器人制作成本。

10.4.3 串口调试机器人动作

对走路各个动作分别设计程序数组，调整舵机速度，并进行程序优化等。为方便动作的调试和优化，采用串口在线调试的方法，这种方法简单灵活高效，提高了对机器人动作调试的准确性，大大加快了调试进度。

该项目设计的部分程序代码请登陆中国工程机器人大赛暨国际公开赛网站下载获取，具体链接地址为：http://robotmatch.cn/upload/files/2017/5/12103644796.txt。

10.5　系统开发与调试

10.5.1　在制作机器人时遇到的问题及解决方案

(1) 钻孔容易钻歪。由于钻孔的时候工件固定得不牢以及钻孔机转速过快，导致孔会偏离位置或者大小不合适，后来将钻孔机转速降低，固定好工件确保牢固，保证了钻孔准确。

(2) 舵机包弯折的位置不易把握。因为制作舵机包用铝条进行手工弯折，所以在制作过程中存在一定的误差，导致舵机包与舵机配合不紧。需要重新弯折使舵机包与舵机配合紧密，若多次弯折铝条，铝条易从弯折处断裂，需要用一根新铝条重新弯折。

(3) 机器人行进不稳定。调试时发现行进中的机器人脚板伸出处会相互碰撞，影响机器人的行进过程，使得行进方向变歪，甚至在行进中绊倒。通过程序调整舵机角度，使机器人行进时脚稍微抬高，避免与另一脚碰撞。

(4) 机器人行进时走偏。检查完电路、程序之后发现并没有问题，从机械结构上发现由于摩擦力太小，机器人走路的时候经常打滑。在机器人的脚底绑上黑色绝缘胶带，增大了机器人与地面之间的摩擦力，保证机器人走得稳定。

(5) 在机器人翻跟头的时候，突然停止，然后立正重新开始。通过检查电路发现由于电池装得不紧，翻跟头时电池松动导致电路不稳定，机器人重启。使用胶带把电池紧绑在电池盒上，虽然每次充电时需要把胶带撕下来，但是保证了机器人电路稳定并顺利地走完全程，不会出现走到一半突然停住的状态。

10.5.2　程序的调试

通过串口进行电脑与单片机的通信，把控制舵机旋转角度的程序与数据发送给单片机，进而控制机器人的姿态，在调试状态下，可以很清楚地观察机器人的静态动作，通过串口发送指令来调整和获取这些舵机的数值，并把动作数组保存在程序中。将机器人的一组动作调试完后，通过电脑与单片机的通信下载程序控制机器人模拟走路，从中发现机器人动作的不足之处并不断改进。

10.6　结　　论

按照双足竞步机器人的比赛规则要求，本机器人可以很好地完成所有大赛要求的任务。其中机械结构是机器人能否稳定运行的基础，硬件电路决定了机器人实现的功能，而软件部分则是控制的灵魂，算法的好坏直接决定了完成任务的质量。

在整个设计过程当中，在调试的部分曾经遇到很大的困难，好几次调试的程序都因为不合适而被放弃掉，好在全组成员互相鼓励、团结合作，一遍又一遍地对程序进行修改，调试出更加稳定、更加合适的程序，最终解决了这一难题。在制作的过程中，我们也充分体会到单片机性能的优越性和便利性，它使一件原本很复杂的事情变得十分便利。

在将最基本的任务做好后，在原有动作及实现的功能基础上，进一步完善结构设计及改进，在结构完善的基础上，再来调试及完成更复杂的动作功能设计，比如可以加快行动速度、反转速度，完善动作转变协调性，加入一些尝试动作，以使机器人更好、更快地完成任务。

机器人设计及开发随着经济及科技的发展，得到了巨大发展，使机器人在功能和技术层面上有了很大的提高，移动机器人及机器人的视觉和触觉等技术就是典型的代表。由于这些技术的发展，推动了机器人概念的延伸。20 世纪 80 年代，将具有感觉、思考、决策和动作能力的系统称为智能机器人，这是一个概括的、含义广泛的概念。但是很多的机器人设计还是停留在简单的加工和调试上，真正的智能控制没能充分融入其中，所以下一步应加大对智能机器人的科研投入，鼓励高校和科研机构开展更多的机器人研究项目。

参 考 文 献

[1] 谢涛, 徐建峰, 张永学, 强文义. 仿人机器人的研究历史、现状及展望. 机器人, 2002, 24(4): 367-374.

[2] 李云江. 机器人概论. 北京: 机械工业出版社. 2011.

[3] 陈桂友. 单片微型计算机原理及接口技术. 北京: 高等教育出版社. 2012.

第 11 章　交叉足机器人Ⅵ*

单电机竞步机器人是一类以单个电机提供动力，采用机械结构将电机输出动力转化为沿直线前进动力的仿人机器。该机器人适合完成中国工程机器人大赛暨国际公开赛的单电机双足竞步项目要求。

本设计从精度、扭矩 (动力) 和传动机构等方面对单电机竞步机器人进行整体设计分析。其设计主要从精度、扭矩 (动力) 和传动机构三方面入手。通过分析，并在分析运动、驱动、传动机构原理的基础上进行机器人的方案设计。通过对比赛规则的分析，确定各主要器件的选择，采用 3.7V 双轴电机提供动力。由于连杆机构中连杆具有做连杆曲线运动的特性以及连杆曲线的多变可调性，采用连杆机构对电机输出的动力进行转化传动。主要从零件精度和装配精度两方面入手解决机器人精度问题，为此利用 3D 打印和激光切割两种方法设计机器人相关零件方案，最后通过对比采用激光切割技术来进行有关零件的加工。对装配后的机器人进行分析，发现重心不稳等问题并提出相关调试方案。

11.1　整体设计分析

单电机竞步机器人是一类以单个电机提供动力，采用机械结构将电机输出动力转化为沿直线前进动力的仿人机器[1]。通过上述定义描述，主要分析思路如

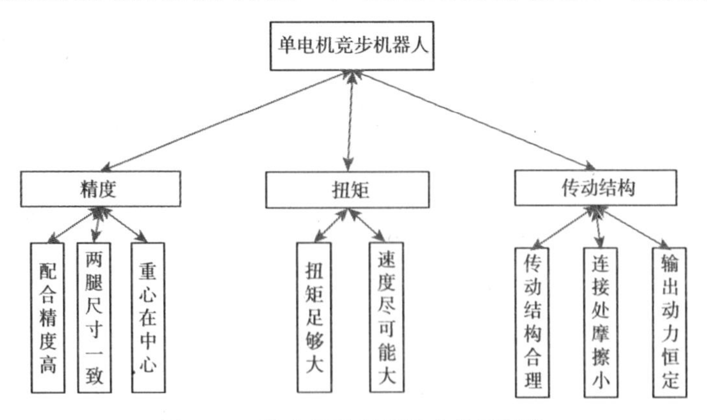

图 11-1　单电机竞步机器人分析思路

---

* 队伍名称：军械工程学院金戈队，参赛队员：彭阳成、张镇鑫、刘川；带队教师：彭阳成、张镇鑫、刘川

图 11-1 所示。结合相关比赛规则，机器人设计过程中应主要解决精度、扭矩 (动力来源) 和相关传动机构的设计问题。设计过程中可通过改进零件加工方法和提高装配精度来解决精度问题；扭矩 (动力来源) 可通过选择不同扭矩的电机来解决；采用连杆机构进行传动可使电机的动力转化为前进动力。

11.2 理论基础

11.2.1 运动原理

机器人的运动方式：先迈左脚，左脚离地，身体重心转移到右脚，由右脚支撑身体；右脚产生一个后蹬趋势，支撑身体前移；左脚着地，身体重心转移到两脚之间，身体完成一段距离的移动；再迈右脚，右脚离地，身体重心转移到左脚，由左脚支撑身体；左脚产生一个后蹬趋势，支撑身体前移；右脚着地，身体重心转移到两脚之间，身体再完成一段距离的移动；继续迈左脚。如此往复循环，实现双足行走。本项目机器人运动方式的分解如图 11-2 所示。

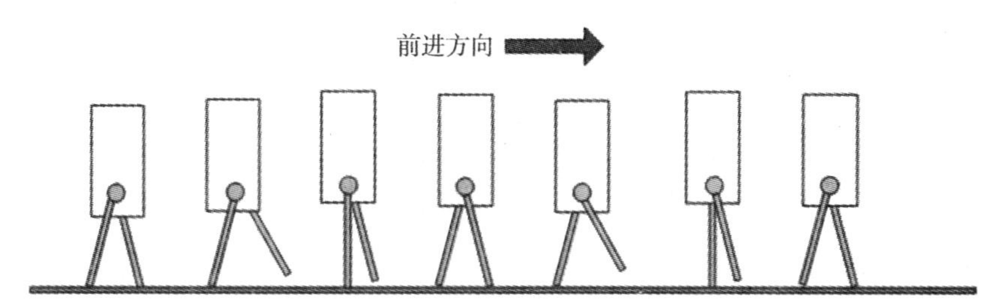

图 11-2 机器人运动方式分解

11.2.2 驱动原理

利用电机转动经连杆机构转化为机器人双腿迈步，比赛规则中要求电机的工作电压不得超过 3.7V，所以 130 双轴电机可供选择。由于电机直连电源转速过大，扭矩不足，所以要加电机减速器，目前有 1:120 和 1:48 的转换比可供选择。

11.2.3 传动机构——连杆机构

平面连杆机构是由运动平面相互平行的若干构件，用平面低副连接而成的机构[2]。首先，连杆机构具有传递距离较远、制造简单、结构简单的优点[3]。连杆机构具有多种变形，比如曲柄连杆机构将转动动力转化为前进动力；其次，连杆机构中连杆上的点受曲柄及摇杆的约束会绘制出多样的连杆曲线，通过控制连杆机构相关参数从而获得与人脚步运动一样的连杆曲线，从而达到仿人前进的目的。

利用连杆机构控制机器人的双腿，由于连杆机构中连杆上的点受曲柄及摇杆的约束会绘制出多样的连杆曲线，通过采用与人脚步运动相同的连杆曲线，从而实现机器人腿部的上下和前进运动。再者，连杆机构中的运动副一般为面接触的低副，这使其在传动过程中连杆所受压力较小，磨损较小；并且连杆机构加工简单，易获得高精度。这极大地提高了机构运行的可行性和精度。

11.3　方案设计与实现

11.3.1　器材选择

11.3.1.1　选择原则

首先，根据项目比赛规则规定机器人重量不超过 500g，所以确定机器人的主体应采用易于加工的密度相对较小的材料；再根据实际机器人要具有一定的强度和硬度要求，综合上述重量分析，应选用密度较小且性能较好的塑料材料。

由于机器人由单电机驱动且通过连杆机构进行动力转换，而且规定动力源电压不得高于 3.7V，而且机器人需要两腿同时工作，所以选择额定电压为 3V 的双轴电机。

由于机器人要能够沿直线前进，这对机器人的精度提出很高的要求。为使零件达到相关要求，鉴于现有资源，预想采用 3D 打印技术或者激光切割技术进行有关零件的加工。

11.3.1.2　器材的选择

器材的选择如表 11-1 所示。

表 11-1　器材选择表

材料名称	数量	选择理由
亚克力板	1	密度小；具有较高的强度和硬度；表面光滑，摩擦较小
ABS 塑料	1	易于加工；表面光泽性好；具有较好的韧性、硬度和刚度
TT 双轴马达	1	可双轴输出动力；输出动力稳定
3D 打印机	1	现有可用资源
激光切割机	1	现有可用资源
2×5×2.5 轴承	4	减小摩擦
杜邦线	若干	连接电机与电池
5 号电池	2	电压输出稳定

11.3.2　方案设计

为使机器人满足比赛规定，现对机器人结构进行分析。双轴电机输出的动力经过连杆机构转换为使机器人左右腿做上下前后的连杆曲线运动。由于电机转动是轴向运动，因此将机器人两腿设计相位相差 180°，这使机器人双腿实现一脚在前、一脚在后，左 (右) 腿抬起、右 (左) 腿踩地的仿人运动状态。

根据上述方案分析和查阅相关资料，主要利用连杆机构来解决机器人的动力转化问题。由于连杆机构具有多种变形，主要设计两种连杆机构。其结构如图 11-3 所示。

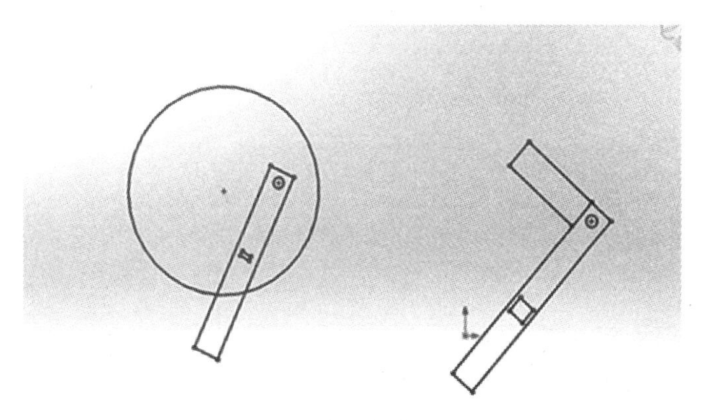

图 11-3 连杆机构设计图

11.3.2.1 方案一: 3D 打印设计

1) 基本原理

3D 打印技术是以数字模型为基础，运用特殊蜡材、粉末状金属、塑料等可黏合材料，通过打印一层层的黏合材料堆积制造三维物体[4]。其步骤为：先利用绘图软件进行零件的形状构造设计；将零件保存为.dxf 格式，用 3D 打印软件打开相应文件，连接 3D 打印机之后即可开始打印。该方案利用 SolidWorks 三维立体绘图软件将各个零部件绘制完成再进行装配仿真，仿真成功之后将所有零件图输入到 3D 打印机中进行打印。

2) 设计图

主要利用如图 11-4 所示的连杆机构进行动力转化。为使机器人迈出的每一步都能够稳稳地落在地面，不存在强烈的颠簸和起伏，3D 打印设计的效果如图 11-5~图 11-8 所示。

通过以上各图，利用平行连杆机构将双轴电机的输出动力转化为机器人双脚运动前进的动力。其次，机器人的双腿采用仿人样式，脚掌宽大，这可以使机器人在前进过程中更加平稳。中心采用 U 形结构来稳定机器人重心，使机器人前进过程更加稳定，并可沿直线前进。

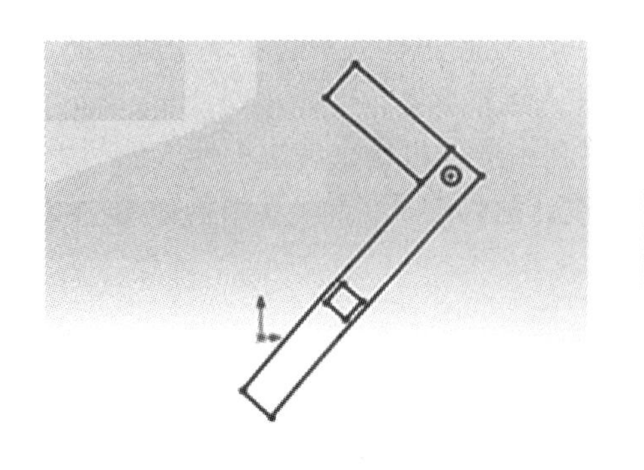

图 11-4 连杆机构图

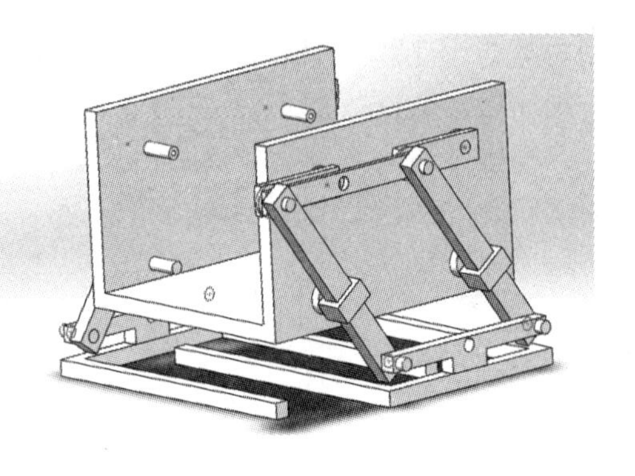

图 11-5 机器人立体视图

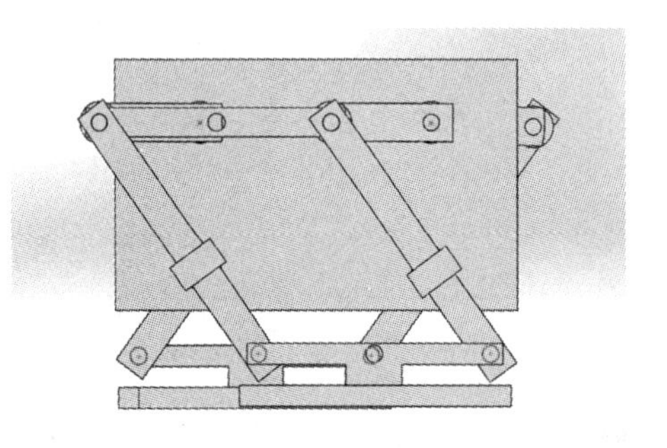

图 11-6 机器人左视图1

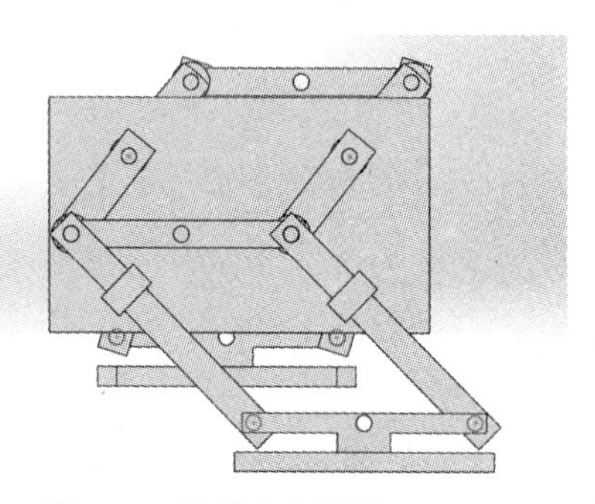

图 11-7 机器人左视图2

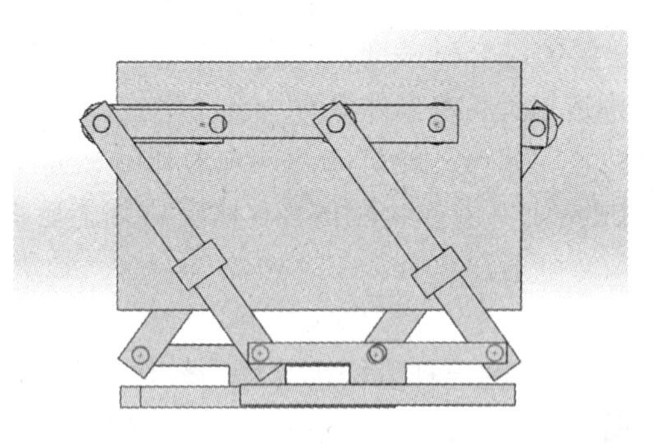

图 11-8 机器人正视图

11.3.2.2 方案二: 激光切割设计

1) 激光切割原理

激光切割是利用经聚焦的高功率密度激光束照射工件，使被照射的材料迅速熔化、汽化、烧蚀或达到燃点，同时借助与光束同轴的高速气流吹除熔融物质，从而将工件割开[5,6]。激光切割属于热切割方法之一。

2) 特点

激光切割与其他热切割方法相比较，总的特点是切割速度快、质量高[6]。由于激光光斑小、能量密度高、切割速度快，因此激光切割能够获得较好的切割质量。

具体概括为如下特点：激光切割切口细窄，切缝两边平行并且与表面垂直，切割零件的尺寸精度可达 ±0.05mm；切割表面光洁美观，表面粗糙度只有几十微米，激光切割可以作为最后一道工序，无需机械加工，零部件可直接使用；材料经过激光切割后，热影响区宽度很小，切缝附近材料的性能也几乎不受影响，并且工件变形小，切割精度高，切缝的几何形状好，切缝横截面形状呈现较为规则的长方形。

3) 设计原理

利用左右两套相同的摆动曲柄滑块机构，作为机器人的双腿。原理如图 11-9 所示。

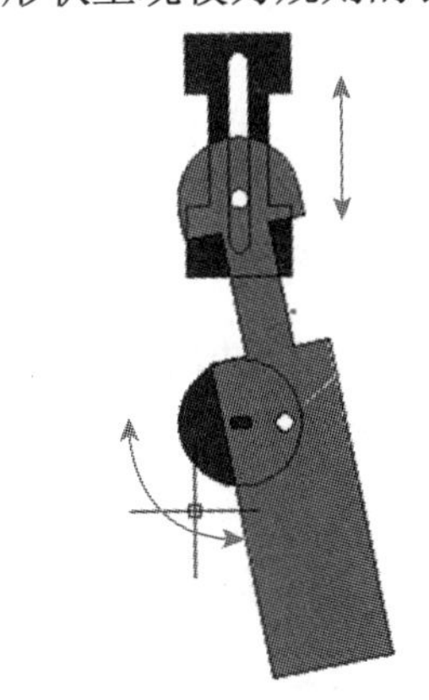
图 11-9 机器人腿部示意图

将其安装在双轴减速电机的两轴端，将两摆动曲柄机构中曲柄与圆盘的结合部位置于圆盘直径的两头，使得两腿在行进过程中恰好处于交叉状态，一脚在前时，一脚在后；一脚抬高时，一脚落地，形成较稳定的循环往复运动。其腿部主要结构和运动过程如图 11-10 所示。

4) 机器人零件设计图纸

所有零件设计图如图 11-11 所示。

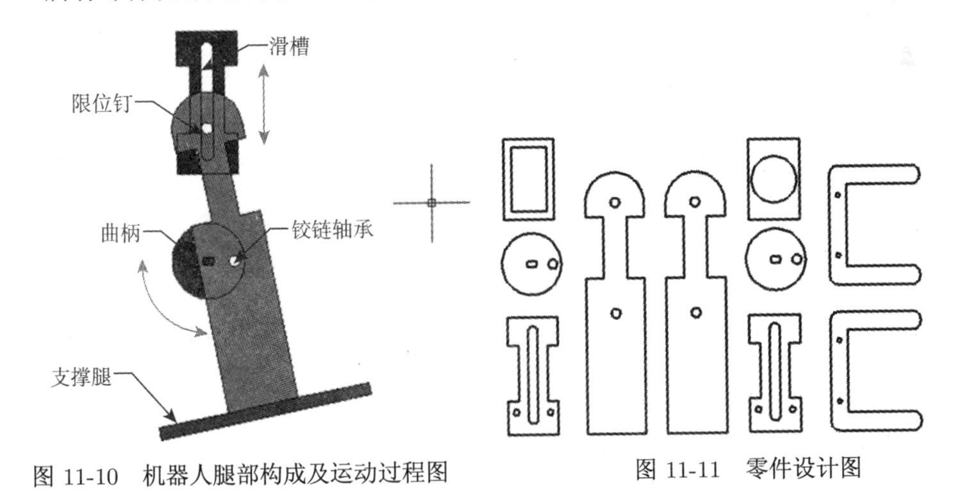

图 11-10 机器人腿部构成及运动过程图

图 11-11 零件设计图

5) 零件以及整体实物效果

机器人零件及整体实物效果如图 11-12~ 图 11-14 所示。

图 11-12 机器人腿部实物图

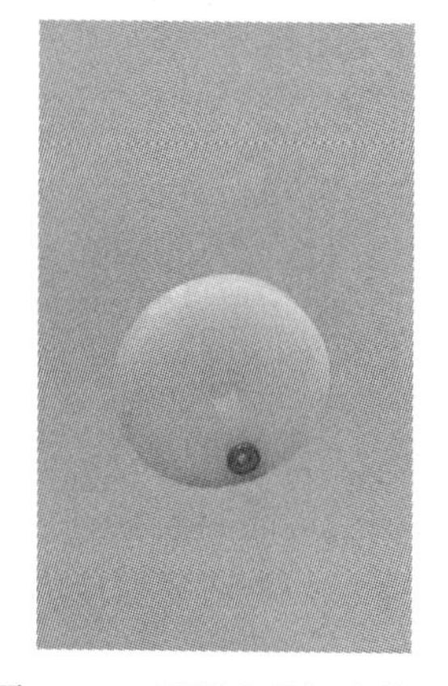

图 11-13 机器人曲柄实物图

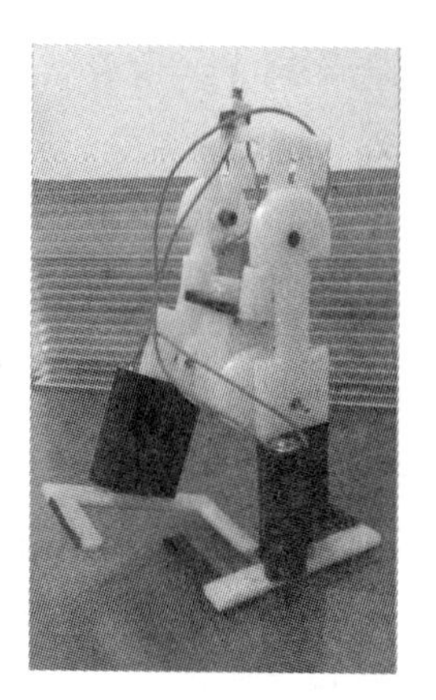

图 11-14 机器人整体实物图

11.3.2.3 方案对比及选择

方案对比情况如表 11-2 所示。

表 11-2 方案对比表

方案名称	优点	缺点
3D 打印	可打出结构复杂的零件	零件精度低，装配精度低，打印效率低
激光切割	切割精度高，效率高	切割零件较为简单，难以切割结构复杂的零件

根据方案分析和比赛规则，机器人重点需要解决精度问题。通过方案对比，选择方案二——激光切割设计。

11.3.3 结构调试

对机器人进行装配后，发现机器人出现以下问题，并针对问题进行调试。调试方案如表 11-3 所示。

表 11-3 问题及调试方案

发现的问题	调试方法
行进左右摇摆，重心不稳	将电池安装在双腿位置和缩短腿的长度来降低机器人的重心
行进中重心出现偏移	采用工字形脚，并将机器人脚设计得较为宽大，使重心垂直投影在单脚重心
行进过程中出现打滑现象	对机器人的双脚进行防滑处理，比如在脚上加防滑布增大摩擦力
未能沿直线前进	调节电池位于机器人腿部的位置，尽可能使电池在机器人两侧对称

11.4 总 结

(1) 通过设计与制作机器人提高了团队协作能力和合作意识。在机器人的设计与制作过程中，本组成员产生了原理设计方面的分歧，意见不一，针对组长提出的设计原理，组员都提出了不同的看法，并提出了很多其他的想法，但最终，组长力排众议采用了现在所使用的原理方案。在后期的具体设计中，大家分工合作，有人学习 SolidWorks 软件，有人学习使用 CAD 绘图软件，组长则在大脑中构思机器人零件设计，并由组员在软件上付诸实现。整个过程分工明确。

(2) 通过设计机器人巩固了已学的机械制造的有关知识。虽然已经学过机械设计基础，可以马上上手进行机器人的设计与制作，但开始着手时，发现对以前的知识不熟悉，所以不得不先重新巩固机械设计知识。

(3) 提高了动手能力和学以致用的意识。方案设计完成后，面临一个很大的问题，就是该如何选择材料和加工材料的方法工艺。在原理方案设计出来时很盲目，后来经查阅相关资料和了解学院已有资源，最后确定了机器人的两个方案。

(4) 在查找资料的过程中丰富了自身的知识。3D 打印以及激光切割技术目前已经得到大面积的普遍使用，可是本组成员并没有太多了解，通过这次机器人的设计与制作，与实际技术和相关器材进行亲密接触，丰富了课外知识。

参 考 文 献

[1] 刘极峰. 机器人技术基础. 北京: 高等教育出版社, 2006.
[2] 孙桓, 陈作模, 葛文杰. 机械原理. 北京: 高等教育出版社, 2006.
[3] 华大年, 华志宏. 连杆机构设计与应用创新. 北京: 机械工业出版社, 2008.
[4] 侯琳, 齐健. 3D 打印技术及产业前景展望. CAD/CAM 与制造业信息化, 2013, (9): 66-70.
[5] 王威, 林尚扬, 徐良, 等. 中厚钢板大功率固体激光切割模式. 焊接学报, 2015, (4): 39-42.
[6] 梁震鲁, 田晓博. 激光切割质量的优化研究. 山东轻工业学院学报: 自然科学版, 2012, (2): 62-64.

第三篇

旋翼飞行器

第 12 章　四旋翼飞行器*

四旋翼飞行器是无人飞行器中一个热门的研究分支，具有结构简单、运动灵活等优点。随着自动控制技术和传感器技术的发展，四旋翼飞行器也得到飞速发展，四旋翼飞行器的研究也成为一个热门课题。四旋翼飞行器的应用前景非常广泛，在军事领域，四旋翼飞行器可以完成空中侦察、近地巡逻、无人化机械作战等任务；在民用领域，四旋翼飞行器用于航拍、电缆架设、灾后搜救等方面。

目前航模界已经从固定翼飞行器转到多旋翼飞行器的设计。多旋翼飞行器和喷气式飞机几乎在同一时间诞生，由于其控制、操作非常复杂，方向的偏转等操作都需依靠不同电机不同转速配合实现，高度的非线性和其系统极差的鲁棒性注定了在多旋翼飞行器诞生之初就少有人对其研究。直到高精度的三轴加速度计和陀螺仪的出现，以及引入的卡尔曼滤波原理使得多旋翼姿态的实时监测成为可能。有了姿态的精确监测并配合各种控制算法以及高效能微处理器的运用，多旋翼的控制才成为可能。又由于多旋翼飞行器本身兼有灵活应对各种复杂飞行环境的特点，使其迅速成为飞行器的研究焦点。

对四旋翼飞行器的机械结构、硬件设计、软件底层设计、自行设计的嵌入式遥控、GUI 设计及其软件实现流程进行解析；介绍捷联惯导技术，对四旋翼飞行器进行基于牛顿–欧拉公式的动力学建模，对模型进行降阶，最终简化为二阶系统，使其在工程上得以使用 PID 控制器和改进型控制器进行控制。将方向余弦法与四元数法进行对比，因四元数法计算量小，无奇点，因此，选择四元数法进行姿态解算，并采用卡尔曼滤波与四元数法相结合进行姿态估计。在控制算法方面，用串级 PID 对四旋翼飞行器进行姿态与高度控制。同时，从微元法出发，尝试全新的基于惯导与高度传感器的自主悬停算法，并对四旋翼飞行器进行反复试飞、比对、改进，从而达到比较理想的飞行控制效果。

12.1　无人机概述

无人驾驶飞机 (简称 “无人机”，UAV) 是利用无线电遥控设备和自备的程序控制装置操纵的不载人飞机。从技术角度可以分为：无人固定翼机、无人垂直起降机、无人飞艇、无人直升机、无人多旋翼飞行器、无人伞翼机等。现在民用无人机

* 队伍名称：山东大学浩然一队，参赛队员：殷长卿、曹睿智、王文灏；带队教师：秦峰、洪新伟

飞行器以多旋翼为主。

四轴飞行器最开始是由军方研发的一种新式飞行器。随着 MEMS 传感器、单片机、电机和电池技术的发展和普及，四轴飞行器成为航模界的新锐力量。四轴飞行器已经应用到各个领域，如军事打击、公安追捕、灾后搜救、农林业调查、输电线巡查、广告宣传航拍、航模玩具等，已经成为重要的遥感平台。

目前应用广泛的飞行器有固定翼飞行器和单轴的直升机。与固定翼飞行器相比，四轴飞行器机动性好，动作灵活，可以垂直起飞、降落和悬停，其缺点是续航时间短、飞行速度低；而与单轴直升机比，四轴飞行器的机械结构简单，无需尾桨抵消反力矩，成本低。

四旋翼直升机是一种具有 4 个螺旋桨的飞行器，四旋翼分为两组，且旋转方向不同。而与传统的直升机不同，四旋翼直升机只能通过改变螺旋桨的速度实现各种动作 (目前已出现可以改变螺距的四旋翼飞行器，这种控制方式更灵活、方便)。

本项目研发的飞行器在森林防火、地震调查、核辐射探测、边境巡逻、应急救灾、农作物估产、管道巡检、保护区野生动物监测、军事侦察、搭载航拍电子设备进行科研试验、海事侦察、保钓活动等方面都有应用，在环境监测、大气取样、增雨、资源勘探、禁毒，反恐、消防航拍侦察等方面也有很大应用潜力。

12.2 无人机发展历史

无人机最早在 20 世纪 20 年代出现，1914 年第一次世界大战正如火如荼地进行中，英国的卡德尔和皮切尔两位将军向英国军事航空学会提出一项建议：研制一种不用人驾驶，而用无线电操纵的小型飞机，飞到敌方某一目标区上空，将事先安装在机身上的炸弹投下去。这种大胆的设想立即得到当时英国军事航空学会理事长戴 · 亨德森爵士的认同，并指定由 A. M. 洛教授率领人员进行研制。

20 世纪 40 年代，第二次世界大战中无人靶机用于训练防空炮手。1945 年，第二次世界大战之后将多余或者退役的飞机进行改装用于特殊研究或作为靶机，成为近代无人机使用的先河。随着电子技术的进步，无人机在担任侦察任务的角色上开始展露其重要性。

1945~1974 年的越南战争以及海湾战争乃至北约空袭南斯拉夫，无人机都被频繁地用于执行军事任务。

1982 年以色列航空工业公司 (IAI) 首创以无人机担任其他角色的军事任务。在加利利和平行动 (黎巴嫩战争) 时期，侦察者无人机系统在以色列陆军和以色列空军的服役中担任重要战斗角色。以色列国防军主要用无人机进行侦察、情报收集、跟踪和通信。

在 1991 年的沙漠风暴作战当中，美军曾发射专门用于欺骗雷达系统的小型无人机作为诱饵，这种诱饵也成为其他国家效彷的对象。

1996 年 3 月，美国国家航空航天局研制出两架试验机——X-36 试验型无尾无人战斗机。该机身长 5.7m，重 88kg，其大小相当于普通战斗机的 28%。该无人战斗机使用的分列式副翼和转向推力系统要比常规战斗机更具灵活性。其水平垂直的机尾既减轻了重量和拉力，也缩小了雷达反射截面。

20 世纪后期之前，无人机不过是只比全尺寸的遥控飞机小一些而已。随着美军在这类飞行器上研发不断增加，因为无人机具有成本低廉，且极富任务弹性等优点，因此，使用无人战斗机执行任务不存在机组人员死亡的风险。

20 世纪 90 年代，海湾战争后，无人机开始飞速发展和广泛运用。美军曾购买和自制先锋无人机在对伊拉克的第二次和第三次海湾战争中使用。

20 世纪 90 年代后，西方国家充分认识到无人机在战争中的作用，竞相把高新技术应用到无人机的研制与发展中：新翼型和轻型材料大大增加了无人机的续航时间；采用先进的信号处理与通信技术提高了无人机的图像传递速度和数字化传输速度；先进的自动驾驶仪使无人机不再需要电视屏幕领航，而是按程序飞往盘旋点，改变高度再飞往下一个目标。

12.3 系统整体设计

本项目设计主要包括三部分：四旋翼的动力学模型的建立和分析、传感器的数据处理以及控制算法的研究。

四旋翼机械模型主要由十字形机架和螺旋桨构成。在研究中，借助空气动力学知识等分析并建立转速和升力、扭矩、阻力 (斜流状态) 等参数之间的直接关系，分析受力后再结合姿态分析得到在各个姿态下的转速结构，以及姿态转换的转速变化等。

根据直流无刷电机的模型和电调的分析获得一般状态 (螺旋桨旋转只受空气影响的状态) 下 PWM 波与转速的关系，也就是建立占空比和各个受力的直接对应关系。这只是基础模型，既是在一般状态下提供控制算法中给定值设定的参考，也是飞行器在一般飞行条件下对于姿态变化要求的占空比改变值的基础。

获得了相关信息后，除了飞行器高度控制是由超声波传感器测量获取外，需要对飞行器目前的姿态做测量，组成闭环系统，而姿态测量的传感器选择陀螺仪，可在不同倾斜状态下通过四壁压力的不同来感知姿态信息，但是由于飞行器有抖动，变化速度快，其输出波形干扰严重，因此，目前大多采用卡尔曼滤波方法进行滤波[1,2]。另外，飞行器控制算法采用双 PID 控制和神经元算法 2 种。

四旋翼的动力方案主要由电子调速器、直流无刷电机和螺旋桨构成。其模型分析主要涉及空气动力学、无刷电机模型和电子调速器硬件电路。具体实施方案：利用空气动力学建立螺旋桨转速和拉升力之间的关系，利用无刷电机模型和螺旋桨建立输出波形和转速的关系，最终得出 PWM 波和拉升力的直接对应关系。

陀螺仪的主要功能在于传感三个轴向上的角度和加速度，利用四元数法以及卡尔曼滤波分析获得滤波之后的陀螺仪数据，也就是姿态数据，为控制模块给出当前姿态信息。

控制算法拟采用双 PID 环或 BP 神经元网络或模糊算法。具体实施方案：实物电路完成后，用 3 种不同的控制算法进行编程，这里采用 MSP430 型微处理器。经过调试后得出这 3 种不同算法的优缺点以供参考[3]。

对于四轴飞行器来说，其中最重要的组成部分就是机架、无刷电机、电子调速器 (简称电调)、飞控芯片 4 个部分。机架用于支撑，无刷电机用于驱动螺旋桨旋转产生作用力。由于提供的是直流电源，无刷直流电机虽然是直流的，但实际输入是三相电，电机转速随三相电频率变化而变化，所以在电源和电机之间需要一个部件来转换电能并控制转速，这就是电子调速器。飞控芯片作为本设计最主要的部分，主要功能是通过传感姿态、计算补偿来控制飞行器的稳定，其具体框图如图 12-1 所示。

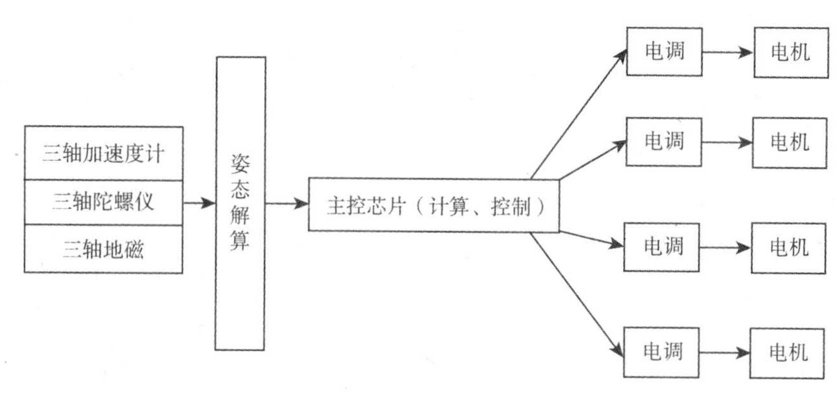

图 12-1　本项目设计工作原理框图

针对飞行器结构，又分为以下部分：

(1) 动力单元。采用 920kV 电机，30A 电调作为动力输出单元，使用 5500mA·h 动力电池作为能量单元。

(2) 控制单元。采用 pixhawk 开源控制器作为控制单元[1]，使用树莓派作为协处理器提供参数校正等工作。

四旋翼飞行器实物如图 12-2 所示。

图 12-2 四旋翼飞行器实物

12.4 系统硬件设计

12.4.1 飞行控制器——pixhawk

本项目选用开源飞控平台 pixhawk，pixhawk 飞控系统控制器使用 STM32 F427 型 32 位微处理器，其频率可达 168MHz，拥有 252MIPS，具有 Cortex M4 核心与浮点单元；提供 2MB 闪存储存程序和 256kB 运行内存，具有独立供电的 32 位 STM32F103 备用故障保护协处理器，在主处理器失效时可实现手动恢复；提供 micro SD 储存卡槽，用于数据日志存储。

12.4.2 传感器

对于加速度的测量，传统方式是在传感器内部放置一个质量已知且恒定的物体，用于感知惯性系统的加速度，物体和某一直线方向的弹簧连接，当有该轴加速度产生时，物体施力于弹簧 (弹簧和外壳连接，外壳和被测物直接连接固定)，产生拉升或挤压，记录此时的弹性形变量就能知道外力，再通过牛顿第二定律分析获得加速度。

目前加速度计测量的办法很有多种，大体分为闭环液浮摆式、挠性摆式、振弦式和摆式积分陀螺 4 种。

闭环液浮摆式加速度计与传统的加速度测量原理相比较：首先它是感知对应轴的旋转信息；其次信息输出依据来源于闭环设计。当仪表壳体发生旋转时 (依据牛顿第二定律，物体运行状态的改变必然有力的作用)，由角度感测元件测量变松旋转信息，并闭环控制一个力矩器输出抵抗力矩直到角度稳定不再变动时，将输入给力矩器的电压信号作为加速度计的信号输出。其工作原理：由弹性形变量的改变引发电气信号输出的改变，并采用闭环结构使一个设计的执行器抵消外部力矩，用给电电压作为等效输出信号[4]。

挠性摆式加速度计的测量办法和闭环液浮摆式基本相同，只是闭环的感知方法的材料不同，由于要测量直线加速度，基于挠性杆的输出轴刚性低，其他轴向刚性高的原理，用之感知输出轴的直线加速度引起的挤压，并用其他设备闭环控制保持内置重物的位置不变。将执行设备的电压作为等效电压并输出[4]。

振弦式加速度计原理更为简单，是利用弦线在不同张力时的振荡频率的不同而设计的。弦线承受外部加速度带来的引力，通过拉升改变弦线的张力，引起振荡频率的变化，所以频率和加速度成正比关系。只要在外部接入频率计，就可以知道此时的加速度。实际应用中，一般还需加入一条补偿所用的弦线，这是考虑到热冷效应，张力会随温度的变化而变化，加入另一条弦线以补偿温度影响，作为差模输出即可[4]。

摆式积分陀螺的原理与陀螺仪相同，在受到外部接连物的旋转变化时，其自身跟随转动，制作加速度计时要让转子固定不动，形成摆，其他设计原理与闭环液浮摆式相同[4]。

本设计系统采用集成式、直接数字输出加速度计 ADXL345。该传感器为多晶硅表面微加工结构，置于晶圆顶部。由于应用于加速度，因此，多晶硅弹簧多悬挂于晶圆表面的结构之上，以提供力量阻力。

差分电容由独立固定板和活动质量连接板组成，能对结构偏转进行测量。加速度使惯性质量偏转、差分电容失衡，传感器输出的幅度与加速度成正比。其基本工作原理和闭环液浮摆式不同主要在于：不是增加执行机构抵消外部惯性力，而是直接由外部惯性力带动差动电容引起差模输出。

总而言之，加速度计的测量原理就是在内部加入一个质量恒定并已知的物体，使其受惯性作用而代入力的作用，然后测量这个力带来的变化 (如 ADXL345 所采用的差动电容)，或者抵消这个力的所用设备的工作电压[3]。

三轴 16 位 ST Micro L3GD20H 陀螺仪，用于测量旋转速度；三轴 14 位加速度计和磁力计，用于确认外部影响和罗盘指向；MEAS MS5611 型气压计，用来测量高度[5]；内置电压电流传感器，用于确认电池状况；外接 UBLOX LEA GPS，用于确认飞机的绝对位置。

12.4.3 拓展接口

该设计具有 14 个 PWM 舵机或电调输出；5 个 UART(串口)，其中 1 个支持大功率，2 个由硬件流量控制，2 个 CAN I/O 接口 (1 个由内部 3.3V 收发，1 个在扩充接口上)；兼容 Specktrum DSM/DSM2/DSM-XÂ 卫星接收机输入：允许使用 Specktrum 遥控接收机，兼容 Futaba SBUS 输入和输出，PPM sum 信号输入，RSSI(PWM 或电压) 输入；支持 I^2C 和 SPI 串口；具有 2 个 3.3V 和 1 个 6.6V 电压模拟信号输入；内置 micro USB 接口以及外置 micro USB 接口扩展[1]，如图 12-3 所示。

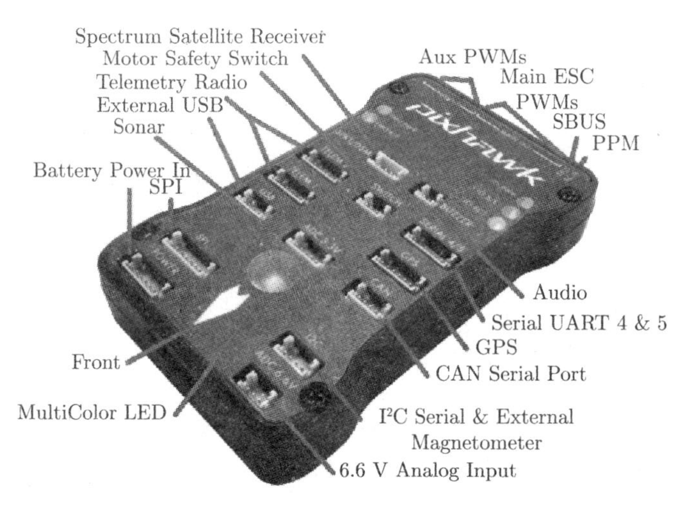

图 12-3 拓展接口

12.4.4 电源

本飞行器具有冗余设计和扩展保护的综合供电系统，是由一个集成有电压电流传感器输出的协同系统供电。性能良好的二极管控制器可提供自动故障切换和冗余供电输入，支持高压 (最高 10V)、大电流 (10A+) 舵机[1]。所有的外接输出都有过流保护，所有的输入都有防静电保护功能。

使用达普 (DUPU)5200mA·h、25C 的电池作为供电系统，并添加电源保护模块，如图 12-4 所示。

图 12-4 达普 5200mA·h 25C 电池

图 12-5 T-motor 2213 型无刷电机

12.4.5　运动单元

使用 T-motor 2213 型无刷电机及其配套电调作为动力装置，如图 12-5 所示。通过控制单元 PWM 波实现对电机的控制。

12.4.6　部分元器件

1) 无刷直流电机

电机是拖动螺旋桨旋转产生动力的装置。对于直流无刷电机，虽然也称为直流电机，但是实际获得的电源是三相交流电，并非接收正弦变化的电压信息，其转动原理类似于步进电机，所以采用直流电源输出各相脉冲使其旋转。而对于无刷电机，最重要的参数是 KV，表示电压每增加 1V 时转速增加的值。

2) 电子调速器

电子调速器 (简称电调) 是电机的驱动元件。它有 3 个端口：一个连接电池获得电能，一个连接电机用于驱动电机，最后一个是信号线，兼容 TTL 电平，接收控制机的控制信号。在实际中，检测高电平宽度，有效信号为 1~2ms 的高电平长度。根据持续时间输出不同的电压可改变电机的转速。

12.5　系统软件设计

系统软件设计的流程框图如图 12-6 所示。

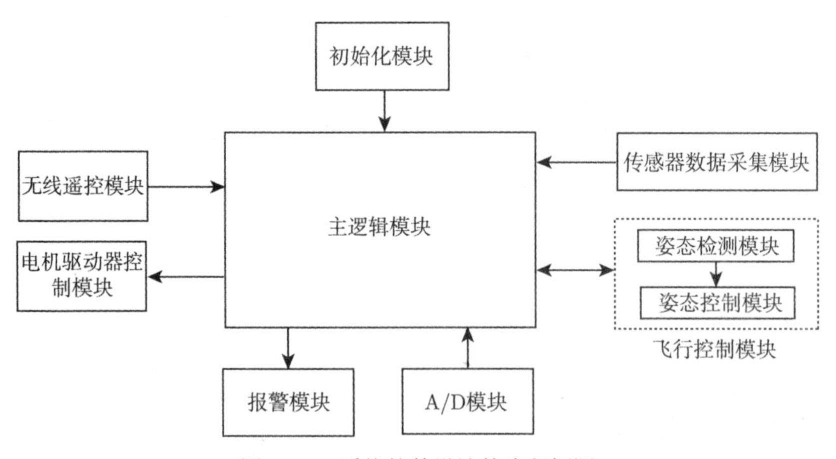

图 12-6　系统软件设计的流程框图

12.5.1　参数初始化

首先系统对飞行器的各项参数进行自检，进行上电初始化工作，包括系统看门狗设置、系统初始化参数设置、电调检测、电池电压检测等。

12.5.2 姿态解算

通过对加速度传感器、地磁传感器陀螺仪数据的融合处理，采用四元数转换等运算方法，得到飞行器的运动姿态。具体控制部分分为内外环控制、内环控制角速度、外环控制角度。首先根据目标姿态 (target) 和当前姿态 (current) 求出偏差角，然后通过角速度来修正这个偏差角，最终到达目标姿态[1]。

12.5.3 自主飞行

本项目设计利用 pixhawk 的飞行平台，运用 ROS 的软件接口，通过 MAVROS 指令对飞行器进行控制。通过订阅发布机制采集飞行器运动姿态以及飞行参数，并据此进行及时控制，实现自主飞行。

12.5.4 算法选择分析

这里只考虑 PID 算法和模糊算法。对于目前最常用的 PID 算法，其优势很明显，只有 3 个参数需要整定，无需辅助工作。整定后，即使模型建立有偏差、仿真结果和实际有偏差，只要微调参数就可加以改善，从而完成预设工作，而且编程简单，数据处理量不大。但是其缺点也很显著，PID 算法的 3 个参数整定后在实际工作中，不能有效地实现控制要求[4]。

对于模糊算法而言，前期的辅助工作工作量大，如按专家经验建立足够精度的隶属度函数等工作。日本特快列车的制动控制模型就是模糊控制。

本项目设计并不追求非常完美的加速过程，让人感觉不到加速度的存在，但一定要满足设计要求，鉴于原始 PID 算法的最大劣势，固定的 3 个参数导致在不同阶段不能适应运行环境。因此，本设计采用 3 个参数按模糊控制浮动的模糊 PID 算法技术，在不同阶段，PID 环节的 3 个参数会根据不同情况进行调整[4]。

对于系统来说，PID 算法 3 个参数的大小决定了响应的情况。简要分析，K_{p} 参数 (比例参数) 的大小决定了被控对象响应的快慢，其值太小响应速度慢，太大又会引起振荡；K_{i} 参数 (积分参数) 主要用于归零系统稳态误差，但也会引入系统的超调，因为它的引入即使是稳定的系统也会在阶跃输入下阻尼振荡后进入下一平衡点；K_{d} 参数 (微分参数) 用于补足比例的不足，也就是无法感知偏差的变化率，只对偏差做出反应的情况，以保证在偏差发生极快变化而又实际偏差不大时做出必要的保持稳定的控制输出。从整体而言，期望的是以最快的速度、最不需要振荡地过渡到达平衡点，3 个参数任何一个参数过小都会使得响应时间变长或不能有效抑制干扰信号，任何一个参数过大都可能引起过大的超调甚至不稳定[4]。简而言之，引入模糊 PID 算法就是为了在最大限度范围内，达到在较快的过渡过程，不能过分超调和过分输出变化这三者间的平衡。

该系统软件设计的核心源代码请登陆中国工程机器人大赛暨国际公开赛网站下载获取，具体链接地址为：http://robotmatch.cn/upload/files/2017/5/1210377343.txt。

12.6　结　　论

通过有效的硬件和软件设计，达到无人机的制作以及无人机动作的完善，最终实现此项设计。

虽然在无人机的整个制作和调试过程中遇到很多困难，机械结构的每一次调整、变化都意味着无人机动作需要重新改变；调试过程中，因机械结构上的不足而困惑，不断地思考改进设计，实现无人机机械结构的最佳状态。软件设计方面，开始编写的程序不是很完美，并且在调试过程中逐渐加入许多新的元素使软件编程进展缓慢。在制作无人机的过程中，无论是在硬件设计，还是软件设计，无人机都在不停地改变、不停地进步，最终实现它的所有功能。

通过几个月的研究实践，设计的无人机基本能够完成竞赛要求的所有功能，并且通过这样的锻炼，我们团队对飞行器的控制有了更深入的理解。

参 考 文 献

[1] pixhawk 官网开发者文档. http://pixhawk.org.

[2] 谭广超. 四旋翼飞行器姿态控制系统的设计与实现. 大连: 大连理工大学, 2013.

[3] 李尧. 四旋翼飞行器控制系统设计. 大连: 大连理工大学, 2013.

[4] 刘焕晔. 小型四旋翼飞行器飞行控制系统研究与设计. 上海: 上海交通大学, 2009.

[5] 邓志红, 付梦印, 张继伟, 等. 惯性器件与惯性导航. 北京: 科学出版社, 2012.

第13章　六旋翼飞行器*

与常规的固定翼无人机相比，旋翼式飞行器因起飞和降落所需空间小，在障碍物密集环境下的操控性较高，以及飞行器姿态保持能力较强等优点，在民用和军事领域都有广泛的应用前景。如今的无人机操作复杂，智能化程度不高，一旦缺乏人的控制决策干预，往往不能顺利完成任务，将人为控制与自主飞行技术相结合，可以大大提高其可靠性和可控性，更有利于无人机的推广应用。

本项目设计的六旋翼飞行器涉及机械、电子、自动化、计算机、空气动力学等多个学科。该六旋翼飞行器设计是以大疆飞控 A2 为核心，预留有 I^2C、SPI、UART 等接口，完成了超声波传感器、无线数传、GPS 等传感器的数据采集及遥控信号的处理，进行导航信息融合与控制算法解算，驱动无刷直流电机，实现六旋翼无人飞行器的起飞、悬停、导航、降落等功能。无人机搭载摄像头等设备，配备相应的地面站软件，设计图像处理算法，实现其自主飞行、精准降落等功能。

13.1　项目设计简介

13.1.1　研究背景

六旋翼飞行器又称六旋翼直升机，是一种有 6 个螺旋桨且螺旋桨呈十字形交叉的飞行器，可以搭配微型相机录制空中视频。六旋翼飞行器采用 6 个旋翼作为飞行的直接动力源，6 个旋翼处于同一高度平面，且 6 个旋翼的结构和半径都相同，旋翼 1，3，5 逆时针旋转，旋翼 2，4，6 顺时针旋转，6 个电机对称地安装在飞行器的支架端，支架中间安放飞行控制计算机和外部设备。典型的传统直升机配备有一个主转子和一个尾浆。它们通过控制舵机改变螺旋桨的桨距角，从而控制直升机的姿态和位置。而六旋翼飞行器与传统直升机不同，是通过调节 6 个电机的转速来改变旋翼转速，实现升力的变化，从而控制飞行器的姿态和位置。由于飞行器是通过改变旋翼的转速实现升力的变化，会导致动力不稳定，所以需要一种能够长期确保稳定的控制方法。六旋翼飞行器是一种六自由度的垂直起降机，因此非常适合在静态和准静态条件下飞行[1,2]。四旋翼飞行器的结构形式如图 13-1 所示，电机 1，3，5 在逆时针旋转的同时，电机 2，4，6 顺时针旋转，因此当飞行器平衡飞行时，陀螺效应和空气动力扭矩效应均被抵消。与传统的直升机相比，六旋翼飞行器

* 队伍名称：空军工程大学天鹰二队，参赛队员：王威智、李闯、库涛；带队教师：查宇飞

具有以下优势：各个旋翼对机身所施加的反扭矩与旋翼的旋转方向相反，因此当电机 1，3，5 逆时针旋转时，电机 2，4，6 顺时针旋转，可以平衡旋翼对机身的反扭矩；当某个电机丧失动力输出时，六旋翼可以通过停转对向电机来保持机身可控。

图 13-1 六旋翼飞行器

13.1.2 国内外研究现状

13.1.2.1 国外研究情况

早在 20 世纪，多旋翼飞行器就已受到国外一些研究机构的关注。但由于当时传感器技术、控制理论以及芯片集成度等方面的限制，其发展并不快。直到 21 世纪初，随着 MEMS 传感器技术以及嵌入式控制系统的高速发展，多旋翼飞行器的研究有了质的突破[1]，特别是小型四轴飞行器应用于无人机研究时极具潜力和前景，更使其在近年引起越来越多的研究者的注意。当今世界上微小型四轴飞行器的研究主要集中在自主飞行以及多机协同编队等方面。在这方面做出突出成绩的典型代表有瑞士的洛桑联邦科技学院 OS4 系统、美国的宾夕法尼亚大学 HMX-4 系统等。

OS4 系统是一种小型电动四轴飞行器。该项目可实现复杂环境下的完全自主飞行，以四轴飞行器结构设计与自主飞行的控制算法实现为重点，开展了卓有成效的研究。基于多种控制算法，OS4-I 实现了姿态增稳控制。其后的 OS4-Ⅱ基于惯性导航系统实现能够在室内环境中自主悬停控制。

HMX-4 系统的飞行器底部设置有 5 个彩色标记，通过摄像头跟踪并测量彩色的位置和面积，获得飞行器的姿态角度以及位置；采用 Backstepping 控制算法，已经能够基于视觉实现飞行器的自主悬停控制[3]。

13.1.2.2 国内研究情况

我国的无人机自主导航飞行的研究起步较晚，主要是各个高校和科研机构以及商业公司等参与研究。北京航空航天大学的张博翰利用无人机双目立体视觉的灰度相关立体匹配在 2010 年完成了室内走廊试验的飞行，包括走廊中横向位置坐标定位、检测位置环境中的障碍物等；浙江大学的任沁源利用嵌入式的 Boost 算法识别地标[4]，通过角点检测算法提取匹配特征点实现无人机的位姿参数的估计；南京航空航天大学研究的控制方法主要是模糊控制[5]；清华大学的研究方向主要是纵列式无人机的自主飞行控制；北京理工大学智能机器人研究所则通过对微型旋翼式四轴飞行器进行结构与动力特性的分析，研制了一种微型旋翼式四轴飞行器，并在此原型机的基础上，采用 PID 控制算法[6]进行姿态控制算法方面的研究工作，并取得一定的研究成果。

13.1.3 设计思路

针对自主飞行，本项目设计最初提出了 2 种设想：第一种是通过修改飞控程序，通过光流传感器来读取地面图像并交由飞控进行识别匹配，从而得到距离偏差量控制飞行器到达目标区域 (图 13-2)；第二种是通过增加单片机来实现，单片机通过模拟遥控器的信号对飞控进行控制，而单片机与地面站之间采用无线串口通信，获取位置偏差信息并输出对应的控制信号，位置偏差信息由摄像头经图形传感器将图像传回地面站，地面站经过对图像的识别、判断后，输出偏差量到串口，再发送至控制单片机 (图 13-3)。经过多次试验，最终采用第二种控制方式，并进行多次试验，不断调整修改代码以适应实际要求。

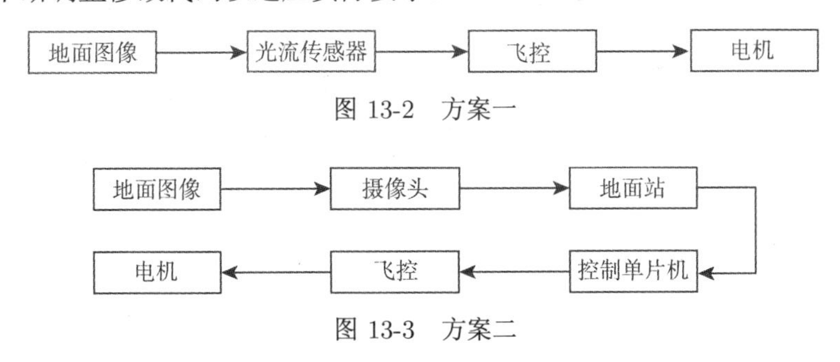

图 13-2 方案一

图 13-3 方案二

13.2 系统设计方案

13.2.1 总体设计思路

图 13-4 为本项目系统设计思路的框图。

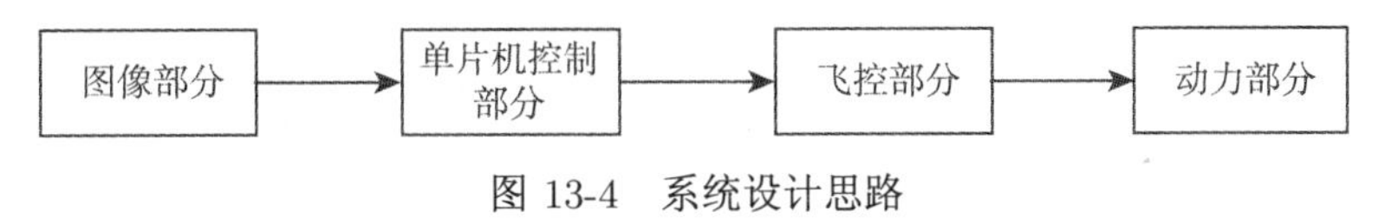

图 13-4 系统设计思路

(1) 图像部分包括摄像头、图像传感器、地面站，其主要工作为：地面站对图像进行处理，通过霍夫检测算法来确定直线和圆在图像中的位置，并通过简单计算得出飞行器应该进行的动作。

(2) 单片机控制部分包括 Arduino Pro Mini 单片机、PPM 信号编码器，其主要工作为：接收地面站发送的控制指令，输出相应的 PWM 波至 PPM 信号编码器，PPM 信号编码器将相应的信号送至飞控。

(3) 飞控部分为大疆 A2 飞控及其外围部件，其主要工作为：提供底层飞行控制，接收单片机控制部分的信号并对飞行器的姿态做出控制。

(4) 动力部分主要包括电子调速器、电机、桨等部件，其主要工作是：为整机提供动力以及响应飞控指令，改变飞行器姿态。

13.2.2 硬件设计

图 13-5 为本项目的硬件设计框图。

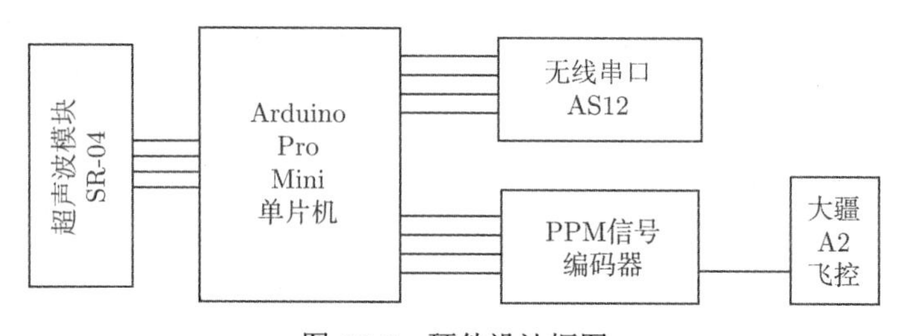

图 13-5 硬件设计框图

13.2.2.1 飞控模块

多轴飞行器的底层控制关键是通过控制不同电机的转速来实现对不同电机产生的升力进行控制，从而满足控制飞行器姿态的要求。在设计之初，将市场上可以购买到的飞控进行对比，其中，QQ、KK 这类廉价不开源飞控，其稳定性较差，不利于二次开发控制；APM、pixhawk 这类开源飞控，其稳定性一般，代码完全开源，但是其控制逻辑较为复杂，控制代码复杂且较难修改。最终通过对比，选定大疆公司的 A2 飞控进行底层控制。大疆 A2 飞控的姿态控制非常稳定，而且其控制逻辑十分简单，可简化控制部分的程序，如图 13-6 所示。

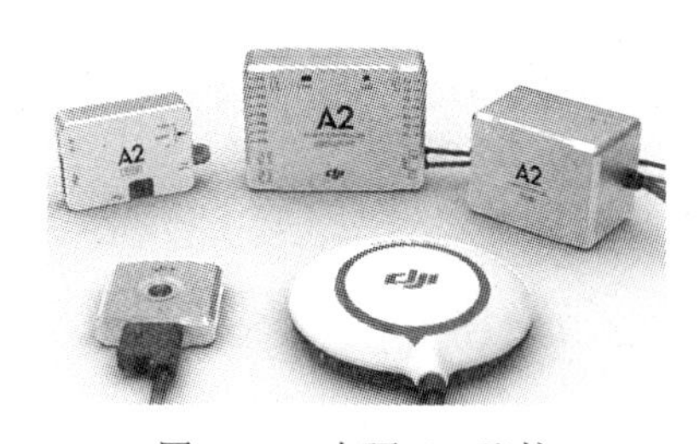

图 13-6 大疆 A2 飞控

13.2.2.2 单片机控制模块

在选择机载控制单片机时，主要考虑以下几点：

(1) 单片机的小型化。机上空间十分有限，更小的设备有着更低的功耗和更轻的重量。

(2) 单片机的可靠性。在自主飞行过程中，手持遥控设备无法对飞控进行干预，使得控制单片机的可靠性成为安全飞行的重要指标。

(3) 单片机的 I/O 接口数量。

(4) 单片机编程的简易程度以及程序修改难度。在调试过程中，单片机内部程序需要进行大量的修改，因此对程序修改后的烧写速度以及单片机内存容量有着较高的要求。

综上所述，最终选用 Arduino Pro Mini(图 13-7)，其体积小巧，重量轻，有 6 路 PWM 输出，16KB Flash 以及较快的程序写入速度，同时可靠性在压力测试中得到确认。

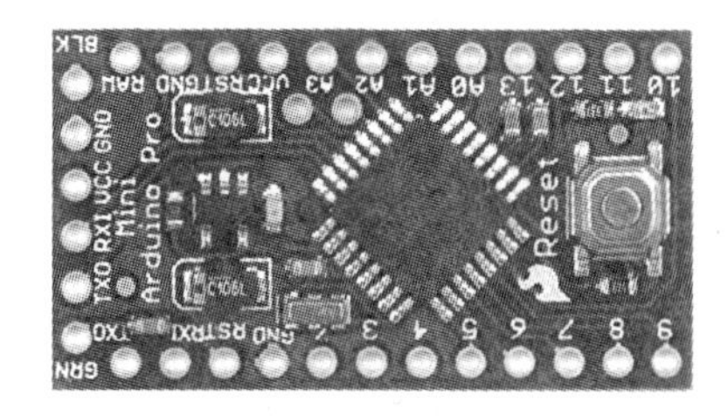

图 13-7 Arduino Pro Mini 单片机实物

13.2.2.3 数据传输模块

数据传输模块是机载平台与地面站连接的关键部分，考虑到数据传输距离、吞吐量等因素，选用 AS12-TTL 型无线串口数据传输模块，如图 13-8 所示。

13.2.2.4 图像传输模块

图像传输模块的选择主要考虑功耗和体积的问题，分辨率以及发射功率不在考虑范围内。通过筛选，确定采用 600mW 的模拟图像传输模块，通过 USB 采集卡将机上图像信号传给地面站进行图像处理，如图 13-9 所示。

图 13-8 AS12-TTL 型无线串口数据传输模块

图 13-9 5.8GHz 600mW 模拟图像传输模块

13.2.2.5 超声波传感器模块

根据项目设计要求，需要进行定高飞行，考虑到气压计定高存在较大的误差，

图 13-10　SR-04 超声波传感器模块

而在 5m 以内超声波传感器具有良好的测距表现，因此选用 SR-04 型超声波传感器模块进行高度测量，如图 13-10 所示。

13.2.3　软件设计

13.2.3.1　机载软件

机载软件方面关键是通过模拟遥控器信号的方式控制飞控，并做出相应的动作。这里有一个难点：遥控器不同的油门舵量对应不同的信号。针对这个难点，通过大量的试验来测定油门舵量与占空比的关系，并且通过单片机模拟相关信号与遥控器原生信号进行对比，不断地测量，得出程序中参数与真实遥控器信号的对应关系，如图 13-11 所示。

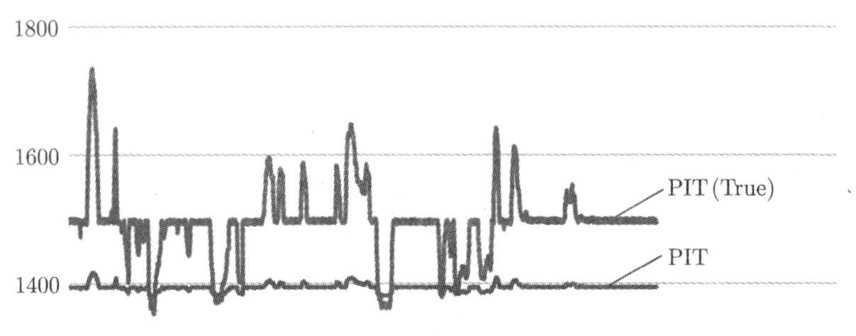

图 13-11　实际遥控器舵量与输出信号的对应图

程序的逻辑思路为单片机通过串口接收一组控制字符串 “pit,rol,thr,pos”，其中 pos 组为模式选择，“1” 代表起飞，“2” 代表降落，“0” 代表外部信号控制。通过判断 pos 组的值，单片机从对应接口输出相应的信号。

13.2.3.2　地面站软件

地面站软件主要针对直线检测和圆检测进行编写。在直线和圆检测中，采用霍夫检测算法。软件流程如图 13-12 所示。

图 13-12　软件算法流程框图

1) 直线检测

每个像素坐标点经过变换变成直线特有贡献的统一度量。例如，一条直线在图像中是一系列离散点的集合，通过一个直线的离散极坐标公式，可以表达出直线的离散点几何等式：

$$x\cos\theta + y\sin\theta = r$$

式中，角度 θ 为 r 与 X 轴之间的夹角；r 为到直线的几何垂直距离。任何在直线上的点 (x, y) 都可以表达，其中 r, θ 是常量。

然而在图像处理领域，图像的像素坐标 $P(x, y)$ 是已知的，而 (r, θ) 则是要寻找的变量。如果能根据像素点坐标 $P(x, y)$ 值绘制每个 (r, θ) 值的话，那么就需要从图像笛卡儿坐标系统转换到极坐标霍夫空间系统，这种从点到曲线的变换称为直线的霍夫变换。变换通过量化霍夫参数空间为有限个值间隔等份或者累加格子，当霍夫变换算法开始，每个像素坐标点 $P(x, y)$ 被转换到 (r, θ) 的曲线点上面，累加到对应的格子数据点，当一个波峰出现时，说明有直线存在。这样霍夫的参数空间就变成一个三维参数空间。

有关直线检测程序代码请登陆中国工程机器人大赛暨国际公开赛网站下载获取，具体下载地址为：http://robotmatch.cn/upload/files/2017/5/12103821671.txt。

2) 圆检测

霍夫圆变换的基本原理和霍夫线变换类似，只是点对应的二维极径和极角空间被三维的圆心点 (x, y) 和半径 r 空间取代。对直线来说，一条直线由参数极径、极角 (r, θ) 表示。而对圆来说，需要 3 个参数来表示一个圆。图像的任意点 (边缘点) 对应的经过这个点的所有圆是在三维空间，由下面 3 个参数表示，其对应一条三维空间的曲线。那么与二维的霍夫线变换原理相同，边缘点越多，由于这些点对应的三维空间曲线交于一点，那么它们经过的共同圆上的点就越多，类似的，用同样的阈值方法来判断一个圆是否被检测到。这就是标准霍夫圆变换原理，但也是三维空间的计算量大的原因，且标准霍夫圆变化很难被应用到实际中：

$$C : (x\_\{\text{center}\}, y\_\{\text{center}\}, r)$$

式中，$(x\_\{\text{center}\}, y\_\{\text{center}\})$ 表示圆心的位置，r 表示半径。这样就能唯一定义一个圆。

基于对运算效率的考虑，OpenCV 实现的是一个比标准霍夫圆变换更为灵活的检测方法——霍夫梯度法，也叫霍夫变换 (21HT)。其原理是圆心一定是在圆上的每个点的模向量上，这些圆上的点的模向量的交点就是圆心，霍夫梯度法，首先是找到这些圆心，这样三维的累加平面就转化为二维累加平面，然后根据所有候选中心的边缘非像素对其的支持程度来确定半径。

有关圆检测程序代码请登陆中国工程机器人大赛暨国际公开赛网站下载获取，具体链接地址为：http://robotmatch.cn/upload/files/2017/5/12103749625.txt。

13.2.4 系统整体调试

通过地面站发送起飞指令，机载单片机控制飞控解锁并起飞，同时超声波模块开始检测飞行器的对地高度，当高度达到 1.2m 时，飞行器开始悬停。当地面站检测到高度一定时，给出前进信号，同时不断对回传图像进行直线检测并给出修正信号，保证飞行器可以沿地面直线飞行。在地面站第一次检测到圆时，地面站软件进入降落检测模式，在图像中心与圆心偏差小于 20 像素时，认为飞行器已经进入降落区域，地面站发出降落信号，单片机开始执行降落指令。

在调试过程中，发现以下问题并逐一解决。

(1) 起飞无法定高，不断向上爬升。

通过对飞行数据进行检测分析，发现超声波传感器并未返回相应的高度数据，继续检查超声波传感器模块发现供电不足。

解决方法：对超声波传感器模块单独供电，并使用稳压模块保证供电的稳定性。

(2) 图像传输信号不稳定，地面站对图像识别成功率较差。

将图像传输模块从飞行器上拆下，并单独测试，发现传输效果良好；再次检查飞行器布线，发现摄像头信号线与动力电源线混绑，确定动力电路对图像信号产生干扰。

解决方法：将动力线单独布线，并将信号线包裹上铝箔纸来避免干扰。

(3) 数据传输信号不稳定，存在丢包现象。

试验中，飞行器飞行姿态存在不正常的情况，通过分析飞行数据，发现有部分指令不完整。检查数据传输后，发现数据传输设定存在问题，空中速率和串口传输波特率较低，不能满足大量数据高速传输的要求。

解决方法：修改数据传输设置，采用 10kHz 空中速率以及 115200B/s 的串口传输速率。

13.3 试验结果分析

经过多次试验和不断改进，飞行器成功完成了自主循线飞行功能。同时为了保证安全。在部分试验中采用小型四旋翼作为试验平台。图 13-13 和图 13-14 分别为飞行器进行起飞动作和前进动作的照片。

从直线检测的结果来看，在大部分情况下，霍夫检测算法能够较好地检测出直线，由于摄像头为广角摄像头，图像存在一定的畸变 (图 13-15)，当畸变校正较弱时，图中的直线有一定的概率是无法检测到的，当继续增大校正达到临界情况时，可以较好地检测出图中较粗的直线 (图 13-15(a))，即路径；但是当校正量超过临界值时，就会产生误检情况，如图 13-15(b) 所示。

图 13-13 飞行器进行起飞动作

图 13-14 飞行器进行前进动作

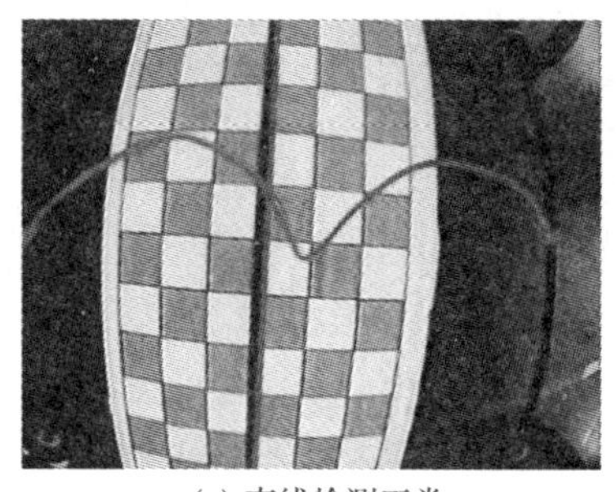

(a) 直线检测正常

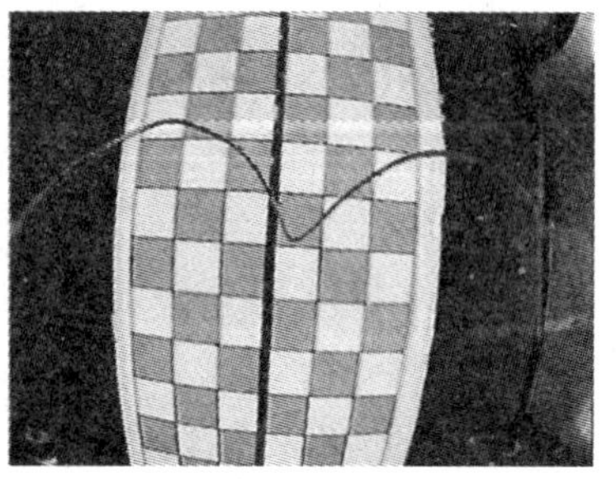

(b) 直线检测到脚架

图 13-15 直线检测

从圆检测的结果来看，脚架下部的挂线对检测结果存在一定的干扰，在一定的情况下可能会检测到多个圆 (图 13-16(b))，但是作为降落地点的圆检测成功率非常高 (图 13-16(a))。因此只采用半径最大的圆作为检测结果。

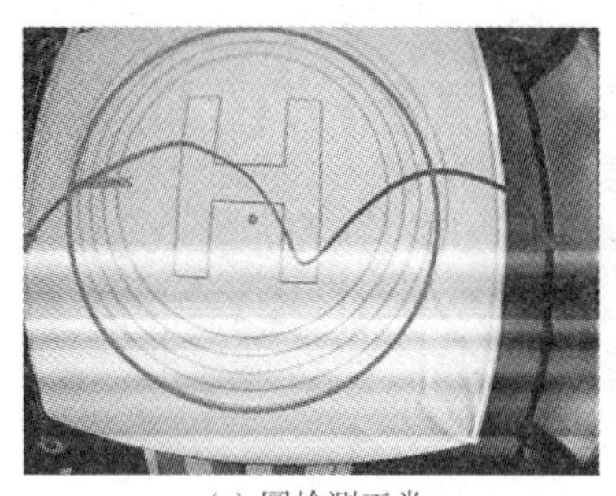

(a) 圆检测正常　　(b) 圆检测到其他

图 13-16　圆检测

从飞行情况来看，飞行器能够较好地进行可控飞行，但是当地面站发生误检或者数据传输丢包导致控制信息不全时，控制平台不能较好地进行错误修正，会出现短暂的不正常。整体来看，能够完成预设任务，由于指令刷新频率比较高，接收到错误指令后也能较快修正，没有产生飞行事故。

13.4　结　论

本项目实现了六旋翼飞行器在地面图像的引导下自主飞行。在光线较好的条件下对图像的识别检测进行试验，从试验结果来看，能够较好地检测出地面标识的直线和圆，同时能够发出正确的调整和降落指令。在室外无风、无 GPS 定位辅助的情况下，进行单片机控制飞行器做固定动作的试验，从试验结果来看，飞行器成功响应了单片机发出的各类控制信号，完成了预定的动作并安全降落。综合之前试验情况，通过综合运用单片机控制、霍夫直线、圆检测等多种手段，成功完成了自主循线飞行，实现了飞行器的分析寻迹和自主着陆。

目前飞行器还存在诸多问题，比如控制设备分为地面端和天空端，较为分散，可靠性较低，以及缺少在紧急情况下的备份控制方法，一旦指令出错或者出现其他异常情况，无法在地面对飞行器进行紧急控制。下一步将从以下方面改进：

1) 引入机载处理平台

在测试中发现，无线串口在高速数据传输时会产生一定的延迟和丢包，同时为了进一步集成化、小型化，将地面站去除，更换为机载处理平台对图像进行处理，通过有线串口的方式与控制单片机通信，无需地面设备也可以达到智能飞行的目的。

对于机载处理平台的选择，从以下几点入手：

(1) 处理能力。由于图像识别处理需要大量的运算资源，因此对机载平台的处理器有较高的要求。

(2) 功耗。由于飞行器采用电池供电，而且电机等部件耗电量巨大，较高的功耗会引起飞行时间的缩短，同时功耗较高可能会因供电问题导致系统运行不稳定，影响安全飞行。

(3) 体积和重量。飞行器载物空间十分有限，过重的机载设备会破坏飞行器的稳定性并且增加电力消耗，也会对动力系统产生较大的压力，因此需要选择尽可能小的机载设备。

(4) 简便的编程和对外通信。

综上所述，最终采用树莓派 2(图 13-17) 作为机载处理平台。树莓派 2 有着较低的功耗，较小的体积和重量，同时有足够的性能进行较为精确和快速的图像处理，并且其基于 Linux 的操作系统也为图像处理程序的移植提供简便的条件。

图 13-17　树莓派 2 实物

针对树莓派 2 的硬件条件，对原地面站程序进行修改移植，主要降低图像采集的分辨率和指令发送的频率，添加硬件串口通信的部分。经过地面测试，处理平台的速度达到每秒 20 次，满足安全飞行需要。

2) 引入失控保护

飞行器在自主飞行过程中，遥控器无法对其控制，一旦出现程序错误或者其他情况，很难对飞行器进行紧急控制，容易产生危险。因此，增加了失控保护切换模块，具体如图 13-18 所示。

失控保护模块主要由状态检测单片机和切换继电器组成。状态检测单片机通过检测三轴加速度传感器和遥控器第 6 通道输出，当飞行器姿态出现严重异常或者遥控器第 6 通道输出切换信号时，检测单片机操作继电器，将输出至 PPM 信号编码器的信号由原来的控制单片机切换为遥控器接收机，从而在紧急情况下通过遥控器实现手动控制。

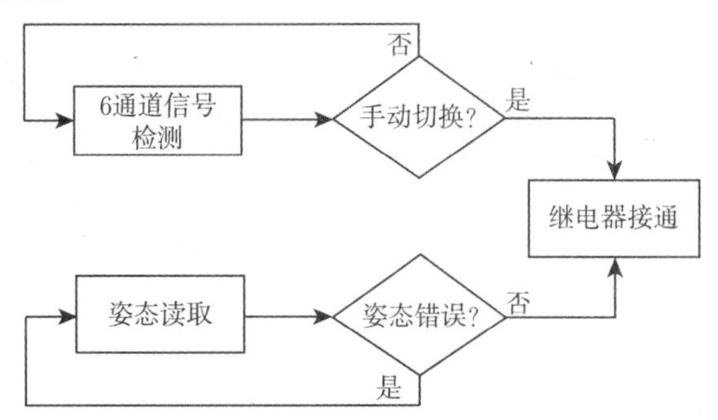

图 13-18　失控保护切换逻辑原理框图

参 考 文 献

[1] Unmanned Systems Roadmap. United States Department of Defense. 2005.

[2] Tayebi Abdelhamid，McGilvray Stephen. Attitude stabilization of a VTOL quadrotor aircraft, IEEE Transactions on Control Systems Technology, 2006, 14(3): 562-571.

[3] Salazar S, Romero H, Comez J, et al. Real-time stereo visual servoing control of an eight-rotors rotorcraft. International Conference Electrical Engineering, Computing Science and Automatic Control, Toluca, Mexico, 2009: 1-11.

[4] 任沁源. 基于视觉信息的微小型无人直升机地标识别与位姿估计研究. 浙江: 浙江大学, 2008.

[5] 杨明志. 四旋翼飞行器自动驾驶仪设计. 南京: 南京航空航天大学, 2008.

[6] 周权, 黄向华, 朱理化. 四旋翼微型飞行平台姿态稳定控制试验研究. 中国航天, 2003(8): 27-29.

第四篇

搬运机器人

第14章　摄像头搬运小车Ⅰ*

摄像头搬运小车将工业搬运机器人模型化。摄像头搬运的优势在于摄像头采集的视觉信息与其他传感器相比更加直观有效。本项目设计的具体过程为：摄像头采集图像，中心控制板对图像进行识别处理，输出小车有效的位置信息并控制舵机巡线，搬运不同颜色的物料块至对应的物料块放置区域。通过程序调试和搬运策略的优化，设计的摄像头搬运小车能较稳定地完成大赛规定的 13 个物料块的搬运任务，其创新在于视觉巡线、视觉定位和物料块抓取机械臂的设计，可以推广应用到工业搬运机器人中，以提高搬运的准确度和工作效率。

14.1　搬运机器人简介

自从 20 世纪 60 年代初人类制造出第一台工业机器人后，机器人就显示出极强的生命力。经过 50 年的迅速发展，在发达国家中，工程机器人已经广泛应用于汽车及汽车零部件制造业、机械加工行业、电子电气行业、橡胶及塑料工业、食品工业、木材与家具制造业等诸多领域。作为先进制造业中不可替代的重要装备和手段，工业机器人是机器人中的一个重要分支，是机器人研究领域重要的发展方向。对工业机器人运动轨迹规划和控制的研究，一直受到人们的普遍关注。工业机器人已经成为衡量一个国家制造业水平和科技水平的重要标志，搬运机器人是工业机器人的一个重要分支，它的特点是可以通过编程来完成各种预期的作业任务，在构造和性能上兼有人和机器的优点，尤其体现了人的智能性和适应性。目前，对机器人技术的发展具有最重要影响的国家是日本和美国，美国在机器人技术的综合性水平上处于领先地位，日本生产的机器人数量和种类则居世界首位。

我国的机器人技术起步于 20 世纪 70 年代末，目前已基本掌握了机器人的设计制造技术、控制系统硬件和软件设计技术、运动学和轨迹规划技术，生产了部分机器人关键元器件，开发出喷漆、弧焊、点焊、装配、搬运等机器人。但是我国的工业机器人技术及其工程应用水平和国外相比还有一定的差距。总体来说，我国仍是一个机器人设备的巨大消费国家，行业市场处于发展壮大中。在此背景下，由于装卸、搬运等工序机械化的迫切需要，搬运机器人应运而生。搬运机械手在锻造工业中的应用能进一步发展锻造设备的生产能力，改善高温、劳累等劳动条件。国外不仅在单机、专机上采用这种设备，以减轻工人的劳动强度，而且和机床共同组成

---

* 队伍名称：解放军理工大学拾荒者队，参赛队员：郑斯元、谢飞、盛金锋；带队教师：杨宇

一个综合的数控加工系统进行工作[1]。该研究采用摄像头、力传感装置与微型计算机相连的设计模式，能确定零件的方位达到准确搬运的目的。

14.2　整体设计简介

14.2.1　设计内容

本项目设计是基于摄像头的搬运车，研究的内容主要分为 4 个方面：以 STM32-F407 为微处理器的控制板、OV7670 摄像头巡线、舵机驱动和物料块搬运。

14.2.2　设计目的

通过设计制作小型工程摄像头搬运车，熟悉 STM32 系列开发板的应用，提高灵活运用各种传感器和舵机的能力，实现高效准确的物料搬运，最终将物料搬运方案推广至实际工业搬运机器人的工作中。

14.2.3　完成情况

该摄像头搬运小车 (图 14-1) 利用设计的机械臂从物料区逐个抓取物料块，通过摄像头巡线引导小车将物料块堆放至指定区域，可较稳定地完成搬运任务。

14.3　项目设计方案

14.3.1　总体方案

本项目设计的总体思路：以 STM32F407 为主控核心，通过 DCMI 接口接收图像传感器 OV7670 采集的图像数据，利用 DMA 方式将图像发送到外部 SRAM，通过 FSMC 接口将数据发送到 TFT 显示屏，根据采集的图像中黑线的位置来控制小车的行进方向和速度，完成物料块搬运任务。系统总体结构框图如图 14-2 所示。

图 14-1　摄像头搬运小车

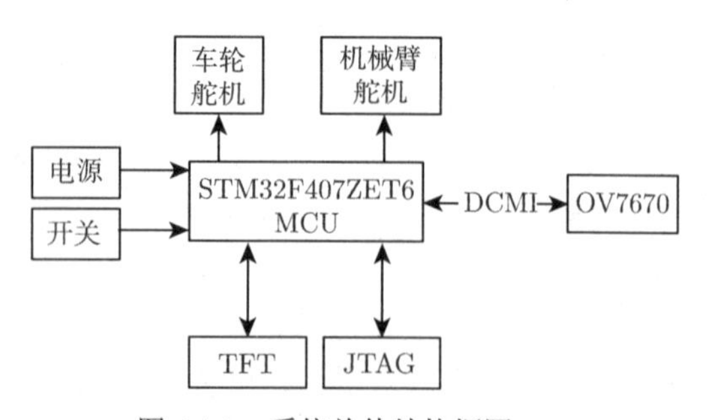

图 14-2　系统总体结构框图

14.3.2 硬件设计

硬件设计主要包括：控制板、OV7670 摄像头、TFT 显示屏、舵机和电源等。

14.3.2.1 控制板

图 14-3 STM32F407ZET6 型控制板

控制板是整个机器的控制核心，其处理器的性能决定着整个系统功能的优劣。因此控制板选用 STM32F407ZET6 型微处理器(图14-3)。

相比于普通处理器，嵌入式处理器在一些关键技术的参数上拥有极大的优势：功耗更低、严格控制发热量、强大的安全性和可靠性、低成本、低空间占有以及电磁兼容性好等。ARM 架构的嵌入式处理器是一款低成本 RISC 微处理器，由于 ARM 具有高性能、低功耗的优点，在工业控制、消费类电子产品、机器人等领域得到广泛的应用。ARM 处理器性能优越，采用 RISC 架构，支持 Thumb(16 位)/ARM(32 位) 双指令集，能兼容 8/16 位的器件，执行指令速度快，寻址方式简单灵活，指令的长度固定，效率更高[2]。

当前主流 ARM 处理器主要包括：ARM7 系列、ARM9 系列、ARM10E 系列、ARM11 系列、SecurCore 系列以及 Intel 的 Xscale 处理器和 StrongARM SA-1100 处理器等系列，不同系列的 ARM 处理器具有各自的特点，适合于不同的领域。因此，在进行嵌入式系统开发时，处理器的选型显得尤为重要。视频监控系统需要对图像进行大量运算，同时要保证系统的实时性。STM32F407 属于 Cortex-M4 系列，是 ARM11 系列的后续版本，Cortex-M4 处理器内核是在 Cortex-M3 内核基础上发展起来的，其性能比 Cortex-M3 提高了 20%。该处理器新增加了浮点、DSP、并行计算等功能，用以满足控制和信号处理功能混合的数字信号控制市场，其高效的信号处理功能与 Cortex-M 处理器系列的低功耗、低成本和易于使用的优点相结合。Cortex-M4 系列提供了无可比拟的功能，将 32 位控制与领先的数字信号处理技术集成来满足高能效级别的需要。Cortex-M4 处理器采用一个扩展的单时钟周期乘法累加 (MAC) 单元、优化的单指令多数据 (SIMD) 指令、饱和运算指令和一个可选的单精度浮点单元 (FPU)[3,4]。这些功能以表现 Cortex-M 系列处理器特征的创新技术为基础，包括：

(1) RISC 处理器内核，高性能 32 位 CPU，具有确定的运算、低延迟 3 阶段通道，可达 1.25DMIPS/MHz；

(2) Thumb-2 指令集，16/32 位指令的最佳混合、小于 8 位设备 3 倍的代码、对性能没有负面影响，提供最佳的代码密度；

(3) 低功耗模式，集成的支持睡眠状态、多电源域、基于架构的软件控制；

(4) 嵌套矢量中断控制器 (NVIC)，低延迟、低抖动中断响应、不需要汇编编程、以纯 C 语言编写的中断服务例程，能完成出色的中断处理；

(5) 工具和 RTOS 支持，广泛的第三方工具支持和 Cortex 微控制器软件接口标准 (CMSIS)，最大限度地增加软件成果重用；

(6) 处理器提供了一个可选的内存保护单元 (MPU)，提供了低成本的调试/追踪功能和集成的休眠状态，以增加灵活性。嵌入式开发者将得以快速设计并推出令人瞩目的终端产品，具备最多的功能以及最低的功耗和尺寸。

STM32F407 采用先进的 Cortex-M4 内核架构、90nm 的 NVM 工艺和 ART 技术，使得程序零等待执行，提升了程序执行的效率，将 Cortext-M4 的性能发挥到极致。该系列芯片能耗低、处理能力强、实时性效果好、价格便宜，其内置的单精度 FPU 提升了控制算法的执行速度，给目标应用增加了更多功能，提高了代码执行效率，缩短了研发周期，减少了定点算法的缩放比和饱和负荷，且允许使用元语言工具[5]。

在电池或者较低电压供电的应用中，要求高性能处理和低功耗运行，为此，STM32F407 带来了更多的灵活性，以达到高性能和低功耗的目的，包括：在待机或电池备用模式下，4KB 备份 SRAM 数据的保存；内置可调节稳压器，允许用户选择高性能或低功耗工作模式。

STM32F407 还提供了各种集成开发环境、元语言工具、DSP 固件库、低价入门工具、软件库和协议栈，给使用者提供了广阔的开发空间。利用 STM32 系列丰富的资源和强大的管理功能，可以进行各种嵌入式系统的设计和开发。

14.3.2.2　TFT 显示屏

薄膜场效应晶体管 (TFT) 是指液晶显示器上的每一液晶像素点都是由集成在其后的薄膜晶体管来驱动的，从而实现高速度、高亮度、高对比度显示屏幕信息。目前 TFT 在手机上应用最为广泛，中高端彩屏手机中普遍采用的屏幕分 65536 色、26 万色、1600 万色 3 种，其显示效果非常出色。随着技术的进步，TFT 显示屏不仅应用在手机上，许多智能仪表、工控人机界面也都在使用，取代之前的黑白屏。

本项目设计选用 2.8 寸 TFT 显示屏，其主要参数为：模块尺寸 80mm×54mm，像素 320×240，颜色 26 万色，驱动 ILI9320，电式触摸类型，LED 背光类型，40 个引脚，其功能如表 14-1 所示。

14.3.2.3　OV7670 型摄像头

选用的 OV7670 型摄像头 (图 14-4) 模块装载有源晶振和视频 FIFO，FIFO 最大容量为 384kB (3MB)，可存放一帧 640×480(30 万像素)RGB、RAW 格式的图片。

表 14-1 TFT 引脚功能表

引脚号	引脚名称	功能说明
1	GND	模块的电源地
2	VIN	模块的电源正端 (3.3V 供电时需将 J2 短接)
3, 18~20, 25, 34	NC	空脚
4	RS	并行的指令/数据选择信号
5	R/W	并行的读写选择信号
6	RD	读控制信号
7~14	D10~D17	数据口高 8 位
15	CS	片选
16	RST	复位
17	LE10	74HC573 锁存控制
21	SDCS	SD 卡片选信号
22	SDDI	SD 卡串行数据输入
23	SCK	SD 卡时钟信号
24	SDDO	SD 卡串行数据输出
26~33	D8~D1	数据口低 8 位
35	CLK	触摸屏外部时钟输入
36	TPCS	触摸屏片选信号
37	TPDI	触摸屏串行数据输入，在时钟上升沿数据移进
38	BUSY	触摸屏忙指示，低电平有效
39	TPDO	触摸屏串行数据输出，在时钟下降沿数据移出
40	PEN	触摸屏中断输出

OV7670支持的图像格式包括：RGB(GRB 4:2:2，RGB 5:6:5/5:5:5)、YUV(4:2:2) 和 YCbCr(4:2:2)，输出的图像尺寸包括 SXGA、VGA、CIF 和小于 CIF 至 40×30 的任何尺寸[6]。

设置图像输出格式为 RGB 5:6:5，分辨率为 320×240，由于 OV7670 型摄像头与 2.8 寸 TFT 显示屏完全匹配，所以，数据不需转换便能直接使用。

图 14-4 OV7670 型摄像头

14.3.2.4 电源

选用的电源为航模专用高端锂电池(图14-5)，电池容量 2200mA·h，输出电压 14.8V，持续放电倍率 30C，平衡充电电流 0.5~1A，电池尺寸 106mm×34mm×32mm，重量约为 245g。

本项目设计的控制板和舵机需 5V 电压供电，所以将锂电池输出电压进行降压。选用 LM2596S 型 DC-DC 降压电源模块 (图 14-6) 实现稳定的 5V 电压转换。

此模块输入电压范围为 3.2~35V，输出电压范围为 2.45~30V，输出电流最大 3A，电压转换效率高达 92%。

图 14-5　14.8V 2200mA·h 锂电池

图 14-6　LM2596S 降压电源模块

14.3.2.5　舵机

由于舵机应用在搬运物料块的机械臂和车轮中，其中机械臂主要包括机械爪和升降臂，因此，选用的舵机为银燕微型舵机 ES9051(图 14-7)，其工作电压为 4.0~5.5V，扭力为 0.8kg·cm(4.8V)；而车轮舵机选用 360° SM-S4315R 型舵机(图 14-8)，此舵机为金属铜齿，无扫齿，扭力大，转速快，声音小，扭力可达 25kg。

图 14-7　ES9051 型微型舵机

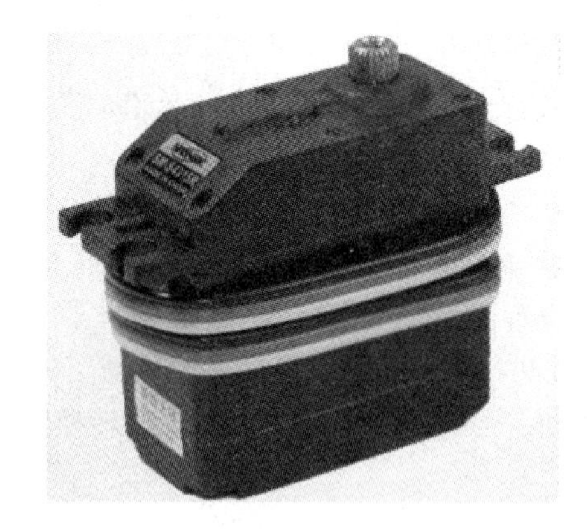

图 14-8　SM-S4315R 型舵机

14.3.3　软件设计

本项目设计的程序流程 (图 14-9) 主要包括启动、初始化、巡线和搬运。其中启动完成对各个控制板和机器人模块的供电；初始化主要包括各个模块的参数复位并根据物料块的排序确定搬运策略；巡线是完成搬运任务的基础，此过程需要对机

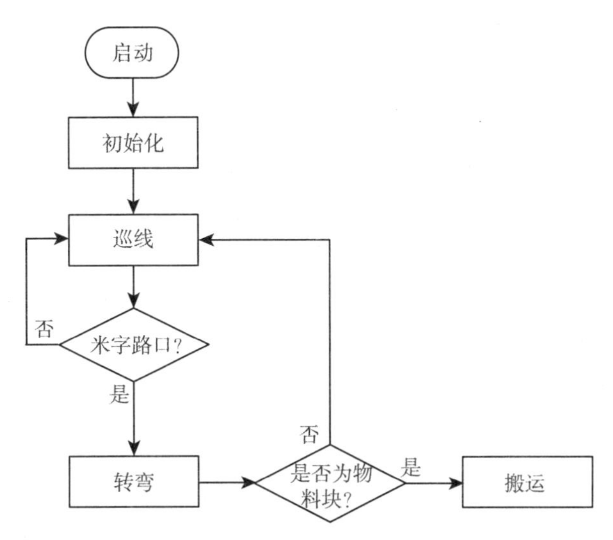

图 14-9 程序流程图

器人行进路线实时纠偏和位置判断，以实现准确到达物料区域；搬运程序将根据初始化阶段确定的搬运路径和搬运物料块的顺序分阶段将物料块逐个有序地堆放至对应的物料存放区中心，完成搬运任务。

本项目设计的主要程序代码请登陆中国工程机器人大赛暨国际公开赛网站下载获取，具体链接地址为：http://robotmatch.cn/upload/files/2017/5/12103845890.txt。

参 考 文 献

[1] 计时鸣, 黄希欢. 工业机器人技术的发展与应用综述. 机电工程, 2015: 1-13.

[2] 王永虹, 徐玮, 郝立平. STM32 系列 ARM Cortex-M3 微控制器原理与实践. 北京: 航空航天大学出版社, 2008: 366-368.

[3] 胡亦万. 基于 Cortex-M3 的 LwIP 移植以及嵌入式 Web 的应用研究. 南昌：南昌大学，2013.

[4] 周立功. ARM 嵌入式系统基础教程. 北京: 航空航天大学出版社, 2005.

[5] STM32F4X7 Datasheet. [2013-10]. http://www.st.com.

[6] 陶杰, 王欣. 基于 STM32F407 和 OV7670 的低端视频监控系统. 单片机与嵌入式系统应用, 2014, (3): 60-63.

第 15 章　摄像头搬运小车 II*

随着工业自动化的发展，越来越多的工作交由机器人完成。搬运机器人是近代自动控制领域出现的一项高新技术，大大提高了劳动生产率，可以减轻工人的劳动强度，减少人员事故风险。本设计的智能搬运机器人系统将机器视觉与嵌入式系统相结合，以 K60[1]和树莓派作为小车的控制核心，树莓派系统与以 K60 为控制器的运动控制系统进行串口通信。通过 CMOS 摄像头[2]获取场地图像信息，经过图像处理后提取中心线，计算出小车与黑线间的角度偏差，给下层的运动控制模块发送命令，控制小车巡线行驶。同时，在搬运小车到达物料位置时，将采集到的图像经过图像预处理，识别物料的颜色，将物料分拣搬运到指定的颜色区域。

该摄像头搬运小车模拟实际自动化工厂中的 AGV 搬运功能和机器人自动分拣功能，通过摄像头来感知外界环境，进而控制小车准确地循迹并到达物料位置，完成规定的分拣搬运任务。设计的摄像头搬运小车贴近生活和实际工作现场，对机器人技术在现实生活中的运用具有一定的借鉴意义。

15.1　设 计 简 介

15.1.1　研究背景及意义

工业机器人[3]是面向工业领域的多关节机械手或多自由度的机器装置，能自动执行工作，是靠自身动力和控制能力来实现各种功能的一种机器。它可以接受人类指挥，也可以按照预先编写的程序运行，现代工业机器人甚至可以根据人工智能技术制定的原则纲领行动，既具有人对环境状态的快速反应和分析判断力，又有可长时间持续工作、高精、高速、高可靠性、不惧恶劣环境的能力。

传统的工业机器人常用于搬运、喷漆、焊接和装配工作。工业现场的很多重体力劳动必将由机器代替。这一方面可以减轻工人的劳动强度，减少人员事故风险；另一方面可以大大提高劳动生产率。

搬运机器人是可以进行自动化搬运作业的工业机器人。最早的搬运机器人出现在美国，Versatran 和 Unimate 两种机器人首次用于搬运作业。搬运作业是指用一种设备握持工件，并从一个加工位置移到另一个加工位置。搬运机器人可安装不

---

* 队伍名称：上海电力学院飞轮二队，参赛队员：吴一冰、司志欣、杨天宇；带队教师：薛阳、张国伟

同的末端执行器以完成各种不同形状和状态的工件的搬运工作，大大减轻人类繁重的体力劳动。目前搬运机器人广泛应用于机床上下料、冲压机自动化生产线、自动装配流水线、码垛搬运、集装箱搬运等领域。

搬运机器人涉及力学、机械学、电器液压气压技术、自动控制技术、传感器技术、单片机技术和计算机技术等学科领域，已成为现代机械制造生产体系中的重要组成部分。它的优点是可以通过编程完成各种预期的任务，在自身结构和性能上具有人和机器各自的优势，尤其体现出人工智能和适应性。

此外，通过构建智能搬运机器人系统，可培养制造者设计并实现自动控制系统的能力。在实践过程中，以单片机[4]为核心控制器，设计小车的检测、驱动和显示等外围电路，采用智能控制算法实现小车的智能循迹。设计过程中，需要灵活应用机电等相关学科的理论知识，联系实际电路设计的具体实现方法，达到理论与实践的统一，并加深对控制理论的理解和认识。

15.1.2 研究现状

自 1962 年美国制造出第一台实用的“示教型”工业机器人以来，对工业机器人的开发、研制和应用已有 50 多年的历史。目前，在以日、美、德、法、韩等为代表的国家，机器人产业日趋成熟和完善，所生产的工业机器人已成为一种标准设备在全球得到广泛应用。

工业机器人的主要应用领域有弧焊、点焊、装配、搬运、切割、喷漆、喷涂、检测、码垛、研磨、抛光、上下料、激光加工等复杂或单调的作业。工业机器人技术在制造业应用范围越来越广，其标准化、模块化、网络化和智能化的程度越来越高，功能也越来越强，正在向着成套技术和装备的方向发展。

美国是世界上的机器人强国之一，基础雄厚，技术先进。起步晚于美国五、六年的日本，在经历了 20 世纪 60 年代的摇篮期，20 世纪 70 年代的实用期后，在 20 世纪 80 年代跨入工业机器人普及提高并广泛应用期。经过短短的时间，日本工业机器人产业已迅速发展起来，一跃成为“工业机器人王国”。日本在工业机器人的生产、出口和使用方面都居世界前列。德国的工业机器人总数居世界第三位，仅次于日本和美国，德国智能机器人的研究和应用在世界上也处于领先地位。

同全球主要机器人大国相比，中国工业机器人起步较晚，且真正大规模进入商用仅是在近几年。目前，中国已生产出部分机器人关键元器件，开发出弧焊、点焊、码垛、装配、搬运、注塑、冲压、喷漆等工业机器人。一批国产工业机器人已服务于国内诸多企业的生产线上；一批机器人技术的研究人才也涌现出来。一些相关科研机构和企业已掌握了工业机器人操作机的优化设计制造技术，工业机器人控制、驱动系统的硬件设计技术，机器人软件的设计和编程技术，运动学和轨迹规划技术，弧焊、点焊及大型机器人自动生产线 (工作站) 与周边配套设备的开发和制备技术等。某些关键技术已达到或接近国际先进水平。中国工业机器人在世界工业机器人领域已占有一席之地。

搬运机器人属于工业机器人，可进行自动化搬运作业，通常分为两类：

1) 直角坐标机器人

目前，直角坐标机器人在机床加工行业中逐步大量使用，包括数控车床上下料机器人、数控冲床上下料机器人、数控加工中心上下料机器人等。在加工轮毂等大型零件时，负载可达几十公斤。这类加工件数量多，机床几乎要 24h 运行，在欧美等发达国家早已采用机械手来完成自动上料和下料，根据加工零件的形状及加工工艺的不同，采用不同的手爪抓取系统。而完成抓取，搬运和取走过程的运动机构就是大型直角坐标机器人，它们通常具有水平运动轴和上下运动轴。在德国，几乎所有批量加工作业都采用机器人自动上下料。但根据要加工工件的几何形状、加工工艺和工作节拍的不同，所采用的手爪和机器人的型号也有所区别。

2) 物料搬运机器人

搬运机器人在实际工作中就是一个机械手，机械手的发展由于具积极作用正日益为人们所认识：其一，能部分地代替人工操作；其二，能按照生产工艺的要求，遵循一定的程序、时间和位置来完成工件的传送和装卸；其三，能操作必要的机具进行焊接和装配，从而大大改善工人的劳动条件，显著地提高劳动生产率，加快实现工业生产机械化和自动化的步伐。因此，物料搬运机器人受到很多国家的重视，投入大量的人力、物力来研究和应用，尤其是在高温、高压、粉尘、噪音以及带有放射性和污染的场合，物料搬运机器人应用更为广泛。近几年，我国也有较快的发展，并且取得一定的效果，受到机械工业界的重视。机械手的结构形式开始比较简单，专用性较强，随着工业技术的发展，制成了能够独立按程序控制实现重复操作、适用范围比较广的“程序控制通用机械手”，简称通用机械手。由于通用机械手能很快地改变工作程序，适应性较强，所以在不断变换生产品种的中小批量生产中获得广泛的应用。

15.1.3 比赛介绍

通过设计一个小型轮式机器人或人形机器人，模拟工业自动化过程中自动化物流系统的作业过程。机器人在比赛场地内移动，将颜色不同但形状相同的物料分类搬运到设定的目标区域。比赛根据机器人所放置物料的位置精度 (环数) 和数量确定分值，比赛排名由完成时间和比赛记分共同确定。比赛场地使用 (长)2440mm×(宽) 2440mm×(高)20mm 的两块白色实木颗粒板平铺在地板上，并在外围配以 (长) 2440mm×(宽)20mm×(高)200mm 的白色实木颗粒板作为四周的围栏，如图 15-1 所示。

图 15-1 比赛场地

15.2 系统总体设计

智能搬运机器人属于典型的机电控制系统，机器人的结构提供了其组织控制系统的原则性方法，因此采用何种控制结构非常重要，控制结构的优劣直接决定智能搬运机器人的性能。目前，最先进的控制结构为慎思/反应混合系统结构，即三层体系结构——感知层、控制层、执行层 (图 15-2)，这一结构实际上反映了智能搬运机器人的类人特点。

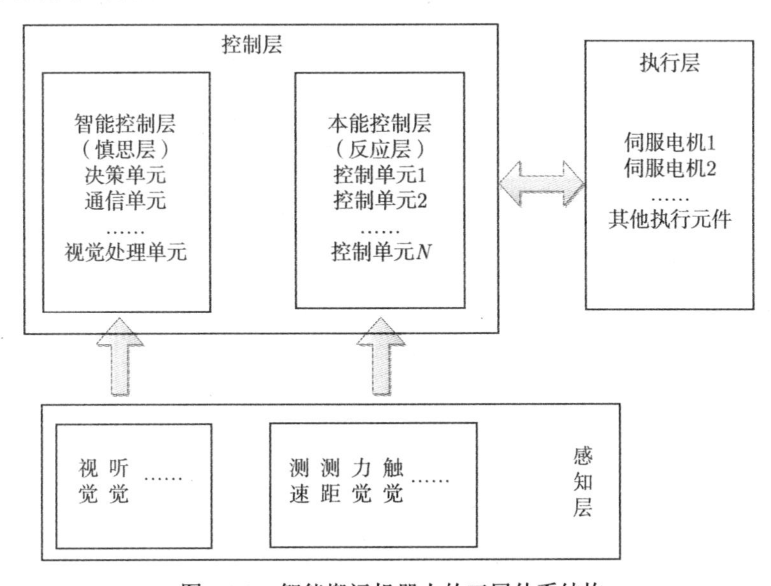

图 15-2 智能搬运机器人的三层体系结构

感知层用于智能移动机器人感知自身及周围环境的信息变化，感知层是智能搬运机器人与外部环境进行互动交流的窗口。控制层对机器人检测到的各种信息进行处理及决策，并发出控制指令给执行层，进而做出相应的反应。按照控制层智能程度的不同，可分为本能控制层和智能控制层。前者反应迅速，主要用于一些基本的或需要紧急处理的动作；而后者则处理相对高级的反应，包括多传感器的信息融合与分析、视觉及语音处理，以及按照任务和目标的不同，主动进行策略分析及思考如何动作和反应等。

按照机器人系统的通用控制结构，本设计的摄像头搬运小车主要由控制系统(控制层)、移动子系统 (执行层)、感知检测系统 (感知层) 3 个部分构建。

控制系统以 K60 和树莓派作为搬运小车的控制核心，树莓派为上位机系统与以 K60 为控制器的运动控制下位机系统进行串口通信，两者之间通过 USB 线连接。移动子系统为整个系统的执行环节，本设计的搬运小车对运动功能要求不高，故采用两轮差动加万向轮支撑方式，这种移动方式实现比较简单、可靠，驱动电机采用 360° 伺服舵机。感知检测系统主要依靠摄像头来反映周围环境的信息变化。

本设计的智能搬运机器人系统将机器视觉与嵌入式系统[5,6]相结合，通过 CCD 摄像头获取场地图像信息，经过图像处理后提取中心线，计算出小车与黑线间的角度偏差，给下层的运动控制模块发送命令来控制小车巡线行驶。同时，当搬运机器人到达物料位置，将采集到的图像经过图像预处理，识别物料的颜色，再将物料分拣、搬运到指定的颜色区域。

15.3 硬件系统设计

15.3.1 控制模块

本设计的智能搬运小车系统将机器视觉与嵌入式系统相结合，以 K60 和树莓派作为搬运小车的控制核心，树莓派系统与以 K60 为控制器的运动控制系统进行串口通信。

15.3.1.1 K60

本设计选用 MK60DX256VLQ10 型控制器。K60 系列 MCU 具有 IEEE1588 以太网、全速和高速 USB2.0 OTG、硬件解码能力和干预发现能力；从带有 256kB Flash 的 100 引脚的 LQFP 封装到 1MB Flash 的 256 引脚的 MAPBGA 封装，具有丰富的电路、通信、定时器和控制外围电路；带有一个可选择的单精度浮点处理单元、NAND 控制单元和 DRAM 控制器。

K60 系列是基于 ARM® Cortex™-M4 处理器，Cortex-M4 提供了无可比拟的功能，将 32 位控制与领先的数字信号处理技术集成来满足需要很高能效级别的市场。Cortex-M4 处理器采用一个扩展的单时钟周期乘法累加 (MAC) 单元、优化的单指令多数据 (SIMD) 指令、饱和运算指令和一个可选单精度浮点单元 (FPU)。这些功能以表现 ARM Cortex-M 系列处理器特征的创新技术为基础。

15.3.1.2 树莓派[7]

Raspberry Pi(树莓派)，是一款基于 ARM 的微型电脑主板，以 SD 卡为内存硬盘，卡片主板周围有 USB 接口和网口，可连接键盘、鼠标和网线，同时拥有视频模拟信号的电视输出接口和 HDMI 高清视频输出接口。以上部件全部整合在一张仅比信用卡稍大的主板上，具备所有 PC 的基本功能，只需接通电视机和键盘就能执行如电子表格、文字处理、玩游戏、播放高清视频等诸多功能。Raspberry Pi B 款只提供电脑板，无内存、电源、键盘、机箱或连线。

下面介绍树莓派的硬件及接口。图 15-3 给出了树莓派主板。

1) CPU 及内存

出于成本的考虑，树莓派所使用的 CPU 是 ARM 架构的。与大多数用户平时使用的 X86 或 AMD64 架构不同。

2) 显示接口

目前，树莓派提供了 3 种显示输出方式：HDMI(高清晰度多媒体接口)、AV 端子以及 DSI 输出。在这 3 种输出方式中，推荐使用 HDMI 输出，因为这是最简单的输出方式，而且显示清晰，没有信号的损失。HDMI(high definition multimedia interface，高清晰度多媒体接口) 是一种全数字化的视频、音频、网络接口技术，所有的数据都直接以数字方式传输，非常适用于传输数字图像。

图 15-3 树莓派主板

3) USB 与 LAN 接口

需要说明的是，树莓派所集成的网络接口技术是由 USB 转换的 10/100MB 网卡，它并不是由专门的网卡芯片控制的，因此，不具备一些如网络的唤醒、远程手机等功能。

4) 其他接口

由于树莓派使用 SD 卡作为硬盘，因此，整个操作系统的读写都是在 SD 卡上完成的。智能搬运小车上的树莓派使用高速的 SD 卡，以获得最大的读写速度。使用时需注意 SD 卡的接口，网络上已经有很多人反映 SD 接口很容易损坏，因此请小心使用。如果安装好后发现系统无法启动，可以尝试重新拔插 SD 卡，以保证连接正常。树莓派支持音频输出，除了使用 HDMI 输出音频，还可以使用自带的 3.5mm 音频输出连接。

树莓派的接口都是通用的接口，所以树莓派的硬件组装比较简单。每种设备接口的形状都是不同的，所以只需将需要的连接设备插入可连接的接口即可。对于具体的连接方式可以参考图 15-4 所给出的连接。

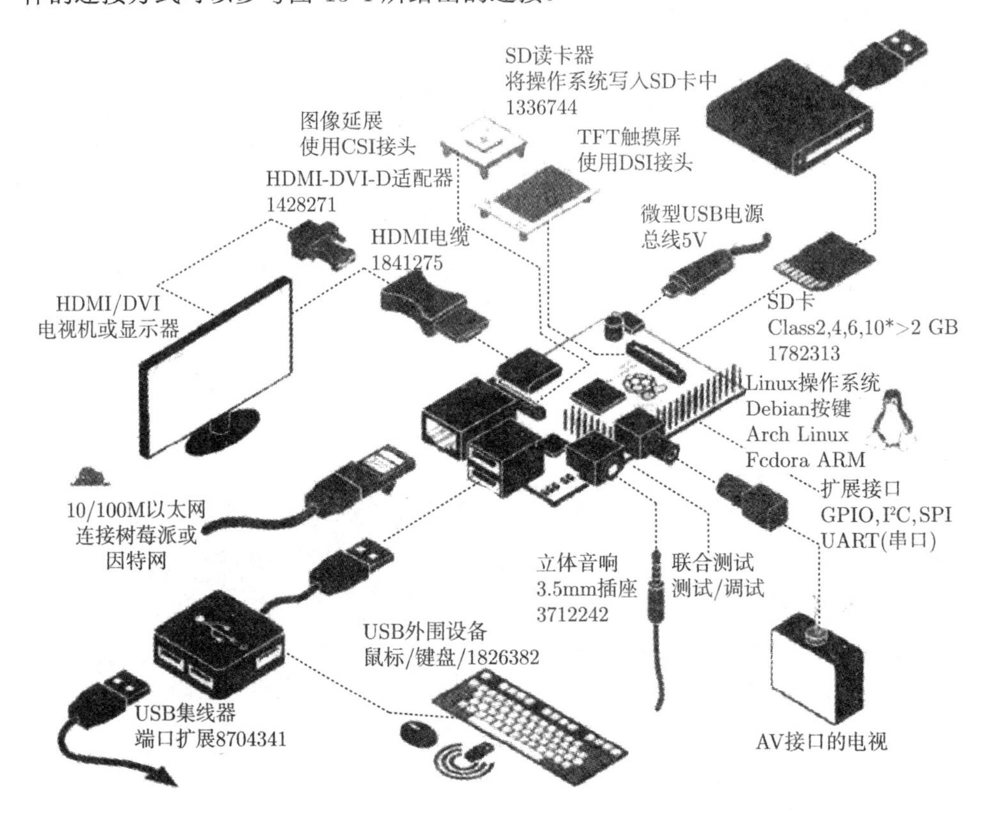

图 15-4　树莓派连接示意图

在设计的智能搬运机器人中，树莓派充当一个上位机的作用，其连接 CMOS 摄像头拍摄图像，依靠基于 OpenCV[8] 的图像处理技术，并通过 USB 线与下层控制板进行通信，发送指令。

15.3.2　电源模块

电源模块对于一个控制系统来说极其重要，关系到整个系统是否能够正常工作，因此在设计控制系统时应选好合适的电源模块。本设计采用 7.4V 2200mA·h 的锂电池供电，单片机系统使用的是 3.3V 的电源，伺服电机工作电压范围为 4~6V(为提高伺服电机的响应速度，采用 6V 供电)。因此，需要电压转换模块进行电压调节，智能搬运小车的电压调节电路示例如图 15-5~图 15-7 所示。

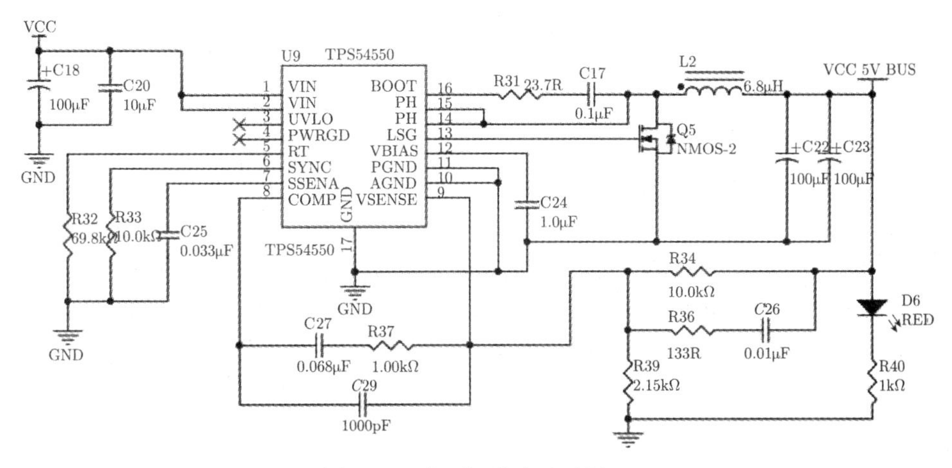

图 15-5 电压调节电路示例 1

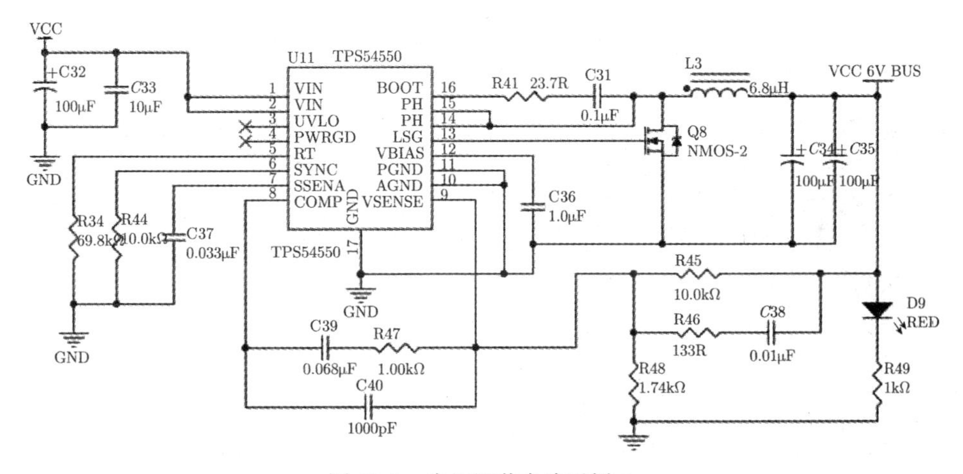

图 15-6 电压调节电路示例 2

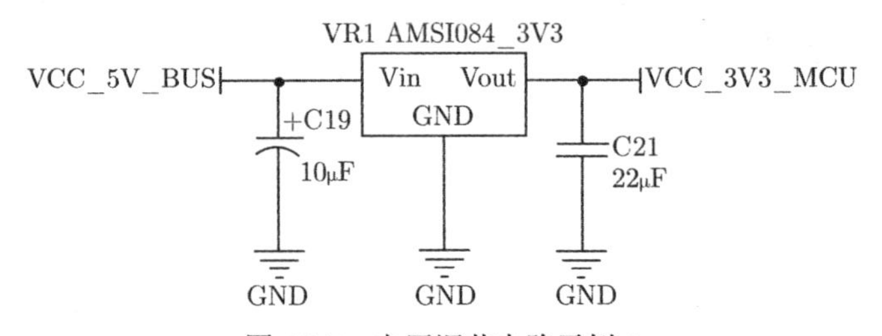

图 15-7 电压调节电路示例 3

图 15-5 中，TPS54550 电压变换器将输入电压转为 5V，方便后续的电压转换。

图 15-6 中，TPS54550 电压变换器将输入电压转为 6V，给伺服舵机供电。AMS1084 将 5V 电压转换成 3.3V，给 K60 供电。

15.3.3　伺服舵机[9]

舵机是一种位置 (角度) 伺服的驱动器，适用于那些需要角度不断变化并可以保持的控制系统。舵机是一种伺服马达，广泛应用于智能小车以实现转向以及机器人的各类关节运动中。

舵机由舵盘、位置反馈电位器、减速齿轮组、直流电机和控制电路组成。减速齿轮组由直流电机驱动，其输出转轴带动一个具有线性比例特性的位置反馈电位器作为位置检测。控制电路[10]根据电位器的反馈电压，与外部输入控制脉冲进行比较，产生纠正脉冲，控制并驱动直流电机正转或反转，使减速齿轮输出的位置与期望值相复合，从而达到精确控制转向角度的目的。其工作流程为：控制信号 → 控制电路板 → 电机转动 → 齿轮组减速 → 舵盘转动 → 位置反馈电位计 → 控制电路板反馈。

控制信号由接收机的通道进入信号调制器，获得直流偏置电压。它内部有一个基准电路，产生周期为 20ms、宽度为 1.5ms 的基准信号，将获得的直流偏置电压与电位器的电压比较，获得电压差输出。最后，电压差的正负输出到电机驱动器，决定电机的正反转。当电机转速一定时，通过级联减速齿轮带动电位器旋转，使得电压差为 0，电机停止转动。

图 15-8　夹取装置

设计的智能搬运小车共用到 6 个伺服舵机。其中取物料尖钩用到 2 个伺服舵机，1 个舵机控制钩取物料，1 个用于调节取物料的方向；夹取物料的左右钩子各用到 1 个舵机；还有 2 个为 360° 舵机，作为搬运机器人的驱动轮。图 15-8 为搬运机器人的夹取装置，用到 4 个伺服舵机。

15.3.4　摄像头

CCD 摄像头具有对比度高、动态特性好的优点，但需要工作在 12V 电压下，对于整个系统来说过于耗电，而且 CCD 体积大、质量大，会抬高车体的重心，对于小车的行驶非常不利。与之相比，COMS 摄像头具有体积小、质量小、功耗低、图像动态特性好等优点，所以选用 COMS 摄像头。

摄像头是整辆车的眼睛，摄像头的安装最重要。摄像头的安装要求摄像头位于整个搬运小车的合适位置，而且高度要适合于图像的采集和处理。采用一个摄像头做图像处理时，巡线与颜色识别的情况达不到预期效果，故采用双摄像头的方法分别进行巡线与识别物块颜色的工作。通过多组对比试验，最后决定采用单杆加两侧滚珠的结构将摄像头固定在搬运小车前端用于巡线，此结构使得整个支架比较简单且摄像头不易抖动，方便调节摄像头的拍摄角度。在小车钢板下面与两轮中间通过单杆固定另一个摄像头用于物块的颜色识别。由于颜色识别的摄像头在小车底部且四周通光不好，光线的强弱对摄像头的颜色识别影响较大，故在小车底部加装 LED 补光灯，使摄像头能更好地颜色识别 (图 15-9)。

图 15-9 摄像头的安装

采用双摄像头的方法很好地解决了摄像头搬运小车最核心的两部分——巡线与物块的颜色识别，相比单摄像头的巡线与颜色识别，其处理效果得到极大的改善。

15.4 系统软件设计

15.4.1 OpenCV

人类离不开图像，70%以上的信息来自视觉。近年来，数字图像处理发展迅速，实用价值高，应用范围极为广泛，现已应用于军事技术、政府部门和医疗卫生等多个领域。数字图像处理研究内容广泛，归纳有如下几个方面：图像数字化、图像压缩、图像增强、图像分析、图像恢复。随着数字图像处理的日益广泛，众多应用于计算机视觉和图像处理的软件包相继被开发出来。大多数软件包基于计算速度的角度考虑，采用 C/C++ 编写。虽然这些软件包对计算机图像处理和计算机视觉的研究提供了很大的便利，但也存在着不足之处：大多数软件包没有高级数学计算函数；MATLAB 虽提供了较为丰富的数学函数，但其运行速度令人担忧；大部分软件包不支持网络服务器结构的应用程序的开发以及绝大多数软件包不支持可嵌入性。

OpenCV 图像处理算法库在 VC++ 编译环境下运行，为数字图像的处理、计算机视觉技术应用提供了极大的方便。它不仅是完全免费的开源软件而且包含非常丰富的各类图像处理及识别的函数。OpenCV 的优点主要体现在以下几个方面。

(1) 跨平台，可移植性好。OpenCV 由跨平台的中、高层 API 构成，能很好地支持 Windows、Linux、Unix 及 Mac OS X 等操作系统，可以在大多数的 C/C++ 编译器下工作。

(2) 独立性好。OpenCV 包含 500 多个函数，不依赖外部库，既可以独立运行，也可以在运行时使用其他外部库。

(3) 源代码公开。开发者可以对源代码进行修改，将自己设计的新类添加到库中，只要设计符合规范，自己的代码也可以被别人广泛使用。

(4) 具备强大的图像和矩阵运算能力。OpenCV 具有丰富的处理函数，可减少开发者的工作量，有效提高开发效率和程序运行的可靠性。

(5) 运行速度快。OpenCV 使用优化了的 C 和 C++ 代码实现，大大提升了计算机的运行速度。

总之，OpenCV 视觉库只需开发人员添加自己编写的程序，直接调用 OpenCV 中的函数即可，这样不仅降低了开发程序的难度，而且缩短了相关程序的开发周期。

OpenCV 采用 BSD 协议，这是一个非常宽松的协议。用户可以修改 OpenCV 的源代码，将 OpenCV 嵌入到自己的软件中，也可以将包含 OpenCV 的软件销售，用于商业产品或科研领域。BSD 协议并不具有 “传染性”，如果用户自己的软件使用了 OpenCV，不需要公开代码，用户可以对 OpenCV 做任何操作，协议对用户的唯一约束是要在软件的文档或者说明中注明使用 OpenCV，并附上 OpenCV 的协议。

在这个宽松协议下，企业可以在 OpenCV 基础上进行产品开发，而不需要担心版权问题 (当然需要注明使用 OpenCV，并附上 OpenCV 的协议)。研究人员可以使用 OpenCV 快速地实现系统原型。OpenCV 的协议保证了计算机视觉技术快速传播，让更多的人从 OpenCV 中受益。

早期的 OpenCV 使用 IplImage 和 CvMat 数据结构表示图。IplImage 和 CvMat 都是 C 语言的结构，使用这两个结构的问题是内存需要手动管理，开发者必须清楚知道何时需要申请内存，何时需要释放内存。这给开发者带来了一定的负担，因此在新版本的 OpenCV 中引入了 Mat 类，能够自动管理内存。使用 Mat 类，不再需要花费大量精力在内存管理上，而且代码会变得很简洁，代码行数会变少。但 C++ 接口唯一的不足是当前一些嵌入式开发系统可能只支持 C 语言，如果用户的开发平台支持 C++，完全没有必要再用 IplImage 和 CvMat。

OpenCV 处理图像包括以下步骤：加载图像、显示图像、处理图像。

(1) 加载图像。不同类型的图像内部结构不同，需要根据图像的结构采用不同的方法将图像文件中的数据读入内存。OpenCV 的 HighGUI 库中提供 cvLoadImage() 函数，可以将图像数据从文件中加载，而且不管加载前图像是什么格式，加载后它返回的都是一个指向 IplImage 结构体的指针，方便后续的处理。

(2) 显示图像。在窗口中显示出加载的图像，主要由 2 个函数完成——cvNamedWindow() 和 cvShowImage()。cvNamedWindow() 是一个高层调用接口，由 HighGUI 库提供，用于在屏幕上创建一个窗口，将被显示的图像包含于该窗口中；cvShowImage() 用于在上述创建的窗口中显示已加载的图像。另外，还有 cvWaitKey() 函数，它可使程序暂停，能让用户很好地观察到图像。

(3) 处理图像。主要运用 OpenCV 中的函数去实现图像处理过程中的一些基本算法，包括彩色转换为灰度、形态学操作、阈值化和边缘提取等。以处理膨胀、腐蚀和开闭运算为例，这些函数能实现消除噪声、分割出独立的图像元素以及在图像中连接相邻的元素。主要包括以下函数：cvCreateStructuringElementEx()，创建结构元素；cvReleaseStructuringElement()，删除结构元素；cvErode()，腐蚀；cvDilate()，膨胀；cvMorphologyEx()，高级形态学变换。

15.4.2 图像预处理[11]

一般情况下，摄像头获取的原始图像由于种种条件限制和随机干扰，往往不能在视觉系统中直接使用，必须在视觉信息处理的早期阶段对原始图像进行灰度校正、噪声过滤等图像预处理，对机器视觉系统来说，所用的图像预处理方法并不考虑图像降质原因，只将图像中感兴趣的特征有选择地突出，衰减其不需要的特征。

15.4.2.1 灰度化与二值化

灰度是指只含亮度信息，不含色彩信息的图像。黑白照片就是灰度图，特点是亮度由暗到明，变化是连续的。做图像处理时一般先将彩色图灰度化转换成灰度图。

图像的二值化[12]是将图像上的像素点的灰度值设置为 0 或 255，也就是将整个图像呈现出明显的黑白效果。将 256 个亮度等级的灰度图像通过适当的阈值选取而获得仍然可以反映图像整体和局部特征的二值化图像。在数字图像处理中，二值化图像占有非常重要的地位。首先，图像的二值化有利于图像的进一步处理，使图像变得简单，而且减小数据量，能凸显出感兴趣的目标的轮廓；其次，要进行二值化图像的处理与分析，首先要把灰度图像二值化，得到二值化图像。所有灰度大于或等于阈值的像素被判定为属于特定物体，其灰度值用 255 表示，否则这些像素点被排除在物体区域以外，灰度值为 0，表示背景或者例外的物体区域。

15.4.2.2　中值滤波

在很多情况下，使用邻域像素的非线性滤波也许会得到更好的效果，比如在噪声是散粒噪声而不是高斯噪声，即图像偶尔会出现很大的值时。在这种情况下，用高斯滤波器对图像进行模糊，噪声像素不会被去除，只是转换为更为柔和但仍然可见的散粒。

中值滤波 (median filter) 是一种典型的非线性滤波技术，其基本思想是用像素点邻域灰度值的中值来代替该像素点的灰度值，该方法在去除脉冲噪声、椒盐噪声 (salt-and-pepper noise) 的同时又能保留图像边缘细节。中值滤波是基于排序统计理论的一种能有效抑制噪声的非线性信号处理技术，其基本原理是把数字图像或数字序列中一点的值用该点的一个邻域中各点值的中值代替，让周围的像素值接近真实值，从而消除孤立的噪声点，对于斑点噪声 (speckle noise) 和椒盐噪声来说尤为有用，因为它不依赖于邻域内那些与典型值差别很大的值。中值滤波器在处理连续图像窗函数时与线性滤波器的工作方式类似，但滤波过程却不再是加权运算。中值滤波在一定的条件下可以克服常见线性滤波器 (如最小均方滤波、方框滤波器、均值滤波等) 带来的图像细节模糊，而且对滤除脉冲干扰及图像扫描噪声非常有效，也常用于保护边缘信息，保存边缘的特性使其在不希望出现边缘模糊的场合也很有用，是非常经典的平滑噪声处理方法。

15.4.2.3　腐蚀膨胀算法

数学形态学 (mathematical morphology) 是一门建立在格论和拓扑学基础上的图像分析学科，是数学形态学图像处理的基本理论。其基本的运算包括：二值腐蚀和膨胀、二值开闭运算、骨架抽取、极限腐蚀、击中击不中变换、形态学梯度、Top-hat 变换、颗粒分析、流域变换、灰值腐蚀和膨胀、灰值开闭运算、灰值形态学梯度等。

腐蚀[13]、膨胀是图像形态学比较常见的处理。腐蚀运算常用于消除物体边界点，可以把小于结构元素的物体去掉。膨胀运算常用于填补图像分割后物体内部的空洞。利用膨胀、腐蚀运算滤除噪声都有缺点，即在去除噪声点的同时，对图像中的前景物体也有影响，膨胀运算会使物体边界扩大，而腐蚀运算会消融物体的边界。

开运算是先腐蚀后膨胀的过程，可用来使图像的轮廓变得光滑，还能使狭窄的连接断开和消除细毛刺，与单独利用膨胀或腐蚀运算不同的是开运算并不会对物体形状、轮廓造成明显的影响。

因此，巡线过程中采用开运算对二值化后的采集图像进行形态学滤波，所用的结构元素是 10×10 正方形结构。

15.4.2.4 颜色空间模型转换[14]

可见光的波长有一定的范围，但在处理颜色时并不需要将每一种波长的颜色都单独表示，因为自然界中所有的颜色都可以用红、绿、蓝这三种颜色波长的不同强度组合得到，这就是人们常说的三基色原理。这三种基色也称为添加色 (additive colors)，这是因为当把不同光的波长加到一起时，得到的将会是更加明亮的颜色。把三种基色交互重叠，就产生次混合色：青 (cyan)、品红 (magenta)、黄 (yellow)。这同时也引出了互补色 (complement colors) 的概念。基色和次混合色是彼此的互补色，即彼此之间最不一样的颜色。例如，青色由蓝色和绿色构成，而红色是其缺少的一种颜色，因此青色和红色构成了彼此的互补色。在数字视频中，对三基色各进行 8 位编码就构成了大约 1677 万种颜色，这就是常说的真彩色。

通常所看到物体的颜色，实际上是物体表面吸收了照射到它上面的白光 (日光) 中的一部分有色成分，而反射出的另一部分有色光在人眼中的反应。任何一种颜色都可以用三种基本颜色按照不同的比例混合得到。

表 15-1 列出了常用的基本颜色的 RGB 值。

表 15-1 常用基本颜色的 RGB 值

颜色名称	红色值 Red	绿色值 Green	蓝色值 Blue
黑色	0	0	0
蓝色	0	0	255
绿色	0	255	0
青色	0	255	255
红色	255	0	0
品红色	255	0	255
黄色	255	255	0
白色	255	255	255

RGB 颜色模型如图 15-10 所示，在这个颜色模型中，3 个轴分别为 R(红)、G(绿)、B(蓝)。原点对应为黑色 (0, 0, 0)，离原点最远的顶点对应白色 (255, 255, 255)。由黑到白的灰度分布在从原点到最远顶点间的连线上，正方体的其他 6 个角点分别为红、黄、绿、青、蓝和品红。需要注意的是，RGB 颜色模型所覆盖的颜色域取决于显示设备光电的颜色特性。每一种颜色都有唯一的 RGB 值与其对应。

HSV(hue, saturation, value) 是根据颜色的直观特性由 A. R. Smith 在 1978 年创建的一种颜色空间，也称六角锥体模型 (hexcone model)。这个模型中颜色的参数分别是：色调 (H)、饱和度 (S)、亮度 (V)。

色调 H 表示色彩信息，即所处的光谱颜色的位置。该参数用一角度来表示，取值范围为 $0^\circ \sim 360^\circ$，从红色开始按逆时针方向计算，红色为 0°，绿色为 120°，蓝色为 240°；它们的补色：黄色为 60°，青色为 180°，品红为 300°。

饱和度 S 取值范围为 0~1，表示为所选颜色的纯度和该颜色最大的纯度之间的比率，值越大，颜色越饱和。

亮度 V 表示色彩的明亮程度，取值范围为 0~1。它和光强度之间并没有直接的联系。

HSV 模型的三维表示从 RGB 立方体演化而来 (图 15-11)。设想从 RGB 沿立方体对角线的白色顶点向黑色顶点观察，就可以看到立方体的六边形外形，六边形边界表示色彩，水平轴表示纯度，明度沿垂直轴测量。

在图像处理中，最常用的颜色空间是 RGB 模型，常用于颜色显示和图像处理，三维坐标的模型形式容易理解。而 HSV 模型是针对用户观感的一种颜色模型，侧重于色彩表示什么颜色、深浅如何、明暗如何。HSV 空间直接对应于人眼色彩视觉特征的三要素 (亮度、色彩和饱和度)，与 RGB 模型相比，其更接近人们的经验和对彩色的感知。

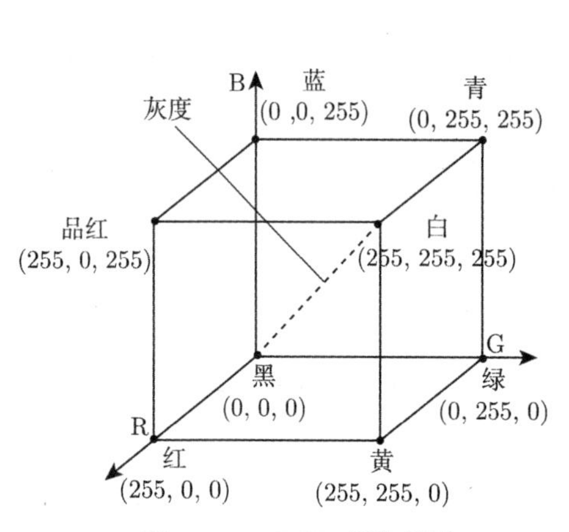

图 15-10　RGB 颜色模型

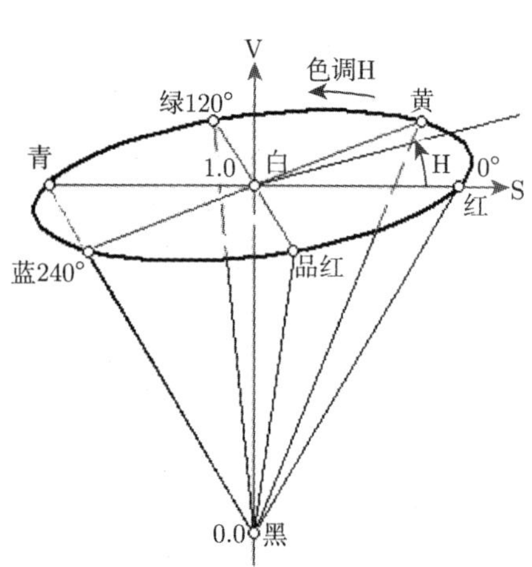

图 15-11　HSV 颜色空间模型

由 RGB 到 HSV 的转换:

$$
H = \begin{cases}
0, & \text{MAX} = \text{MIN} \\
\dfrac{G - B}{\text{MAX} - \text{MIN}} \times 60^\circ, & \text{MAX} = R\&G \geqslant B \\
\left(6 + \dfrac{G - B}{\text{MAX} - \text{MIN}}\right) \times 60^\circ, & \text{MAX} = R\&G < B \\
\left(2 + \dfrac{B - R}{\text{MAX} - \text{MIN}}\right) \times 60^\circ, & \text{MAX} = G \\
\left(4 + \dfrac{R - G}{\text{MAX} - \text{MIN}}\right) \times 60^\circ, & \text{MAX} = B
\end{cases}
$$

$$
S = \begin{cases} 0, & MAX = 0 \\ \dfrac{MAX - MIN}{MAX}, & \text{其他} \end{cases}
$$

$$
V = MAX
$$

式中，MAX，MIN 分别为 R，G，B 中的最大值和最小值；H 为色调；S 为饱和度；V 为亮度。

HSV 在用于指定颜色识别时，有比较大的作用。H 和 S 分量代表色彩信息，用 H 和 S 分量表示颜色距离，颜色距离指两种颜色之间的数值差异。对于不同的彩色区域，混合 H 与 S 变量，划定阈值，即可进行简单识别。智能搬运小车对物料的颜色识别是通过在 HSV 颜色空间模型下给 H 与 S 变量划定阈值来实现的。

15.5 系统开发与调试

底层程序开发在 IAR Embedded Workbench IDE 下进行，Embedded Workbench for ARM 是 IAR Systems 公司为 ARM 微处理器开发的一个集成开发环境(简称 IAR EWARM)。比较其他的 ARM 开发环境，IAR EWARM 具有入门容易、使用方便和代码紧凑等特点。

EWARM 中包含一个全软件的模拟程序 (simulator)。用户不需要任何硬件支持就可以模拟各种 ARM 内核、外部设备甚至中断的软件运行环境。从中可以了解和评估 IAR EWARM 的功能和使用方法。

底层控制系统以飞思卡尔 K60 作为主控芯片，底层程序初始化小车各舵机的状态，并与上层树莓派的串口通信。而装有 Linux 的树莓派，和普通计算机一样，所有操作都可以通过电脑的远程登录完成。通过 SSH 可以操作树莓派的命令行。

PuTTY 是一个 telnet、SSH、rlogin、纯 TCP 以及串行接口连接的软件。较早的版本仅支持 Windows 平台，在最近的版本中开始支持各类 Unix 平台，并打算移植至 Mac OS X 上。除了官方版本外，有许多第三方的团体或个人将 PuTTY 移植到其他平台上，例如以 Symbian 为基础的移动电话。PuTTY 为一开放源代码软件，主要由 Simon Tatham 维护，使用 MIT licence 授权。随着 Linux 在服务器端应用的普及，Linux 系统管理越来越依赖于远程。在各种远程登录工具中，PuTTY 是出色的工具之一。PuTTY 是一个免费的、Windows 32 平台下的 telnet、rlogin 和 SSH 客户端，但是功能丝毫不逊色于商业的 telnet 类工具。目前最新的版本为 0.63，其主要优点有完全免费、在 Windows 9x/NT/2000 下运行良好、全面支持 SSH1 和 SSH2、无需安装 (下载后在桌面建个快捷方式即可)、体积很小 (仅 472KB(0.62 版本))、操作简单 (所有的操作都在一个控制面板中实现) 等。同时它还支持 IPv6 连接，可以控制 SSH 连接时加密协定的种类、自带 SSH Forwarding 的功能，包括

X11 Forwarding、完全模拟 xterm、VT102 及 ECMA-48 终端机的能力，并且支持公钥认证。

通过 PuTTY，可远程登录操作树莓派，其操作步骤如下：

(1) 打开 putty.exe，输入树莓派 IP 地址以及端口，选择 SSH，点击 “open” (图 15-12)。

(2) 显示如下界面，输入用户名和密码 (图 15-13)。

(3) 通过一些常用的基本指令就可以远程操作树莓派。

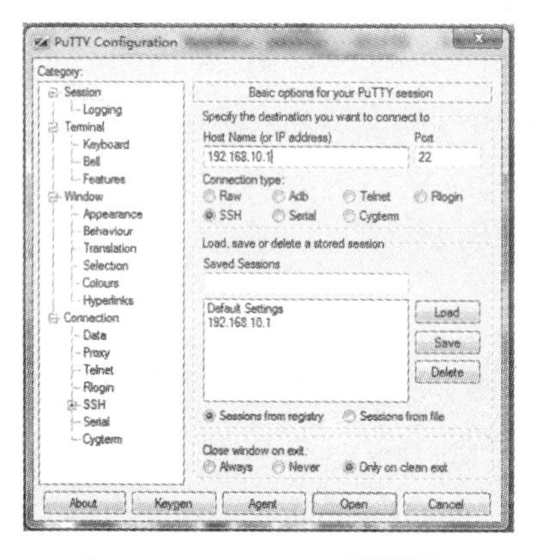

图 15-12　PuTTY 配置图

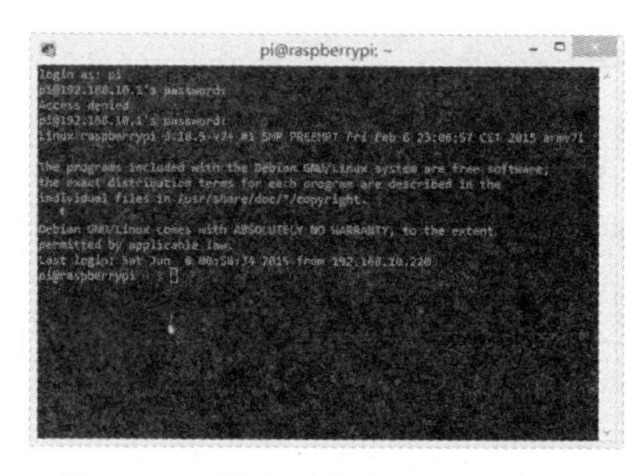

图 15-13　输入用户名和密码界面

图 15-14　网络配置图

在使用 PuTTY 时，还需配合 FileZilla 软件对树莓派进行操作。FileZilla 是一个免费开源的 FTP 软件，分为客户端版本和服务器版本，具备所有的 FTP 软件功能。可控的、有条理的界面和管理多站点的简化方式使得 FileZilla 客户端版本成为一个方便高效的 FTP 客户端工具，而 FileZilla Server 则是一个小巧并且可靠的支持 FTP&SFTP 的 FTP 服务器软件。

FileZilla 是一种快速、可信赖的 FTP 客户端以及服务器端开放源代码程式，具有多种特色、直接的接口。其操作步骤如下：

(1) 首先配置好网络，选择好事先设置的无线，然后通过无线连接至树莓派服务器 (图 15-14)。

(2) 打开 FileZilla Client，然后填写主机地址、用户名、密码和端口即可连接成功 (图 15-15)。

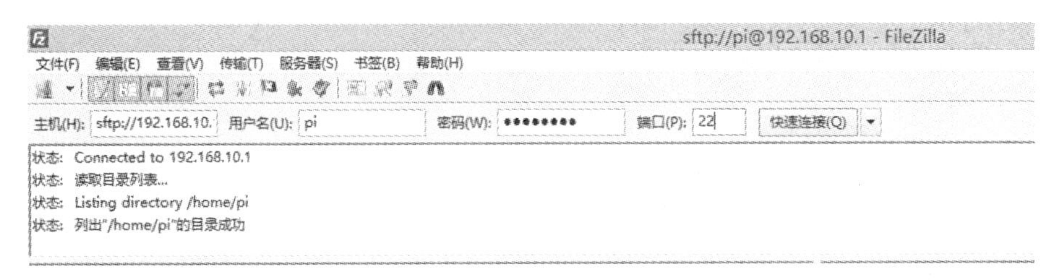

图 15-15 FileZilla Client 连接界面

(3) 本机地址指的是服务器 IP 地址，用户名和密码可以在服务器上修改。

(4) 客户端连接成功后，就可以在树莓派与 PC 之间进行文件的上传与删除。

从整个调试过程看，第一阶段进行搬运小车的初始测试，主要是一些基本动作，比如前进、后退、角度转弯、夹取物料的测试；第二阶段根据摄像头采集的图像，经过图像处理后进行直线巡线行驶；第三阶段进行颜色识别，通过摄像头对物料区的物料进行识别，将物块根据颜色放置到对应位置，然后分步骤组合以得到整套完整的程序，从而完成整个系统的开发调试。

参 考 文 献

[1] 王可, 黄晓华. 基于 ARM Cortex 的视觉导航 AGV 双核控制器设计. 机电工程, 2013, 30(10): 1284-1287.

[2] 尚玉全, 曾云, 滕涛, 等. CMOS 图像传感器及其研究. 半导体技术, 2004, 29(5): 19-24.

[3] 熊建国. 工业机器人的应用和发展趋势. 才智, 2009, (1): 166-169.

[4] 邵贝贝. 单片机嵌入式应用的在线开发方法. 北京: 清华大学出版社, 2004: 20-100.

[5] 王宜怀, 吴瑾, 蒋银珍. 嵌入式系统原理与实践. 北京: 电子工业出版社, 2012.

[6] 张琳琳, 段中兴. 基于嵌入式的移动机器人导航算法研究. 工业控制计算机, 2010, 23(6): 65-66.

[7] 王江伟, 刘青. 玩转树莓派 Raspberry Pi. 北京: 北京航空航天大学出版社, 2013.

[8] Robert Laganiere. OpenCV 2 计算机视觉编程手册. 北京: 科学出版社, 2013.

[9] Gunpole. 舵机知识汇总. 果壳网. 2011

[10] 伺服电机的调试方法. 电气自动化技术网. 2012

[11] 朱志刚, 林学. 数字图像处理. 北京: 电子工业出版社, 2002: 204-206.

[12] 孙兴华, 郭丽. 数字图像处理——编程框架、理论分析、实例应用和源码实现. 北京: 机械工业出版社, 2012.

[13] 张海山, 李伟. 视频采集与处理方法. 河北理工学院学报, 2007, 29(1): 76-77.

[13] 谭建豪, 章兢, 王孟君, 等. 数字图像处理与移动机器人路径规划. 武汉: 华中科技大学出版社, 2013.

第 16 章　摄像头搬运小车III*

给出2016 中国工程机器人大赛暨国际公开赛智能搬运组摄像头搬运小车系统设计方案。该系统以 32 位单片机 Cortex-M4 内核处理器 MK60 为系统控制处理器，采用基于摄像头的图像采样模块获取场地图像信息，通过图像识别提取场地黑线，识别当前所处位置，使用 L298N 双电机驱动。通过颜色传感器 TCS3200 对物块进行颜色识别，以物块颜色作为判断依据用机械臂对物块进行抓取。调试过程中应用 IAR Embedded Workbench for ARM(ZAR EWARM) 软件对程序进行调试。给出搬运小车的机械结构和调整方法，小车电机驱动模块、电源模块、传感器模块的设计、参数和有关测试，图像采样模块的摄像头工作机制以及安装选型等。除智能车系统本身的介绍外，还详细论述该系统开发过程中所用到的开发工具、软件以及各种调试、测试方法。

16.1　大赛简介及设计思路

智能小车系统涵盖了机械、电子、电气、传感、计算机、自动化控制等多方面知识，一定程度上反映了高校学生的科研水平。本节将详细阐述智能车系统的研究背景和总体设计思路。

16.1.1　中国工程机器人大赛暨国际公开赛的意义

中国工程机器人大赛暨国际公开赛是为了培养大学生的实践创新能力和团队精神而开展的。

竞赛以“加速机器人教育普及、推进机器人竞赛活动、引领机器人科技创新、促进机器人产业发展”为核心理念，旨在促进高等学校素质教育，培养大学生的综合知识运用能力、基本工程实践能力和创新意识，激发大学生从事科学研究与探索的兴趣和潜能，倡导理论联系实际、求真务实的学风和团队协作的人文精神，为优秀人才的脱颖而出创造条件。大赛是以机器人为竞赛平台的多学科交叉的创意性科技竞赛，是面向全国大学生的一项具有探索性的工程实践活动，涵盖了控制、模式识别、传感技术、电子、电气、计算机、机械等多个领域。

* 队伍名称：中国矿业大学崩坏的机器人队，参赛队员：董垚、严勐、刘一凡；带队教师：王冠军

16.1.2 系统总体设计思路

根据竞赛规定，本系统使用飞思卡尔公司的 MK60 单片机为核心控制器，通过蓝宙捕食者摄像头拍摄场地图像，来获得搬运小车前方场地的道路信息，经过单片机处理后，控制车体的移动方向，使用 TCS3200 颜色传感器判断物块颜色，用机械臂对物块进行抓取[1]。本着稳定、简单、高效的设计原则，将搬运小车不断改进，使其具有以下特点：

(1) 机械方面。采用单碳素杆支架，并降低摄像头位置，以降低重心。

(2) 硬件方面。在保证稳定性的前提下，尽量减小电路板面积；调整摄像头高度保证能提取到完整的黑线。

16.2 摄像头搬运小车整体设计

16.2.1 路径识别的方案设计论证

16.2.1.1 摄像头选择

由于车体的控制方法都是基于对场地黑线的准确提取与判断，所以，对外界信息采集的唯一入口——摄像头传感器的选择就显得尤为重要。本设计所选用的摄像头为蓝宙捕食者摄像头。与 CCD 相比，CMOS 数字摄像头的硬件电路相对简单，具有工作电压低、电流小、功耗小、工作稳定等优势。蓝宙捕食者摄像头 (数字版) 是一款彩色 CMOS 型图像采集集成电路，提供高性能的单一小体积封装。其分辨率可以达到 652×582，传输速率可以达到 60 帧，具有自动增益和自动白平衡控制功能，能进行亮度、对比度、饱和度、γ 校正等多种调节功能。表 16-1 给出摄像头各引脚定义情况。

表 16-1 摄像头引脚定义

序号	引脚	说明	序号	引脚	说明
1	AGND	模拟地	7	VSY	场同步输出
2	3V3	直流 3.3V 输入	8	FOOD	奇数场标志
3	SDA	I^2C 串行数据	9	DGND	数字地
4	SCL	I^2C 串行时钟输入	10	VTO	视频模拟输出
5	HREF	行同步输出	11~18	Y0~Y7	总线数字输出
6	PCLK	像素时钟输出	19，20	NC	预留

16.2.1.2 摄像头采集方式

首先开启摄像的场中断，然后开启行中断。在行中断中允许 DMA 通道触发。当采集行等于要采集的行数时，就用 DMA 对改行数据进行搬移。一场数据完毕，重新清除 DMA 通道。在主函数进行图像数据发送到上位机的过程。

16.2.1.3　摄像头硬件连接图

摄像头的硬件转接板如图 16-1 所示。

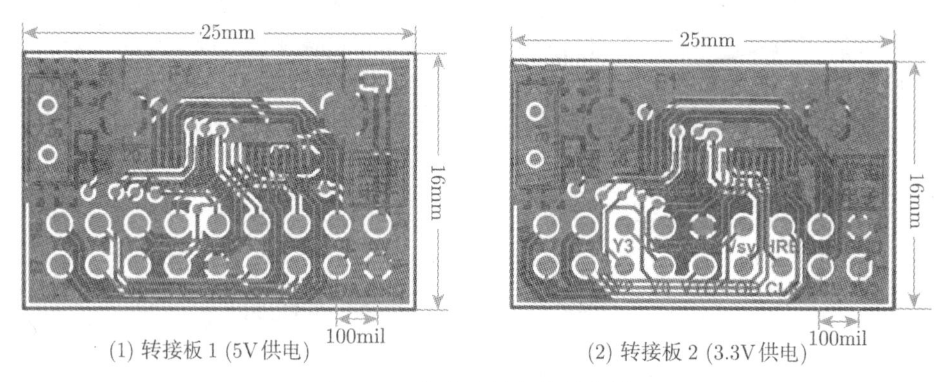

(1) 转接板 1 (5V 供电)　　(2) 转接板 2 (3.3V 供电)

图 16-1　摄像头的硬件转接板

1mil=1/1000in=0.0254mm

16.2.2　MK60 最小系统板

本系统采用 MK60 芯片作为主控制器，具有体积小、性能稳定的特点。MK60 系列微控制器具有 IEEE 1558 以太网、全速和高速 USB 2.0 On-the-Go 带设备充电探测、硬件加密以及防篡改探测能力，具有丰富的模拟、通信、定时和控制外设，从 100LQFP 封装 256KB 闪存开始可扩展到 256MAPBGA 1MB 内存。

16.2.3　搬运小车主板设计

搬运小车采用串联电池进行供电，由于需要进行电源分压，所以通过万用板 (图 16-2) 对电压进行分压处理，将 9V 电源分至双电机驱动模块、单片机模块、舵机模块。摄像头电路连接至 MK60 控制器。考虑到搬运小车的整体布局，将万用板放在车的后面，用 M3 铜柱将电源模块、控制模块架在车的后端，将摄像头和机械臂连接在车的前端。利用 M3 铜柱通过自主打孔将电路板、元器件、母板架起，形成稳定的结构，使距电池的距离在合理范围内，避免电池过热对主板带来影响。图 16-2 为万用板实物图。

图 16-2　万用板

16.2.4 系统硬件结构设计

智能车的最终设计目的是搬运小车能够自动寻迹并完成物块搬运，所以在硬件设计中需要解决这两大关键问题。

为了实现自动寻迹，选用蓝宙捕食者摄像头来获取道路图像，通过将模拟信号转换为数字信号，由采集的图像来获取道路信息，实现小车的行驶策略。

小车要行驶，动力机构必不可少，因此，选用 L298N 型直流驱动电机，双电机驱动模式，通过 IAR 编写驱动程序控制电机驱动。

为了实现物块搬运，采用 TCS3200 型颜色传感器对物块的颜色进行判断和识别，通过摄像头采集的图像来判断与物块间的距离，用舵机控制机械臂的张开和闭合来对物块进行抓取[2]。

解决了自动寻迹和物块搬运两大关键问题后，还需要考虑实现这两大问题的辅助电路，如电源电路等，这些模块也是不可或缺的。本设计的电源是采用 3 节 18650 型锂电池组成的电池组 (充满时接近 12V) 供电，试验时用 6 节 5 号电池共 9V 供电。

经过这样的整合，一台智能搬运车的硬件系统就设计完成了。本系统采用 2 台直流电机控制四轮的驱动，搬运小车系统硬件装配图如图 16-3 所示。

图 16-3 搬运小车系统硬件装配图

16.3　摄像头搬运小车硬件设计

16.3.1　电源模块

电源由 3 节 18650 电池组 (充满时接近 12V) 进行供电，试验时用 6 节 5 号电池共 9V 供电 (图 16-4)。电池标准电压输入，多路电压输出，保证各系统供电的要求。电源加入开关，方便调试，输入端利用 MOS 管实现防反接功能，并且实现了舵机精密伺服器的供电保障：输入欠压保护，输出过压、欠压检测，输出短路保护，提供各个供电系统的供电效率。

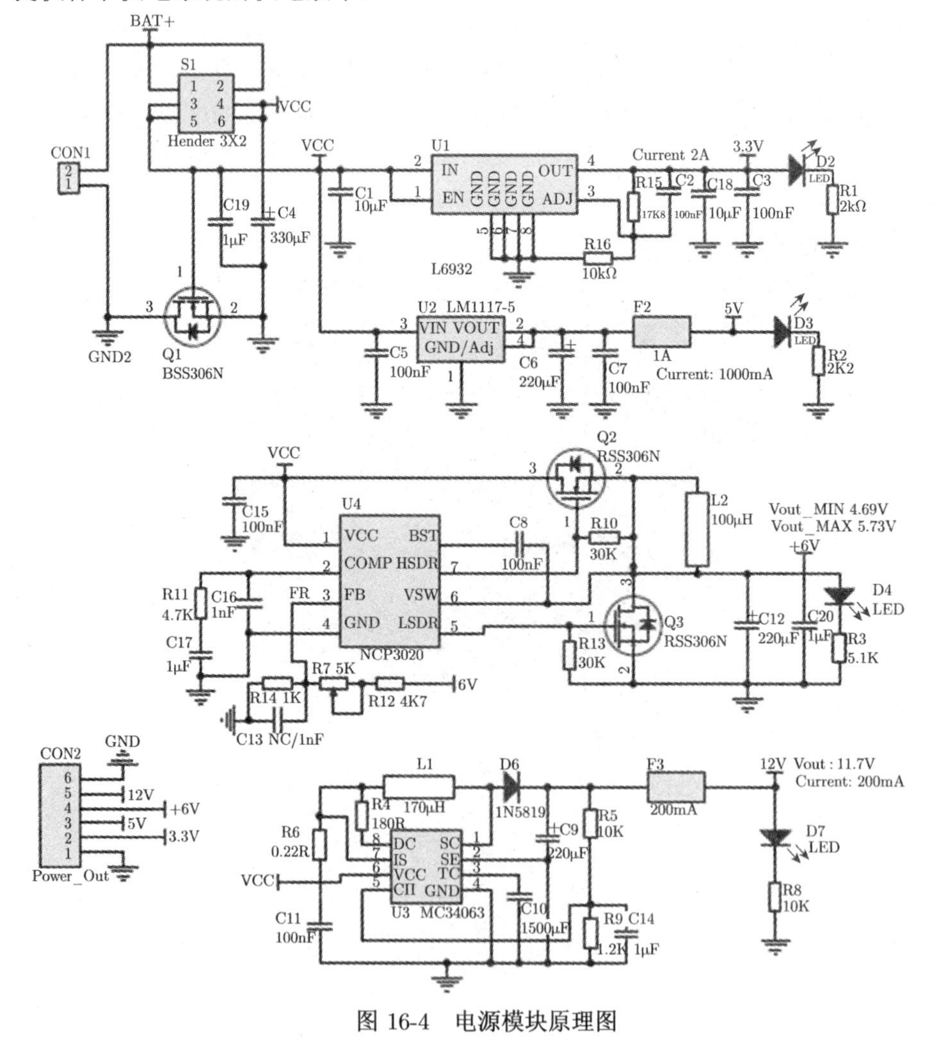

图 16-4　电源模块原理图

16.3.2　电机驱动模块

L298N 是一种高电压、大电流电机驱动器 (图 16-5)，采用 15 引脚封装，主要特点是：工作电压高，最高工作电压可达 46V；输出电流大，瞬间峰值电流可达 3A，持续工作电流为 2A；额定功率 25W。内含两个 H 桥的高电压、大电流全桥式驱动器，可以用来驱动直流电机和步进电机、继电器线圈等感性负载；采用标准逻辑电平信号控制；具有两个使能控制端，在不受输入信号影响的情况下允许或禁止器件工作有一个逻辑电源输入端，使内部逻辑电路部分在低电压下工作；可以外接检测电阻，将变化量反馈给控制电路。使用 L298N 型驱动电机器件，该器件可以驱动一台两相步进电机或四相步进电机，也可以驱动两台直流电机。

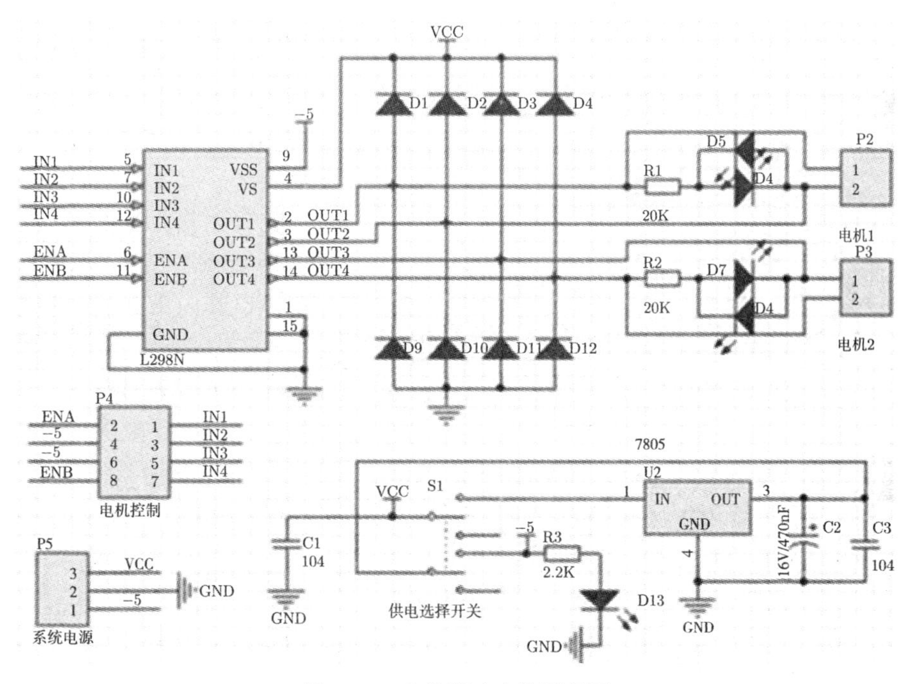

图 16-5　电机驱动电路原理图

16.3.3　TCS3200 颜色传感器模块

TCS3200 是一款可编程的彩色光到频率的转换器，它把可配置的硅光电二极管与电流频率转换器集成在一个单一的 CMOS 电路上，同时在单一芯片上集成了红、绿、蓝 3 种滤光器，并具有数字兼容接口，输出信号为数字量，可以驱动标准的 TTL 或 CMOS 逻辑输入，可直接与微处理器或其他逻辑电路相连接，由于输出的是数字量，并且能够实现每个彩色信道 10 位以上的转换精度，因而不再需要 A/D 转换电路，使电路变得更简单。

TCS3200 颜色识别程序代码请登陆中国工程机器人大赛暨国际公开赛网站下载获取，具体链接地址为：http://robotmatch.cn/upload/files/2017/5/12103919687.txt。

16.3.4　机械臂舵机模块

基于单片机的舵机控制具有简单、精度高、成本低、体积小的特点，并可根据不同的舵机数量加以灵活应用。

在机器人机电控制系统中，舵机控制效果是影响性能好坏的重要因素。舵机可以在微机电系统和航模中作为基本的输出执行机构，其简单的控制和输出使得单片机系统非常容易与其连接。

舵机是一种位置伺服的驱动器，适用于那些需要角度不断变化并可以保持的控制系统。其工作原理是：控制信号由接收机的通道进入信号调制器，获得直流偏置电压。其内部有一个基准电路，产生周期为 20ms，宽度为 1.5ms 的基准信号，将获得的直流偏置电压与电位器的电压比较，获得电压差输出。最后，电压差的正负输出到电机驱动器决定电机的正反转。当电机转速一定时，通过级联减速齿轮带动电位器旋转，使得电压差为 0，电机停止转动。舵机的控制要求如图 16-6 所示。

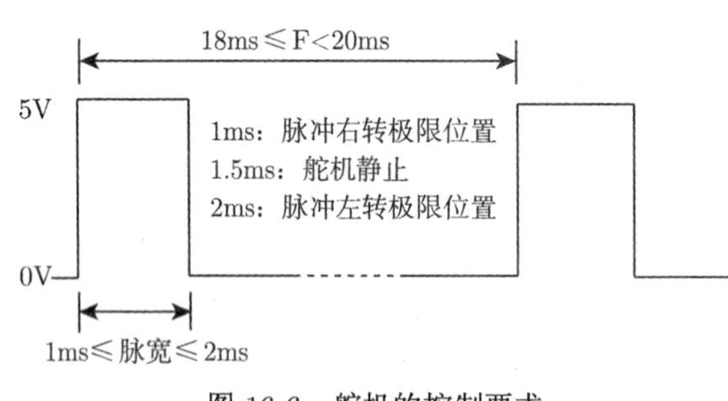

图 16-6　舵机的控制要求

16.4　摄像头搬运小车软件设计

16.4.1　软件系统概述

智能车之所以“智能”，是体现在自动寻迹能力上，而实现其智能的，正是软件系统。可以说，硬件系统是智能车的躯干，而软件系统则是其灵魂。在硬件布局合理的情况下，软件系统发挥出的能效更是大于硬件系统。

对于利用摄像头采集道路信息的智能小车，软件系统更为重要。其中涉及难度较高的黑线提取算法、图像干扰滤波算法[3]等。整个软件系统可以分为以下模块：

(1) 图像采集模块。首先开启摄像的场中断，然后开启行中断。在行中断中允许 DMA 通道触发。当采集行等于要采集的行数时，就用 DMA 对改行数据进行搬移。一场数据完毕，重新清除 DMA 通道。在主函数进行图像数据的发送到上位机的过程。

(2) 黑线提取算法。这是摄像头组的关键问题，黑线提取的效果，决定着智能小车的命运。由于采集过程或者场地周边色块的影响，对于算法的要求较高，既要尽可能提高前瞻性，又要滤掉干扰。因此，本系统采用二值法提取黑线。

(3) 道路识别算法。仅仅把黑线提取出来是不够的，还需要根据黑线识别出道路的信息，识别的准确性决定着小车的控制策略。本系统采用有效行的方法来判断小车行驶的路径。

(4) 电机驱动模块。电机的驱动是由微控制器产生 PWM 波形驱动电机驱动电路来实现的。为了实现电机闭环控制，加入了经典的 PID 算法。

(5) 上位机。

16.4.2 PID 算法

在过程控制中，按偏差的比例 (P)、积分 (I) 和微分 (D) 进行控制的 PID 控制器 (亦称 PID 调节器) 是应用最为广泛的一种自动控制器，具有原理简单、易于实现、适用面广、控制参数相互独立、参数的选定简单等优点；而且在理论上可以证明，对于过程控制的典型对象——“一阶滞后＋纯滞后” 与 “二阶滞后＋纯滞后” 的控制对象，PID 控制器是一种最优控制。PID 调节规律是连续系统动态品质校正的一种有效方法，它的参数整定方式简便，结构改变灵活。

传统 PID 的算法公式

$$\Delta U(n)=K_{\mathrm{p}}[e(n)-e(n-1)]+K_{\mathrm{i}}e(n)+K_{\mathrm{d}}[e(n)-2e(n-1)+e(n-2)]$$

$$U(n)=\Delta U(n)+U(n-1)$$

式中，$e(n)$、$e(n-1)$、$e(n-2)$ 是历史上的 3 个设定值跟过程值之间的偏差。这是一个增量式的 PID 算式。本系统采用这种模式来进行舵机转向和电机的控制。

1) 比例控制

对偏差进行控制，一旦产生偏差，控制器立即发生作用，即调节控制输出，使被控量朝着减小偏差的方向变化，偏差减小的速度取决于比例系数 K_{p}，K_{p} 越大偏差减小得越快，但是很容易引起振荡，尤其是在迟滞环节比较大的情况下；K_{p} 减小，发生振荡的可能性减小，但是调节速度变慢。单纯的比例控制存在静差不能消除的缺点，这就需要积分控制。

2) 积分控制

积分控制实质上就是对偏差累积进行控制，直至偏差为零。积分控制作用始终施加指向给定值的作用力，有利于消除偏差，其效果不仅与偏差大小有关，而且还与偏差持续的时间有关。简单来说就是把偏差积累起来进行运算。

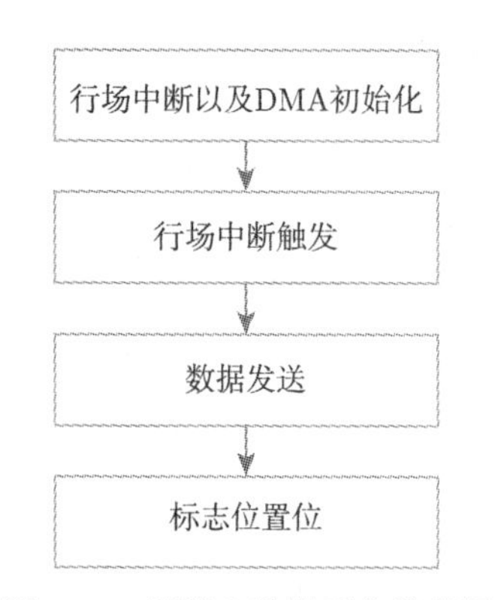

图 16-7　摄像头数据采集流程图

3) 微分控制

微分控制能根据偏差的变化趋势进行控制，可在误差信号出现之前就起到修正误差的作用，有利于提高输出响应的快速性，减小被控量的超调并增加系统的稳定性。但微分作用很容易放大高频噪声，降低系统的信噪比，使系统抑制干扰的能力下降。因此，在实际应用中，应慎用微分控制。

16.4.3　图像采集模块

摄像头数据采集步骤以及行同步信号和场同步信号时序图分别如图 16-7 和图 16-8 所示。

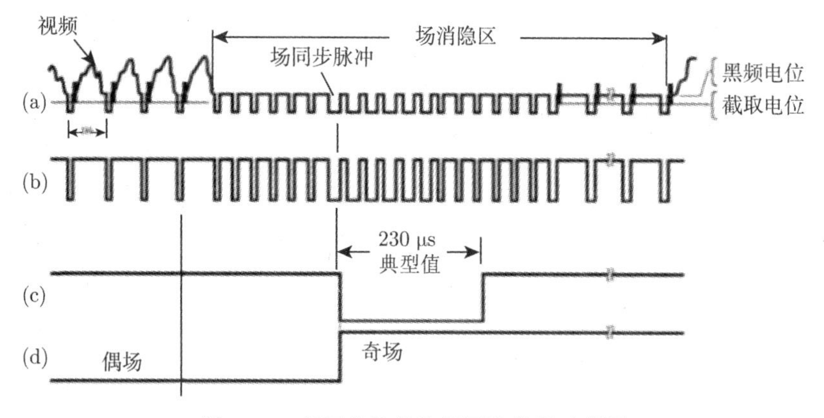

图 16-8　行同步信号和场同步信号时序图

(a) 视频信号；(b) 行同步信号；(c) 场同步信号；(d) 奇–偶场同步信号

16.4.4　黑线提取算法

黑线提取常用的方法有二值法和边沿检测算法。通过对上几届大赛提取黑线的方法进行研究和反复试验，最后选用二值化算法来提取黑线。将 256 个亮度等级的灰度图像通过适当的阈值选取来获得可以反映图像整体和局部特征的二值图像。在数字图像处理中，二值图像占有非常重要的地位，首先，图像的二值化有利于图像的进一步处理，使图像变得简单，而且数据量减小，能凸显感兴趣的目标轮廓；其次，要进行二值图像的处理与分析，需要把灰度图像二值化，得到二值图像。

所有灰度大于或等于阈值的像素被判定为属于特定物体，其灰度值为 255，否则这些像素点被排除在物体区域以外，灰度值为 0，表示背景或者之外的物体区域。

本系统设计的相关二值化程序源代码请登陆中国工程机器人大赛暨国际公开赛网站下载获取，具体链接地址为：http://robotmatch.cn/upload/files/2017/5/12104013359.txt。

16.4.5 上位机

上位机是指可以直接发出操控命令的计算机，一般是 PC 机/主机，屏幕上显示各种信号变化 (液压、水位、温度等)。下位机是直接控制设备获取设备状况的计算机，一般是 PLC/单片机/从机之类的。上位机发出的命令首先给下位机，下位机再根据此命令解释为相应的时序信号直接控制设备。下位机不时读取设备状态数据 (一般为模拟量)，转换成数字信号反馈给上位机。简而言之，上下位机都需要编程，并有专门的开发系统。

16.5 摄像头搬运小车调试过程

16.5.1 IAR EWARM

IAR EWARM 是 IAR Systems 公司为 ARM 微处理器开发的一个集成开发环境。比较其他的 ARM 开发环境，IAR EWARM 具有入门容易、使用方便和代码紧凑等特点。IAR EWARM 中包含一个全软件的模拟程序。用户不需要任何硬件支持就可以模拟各种 ARM 内核、外部设备甚至中断的软件运行环境，可以了解和评估 IAR EWARM 的功能和使用方法。IAR 的界面如图 16-9 所示。

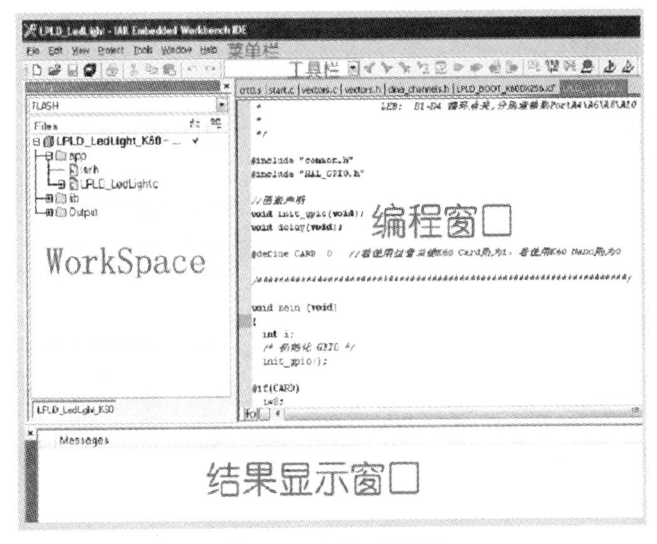

图 16-9 IAR 的界面

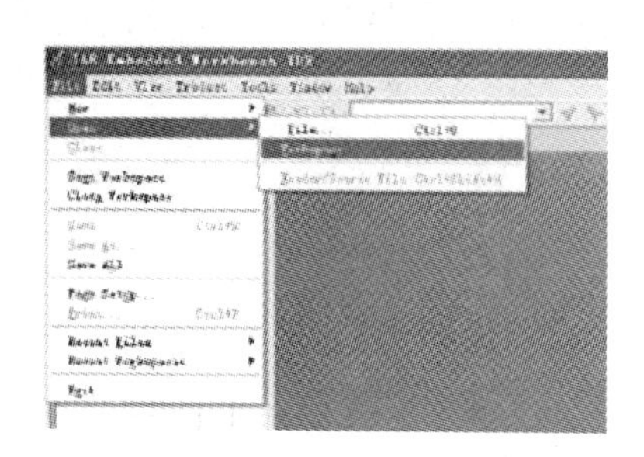

图 16-10　新建工程界面

16.5.2　IAR 使用说明

1) 新建工程

IAR 在一个工作空间下，包含多个工程，每个工程可以单独配置编译、调试、下载等，适合工业化需求与系统管理。操作如下：File→New→Workspace，点击保存按钮，设置文件名后保存 (图 16-10)。

2) 新建项目

新建项目的界面如图 16-11 所示。

3) 设置工程参数

设置工程参数的界面如图 16-12 所示。

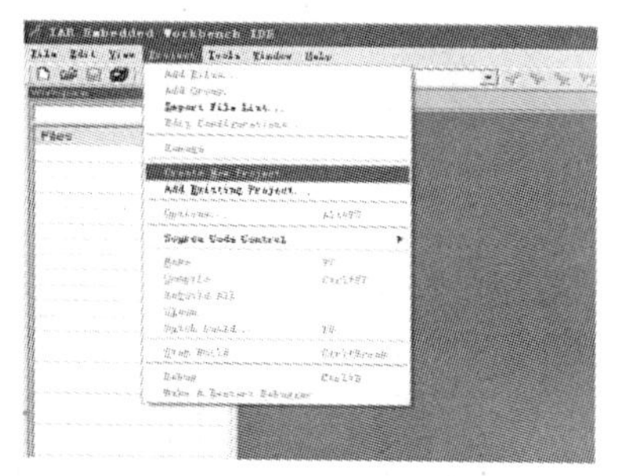

图 16-11　新建项目界面

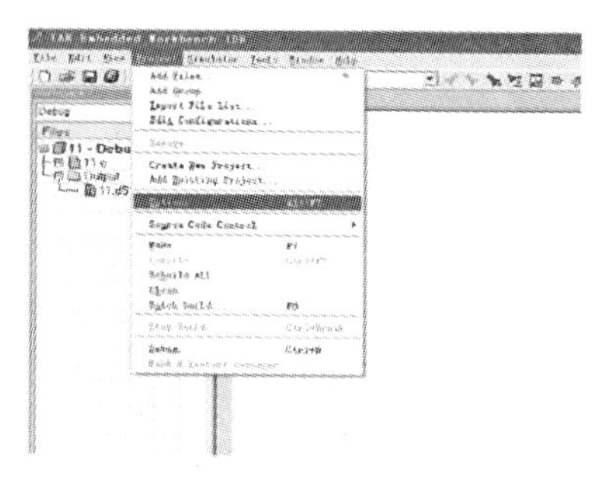

图 16-12　设置工程参数界面

4) 编译和链接

编译，按功能键 “F7” 或者点击工具栏中的图标，此时弹出 Workspace 保存界面。设置好 Workspace 名称，点击 “保存”，即可开始编译。编译信息将会显示在屏幕下方，包括 Warnnig 和 Error。编译信息显示程序有 Error，同时在源程序文件界面下也用红叉符号标识 (图 16-13)。

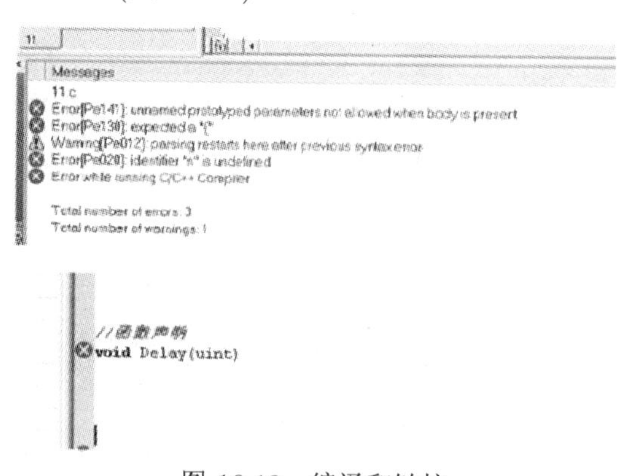

图 16-13　编译和链接

5) 程序下载与调试

程序编译完成后，就可以下载至目标板进行仿真，点击相应图标或 Ctrl+D 键进行程序加载。

有关摄像头图像处理程序代码请登陆中国工程机器人大赛暨国际公开赛网站下载获取，具体链接地址为：http://robotmatch.cn/upload/files/2017/5/12103945468.txt。

16.6 结　　论

自报名参加 2016 中国工程机器人大赛暨国际公开赛以来，小组成员从查找资料、设计机构、组装车模、编写程序一步一步地进行，最后终于完成了最初的目标，确定了设计方案。在刚制作时，遇到了很多困难，在确定机械结构时，进行多次硬件结构摆放方案调整；在安装摄像头时也经历了几次调整，最后采用碳纤维管作为安装摄像头的主桅，放在车的前部；在最小系统、主板、电机驱动等模块设计时，经过不断试验和调试，确定了最终的电路设计图。

在几个月的备战过程中，场地的使用和技术的指导都得到学院老师的大力支持，在此特别感谢一直支持和关注智能车比赛的学院领导以及各位指导老师、学长，同时也感谢比赛组委会能组织这样一项有意义的比赛。也许我们的知识还不够丰富，考虑问题也不够全面，但是这个项目设计是小组辛勤汗水的结晶，凝聚着每个成员的心血和智慧，这份经验和经历将伴我们一生，成为我们最珍贵的回忆。

参 考 文 献

[1] 李雪飞. 数字电子技术基础 (2 版). 北京: 清华大学出版社, 2016.
[2] 杜刚. 电路设计与制板: Protel 应用教程. 北京: 清华大学出版社, 2006.
[3] 张昊飏, 马旭, 卓晴. 基于电磁场检测的寻线智能车设计. 北京: 清华大学出版社, 2009.

第五篇

竞技体操机器人

第17章　竞技体操机器人 I*

为模仿人体形态和行为而设计制造的机器人可称为仿人型机器人，一般具有与人类相似的四肢和头部。仿人型机器人研究集电子、机械、计算机、材料、传感器、控制技术等多门科学于一体，在工业和服务业中有广泛的应用前景，因此具有极高的研究价值。竞技体操机器人就是仿人型机器人中的一种。竞技体操项目规定动作赛要求是在体操比赛场地上，用不多于 10 自由度的小型体操机器人，从位于场地中心直径 250mm 的圆形起步区启动，在直径为 2000mm 的比赛区域内，完成比赛规则要求的 6 套组合动作。要求参赛机器人必须有明显的头、手臂、躯干和双足等部分，与人体的结构比例相协调。对竞技体操机器人的研究是仿人型机器人技术的基础。

本设计从体操机器人的结构设计、电气控制、调试运行等方面进行介绍，总结了制作过程中常见的问题与解决办法，为制作类似体操机器人提供了可借鉴的经验。作品突破了普遍采用的体操机器人结构，新结构使得完成规定动作更加流畅。本设计的体操机器人参加了 2016 年中国工程机器人大赛暨国际公开赛，获得竞技体操项目规定动作赛的全国冠军。

17.1　设计简介

17.1.1　需求分析

根据自由体操规定动作赛比赛规则，设计并制作一个能够完成规定动作的体操机器人。在对其下载程序后，可以根据写入的程序，完成一系列规定的体操动作，并同时包含一个创新动作，包括俯卧撑、前后滚翻、侧身翻以及倒立劈叉等。其研究过程涉及 3D 模型绘制、动力学仿真、控制板、电路理论、电机原理与拖动、接口技术、结构力学、电子工艺等多方面的内容，以实现其智能控制。

在完成动作的基础上，应考虑如何将结构设计得更加合理，让机器人动作完成得更加流畅。体操机器人最后成绩由各个体操动作得分相加，而每一动作的完成与结构的优劣有着直接的关系，所以结构对于比赛的成败至关重要。最后一个创意动作最容易拉开得分差距，在规定动作相差无几的情况下，如何做出一个意想不到的创意动作将是获胜的关键。

---

* 队伍名称：解放军理工大学军体一号队，参赛队员：黄汉雄、王君宝、杨亮；带队教师：吴涛、杨小强

17.1.2　基本设计思路

利用现有的硬件和软件资源，结合对机器人以及机器人比赛的了解来改进机器人的结构，熟练掌握电气控制以及相关硬件、软件的使用方法，在调试的过程中不断积累经验、拓宽视野、提升知识水平、增强动手能力。

17.2　机械结构设计

17.2.1　机械结构分析

图 17-1 是普遍采用的体操机器人的外形结构，这种结构的优点为重心低，较稳；手臂长，易于完成各种复杂动作，许多参赛作品都采用这种结构。如果采用这种结构，则难以取得创新创意动作的优势，想要做出新颖的创意动作，结构就需要进一步创新。

17.2.2　机械结构设计

17.2.2.1　基本结构设计

首先为了让机器人看起来更像人，原有的结构存在两腿分开较大的问题，因为连接膝关节的上下两个舵机是正交的，这就不可避免地使得两腿的距离容易受舵机宽度的影响。为解决这个问题，不妨考虑把靠近脚的舵机移到脚面上去，这样两腿之间的距离就不易受舵机宽度的影响。其次为了让机器人看起来更高一些，可以将部分舵机金属连接构件在合理的范围内加长，对于电池可以将其安放在手部支撑构件内，给机器人胸前腾出地方，让其在执行预定动作的过程中尽量少的受到干扰。改进后的机器人结构如图 17-2 所示。图 17-2 是用 SolidWorks 软件画出的改进后的机器人三维图，可以看出对整个腰部进行加长。

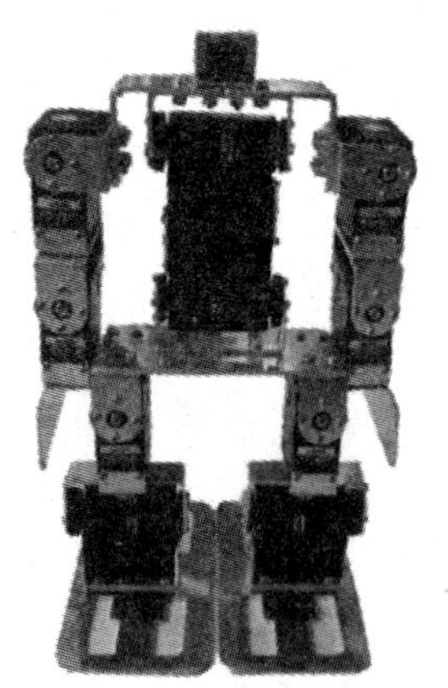

图 17-1　普遍采用的体操机器人外形结构

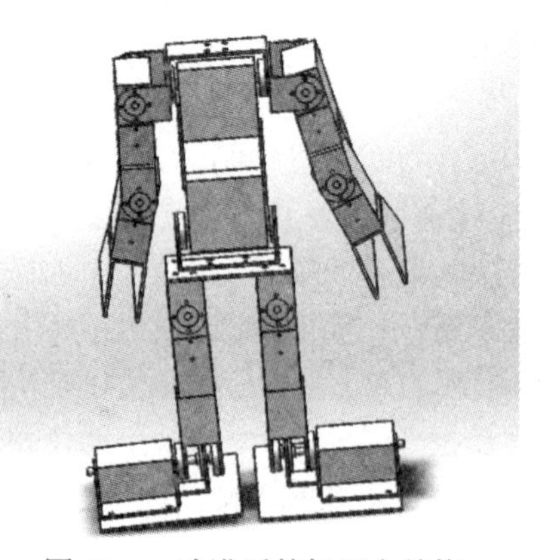

图 17-2　改进后的机器人结构

17.2.2.2 设计注意事项

(1) 需注意手臂的长度，不可一味追求符合人体比例来设计手臂长度，否则机器人在起立的时候会因为重心太靠前而起立困难，如果手臂设计得太短，最后重心的调节将变得困难而复杂。

(2) 设计时需考虑控制板和电池安放的位置，因此要先确定控制板型号，从而确定控制板的尺寸，在设计机器人的结构时预留足够的空间。这时不要以为位置差不多就行，比如计划把控制板放在机器人胸前，那么要考虑当机器人完全弯腰的时候会不会压到控制板、机器人最多能弯腰多少度、趴下和站起来会不会有太大影响、与手臂能不能很好配合在一起等问题。同理，肩部因前后旋转，也需要留出一定的位置。关于电池，要考虑安放后会不会影响机器人做动作，特别是弯腰的动作。本设计的机器人将电池安放在手上，这样胸前空间不至于太挤，更容易做动作，是一个很好的解决办法。

(3) 需要特别注意是控制板安放的位置确定后，在调试时，控制板需要连接数据线，数据线插入后会因与机器人的动作相互干扰导致调试工作困难。解决这个问题的关键是要考虑好接口的位置和朝向，条件允许的话可采用蓝牙调试模块。要注意当连接数据线时会不会影响机器人做动作，如果接口在机器人两侧，则很可能影响机器人立正，这时要考虑更改控制板的安装方式或者将数据线接口削去一些，将数据线插头处软化，实现动作的正常调试。否则可能导致控制板接线口被卡掉，影响调试进程。

17.2.3 三维图设计

17.2.3.1 绘图工具

为了方便加工，需要将设计图画出来，使用 SolidWorks 软件，画图的时候用游标卡尺量尺寸。要注意的是，如果量出舵机凸起的矮圆台直径为 12mm，为了让构件刚好套进去，要在制作构件时预留 0.5mm 左右的富裕度进行开孔加工。

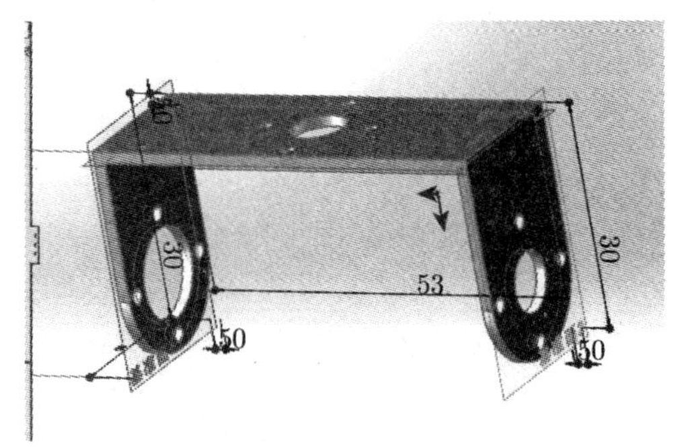

(a) 舵机连接件上部

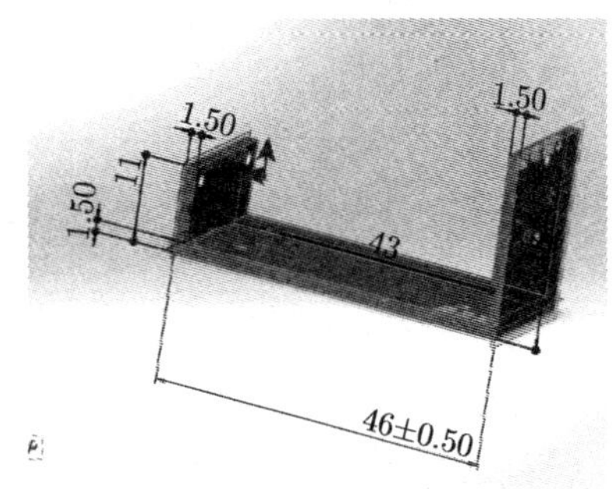

(b) 舵机连接件下部

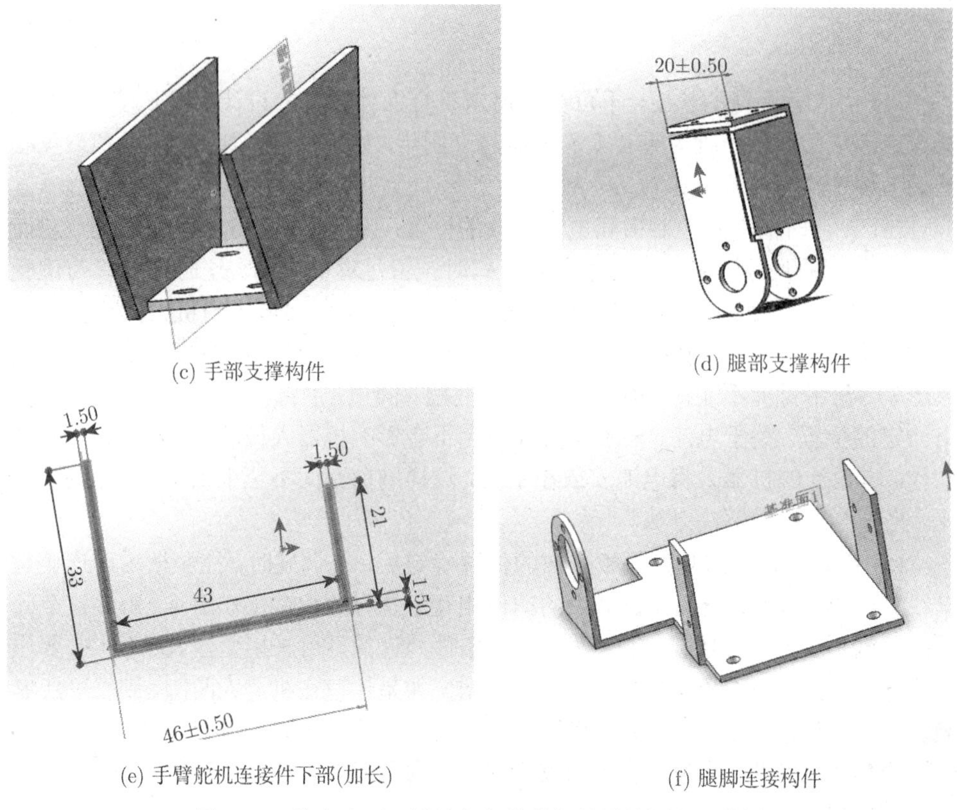

(c) 手部支撑构件　(d) 腿部支撑构件

(e) 手臂舵机连接件下部(加长)　(f) 腿脚连接构件

图 17-3　给出本项目设计各部件的机械设计图和三维图

17.2.3.2　注意事项

小的螺丝孔直径一般选择 2mm；板材厚度一般选择 2mm，这样构件不至于弯曲变形；注意和构件制作商咨询构件折弯系数，这样才能准确得到需要的零件。如果构件的精度低，可能导致机器人左右不对称，影响动作的准确度。

17.2.4　部件组装

对于机器人的组装，可按照先局部后整体的顺序，即先组装好手部、腿部、躯干，最后将其组装成一个完整的机器人。组装时应尽量先组装相邻的金属构件，之后再往构件上装舵机，如果先装舵机可能会影响相连构件的下一步安装。组装时，如果出现舵机无法准确安装在构件上，这时切勿蛮力硬塞，否则会使构件变形，对舵机也有损害，影响机器人动作的准确度。

开关安放在正极出口，接线顺序为：电源正极 → 开关 → 控制板正极端口接入 → 控制板负极端口接出 → 电源负极。由于选用的控制板是舵机和控制板分开供电，所以开关接出的正极要分成两部分，分别给控制板上的两个正极端口供电。

17.3 电 气 控 制

17.3.1 硬件设计

17.3.1.1 控制板

通过分析往年参加比赛所使用的控制板以及市场上的几款舵机控制板的优缺点，本设计机器人选择 32 路舵机控制板作为控制单元。该控制板是以 MEGA168PA 为 CPU，MEGA168 是基于 AVR 增强型 RISC 结构的低功耗 8 位 CMOS 微控制器。由于其先进的指令集以及单时钟周期指令执行时间，ATmega 48/88/168 的数据吞吐率高达 1MIPS/MHz，可以缓解系统在功耗和处理速度之间的矛盾，其性能如下。

(1) 先进的 RISC 结构。131 条指令；大多数指令的执行时间为单个时钟周期；32×8 通用工作寄存器；全静态操作；工作于 20MHz 时性能高达 20MIPS；只需两个时钟周期的硬件乘法器。

(2) 非易失性的程序和数据存储器。4/8/16KB 的系统内可编程 Flash 擦写寿命：10000 次；具有独立锁定位的可选 Boot 代码区，通过片上 Boot 程序实现系统内编程，同时读写操作；256/512/512B 的 EEPROM 擦写寿命：100000 次；512/1KB/1KB 的片内 SRAM (ATmega 48/88/168)；可以对锁定位进行编程以实现用户程序的加密。

(3) 外设特点。2 个具有独立预分频器和比较器功能的 8 位定时器/计数器；具有预分频器、比较功能和捕捉功能的 16 位定时器/计数器；具有独立振荡器的实时计数器 RTC；6 通道 PWM；8 路 10 位 ADC(TQFP 与 MLF 封装)；6 路 10 位 ADC(PDIP 封装)；可编程的串行 USART 接口；可工作于主机/从机模式的 SPI 串行接口；面向字节的两线串行接口；具有独立片内振荡器的可编程看门狗定时器；片内模拟比较器；引脚电平变化可引发中断及唤醒 MCU。

(4) 特殊的微控制器特点。上电复位以及可编程的掉电检测；经过标定的片内振荡器；片内/外中断源；5 种休眠模式：空闲模式、ADC 噪声抑制模式、省电模式、掉电模式和待机模式。

(5) I/O 口与封装。23 个可编程的 I/O 口线；28 引脚 PDIP，32 引脚 TQFP 与 32 引脚 MLF 封装。

(6) 工作电压，1.8~5.5V。

(7) 工作温度范围为 −40~105℃。

(8) 工作速度等级。0~4MHz，1.8~5.5V；0~10MHz，2.7~5.5V；0~20MHz；4.5~5.5V。

(9) 极低功耗。正常模式，1MHz，1.8V，240μA；32kHz，1.8V，15μA (包括振荡器)；掉电模式，1.8V，0.1μA[1]。

通过比较分析常用的电路以及其他种类的舵机控制板采用的电路本设计机器人选择 32 路舵机控制板，如图 17-4 和图 17-5 的外围电路设计。

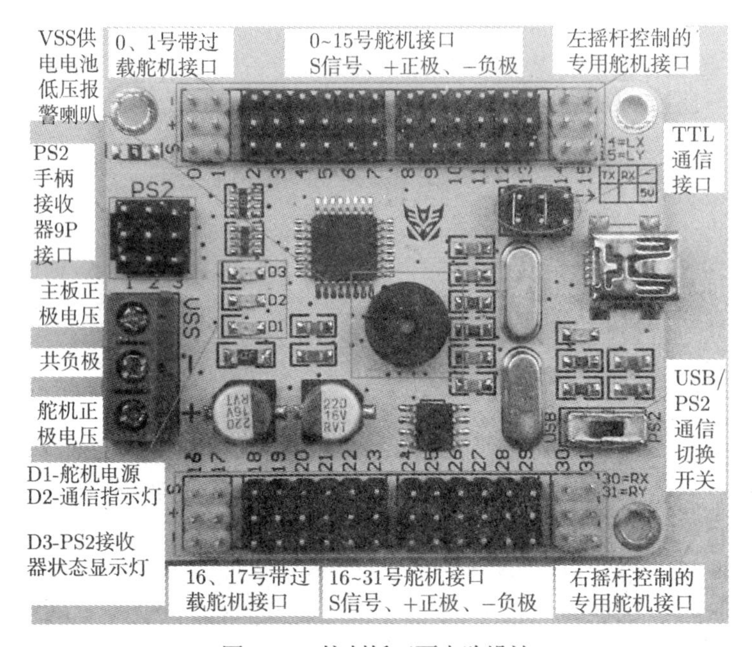

图 17-4 控制板正面电路设计

这种电路可以减少错误操作带来的舵机烧毁等安全事故，同时扩展了多种控制方式，为机器人的整体调试带来极大的好处。

17.3.1.2 **舵机模块**

本款机器人使用的舵机为模拟舵机，采用脉冲宽度调制 (PWM) 技术对舵机角度进行控制。

PWM 技术利用直流脉冲序列的占空比变化改变直流电的平均值。直流电压的高低是指脉冲的平均值大小，脉冲是由高电平和低电平构成的，高电平存在时间在整个周期中所占的时间比例称为占空比。高电平存在时间越长，占空比越大，平均值越大，电压越高。通过控制高电平的时间长短改变占空比，调节输出电压的高低，对电动机进行调速等应用。通常 PWM 波的输出是脉冲序列，在要求严格直流的场合必须进行的滤波，滤除其中的交流成分。在电动机调速等应用中则对滤波要求不那么严格，主要原因在于电动机的转动速度远比电脉冲频率低，而且机械阻尼会减少电动机的抖动；还有一个更重要的原因是电动机的线圈可以看成是一个很大的电感线圈，可以对脉冲序列进行滤波[2]。

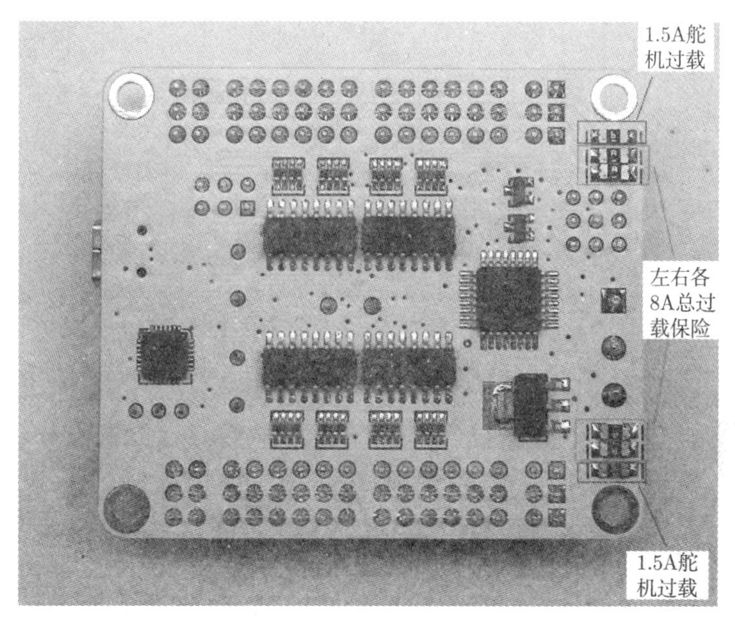

图 17-5 控制板背面电路设计

这种方法的一个优点是从处理器到被控系统信号都是数字信号，无需进行数模转换。保持数字信号可将噪声影响降到最小。另外一个优点是对噪声抵抗能力的增强，而且这也是在某些时候将 PWM 用于通信的主要原因。从模拟信号转向 PWM 可以极大地延长通信距离。在接收端，通过适当的 RC 或 LC 网络可以滤除调制高频方波并将信号还原为模拟形式。

舵机是一种位置伺服的驱动器，主要由外壳、电路板、无核心马达、齿轮与位置检测器构成。其工作原理是由接收机或者单片机发出信号给舵机，其内部有一个基准电路，产生周期为 20ms、宽度为 1.5ms 的基准信号，将获得的直流偏置电压与电位器的电压比较，获得电压差输出。经由电路板上的 IC 判断转动方向，再驱动无核心马达开始转动，透过减速齿轮将动力传至摆臂，同时由位置检测器送回信号，判断是否已经到达定位。适用于那些需要不断变换角度并可以保持的控制系统。当电机转速一定时，通过级联减速齿轮带动电位器旋转，使电压差为 0，电机停止转动。

本设计机器人结合比赛要求、设计思想和力学性能，选用 SR403P 型舵机。该款舵机准确度较高，更换方便，价格较为经济，是目前市场上通用的几款关节型机器人舵机之一，其具体性能指标如下：180° 转动范围 (0.5~2.5ms) 并行连接，双侧接口，六角形输出轴，使用电压 7.4V；尺寸为 41.4mm×21.2mm×42.8mm/1.63in×0.83in×

1.69in；重量为 67g/2.37oz；扭力为 13.2kg/cm，6V 及 15.3kg/cm，7.4V；响应速度为 0.21s/60°，6V 及 0.19s/60°，7.4V；轴承为双轴承；齿轮类型为全金属齿轮；动力轴齿数为 25T FUTABA；旋转角度为 180°。舵机线长为 300mm；工作电压为 DC 6~7.4V。

17.3.1.3　电源模块

通过对比常用的电池种类和型号，同时结合本设计机器人结构上的要求，选用 18650 型电池作为供电电源。该款电池具有放电特性稳定、价格经济、使用方法简单、使用寿命长、不易发生危险事故等突出优点，其具体性能指标如下：电池材料，锂离子电池；电池品牌，三洋 NCR18650BF 型；电池型号，18650 型；电池规格，(直径)18mm×(高度)65mm；标称容量，3350mA·h；最小容量，3250mA·h；电池内阻，45mΩ 以下；电池重量，46.5g；充放电次数，1000 次；充电电压，4.2V；标称电压，3.6V；放电截止电压，2.5V；工作温度，充电，0~+45℃，放电，−20~+60℃，贮存，−20~+50℃。

17.3.2　软件设计

17.3.2.1　基本思想

根据比赛要求，机器人需要根据所给体操组合动作的顺序以及组合动作中小动作的顺序完成比赛。因此，本设计机器人的控制思想是开环控制，顺序执行动作，程序主要由单片机初始化、预编动作读取以及动作执行 3 个部分组成。在单片机初始化阶段完成锁相环初始化[3]：初始化 I/O 口、外部中断、定时器中断、串行中断和体操动作初始化。体操动作的读取和执行主要是分析每个动作对应的舵机控制信号的产生，因此在产生控制信号和加载体操动作时都需要定时器每隔一定的时间进行中断，具体流程图见图 17-6。

17.3.2.2　脉宽调剂算法

由于该机器人执行机构由 10 个舵机组成，因此需要一种较好的算法实现精准控制。多路舵机控制的基本方法是顺序输出各路脉冲给不同舵机，利用单片机高速的处理速度来实现多路控制。但是这类控制算法对于控制舵机的数目有限制，因为控制舵机所需的 PWM 波的典型周期是 20ms，而每一路舵机所需的最大正脉宽长度为 2.5ms，所以最多只能控制 8 路舵机。系统中需要控制的舵机有 10 个，所以选择改进的控制算法 —— 脉宽差法。脉宽差法控制分为以下步骤：

(1) 分组排序。将多路舵机控制数据每 8 路分为一组，然后对于每一组数据 (控制脉冲长短) 按照从小到大的顺序排序。

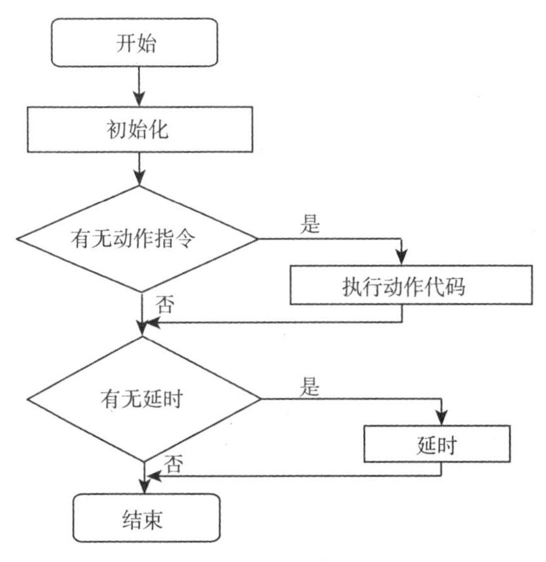

图 17-6 总体系统软件设计流程图

(2) 计算差值。计算舵机控制数据的差值并保存计算每组内相邻的两个数据的差值 (数值大的数与数值小的数的差) 并保存于差值数组中。该差值数组共有 8 个存储单元，第一个单元存放的是该组舵机控制数据的最小值，从第二个单元开始存放舵机控制数据的差值。

(3) 数据转换。把差值数组中的数据转换为定时时间 (即控制脉冲宽度差值)，再继续转换为定时初值，保存于脉宽差数组中。

(4) 舵机控制。控制某一组舵机时，先将该组内所有舵机置高电平 (启动舵机)，然后把脉宽差数组中的第一个数据赋值给定时寄存器。定时中断发生时，先关断脉宽差数组中第一个数据所对应的舵机，再向定时寄存器中填入脉宽差数组中的第二个数据。依此类推，就可以完成该组所有舵机的控制。在一个控制周期 (20ms) 内，依次用定时器定时输出脉冲控制每组舵机。在第三组舵机控制完毕后，继续定时用低电平补足其余时间完成 20ms[4]。脉宽差法原理如图 17-7 所示。

17.3.2.3 调试过程设计

机器人关节数有 10 个，在调试过程中需要调整的参数非常多，而通常采用在控制程序中改变参数的方法不够直观，调试过程繁琐冗长，因此本机器人采用图形化的调试软件对其进行调试，不仅直观简便，更是大大减少了调试时间，缩短了开发周期。

软件界面如图 17-8 所示。图 17-8 左边为舵机图标操作窗口，打钩就显示该舵机口，取消就关闭该舵机口。舵机图标可自由拖拽 (图 17-9)。

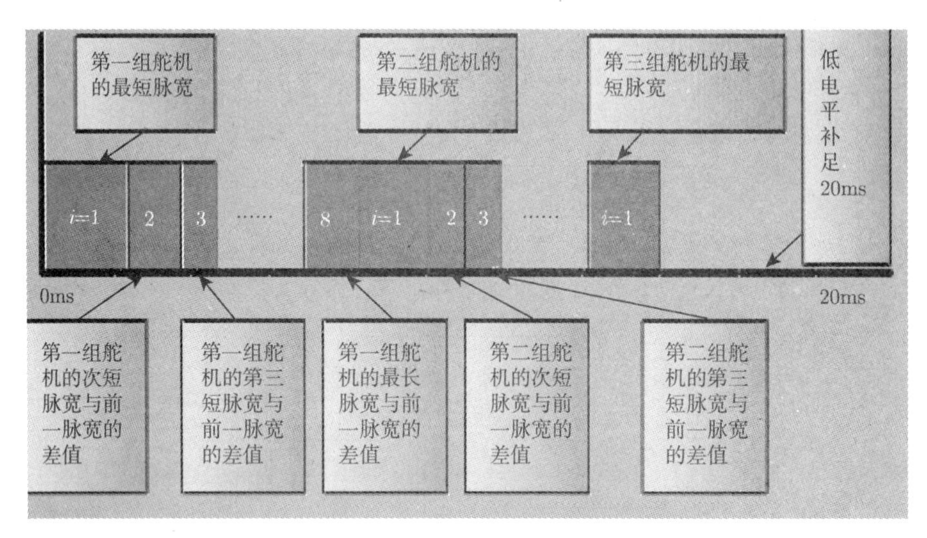

图 17-7　脉宽差法原理图

图 17-8　软件调试界面

其他操作如图 17-10 所示。

保存位置：保存的位置一定要跟上位机软件在同一个目录下，才能从选择那里直接打开，保存到其他文件夹则无效。

复位图标：32 个滑竿图标可以全部恢复到初始位置。

极限切换：极限值有 2 种状态，分别是 P500~2500 和 P600~2400，针对不同的舵机使用，此按钮可以切换滑竿图标的极限状态，一般情况下不使用。

舵机回中：可以使 32 个滑竿全部归位到 P1500 的状态 (中间位置)，故称舵机回中。

打开偏差 B：打开机器人偏差文件。

保存偏差 B：保存机器人偏差文件。

COM 端口选择 (图 17-11)，选择正确的 COM 端口后，点击连接。“多路” 用于多台机器人控制，一般情况下不使用。

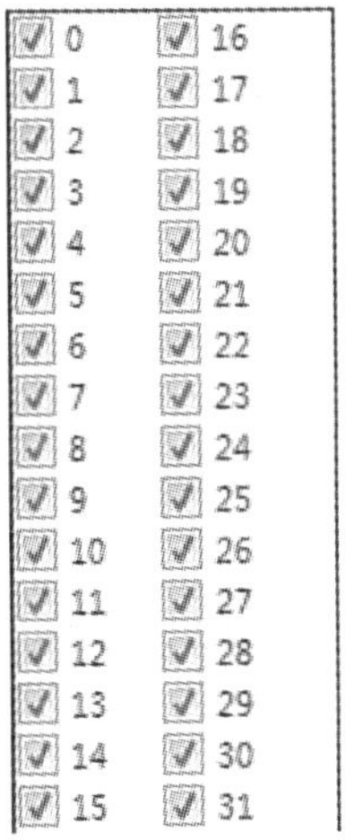

图 17-9　舵机号窗口

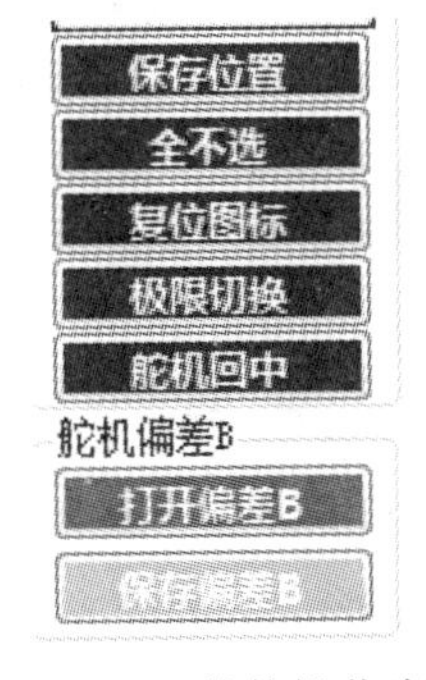

图 17-10　其他操作窗口

图 17-11　COM 端口选择窗口

动作组调试运行窗口如图 17-12 所示。动作组下载及调用窗口如图 17-13 所示。

初始化：上位机软件初始化，表示从开始地址 256 号位置开始写动作，只是对软件操作，而不改变已经下载到主板上的动作。

擦除：对下载到主板上的动作组做清空操作，擦除后需要点击初始化。

动作组运行：运行已经下载到主板上的动作组。

停止：停止运行动作组。

脱机运行：运行已经下载到主板上的动作组，并且下次开机直接执行该动作组。

禁止：禁用脱机运行。

系统可以添加音乐，添加后，在播放音乐前打钩，点击动作组运行，可以使音乐同步播放。

每个舵机调试窗口如图 17-14 所示。

B 表示舵机偏差 (默认为 0)，即舵机的相对位置范围为 −100~100，双击 B 激活，B 由灰色变成黑色，即可调节 B 值。再次双击 B，可以由黑色变成灰色，则无法调节。机器人每个舵机的偏差调节完毕后，请点击 “保存偏差 B” 的按钮，给这个偏差文件命名，下次使用机器人的时候，可以直接导入偏差：点击 “打开偏差 B”，选择之前保存的偏差文件即可 (图 17-15)。

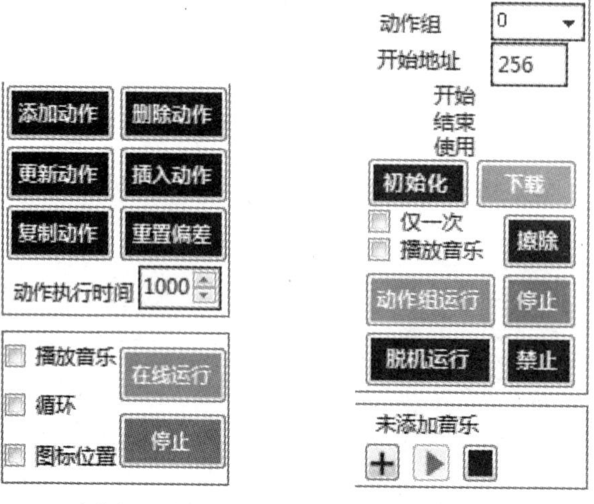

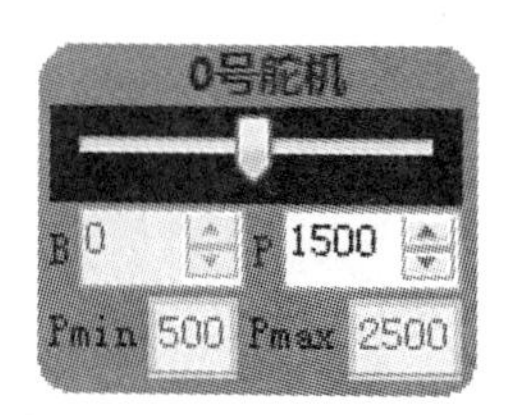

图 17-12　动作组调试运行窗口　图 17-13　动作组下载及调用窗口　图 17-14　舵机调试窗口

舵机偏差B
打开偏差B
保存偏差B

图 17-15　偏差操作窗口

生成的动作角度对应的 PWM 值如图 17-16 所示。P 表示舵机位置 (默认为中位 1500) 范围为 500~2500，通过极限切换可以切换成 600~2400。#表示几号舵机，T 表示舵机运行到该位置的时间。

顺序	动作
1	#0 P1500 #1 P1500 #2 P1500 #3 P1500 #4 P1500 #5 P1500 #6 P1500 #7 P1500 #8 P1500 #9 P1500 #10 P1500 #11 P1500 #12 P1500 #13 P1500 #14 P1500 #15 P1500 #16 P1500
2	#0 P1500 #1 P1500 #2 P1500 #3 P1500 #4 P1500 #5 P1500 #6 P1500 #7 P1500 #8 P1500 #9 P1500 #10 P1500 #11 P1500 #12 P1500 #13 P1500 #14 P1500 #15 P1500 #16 P1500
3	#0 P1500 #1 P1500 #2 P1500 #3 P1500 #4 P1500 #5 P1500 #6 P1500 #7 P1500 #8 P1500 #9 P1500 #10 P1500 #11 P1500 #12 P1500 #13 P1500 #14 P1500 #15 P1500 #16 P1500
4	#0 P1500 #1 P1500 #2 P1500 #3 P1500 #4 P1500 #5 P1500 #6 P1500 #7 P1500 #8 P1500 #9 P1500 #10 P1500 #11 P1500 #12 P1500 #13 P1500 #14 P1500 #15 P1500 #16 P1500

图 17-16　PWM 数值窗口

17.4　调试运行

17.4.1　调试软件

调试软件一般用控制板相配套的软件，使用前仔细学习使用说明。对于软件的操作，一定要按照使用说明的流程进行，避免出现控制板短路、烧毁等情况。

17.4.2 规定动作调试

在进行机器人动作调试时，建议逐帧观看以往的比赛视频，参考较好的动作方案进行调试，同时也应加入自己的思考。刚开始命令可能执行不流畅，但是应先把动作做好，后面再去细调执行时间。

如果出现机器人前滚翻时方向偏移，一般是因为结构上不对称，应想办法调整。

根据比赛规则，每个动作之间要间隔 3s，小动作之间不需要间隔 3s，如前滚翻和后滚翻不需要间隔。

此外，还应注意以下细节：

(1) 每一次命令导出后要做好文件名备注，如前滚翻 1、前滚翻 2，有个递进的关系，这样在涉及到重复命令时方便调出原来的命令，不可随便命名。

(2) 动作连贯性和时间是分不开的，起初做完一套动作花 2.5min，后来变成 1.5min。这里介绍个方法，应先把命令导出到 word 文档，将所有 T1000 改为 T800，T2000 改为 T1900，然后看动作是否变流畅，如果不够流畅，考虑继续减少时间，但前提是已经把动作调得很好。

(3) 使用软件时，要对舵机进行编号，知道软件上哪个模块控制哪个舵机，这样可以提高效率，进行微调时，可以用电脑左右键去调。

(4) 尽量在每个动作之间糅合一些连接，如需让机器人趴下做俯卧撑，不能立刻就让其倒下，这样对构件、舵机伤害较大，建议设计一些缓慢的过渡动作。

(5) 机器人每调半个小时就要停止几分钟，防止舵机烧坏，重复做高难度的动作舵机容易发热，这时要适度把握调试时间，下一次调试要等到舵机冷却后再开始。

(6) 控制板在调试过程中要严格做好绝缘工作，可用黑胶带包裹并尽量避免手接触金属触头，否则控制板很容易受静电影响短路，导致控制板烧毁。

(7) 正式比赛的场地和平时调试的场地的不一样，所以一定要去场地试一试，脚底可以加一些防滑橡胶，比如乒乓球拍拍面材料。

17.4.3 创意动作调试

纵观比赛中大部分参赛队伍的创意动作，一般为倒立着的静止动作。因此，本作品的设计思路是突破静止的瓶颈，做出了“跃动青春”的创意动作 (图 17-17 和图 17-18)。在设计手部的动作时，比如波浪手，要看有哪几个舵机可以动，可以怎样动。做波浪手用到手部 4 个舵机，但是腰部没用到，这时可以考虑让腰前后摆，尽量使动作复杂一些。更多的选手选择倒立，难度高一些的是单手单臂支撑，难点是如何调节机器人的平衡。但是这些动作对手部舵机伤害较大。如果想做一些其他队伍做不到的创意动作，首先结构上要有突破，其次除了站立和倒立两种，可以想想如趴、爬、跳等思路。本作品采用跳的动作，“跃动青春” 首先是让机器人的脚交替晃动起来，通过一条手臂向下加速，带动机器人左右晃动这时另一条手臂开始加速向下，让机器人往相反方向晃动，往复几次，机器人就左右跳起来了。该动作体现了当代大学生的活力与激情，最后满弓射雕的停止定型动作也寓意着我们应当有“弯弓射大雕”的勇气。

图 17-17　创意动作片段 1

图 17-18　创意动作片段 2

17.4.4　比赛注意事项

在比赛过程中，舵机可能会烧掉，这时要掌握正确的更换方法。比如开始设计的时候让机器人手臂张开 150°，如果换舵机，只需要将备用舵机调到 150°，然后和构件相连，安装到手臂张开的位置，进行有效替换。舵机和舵机之间存在偏差，比如这个舵机的 150° 位置和另一个舵机的 150° 位置安装在机器人身上的位置存在偏差。这时需通过调命令的参数去修正这个舵机，可能出现在这个舵机 150° 位置手臂张开是水平的，但是换一个新舵机调到 150° 位置后手臂向下偏了较小角度，应将新舵机调到手臂水平，如果新舵机是 155°，说明偏差 5°，所有命令中这个舵机都要增加 5°，可以导入到 word 中进行替换修改。

(1) 比赛前需再次检查螺丝以及部件之间的连接，把松动的固定紧。

(2) 在比赛现场对机器人可进行适度讲解，加入自己的理解，尤其是最后的创新动作，要讲出自己的设计思路、亮点。比如最后一个创意动作名字叫 “悦动青春”，难度不高，但象征着当代大学生的活力与激情。

(3) 参赛过程中应多和其他队伍进行交流，了解他们制作过程中遇到的问题，积累经验，总结反思。

(4) 比赛前应准备一块备用控制板和 2~3 个备用舵机，便于更换。

17.5 总结与展望

本章总结了制作体操机器人过程中常见的问题以及处理方法。本设计作品创新了结构和动作，其设计思路可为其他制作者提供借鉴经验。随着科技的高速发展，机器人定会走进千家万户，为我们的生活提供便利。制作机器人可以培养大学生的创新能力和动手能力，为这个社会提供新型科技人才。

参 考 文 献

[1] ATMEL ATmega48(V)88(V)168(V)- 中文版 (官方手册).

[2] 陈强，王麒鉴，寇金金，等. 基于 STC89C52 单片机的体操机器人系统设计. 自动化技术与应用，2012, 31(4): 20-23.

[3] 陈强，孙倩，张小畏，等. 基于脉宽差控制算法的双足竞步机器人设计. 技术纵横，2012，(4): 86-88.

[4] 崔庆权，尹逊和，唐瑜谦. 一种竞赛型双足竞步机器人设计与研究. 电子测量技术，2015，38(11): 96-99.

第 18 章　竞技体操机器人 II*

机器人硬件加工制作的前提是三维软件 SolidWorks 的动作模拟，用铝制件连接伺服电机，降低机器人的重量，因此，完成期望动作的可行性和稳定性较高。在脉宽调制 (PWM) 控制伺服电机的方法基础上，ATmega 16 型单片机通过定时器设定脉冲宽度，达到对伺服电机的角度控制。上位机软件是由 Visual Basic 语言编写的，通过调用串口控件 Mscomm 进行串口通信，该软件可以独立控制 24 路伺服电机，因此电机最多数目为 24 个。机器人使用 10 个伺服电机，力图用最少的电机数达到预期的功能，提高可靠性。在下位机程序里，定义了与伺服电机角度值相对应的数组，因此，上位机可以方便地向下位机传送相应的角度控制命令。程序运行脱离 PC 机，由 MCU 单独控制。通过对程序的调试完成机器人动作的设计，最终，机器人按照预先编写的程序实现相应的动作。本设计机器人可完成一系列自由体操动作，如倒立、劈叉、侧翻等，稳定性较高。该设计方法具有一般适用性，可以适用于同类机器人的设计工作，因此具有较高的推广应用价值。

18.1　设计内容和目标

18.1.1　设计内容

设计并制作一种能够完成指定动作的体操机器人。它可以根据预先设计的动作以及定制的指令程序完成一系列高难度的体操动作，并从场地中心直径 250mm 的圆形起步区启动，在直径 2000mm 的比赛区域内，完成比赛规则要求的准备动作、正式动作和结束动作。

18.1.2　设计目标

本设计目标是制作出符合机器人竞技体操比赛要求并能完成规定动作的体操机器人。编写指令程序完成一系列高难度的体操动作，包括准备动作、正式动作、自编动作及结束动作。其中正式动作包括：前滚翻 (向前 360°)、后滚翻 (向后 360°)、单左手俯卧撑、单右手俯卧撑、双手俯卧撑、左侧手翻 360°、右侧手翻 360°、倒立、倒立劈叉 (倒立状态双腿成 180°)。

---

* 队伍名称：中国矿业大学徐海一队，参赛队员：胡洋、田文昌、轩钰茗；带队教师：李富强、刘勇

18.1.3 完成情况

已制作出的双足两臂直立小型机器人，如图 18-1 所示，最大长度 201mm、宽度 60mm、高度 265.8mm，单足宽度 95mm、长度 47mm 以及总重量均在比赛要求的范围之内。机器人使用 10 个舵机以及 1 个舵机控制板，通过连接件、胶带等进行拼接组装而成。所有比赛动作均可在 2000mm 的比赛区域内完成，总用时不超过 3min，每做完一个正式动作均有 3s 停顿。通过将程序烧入芯片的形式，实现机器人脱离 PC 机的控制，独立完成上述动作。

图 18-1 机器人实物

18.2 国内外研究情况概述

18.2.1 国外研究情况

美国早在 1962 年就研制出世界上第一台工业机器人，比号称“机器人王国”的日本起步至少早五六年，现已成为世界上的机器人强国之一，基础雄厚，技术先进。

美国政府从 20 世纪 60 年代到 70 年代中的十几年，并没有把工业机器人列入重点发展项目，只是在几所大学和少数公司开展一些研究工作，错失了发展机器人技术的良机。20 世纪 70 年代后期，美国政府和企业界将研究重点放在机器人软件及军事、宇宙、海洋、核工程等特殊领域的高级机器人的开发上，致使日本的工业机器人技术后来居上，并在工业生产的应用上及机器人制造业上很快超过美国，其产品在国际市场上具有较强的竞争力。20 世纪 80 年代之后，美国感到形势紧迫，政府和企业界对机器人技术真正重视起来，一方面鼓励工业界发展和应用机器人；另一方面制订计划、提高投资，增加机器人的研究经费，把机器人看成美国再次工业化的特征，使美国的机器人产业得到迅速发展。20 世纪 80 年代中后期，随着应用机器人技术日臻成熟，第一代机器人的技术性能越来越满足不了实际需要，美国开始生产带有视觉、力觉的第二代机器人[1,2]，并很快占领了美国 60%的机器人市场。

尽管美国在机器人发展史上走过一条重视理论研究，忽视应用开发研究的曲折道路，但是其机器人技术在国际上仍处于领先地位，具体表现在：性能可靠，功能全面，精确度高；机器人语言研究发展较快，语言类型多、应用广、水平高；智能技术发展快，其视觉、触觉等人工智能技术已在航天、汽车工业中广泛应用；高智能、高难度的军用机器人、太空机器人等发展迅速，主要用于扫雷、布雷、侦察、站岗及太空探测等方面。

18.2.2 国内研究情况

我国已在"七五"计划中把机器人列入国家重点科研规划内容，拨巨款在沈阳建立了全国第一个机器人研究示范工程，全面展开机器人基础理论与基础元器件研究，相继研制出"示教再现型"的搬运、点焊、弧焊、喷漆、装配等门类齐全的工业机器人及水下作业、军用和特种机器人。目前，"示教再现型"机器人技术已基本成熟，并在工厂中推广应用，如自行生产的机器人喷漆流水线在长春第一汽车制造厂及东风汽车公司投入运行。1986 年 3 月开始的"863"国家高科技研究发展计划就已列入研究、开发智能机器人的内容[3]。就目前来看，我们应从生产和应用的角度出发，结合我国国情，加快生产结构简单、成本低廉的实用型机器人和特种机器人。

18.2.3 体操机器人概况

体操机器人侧重机器人的机械结构与舵机的应用。舵机是一种位置伺服的驱动器，适用于那些需要角度不断变化并可以保持的控制系统[4]。舵机最早出现在航模中，飞行器的飞行姿势是通过调剂发动机和各个控制舵面来实现的。一般来说，舵机主要由舵盘、减速齿轮组、位置反馈电位计、直流电机、控制电路板组成。其工作原理是：控制信号由接收机的通道进入信号调制芯片，获得直流偏置电压[5]。它内部有一个基准电路，产生周期为 20ms、宽度为 1.5ms 的基准信号，将获得的直流偏置电压与电位器的电压比较，获得电压差输出[6]。电压差的正负输出到电机驱动芯片决定电机的正反转。当电机转速一定时，通过级联减速齿轮带动电位器旋转，电压差为 0，则电机停止转动。

18.3 研究技术方案

18.3.1 硬件设计

为了保证机器人的灵活性并遵守比赛规则，机器人使用 10 个舵机，使其拥有 10 个自由度，最大限度地保证调试动作中的简易性。考虑到俯卧撑以及侧身翻动作较复杂，机器人的双臂以及双足各使用 4 个舵机，简化动作调试[7]。机器人脚部用塑料板加宽，塑料板相比铝板更加平整，更好地保证机器人运动中的稳定性[8]。同时为了机器人在倒立等动作中的稳定以及起身方便，机器人手掌部分用铝条延伸。机器人的头部由自主设计并利用铝板制作，使机器人的形象更加接近人。机器人的连接件是定制的，在连接中更加精准，使机器人整体结构更加牢固，重心分布集中在中轴线上，简化侧身翻调试工作。最终部分硬件设计方案如图 18-2 所示，并给出了该硬件设计的接口电路图，如图 18-3 所示。

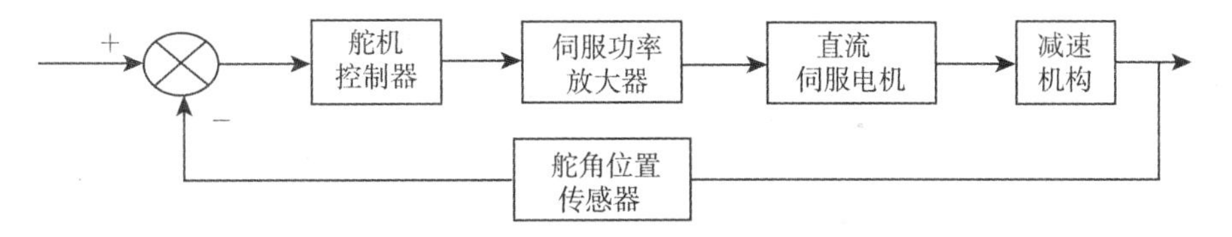

图 18-2 硬件设计方案

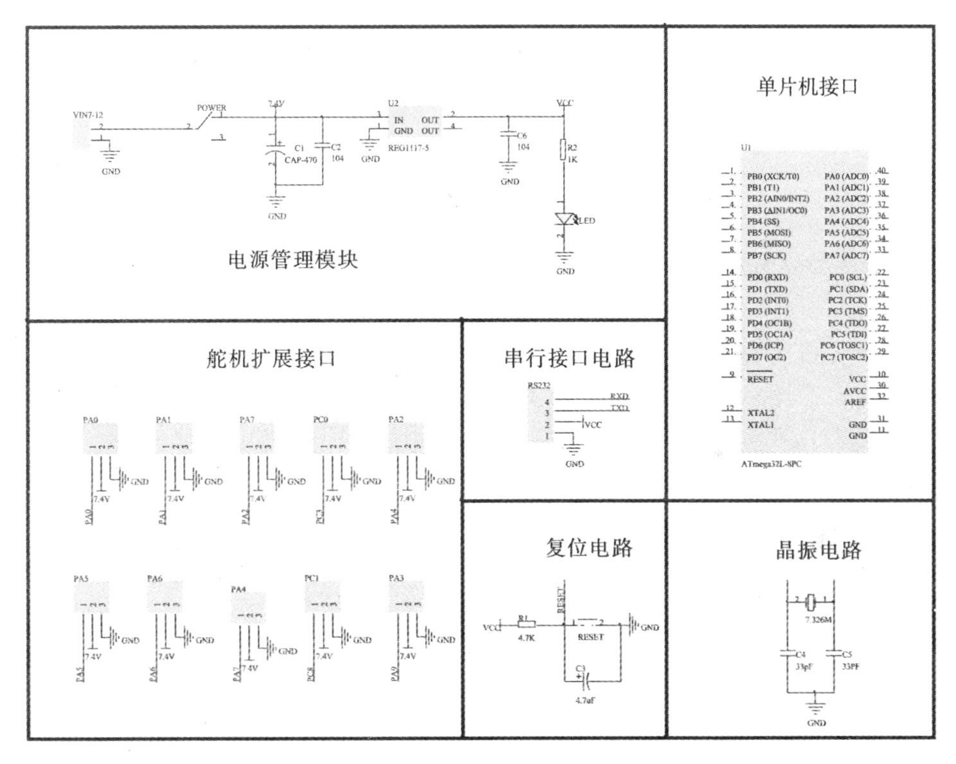

图 18-3 接口电路图

18.3.2 软件设计

软件部分，主要利用 RIOS USC(舵机控制器) 通过舵机控制板对舵机进行动作调控，并形成动作程序代码[9]，整理调试为动作组，下载到控制板芯片里，通过单片机对动作组的调用以及传感器的信号传递，来规范性地完成动作。

RIOS USC 中设计了可以单独控制每个舵机的滚动条，保证调控机器人时不会弄混舵机[10]，设置复位下拉菜单，保证实时返回复位状态。最主要的功能，就是通过串口线与机器人单片机相连，进而能更直观地用电脑来控制机器人的倒立[1]、翻滚。

标签可以更改，以便更加直观地设置机器人的动作和姿态。

18.3.3 系统整体调试设计

首先，在组装完成机器人后进行复位设置，使其双腿直立，方便之后的调试。在俯卧撑中，通过控制下轴使机器人前倾，再通过手臂舵机完成动作。在侧身翻中，通过各部分舵机的不同运动使机器人重心偏移完成翻滚[11]。在滚翻中，通过前倾使手臂撑地再配合上下轴舵机完成前滚、后滚并起立，而倒立则是借用了滚翻的程序思想[12]。

18.4 总结与展望

本设计主要研究的是体操机器人的总体设计，目的是设计一种新型的体操机器人，使得体操机器人既有原来结构的稳定性，又能做出较为复杂的动作。同时对该设计建立模型，进行仿真验证 [4]。

由于时间有限，该型体操机器人的设计还有许多待完善的地方需要深入研究，具体如下：实现总线式舵机，减少了原来大量舵机控制线占用的大量活动空间，使机器人的行动更加灵活。在 MATLAB/SIMULINK 仿真中，对系统进行整体分析。

参 考 文 献

[1] 李祖枢, 谭智, 张华, 等. 三关节单杠体操机器人的倒立稳定控制. 第 23 届中国控制会议论文集 (下册), 2004.

[2] 雷李. 基于动觉智能图式的仿人智能控制在足球机器人运动控制中的应用研究. 重庆: 重庆大学, 2004.

[3] 张春晖, 侯祥林, 徐心和. 足球机器人系统仿真中的数学模型. 东北大学学报 (自然科学版), 2001, 22(5): 493-496.

[4] 蒋仙华, 熊蓉, 周科, 等. 基于模糊控制的足球机器人底层动作优化. 工程设计学报, 2003, 22(5): 493-496.

[5] 雷李, 李祖枢, 王牛. 基于仿人智能控制的足球机器人底层运动研究. 哈尔滨工业大学学报，2004, 10(3): 140-143.

[6] 庄晓东, 孟庆春, 殷波, 等. 动态环境中基于模糊概念的机器人路径搜索方法. 机器人, 2001, 36(7): 978-980.

[7] 张祺, 杨宜民. 基于改进人工势场法的足球机器人避碰控制. 机器人, 2002, 23(5): 397-399.

[8] 张明路, 彭商贤, 曹作良. 基于模糊逻辑控制技术的移动机器人路径跟踪中的偏差纠正. 机器人，1998, 20(6): 407-411.

[9] 张纪会, 高齐圣, 徐心和. 自适应蚁群算法. 控制理论与应用, 2000, 17(1): 1-3.

[10] 吴晓涛，孙增圻. 用遗传算法进行路径规划. 清华大学学报 (自然科学版), 1995, (5): 14-19.

[11] 张晶, 曾宪云. 基于 Matlab/Simulink 直流电机调速系统模糊控制的建模与仿真. 现代电子技术, 2002, (04): 12-15.

[12] 梁亦铂, 王正茂, 何涛. 全数字直流电机调速系统的原理及数学模型. 中小型电机, 2001, 28(6): 17-20.

第 19 章　竞技体操机器人Ⅲ*

竞技体操机器人属于特种机器人中的娱乐机器人，是以舵机为执行元件，具有多自由度，同时采用了现代控制技术、人机交互技术和计算机技术等机电一体化技术。竞技体操机器人在人类生活中扮演着重要的娱乐角色，是当今机器人领域的研究重点之一。

本次设计首先对机器人制作材料、动力元件进行设计选型；然后在 SolidWorks 下对机器人进行虚拟三维建模，检查机械设计是否存在不合理之处，对其进行运动学仿真和动力学分析；接着设计了自由体操机器人控制系统的硬件和软件部分，控制系统的硬件是以 MK60DN512ZVLQ10 型微处理器为核心，而软件设计采用开环系统的结构，先经过系统调试，后通过上位机软件实现对机器人的控制。采用嵌入式 C 语言设计和调试程序，最终机器人能够自主完成规定的体操动作。

19.1　设 计 简 介

19.1.1　研究目的及意义

机器人技术是机械电子工程、计算机工程、材料工程、控制工程和电气工程等多学科相互交汇融合的综合性技术，代表着当代科技水平。随着社会的发展，机器人将成为人类生活中的必需品，在人类的生产和生活活动中发挥着巨大的作用。目前已经有大量的机器人从事着人类生产和生活的各个领域的工作，舞蹈机器人便应运而生。

舞蹈机器人属于特种机器人中的娱乐机器人[1]，不但具有观赏性和趣味性，而且是一个系统化的工程设计。舞蹈机器人所运用到的技术包括机电一体化技术、人机交互技术、计算机技术等，并且是各个学科交叉的产物。舞蹈机器人在人们生活中扮演的角色越来越重要，不仅给人们带来快乐，供人们欣赏，还能让人们接触到前沿科学技术，有助于人们学习机器人技术，促进技术的发展与研究。

19.1.2　机器人研究发展现状

虽然舞蹈机器人的发展距今只有几十年的历史，但一直保持高速的增长势头，是 20 世纪科技发展的产物。现在已经有很多国内外高校、企业和科研院所的人员

* 队伍名称：中国石油大学 (华东) 中科翎龙 2 队，参赛队员：李永腾、唐闻君、徐良相；带队教师：赵永瑞、远天梦

从事舞蹈机器人的研究工作，工作主要集中在机械结构和控制工程两方面。

19.1.2.1 国外机器人发展与现状

20 世纪 50 年代，日本经济的快速发展使日本劳动力不足的问题日趋严重，此时美国成功研制的工业机器人无疑为日本解决劳动力不足的问题带来了福音。1967 年日本首先将机器人技术引进国内，并且在 1968 年成功试制出日本第一台机器人。到 20 世纪 80 年代，日本机器人行业发展到鼎盛时期，机器人的身影无处不在。后来因为国际市场转向欧洲和北美，影响了日本机器人的发展。度过几年低迷期后，日本的工业机器人又焕发勃勃生机，在国内推广使用机器人，极大地解决了日本劳动力不足的问题。不仅如此，日本政府也采取了一系列政策，推动机器人的研究和发展。

从 20 世纪 80 年代以来，日本机器人的生产和出口数量巨大，位居世界第一。同时日本也是世界最大的机器人消费市场[2]。

日本工业机器人发展势头迅猛，因此促进了娱乐机器人的进一步发展和研究。从 2003 年开始日本索尼公司势头更猛，成功地研制出 QRIO 机器人。它不但能够跳日本舞，而且还是世界上第一个能跑步的机器人，能够以 14m/min 的速度跳跃。在摔倒时，能够快速调整身体使自己保持平衡，如果调整的幅度范围超过了控制限度，它会自动保护自己，避免头部重要元件受到伤害。QRIO 在控制方面还加入了人类的情绪功能，一旦有人对它不友好，它会以其人之道还治其人之身，而且还会拒绝一些不存在于记忆程序中的要求，甚至会向人类发泄自己的不满。目前，QRIO 机器人是人类化最高的机器人之一，集成了许多现代高科技，包括自动控制技术、传感检测技术以及人机交互技术等。

世界上第一台机器人是在美国研制成功的，比号称“机器人王国”的日本起步早至少五六年。经过多年的努力和发展，美国一跃成为世界机器人技术强国之一。美国的机器人技术在世界一直处于国际领先水平，主要表现在：研制的机器人性能强大、具有较全的工作能力、控制精确度高；机器人语言发展快，形成了多种机器人语言，并且应用广，一直处于世界之首；机器人技术中的智能技术发展快，加入了与人类相似的视觉、触觉等人工智能技术，并且在航天、汽车制造业中得到广泛应用；美国也发展和研究高智能和高难度的军用机器人以及太空机器人等。总的来说国外机器人发展研究相对我国更成熟和先进[3]。

19.1.2.2 国内机器人发展与现状

与国外相比，我国工业机器人的研究工作起步很晚。20 世纪 70 年代我国工业机器人才刚刚开始发展。1985 年，许多工业发达的国家在生产活动中开始大量应用机器人，我国也紧跟国际步伐，把工业机器人的发展计划列在“七五”国家科技攻关计划中，形成了中国第一次工业机器人高潮。

20 世纪 90 年代后，在 “863” 计划中确定了以特种机器人和工业机器人为发展重点，目的是为了实现高技术发展与国家经济主战场的密切衔接。研究者经过多年的不懈艰苦奋斗，截至 20 世纪 90 年代末期，我国已经建立了 9 个机器人产业化基地和 7 个科研基地，并且目前我国已经能够生产具有国际先进水平的平面关节型装配机器人、直角坐标机器人、点焊机器人以及 AGV 自动导引车等一系列产品[4]。但是我国还是没有跟日本 FANUC 和德国 KUKA 一样的工业机器人制造厂，我国工业机器人的发展还处于初级阶段。随着我国制造业的高速发展以及科学技术的不断提升，我国工业机器人的发展速度将越来越快[4]。

舞蹈机器人的发展，目前国外依然处于领先地位，但是国内研究进步很快，正在逐步跟上国际步伐。为了刺激人们对舞蹈机器人的研究，国内先后举行了多次舞蹈机器人比赛。2006 年西北工业大学获得中国舞蹈机器人比赛冠军，他们的机器人舞蹈是千手观音。2013 年中国机器人大赛中，西北工业大学舞蹈机器人创新实践基地和机器人足球创新实践基地共同派出选手参加 8 个大项 22 个子项目的角逐，获得全国冠军 7 项，亚军 2 项，季军 5 项。目前国内对舞蹈机器人的研究已经取得了巨大的进步，机器人技术也在逐渐走向成熟，已经成功研制出高类人化的机器人。

19.1.3 比赛研究内容

本次比赛的内容主要是舞蹈机器人的机械结构分析与设计以及控制系统的设计，如何让舞蹈机器人平稳地跳出优美的舞姿是该课题的难点。近年来微电子技术高速发展，微处理器 (MCU) 的性能不断得到提高。Kinetis 系列微处理器是基于 ARM Cortex^{TM}-M4 内核的 32 位微控制器[5]，是业内扩展能力最强的 MCU 系列之一，应用广泛并且不断地更新换代[6]。

本设计以 MK60DN512ZVLQ10 型微控制器[7]为核心，设计并制作舞蹈机器人控制系统的控制电路板。采用嵌入式 C 语言编程，将编译后的程序下载到机器人控制器中，以控制机器人的动作。

舞蹈机器人可用于嵌入式教学与实训，激发学生对机器人技术的兴趣。学生可以自主设计机器人的控制程序，编制出自己的机器人舞蹈，让学生学以致用，慢慢了解并掌握机器人技术。

19.2 机械结构分析

19.2.1 竞技体操机器人机械部分材料分析

竞技体操机器人机械部分主要有手臂、躯干和双腿，目前可以用的材料主要有金属、木材、塑料和复合材料。现在大部分制作机器人的材料都是金属，因为金属具有良好的硬度、好看的色泽并且不易磨损，同时比较容易加工。目前用于制作机器人的金属材料主要是铝合金和各种碳钢[8]，因为它们具有足够的强度和硬度，可满足大部分机器人的强度要求。铝合金是制作机器人最常用的材料，例如，5052 铝合金板的强度高，应用广泛，在加入镁元素时能够增强铝板的抗腐蚀性和强度，可塑性好以及有良好的焊接性。

在机器人制作过程中，木材有时也会被大量利用，主要是因为木质材料方便安装，所以适合于制作轻型机器人。除此之外，由于干燥的木材不易导电，可以很好地避免因机身引起电路的短路或者机身漏电等。

塑料也是制作机器人经常被采用的材料，相比金属材料它的优势就是便于加工，可以很容易制作出复杂的零件。但是它的缺点也很明确，就是硬度比较低。目前常用的塑料主要有 ABS、PVC、尼龙以及有机玻璃等。ABS 是五大合成树脂之一，广泛用于机械、汽车、电子电器和建筑等许多工业领域。PVC 的主要成分是聚氯乙烯，它的特性是不易燃烧、高强度、不易因温度而发生尺寸变化等特点。硬 PVC 不含柔软剂，所以具有韧性良好、容易成型、不易变脆以及保存时间长等特点，它的应用开发很有价值。尼龙是一种高分子化合物，具有机械强度高、耐高温、表面摩擦系数低、软化点高、耐腐蚀、电绝缘性好以及无毒无臭等特点，但是吸水性大，影响尺寸稳定性和电性能，用于制作梳子、牙刷盒、扇骨等。有机玻璃也叫亚克力，它的化学名称是聚甲基丙烯酸甲酯，具有强度大、质量轻、表面光滑、耐化学品腐蚀以及绝缘性好等特点。

考虑到各个材料的性能，该竞技体操机器人机身材料主要使用的是 5052 铝合金，它强度高，易加工，能够满足要求。

19.2.2 动力元件分析

动力元件顾名思义就是为机器人提供动力的元件，竞技体操机器人之所以能完成各个竞技体操动作，都是由它身体中各个运动部位的动力源 (驱动电机) 提供动力的。该竞技体操机器人只是通过转动副完成各个动作，因此只需要电机作为动力源就能满足要求。目前被用作机器人动力源的常用电机有三类，即直流电机、舵机和步进电机。其中，直流电机耗能较低，提供的力矩大，常用于闭环控制系统；舵机控制精度高，但产生的力矩小，可用于开环系统；步进电机的控制精度高，可是功耗较大并且力矩相对于其他种类电机较小，常用于开环控制系统[9]。表 19-1 为这三种电机特点的对比。

通过表 19-1 的比较以及该竞技体操机器人的设计要求，舵机完全能够满足要求。使用的舵机型号是春天舵机 SR403P。该舵机的参数：尺寸为 (长)40.8mm×(宽)20.7mm×(高)42.8mm；重量为 67g；扭力为 13.2kg·cm(6V)，15.3kg·cm(7.4V)；

线长为 300mm；旋转角度为 180°；工作电压为 6~7.4V。

表 19-1　不同类型电机特点比较表

电机类型	优点	不足	应用范围
直流电机	市场上广泛存在，种类多，功率大，力矩大，连接电路简单	转速太快，一般需要配有减速装置，电流比较大，控制复杂(PWM)，价格较贵	用于比较大的机器人
舵机	内部有减速齿轮，接口简单，价格便宜，控制方便，易于装配，型号多	功率小，速度调节范围较小	常用于小型机器人和步行机器人
步进电机	控制精度高，种类多，适合室内机器人的速度	功率低，比较难装配，提价大，负载能力低，自重比较小，控制复杂	用于小型和轻型机器人

19.2.3　竞技体操机器人零件尺寸形状分析

根据以上机器人材料和舵机的选择，设计机器人各个零件的形状和尺寸。首先通过 SolidWorks 进行三维零件设计和三维虚拟装配。SolidWorks 是一款广泛使用的三维造型软件，可以进行三维动画模拟，功能强大[10]。它能够造型出复杂的曲面，设置零部件的材料外观等，使虚拟的三维零部件看起来更像现实的零部件。除此之外，SolidWorks 还能够进行受力分析，检验结构设计中部分应力过于集中和过大的问题。通过 SolidWorks 进行零部件的设计和装配，能够及时发现问题和不合理之处，及时解决问题，缩短了产品的设计周期，降低设计成本，从而提高设计产品质量[11]。

在 SolidWorks 中画出各个三维零件和三维装配[12]。图 19-1~ 图 19-3 分别是竞技体操机器人各个部分的三维图和装配图。

图 19-1　机器人手臂

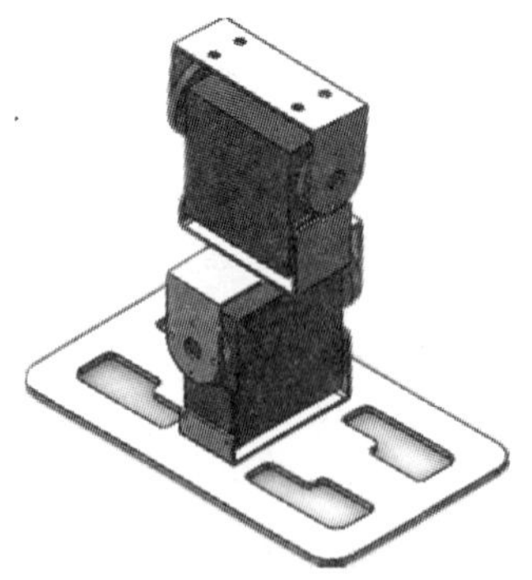

图 19-2　机器人腿

图 19-3　机器人装配图

本节主要对竞技体操机器人的机械部分进行材料分析、舵机分析、在 SolidWorks 下三维建模，并且对机器人的动作进行运动分析。为竞技体操机器人的硬件和软件设计奠定基础，接下来就是控制系统，以解决如何使机器人跳出优美的竞技体操以及控制机器人动作等问题。

19.3　竞技体操机器人控制系统硬件介绍

本次设计的竞技体操机器人控制系统是选用 MK60DN512ZVLQ10 微处理器。该器件有 512KB 的 Flash 储存器和 128KB 的 RAM，共有 144 个引脚，采用的封装是 LQFP；功能强大，能够提供 10 种低功耗的操作模式，提供电源盒时钟的门控，可以实现最佳的外设活动和恢复时间；停止电流小于 2μA, 运行电流小于 350μA/MHz，停止模式唤醒时间为 4μs；硬件加密协处理器用于确保数据传输和储存的安全，要比软件的执行速度更快，而且 CPU 负载最低，还支持各种算法，例如 DES、3DES、AES、MD5 和 SHA-1 等[13]；可支持 Altium Designer Winter 09 软件进行原理图的设计以及硬刷电路板。

19.3.1　K60 核心板图

19.3.1.1　K60 核心板图

K60 核心板图如图 19-4 所示。

整个器件所需电压为 3.3V，可以由锂电池或 USB 接口供电，由于该器件的引脚过多，故将其放置于 PCB 板中间位置，方便布线与连接。

图 19-4　K60 核心板图

19.3.1.2　晶振模块

电路中同时使用无源晶振和有源晶振，其电路图分别如图 19-5 和图 19-6 所示。

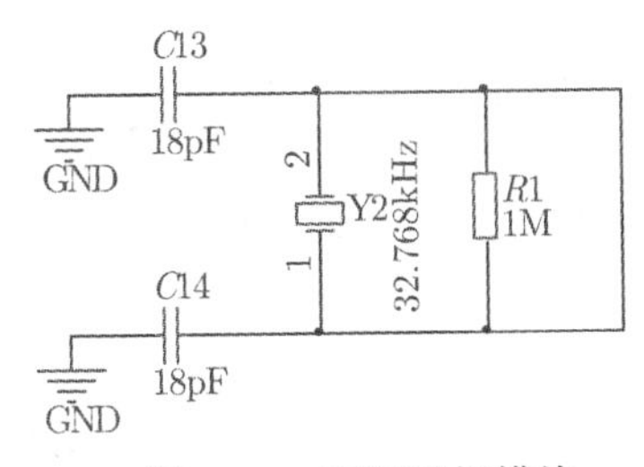

图 19-5　无源晶振模块

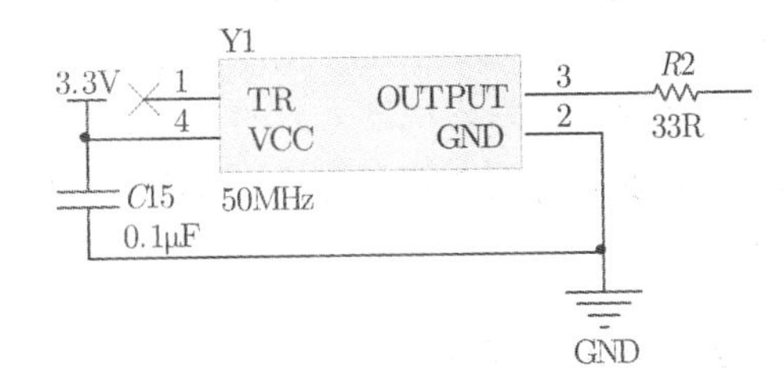

图 19-6　有源晶振模块系统主时钟信号

K60 器件中含有 32.768kHz 的无源晶振和 50MHz 的有源晶振，其中无源晶振是为 MCU 内部的 RTC 模块提供时钟信号。有源晶振是为系统工作时提供时钟信号。

19.3.1.3 复位模块电路图

复位模块电路图如图 19-7 所示。

K60 在正常工作状态时 RESET 处于高电平，复位时复位 RST 按下，RESET 引脚接地，K60 复位。并且在复位引脚并联 0.1μF 电容，提高了复位信号的稳定性。除此之外复位引脚 RESET 还加有上拉电阻，可以有效地防止外界信号的干扰。

19.3.1.4 JTAG 接口电路

JTAG 接口电路如图 19-8 所示。JTAG 是一种国际标准测试协议，它是下载和调试接口[14]。

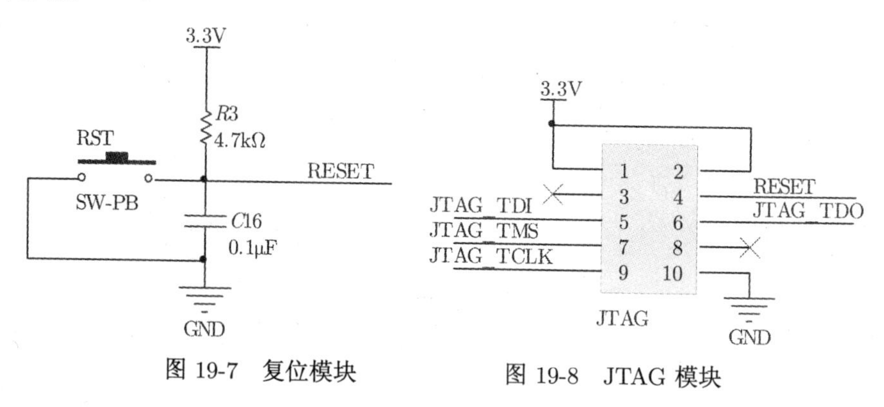

图 19-7 复位模块　　图 19-8 JTAG 模块

19.3.2 舵机控制电路

19.3.2.1 核心板控制舵机的接口布局图

核心板控制舵机的接口布局图如图 19-9 所示。图中通道 0 到通道 11 为各个舵机与核心板相连的接口，每个通道控制一个舵机，但是其中 T4 和 T5 通道不需要连接舵机，因为该机器人只有 10 个舵机需要控制，这两个通道多余。需要记住每个舵机具体与哪个通道相连，这样便于编程设计，控制一个通道相应的舵机发生旋转。

19.3.2.2 舵机驱动电路

舵机驱动电路如图 19-10 所示。

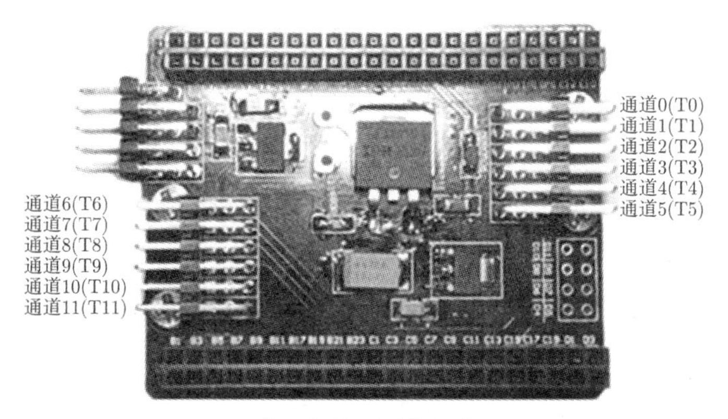

图 19-9 核心板控制舵机的接口布局图

通道 2 舵机有 3 个接线口，分别是电源、地和控制信号。核心板通过控制 PWM 波的输出，舵机接收信号，旋转相应的角度。相比 2 舵机电路图，其他舵机电路图只是控制信号线不同，每个舵机都有其相应的控制信号线，不能都连接在一个控制信号线上。

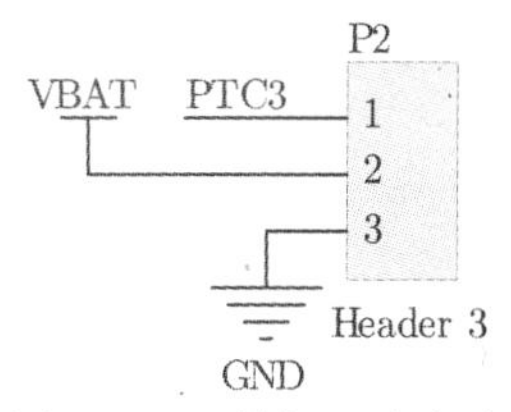

图 19-10 舵机驱动电路

K60 核心板以及其周边电路和舵机接口电路请按照官方提供的技术手册安装到机器人上，将各个元器件连接起来，就可以进行最后的软件和程序设计，机器人就可按照程序跳起竞技体操。

19.4 舞蹈机器人控制系统软件设计

19.4.1 K60 器件结构

本设计的机器人是选用 MK60DN512ZVLQ10 型微处理器，主要使用 FTM0、1、2 的 10 路硬件 PWM 输出功能。图 19-11 为 K60 系列器件的模块结构总图。

19.4.2 山外 K60 库函数介绍

为了方便对 K60 片上外设的操作与使用，采用山外 5.3 硬件函数库，在 IAR 工程中进行相关设置，并将库文件加入到工程中后，可以方便使用 GPIO、UART、I^2C、SPI、ADC、DAC、DMA、PIT、FTM 等片上外设，避免了繁琐地配置寄存器的工作。

山外 K60 库有很多优点，尽可能地完善底层的驱动。这样用户就可以直接调用 API 接口，而无需仔细学习其数据手册，从而能够提高效率，缩短时间周期。

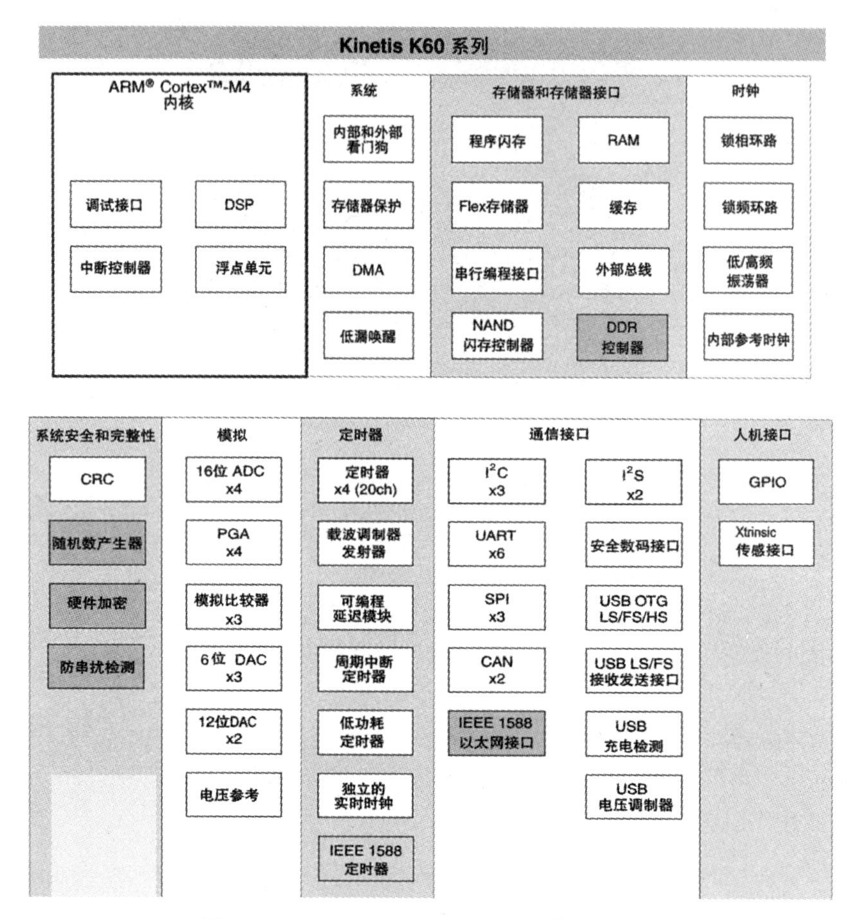

图 19-11　MK60DN512ZVLQ10 模块结构图

19.4.2.1　中断配置

Cortex-M 系列的单片机是通过 NVIC 模块控制中断配置 (设定中断函数的优先级、使能中断响应等)，通过 SCB 模块设定中断向量表的地址。Kinetis 系列单片机上电时默认中断向量表的起始地址为 0 地址，可在运行时通过寄存器配置来设定为其他内存地址。山外 K60 的工程代码会在系统初始化时复制中断向量表的内容到 RAM 起始位置，然后设置寄存器来指定中断向量表的地址就是 RAM 起始地址。把中断向量表移到 RAM 的好处是加快中断响应，因为 RAM 的读写速度要快于 Flash 的读写速度。中断函数的编写实现方法有 2 个：一是直接写入到 0 地址的中断向量表；二是运行时调用函数来写入到相应的 RAM 地址。

在中断配置过程中，山外的工程中提供了 set_vector_handler 函数来在运行中修改中断向量表里的中断函数入口，这样可以在不修改 vectors.h 的情况下实现中断函数的执行。

19.4.2.2 K60 FTM 模块配置

K60 FTM 模块是在 TPM 模块的基础上改进的，增加了正交解码等功能，因此两者都是基本相同的。

首先定义 FTM 的占空比输出精度，若定义 FTM0 为千分之一，需有宏定义：

```
#define FTM0_PRECISON 1000u;
```

如初始化 FTM0 通道 0 输出占空比 300 ‰，频率为 50Hz 的方波，则调用：

```
ftm_pwm_init(FTM0, FTM_CH0,50, 300);
```

如改变 FTM0 通道 0 输出方波的占空比为 500 ‰，则调用：

```
ftm_pwm_duty(FTM0, FTM_CH0, 500);
```

通过调用库函数，极大地简化了底层硬件的操作问题，为更好地编写应用程序，将主要精力放到动作代码的编写上奠定基础。

19.4.3 机器人下位机程序设计

19.4.3.1 工程构架

该机器人采用嵌入式 C 语言编程控制[16]，开发环境为 IAR7.2。工程构架如图 19-12 所示，其中 Board 中存放开发板驱动文件，Chip 中存放 K60 驱动程序、Lib 中存放现成的库代码，用户编写的应用程序在 App 下。在 main.c 中实现了硬件的初始化、中断函数、指令代码收发，以及完整动作代码执行等。在 myapp.hpp 中，实现了多个具体的功能函数，如舵机角度插补、数据指令格式转换，以及将动作指令中的位置码转换为占空比等。

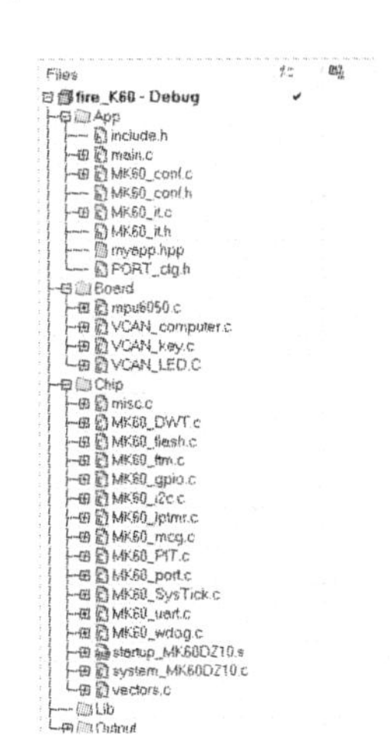

图 19-12　工程构架图

19.4.3.2 下位机程序流程

主程序包括运行模式与调试模式，调试模式在接收上位机指令后，解析并控制舵机执行相应动作，需要接收 2 种类型的通信指令：一种为单次动作指令、该指令控制舵机运行到某一指定位置，下位机执行时无插补，执行完毕无反馈；一种为连续动作指令，用于调试多个连续动作，下位机执行时舵机在不同位置间进行插补，执行完毕后，对上位机发送反馈信号。运行模式则执行核心板中事先储存好的动作函数。主程序工作流程如图 19-13 所示。

用 J-link 将机器人连接到电脑，打开 IAR 软件，找到调试程序，将调试程序下载到核心板中。用 USB-TTL 与核心板正确连接，连接接口为 GND-GND、3.3-

3.3、TXD-A15 和 RXD-A14[17]；再将 USB-TTL 连接到电脑 USB 接口上。打开机器人开关，在电脑上打开上位机软件，打开串口，连接机器人与电脑，用电脑控制机器人的动作[18]。

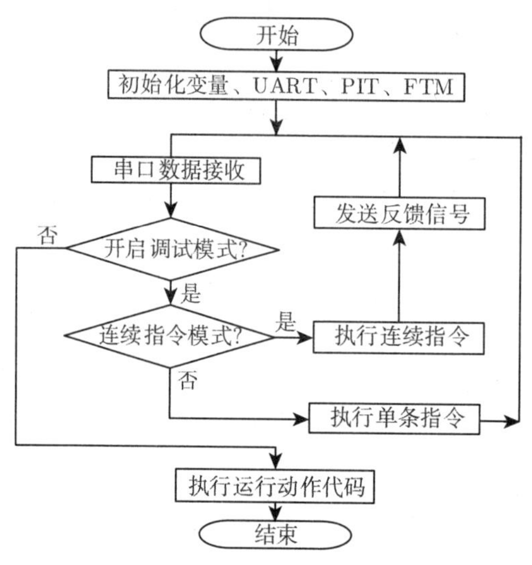

图 19-13　机器人下位机程序流程图

19.4.4　机器人调试模式

调试模式时接收 2 种形式的调试指令：一种为单次位置调试指令，一种为连续动作调试指令[19]。图 19-14 为上位机软件界面。

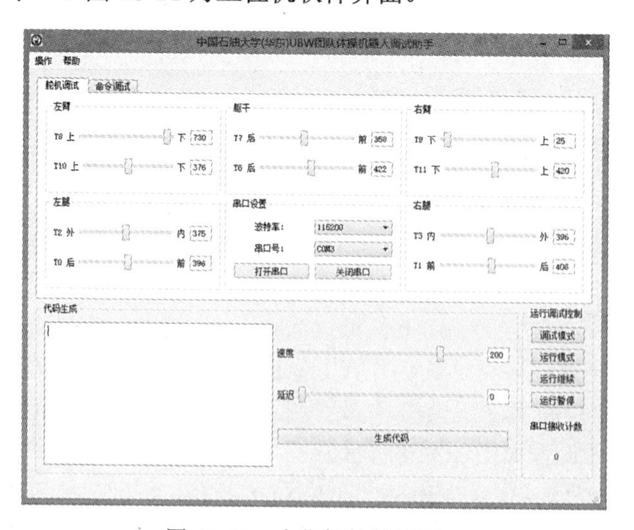

图 19-14　上位机软件界面 1

图 19-15 是上位机软件命令调试界面。上位机软件界面上，菜单栏中“操作–复位”用来加载和保存机器人的复位值、计时器功能和串口调试功能。在线调试区中，可以看到 T0~T11 的控制条，控制核心板通道 0~11 连接的舵机，通过拖动控制条，核心板接收信号，控制 PWM 波的占空比，来控制舵机旋转角度[20]。在线调试区中，还有速度和延时控制条，分别用来控制舵机旋转的速度和运行下个动作前的延时。复位可以让机器人恢复到初始动作。生成代码功能键能够将机器人运动的代码在代码运行区生成，以供下载使用。代码运行区，可以显示运行的代码。将调试好的运动代码生成 C 代码，供后续的程序运行使用。

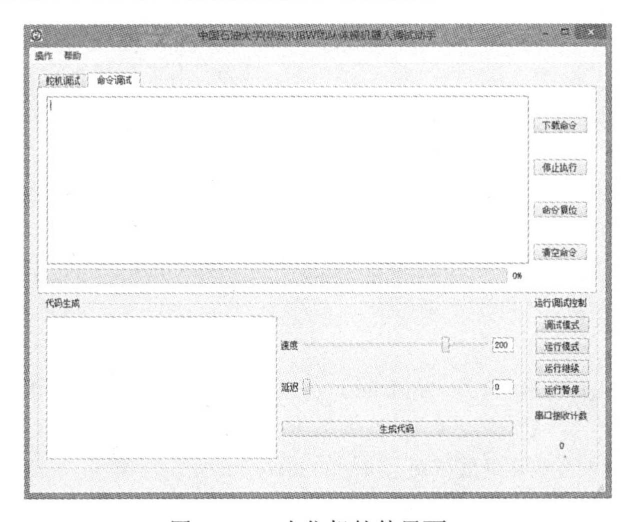

图 19-15 上位机软件界面 2

运动代码格式为“200##-2****-20&&&-2%%%”，第一段为舵机通道，“##”表示通道号，范围是“00~11”；第二段为舵机 PWM 波，“****”表示当前值，范围是“0~750”；第三段为舵机执行速度，“&&&”表示速度大小，范围是“000~255”；第四段为舵机延时，“%%%”表示此次动作完成后延时多少毫秒，若本行此段为“20 000”则表示直到下次本段出现一个大于“20 000”时，同时执行这两段之间的所有动作[21]。

以下以具体代码解释运动原理：20007-20406-20202-20000；20009-20196-20202-20001。

该动作为 7 号舵机 PWM 波运行至“406”，速度为“202”；同时 9 号舵机 PWM 波运行至“196”，速度为“202”，这两个舵机同时动作，执行后延时 1ms。

调试模式时，核心板接收上位机调试软件的动作代码，若直接拉动的舵机状态拖动条或修改状态值编辑框中的数字，上位机将发送单次位置指令，此时核心板执行指令完毕后无反馈，若调试多条动作指令，则点击下载命令后，上位机依次发送相应指令，待下位机执行完毕反馈后发送下一条指令。

该阶段主要完成的是将设计的舞蹈用程序来表达，并且完成程序的调试，直到没有错误即可以进行下个阶段。

19.4.5 机器人动作运行模式

该阶段只需将调试好的程序通过 J-link 下载到核心板中，打开机器人电源，机器人就能按照程序执行舞蹈动作，执行完后机器人处于停机状态[22] 。

本节主要讲述了通过 J-link 将调试程序或者运行程序下载到核心板中和如何用上位机设计机器人舞蹈以及生成运行代码和 C 代码，最后将调试好的程序下载到机器人中完成了机器人的软件部分的设计。另外，由于该机器人的控制系统是开环，如果舞蹈出现问题不会自我进行调整，只能重新调试程序或下载程序。

参 考 文 献

[1] 顾永恒，常红. 机器人现状与前景分析. 现代商贸工业，2010，22(8): 327-328.

[2] 未来机器人产业发展趋势分析 (图表). http://blog.sina.com.cn/s/blog_5cd4d9950100irmq.html,2014.

[3] 机器人发展史. 百度网. http://hi.baidu.com/mrmobilerobot/item/5fbe1b23c2ae713194f62bce, 2009.

[4] 中国工业机器人产业化发展战略. http://www.gkong.com/item/news/2010/06/48618.html#，2010.

[5] 恩智浦. 恩智浦推出混合信号 ARM Cortex-M4 微控制器系列. http://www.NXP.com.cn/media/2010/0622.asp，2010.

[6] 姚丹丹. 构件化可裁剪嵌入式工控板 SD-K60 的设计与应用——基于 ARM Cortex-M4 Kinetis 系列微控制器. 苏州: 苏州大学，2012: 2-11.

[7] K60_100: Kinetis K60 以太网 100MHz MCU. http://www.NXP.com/zh- Hans/webapp/sps/site/prod_summary.jsp?code=K60_100&fsrch=1&sr=1&pageNum=1.

[8] 权晨，定孝洋. 浅谈机器人制作材料的选择. 机械，2009，36(6): 60-62.

[9] 肖慧杰. 舞蹈机器人控制系统研究与设计. 沈阳: 东北大学，2006.

[10] Konn A, Kao N, Shirata S, et al. Development of a light-weight biped humanoid robot. IEEE International Conference on Intelligent Robots and Systems, 2000, (3): 1565-1570.

[11] 秦爱中，马锡琪，徐广勋，等. 基于 SolidWorks 仿真的舞蹈机器人设计. 机械研究与应用，2004, 17(4): 78-79.

[12] 陈桂铨，郭志勇. SolidWorks 2000 实作与应用. 北京：中国水利水电出版社，2001.

[13] 赵宪龙. 基于 ARM 与 μC/-II 的数据采集平台应用研究. 青岛: 中国石油大学 (华东)，2012.

[14] Tan G Z, Zhu J Y. A new method of mechanism synthesis for biped robots. Transactions of Nonferrous Metals Society of China, 1997(7), 151-155.

[15] ARM. Cortex-M4 Technical Reference Manual.pdf.http://www.arm.com，2009.

[16] Luo X, Zhu C, Kawamura A. Smooth motion control of biped robots. Proceedings of the IASTED International Conference on Robotics and Applications, 2004, 216-220.

[17] 徐心和，郝丽娜，丛德宏. 机器人原理与应用. 沈阳：东北大学，2014.

[18] 谭浩强. C 程序设计. 4 版. 北京：清华大学出版社，1999.

[19] 孙涵芳，徐爱卿. MCS-51/96 系列单片机原理及应用. 北京：北京航空航天大学出版社，1998.

[20] 陈松乔，任胜兵，王国军. 现代软件工程. 北京：北京交通大学出版社，2002.

[21] 张立科. 单片机通信技术与工程实践. 北京：人民邮电出版社，2004.

[22] Sung-Nam O, Kab-li K, Seungchul K. Motion control of biped robots using a single-chip drive. Proceeding-IEEE International Conference on Robotics and Automation, 2003(2), 2461-2465.

第 20 章　竞技体操机器人Ⅳ*

随着关节型机器人技术的发展，竞技体操机器人的自主性、协作性、高效性和智能性的提高成为近年来研究的热点。在了解规定动作与自主创新动作设计的基础上，使用 Pro Engineer 三维建模软件进行机器人支架、胯部、手掌、脚掌的零件设计，针对预定动作进行运动仿真，确保手部、腿部、腰部结构的运动完整性、稳定性和无干涉性；提出了基于 Arduino 控制板的系统控制方案，采用脉宽差法编写舵机控制程序，设计了系统化的多关节机器人控制策略和多组舵机控制优化算法。测试表明，该竞技体操机器人灵活性高，运行稳定连贯，具有良好的可扩展性和深度开发前景。

20.1　研 究 背 景

21 世纪是科技快速发展的时期，然而机器人研发却面临着各种困难。但是，机器人无疑是当代最具影响力的产业之一。它集中了多门学科的核心技术，代表着机械与电子行业的最高成就。20 世纪七八十年代以来，机器人被应用到工业发展中有着不可替代的意义。机器人可分为仿人机器人、工业机器人等，其中仿人机器人又分为体操机器人、竞速机器人等。如今的机器人类型多样化，被应用于不同领域的不同工作。机器人代替人类工作，不但提高了工作效率，还可以到一些人类无法接触的危险工作环境中，以保护人类安全。而今，全球有近 100 万台各种类型的机器人正在运行，并成为了一个具有强大活力的新兴产业[1,2]。

体操机器人的课题研究是近代衍生的一门学科，有接近 40 年的研究历史，经历了一个跌宕起伏的过程。在国内的很多机器人大赛中，都可以看见体操机器人的身影。它的功能是能够模仿人类完成一系列动作，包括翻滚、倒立、侧翻等[3]。体操机器人自由度高、精度高、能耗低、装配容易、控制方法多样，主要参考人类的身体结构进行结构设计。与其他机器人相比，这种机器人有很多特点：具有很强的环境适应能力、很高的灵活性、可以应用于服务业等。研究体操机器人课题可以显著提高科技创新能力。

体操机器人在机器人领域是重要的一部分，党和政府在体操机器人方向加大了发展力度。每年，国内举办很多相关竞赛来促进国内高校对体操机器人的研究和发展，如 FIRA 和 RoboCup 等[4,5]。这些比赛带给每个人的不只是个人、学校的荣誉，

---

* 队伍名称：江苏科技大学青春飞扬队，参赛队员：陈萍、李慧、任俊；带队教师：王琪、金琦淳

更是代表着中国人对机器人的喜爱，代表着中国年轻一代对机器人行业的发展与期望[6−8]。但是我国的体操机器人还存在着一些问题，比如：① 虽然体操机器人设计及开发随着经济及科技的发展得到巨大发展，但机器人设计还停留在简单的加工和调试上，真正的智能控制没能充分融入其中；② 我国基础零部件制造能力差，即使目前来说国家在与机器人有关的零部件方面有了一些基础，但不管从质量、类型，还是效率等方面都与老牌机器人生产国有着明显的实力差距，影响了我国机器人的竞争力；③ 中国还没有属于自己品牌的体操机器人，虽然很多高校正在研究体操机器人，但没有推广到市场，不能把机器人应用到社会上去；④ 国家虽然有一些对于机器人的政策，但是和国外相比还有差距，机器人竞赛相对少，不能激发出人们学习机器人技术的热情。一定要从国家角度来认识到机器人产业的重要性，这是我国从生产大国向制造和创造双强国家转变的重要手段和途径。

20.2　体操机器人的结构

20.2.1　机械总体结构

此次机器人采用舵机控制，并设计成 10 个自由度机器人，这样才能完成相关动作。根据人体结构将 10 个舵机进行分配，其中 2 只手各有 2 个舵机，头部、腰部共 2 个，2 只脚各有 2 个舵机，共 10 个舵机。其中控制板和稳压模块放置在胯部件下方，2 个手掌里各装一个 3.6V 干电池。接线之前还要将控制板进行处理，将正负极引出来接入 10 个舵机正负线，本设计的体操机器人结构如图 20-1 所示。

此种结构采用 10 个舵机，舵机与舵机间的连接为支架，其中支架有 2 种类型，分别连在舵机的两边，腰部与腿部采用胯部件相连接，控制板位于胯部件下方，腿上的两个舵机相差连接，以便于侧方的运动，此款机械结构的机器人能够做完一系列的动作，但是是不可以走路的。其体操机器人的结构实物图如图 20-2 所示。

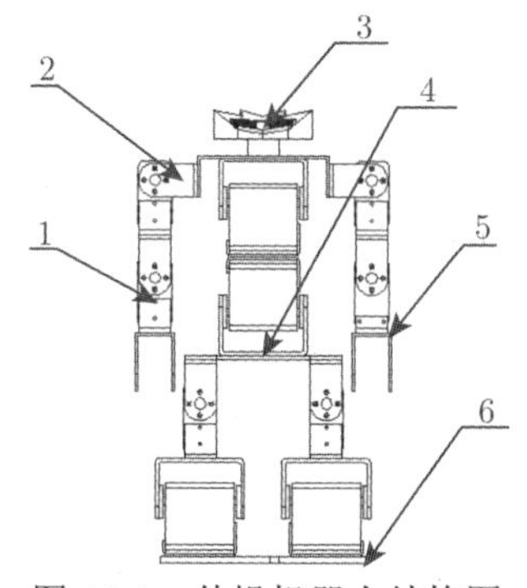

图 20-1　体操机器人结构图
1—舵机；2—支架；3—头部；4- 胯部件；
5—手掌；6—脚掌

图 20-2　体操机器人的整体结构实物图

20.2.2　体操机器人结构组成

20.2.2.1　手部结构

手部结构采用 2 个舵机控制，一个舵机与手掌相连，另一个舵机与颈部件相连，手臂可以沿着上下晃动，但是不可以前后晃动，因为舵机只能朝着一个轴线运动，在所有动作中只需要在竖直轴线上运动，所以只需要将 2 个舵机进行相连即可满足要求。其结构简图如图 20-3 所示。

20.2.2.2　腰部结构

腰部结构同样由 2 个舵机控制，其连接方式与手臂连接方式相反，传动轴分别在腰的上下两侧，如果设计时采用与手部一样的连接方式，其中部运动导致下方的舵机与胯部件相固定，重心下移，不能进行翻滚，所以将 2 个舵机首尾相接作为腰部结构，其结构简图如图 20-4 所示。

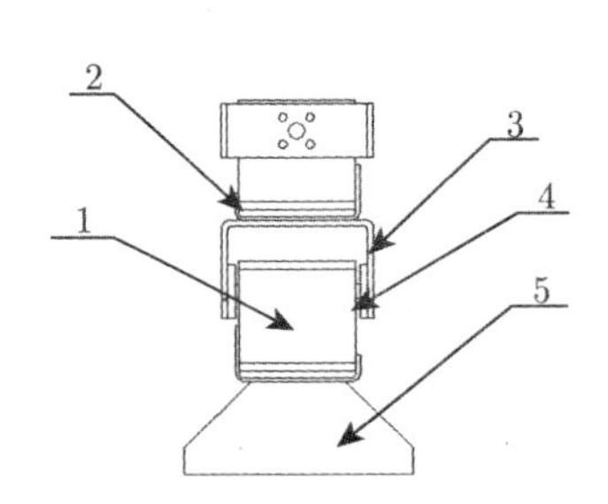

图 20-3　体操机器人手部结构简图

1—舵机；2—短支架；3—长支架；4—舵盘；5—手掌

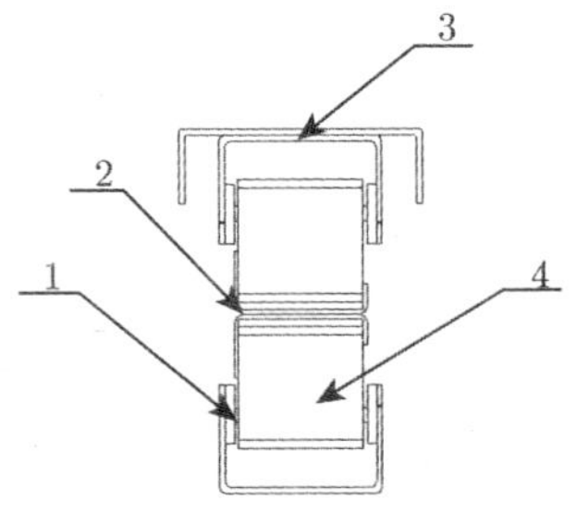

图 20-4　体操机器人腰部结构简图

1—舵盘；2—支架；3—颈部件；4—舵机

20.2.2.3　腿部结构

机器人腿部由两个舵机交叉相连接，下方舵机与脚掌固定，上方舵机与胯部件固定，因为上方舵机只能朝两边张开，不能在机器人的垂直平面运动，所以该机器人不能行走，其宽大的脚掌保证了机器人的稳定性。其腿部结构简图如图 20-5 所示。

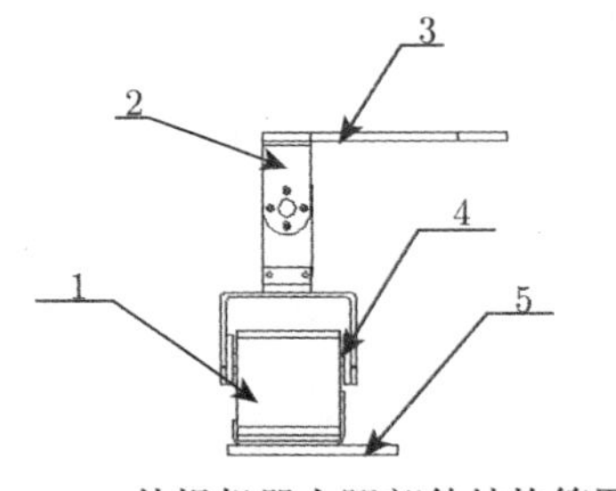

图 20-5　体操机器人腿部件结构简图

1—舵机；2—支架；3—胯部件；4—舵盘；5—脚掌

20.2.3　舵机的选型

20.2.3.1　舵机的定义

舵机，从字面上看就可以看出，在大海中航行靠的是舵手控制方向。早期的舵机一般应用到航模中控制方向。在一些航空模型中，一般是通过调整它的发动机和其他一些控制原件多方面来控制飞行姿态的。因为舵机的体积小、重量轻、扭矩大、调整角度精度高，所以适用于机器人的关节驱动，并在后来的实践中得到很好的效果。

20.2.3.2 舵机的分类

舵机一般分为 180° 和 360° 舵机，其区别在于旋转角度的大小。180° 舵机只能在 0°~180° 转动，超过这个范围，就会发生故障，轻则内部齿轮失灵；重则内部电路或电机烧坏。360° 舵机没有角度的范围限制，可以无限制旋转，通过控制其旋转的方向和速度来达到预期的效果[9]。

20.2.3.3 舵机的内部组成结构

舵机由直流电机、控制电路板、齿轮组 (用于调速)、舵机前后盖、电位计、3 根导线 (红色线为正极线、黑色线为负极线、白色或黄色线为信号线) 组成。舵机电源线供电电压为 6~7V。

20.2.3.4 舵机的型号

SR430P 型舵机采用金属齿轮，双轴承，重为 14kg，可控角度为 180°。

RDS3115 型舵机的工作电流大于 100mA，与 Futaba、JR、SANWA、HITEC 等遥控系统兼容，此舵机是一款为机器人专门设计的数字舵机，扭矩 15kg，工作电压为 6V(实际扭力 17kg，工作电压为 7.2V)，运行噪声低、平稳且线性度高，可控角度为 180°，特别适合机器人的各关节活动。

1) 使用说明

RDS3115 型数字舵机的内部伺服控制板采用单片机控制。采用 PWM 脉宽型来调节舵机的角度，频率为 500Hz，占空比为 0.5ms 到 2.5ms 之间的脉宽电平与舵机 0°~180° 角度范围相对应，并且它们两者呈线性关系。

2) 舵机的转矩计算

$$T = F \times S \tag{20-1}$$

已知使用的舵机类型为 RDS3115，其扭矩为 15×9.8N；又知舵机为标准件，其总长为 56cm，舵机传动轴到底部的距离为 32cm。

$$S = 56 - 32 = 24\text{cm};$$

$$T = F \times S = 15 \times 9.8 \times 0.01 \times 24 = 35.28\text{N}$$

RDS3115 型舵机带位置锁定功能，给舵机一次 PWM 脉宽，可以锁定它的转动角度，要想改变角度必须给其一个跟前面不同的角度脉宽或者采取断电处理。此款舵机控制精度高，调试角度与输出角度的比例相似，输出角度误差小，响应速度

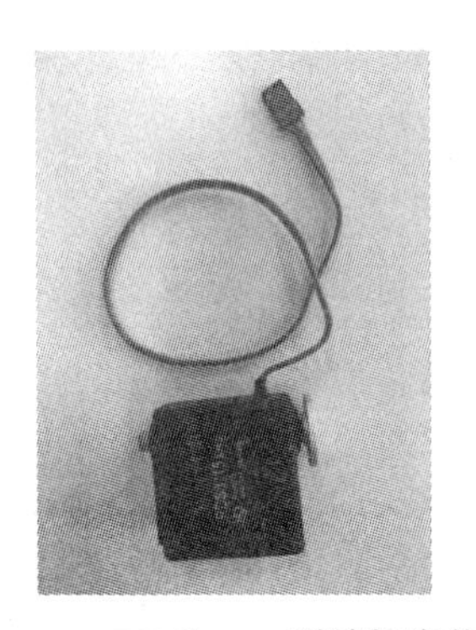

图 20-6　RDS3115 型舵机实物图

快；控制精度理论值可达到 0.09°，但实际上因为齿轮间的间隙等原因，使得该款舵机的最小控制精度能达到 0.9° 以上，如果使用上位机在线调试，其滑竿控制量的调节单位的最低值为 10。

舵机在使用过程中，严禁过载，如果将舵机堵转，舵机将会损坏。

根据比较多款舵机，最终选用 RDS3115 型舵机用于体操机器人设计。此款舵机实物如图 20-6 所示。

20.3　体操机器人的建模与仿真

20.3.1　体操机器人的建模

20.3.1.1　Proe 简介

Proe(Pro/Engineer) 第一个使用“参数化设计”的概念，采用数据库来解决问题。软件模块化处理，使得用户不需要安装全部的模块，而是根据用户需要何种功能就安装何种模块，这样不但节约了用户的时间，还简化了操作，避免过多的安装内存，使其多元化。

Proe 具有如下优点：① 参数化设计模式。用户使用智能化特征的基本功能去完成模型的创建。通过草绘，可以改变模型的形状大小，操作非常灵活方便。② 单一的数据库处理模式。所有的设计过程都在 Proe 统一的库中，只针对一个零件进行修改，而不需要考虑其装配体等文件。③ 装配是 Proe 一大特色。Proe 里面有许多关于装配的指令，如配合、插入、对齐等，可以根据自己的设计意图，把任何零件安装到想安装的任何位置。④ Proe 的工作界面中，所有的功能分类清晰明了，并且在帮助选项中可以搜索需要的功能。

20.3.1.2　Proe 的建模

(1) 舵机。舵机是控制机器人完成所有动作的基础，没有它，机器人将无法正常运转，是机器人一个最重要的组成部分，其三维图如图 20-7 所示。本款机器人所需舵机的个数是 10，因此需要 10 个这款舵机。

(2) 颈部件。此部件为定制加工产品，不是标准件，其三维图如图 20-8 所示，本款机器人所需颈部件个数为 1。

(3) 脚板。此部件为定制加工产品，不是标准件。其三维图如图 20-9 所示。本款机器人所需脚板的个数是 2，因此需要加工 2 个这款脚板。

图 20-7　舵机的建模

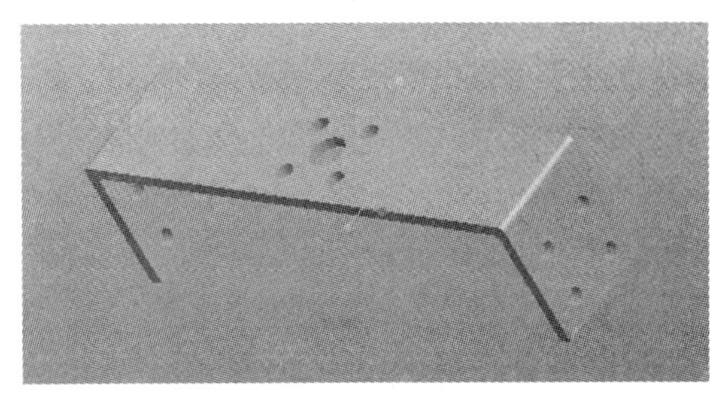

图 20-8　颈部件的建模

(4) 头部。此部件为一个联想发挥的部件，不需要固定尺寸，外观凭借想象。其三维图如图 20-10 所示。本款机器人所需头部件的个数为 1。

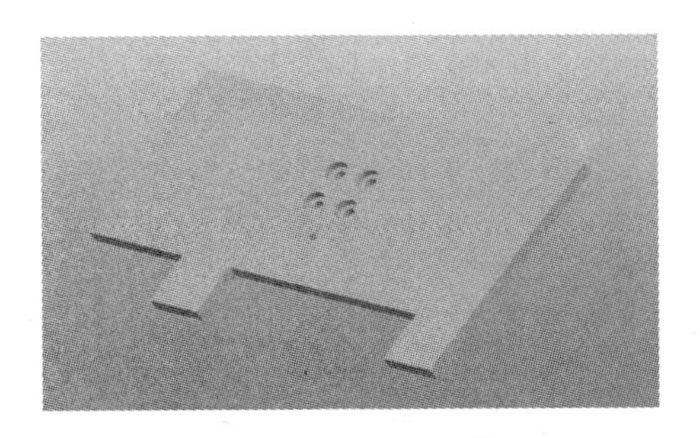

图 20-9　脚板的建模

图 20-10　头部的建模

(5) 胯部件。此部件为定制加工产品，不是标准件。其三维图如图 20-11 所示。本款机器人所需胯部件的个数为 1。

(6) 舵机支架。用于连接舵机间的连接件，一般有两种类型分别连在舵机的上下两部分，其三维图如图 20-12 和图 20-13 所示。图 20-12 是连接在舵机主从动轴段的支架，而图 20-13 是连接在舵机另一端的支架。

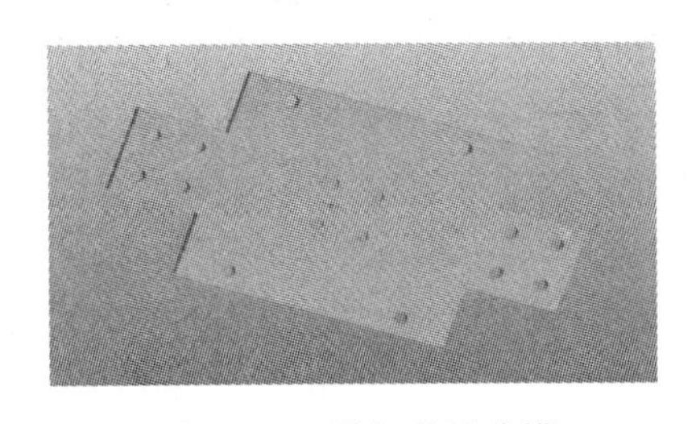

图 20-11　胯部件的建模

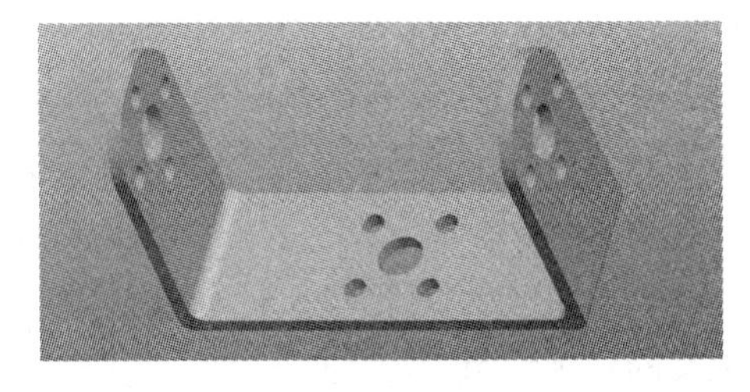

图 20-12　舵机支架的建模 (上部分)

(7) 手掌。此部件为定制加工产品，不是标准件。其三维图如图 20-14 所示。此部件是机器人的手掌，手掌内一般安装电池，两只手各一节 3.6V 电池。

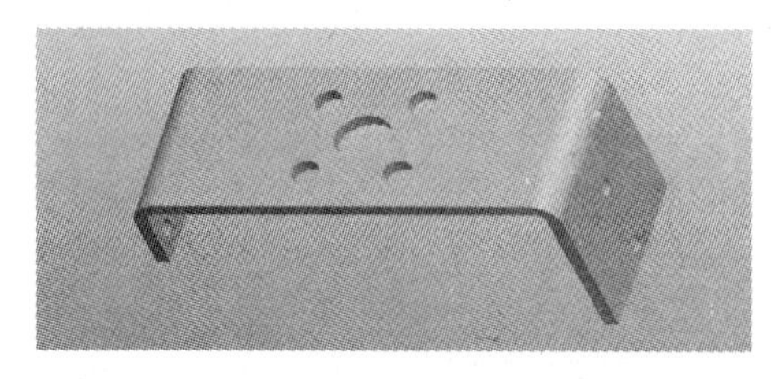

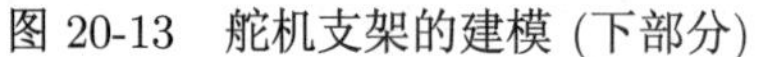

图 20-13　舵机支架的建模 (下部分)

图 20-14　手掌的建模

以上就是一个机器人需要的所有零件，然后对所有零件进行组装，组装时需要注意机器人的各个部位的自由度约束，需要调用各个零件的 prt 文件，将各零件进行对齐、配合等。所有零件总装后的装配图如图 20-15 所示。

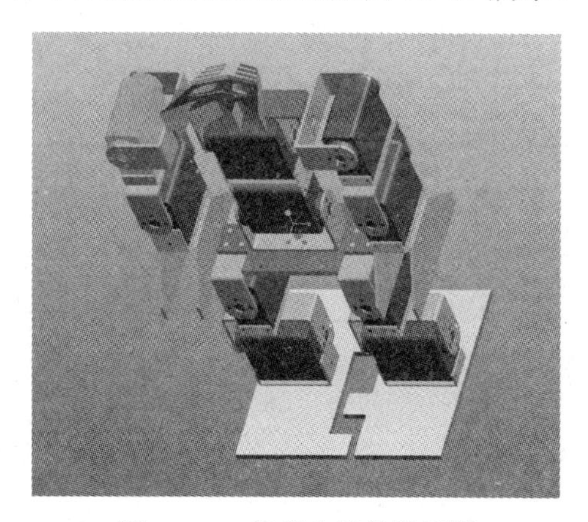

图 20-15　机器人整体的建模

20.3.2　体操机器人的仿真

仿真采用 Proe 的仿真与动画模块。运动模型的各个零件以主体为单位被分成为若干组，主体是一组彼此间没有相对运动的零件，即构件。仿真之前必须对各个构件进行约束，允许构件以要求转动的方向转动，而不会导致方向混乱，构件连接方式有销钉连接、滑动杆、圆柱、轴承、槽等。约束可以是轴对齐、平移等。连杆元件只需要保留绕轴线转动的自由度，也可以定义其绕下部支撑元件旋转。仿真的流程大致步骤为：

(1) 创建模型。对机器人所有单个零部件建模，最后总装成机器人装配体文件，即上文的建模环节。

(2) 检测模型。检测有无实体干涉等情况发生。

(3) 增加伺服电机。在运动轴或几何图元上定义机构运动，可以定义它的一些常规参数，如加速度、速度和位置。

(4) 准备分析。定义初始位置，创建测量。

(5) 分析模型。运动学分析，模拟机器人的运动过程，将每一个动作进行拆分。

(6) 分析结果。回放查看，创建轨迹及运动网络。

仿真动画设计可使机构运动可视化。通过动画可以了解机器人的大致运动过程，同时确认所设计的机器人是可以完成这一系列动作的，从而验证前面设计的结构的正确性[10,11]。另外，创建动画可以将一个动作进行拆分，对后面程序编写具有重要作用。机器人无法一次性完成俯卧撑、前滚翻等复杂动作，必须将这些动作进行拆分，因此，动画仿真是必需的。

完成动画需要以下步骤：单击应用程序 → 动画，然后进入 Proe 的动画模块；新建一个动画；对主体进行定义；用鼠标拖动主体，生成快照；使用快照按照时间顺序建立关键帧序列；添加定时试图、定时透明和定时显示；最后启动、播放并保存动画。

有关动作的动画截图如图 20-16～ 图 20-19 所示。

图 20-16 前滚翻动画

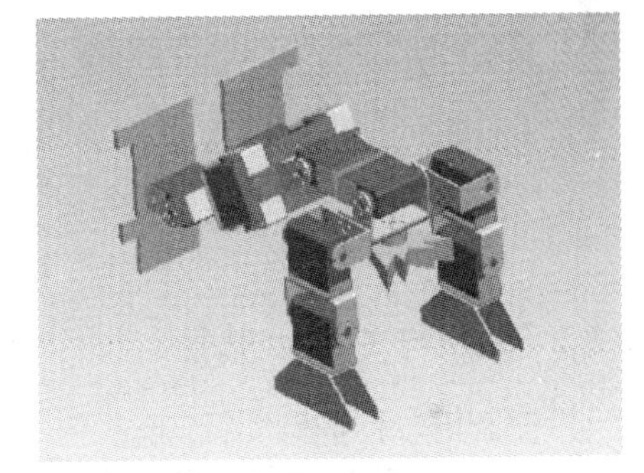

图 20-17 后滚翻动画

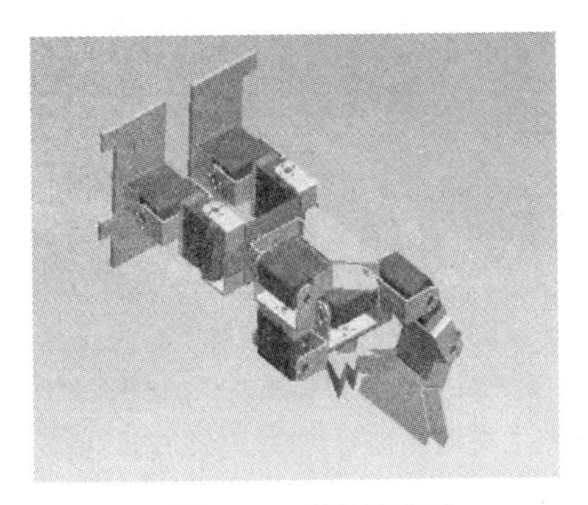

图 20-18 俯卧撑动画

图 20-19 侧翻动画

20.4　控制系统设计

20.4.1　Arduino Nano 控制板

Arduino 是一个简单易上手、易学易懂的开源电子平台，可以根据需要在其集成开发环境中进行编程[12,13]。Arduino Nano 是一款小巧、完整的基于 ATmega328 (Arduino Nano 3.0) 或 ATmega168 (Arduino Nano 2.x) 的控制板。它和 Arduino Duemilanove 功能基本相同, 但封装不同。其缺少一个直流电源插口，并且 USB 的连接采用 Mini-B USB 线缆。

基于机器人尺寸的考虑，本次设计选择 Arduino Nano 控制板。

Arduino Nano 控制系统结构如图 20-20 所示。

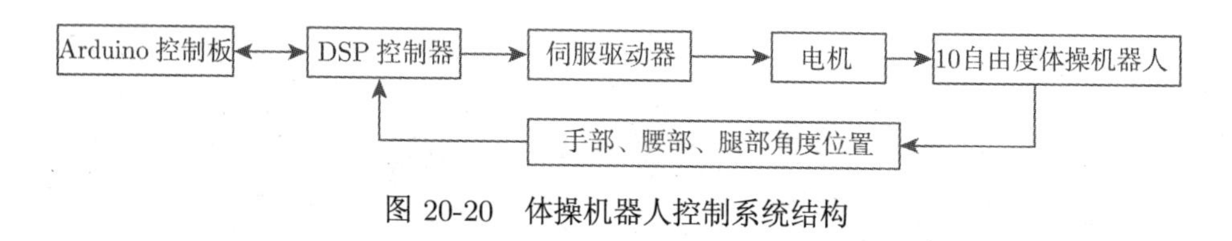

图 20-20　体操机器人控制系统结构

20.4.2　舵机与 PWM 信号

当控制信号传输到舵机，舵机内部的马达转动，同时带动一系列的齿轮组，通过齿轮组减速，然后传到舵盘。舵机内有一个位置反馈电位计，它和舵机的输出轴连在一起。当舵机输出轴工作输出时，位置反馈电位计的电压信号传回到自身的控制板上，形成反馈调节。控制板会依照当前位置判断是否进行旋转，同时决定其旋转方向和速度，从而达到预期目标。其舵机正是因为有这样的反馈环节，才发挥最佳性能。

舵机的信号周期为 15~20ms，脉冲宽度为 1~2ms。舵机的旋转角度和舵机收到的脉冲信号宽度是成比例的。1.5ms 对应舵机中位。当信号停止在一个宽度时，舵机停止转动停在那个角度上。

交流电机的 PWM 调速主要通过一个频率可变的交流低频信号，去调制一个高频方波驱动电压，从而在电机电枢中得到一个随调制信号频率变化的驱动电流。于是交流电机电枢就在这个电流驱动下，产生与调制信号频率一致的旋转磁场，使得电机转子旋转速度发生改变。直流电机的 PWM 改变速度原理与交流电动机调速原理不同，它通过调节驱动电压脉冲宽度的方式，并与电路中一些相应的储能元件配合，改变输送到电枢电压的幅值，从而实现改变直流电机速度大小的目的。

20.4.3　稳压模块控制系统

20.4.3.1　稳压系统总体结构

该电源模块的系统结构图如图 20-21 所示。

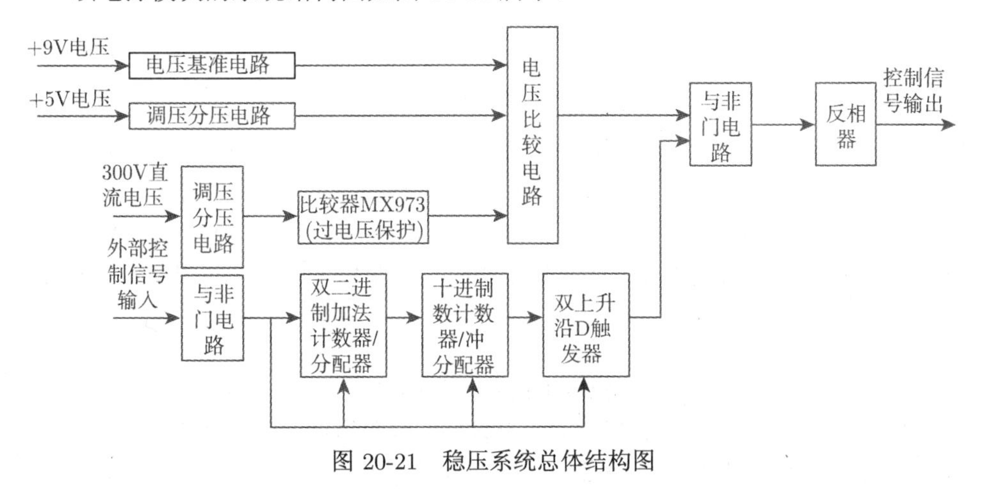

图 20-21　稳压系统总体结构图

20.4.3.2　稳压系统模块的选择

稳压模块的作用是输出稳定电压。调节体操机器人时，首先要明确目标动作，根据动作拆分，编写相应程序段，编译后下载到 Arduino 控制板上。控制板随即控制各个舵机的转动方向及角度。但是在试验后发现，因为电压不同，造成前后多次测试的结果往往不一致。同时，经常因为电压过低发生舵机抖动的现象。因此需要在 Arduino 板旁加一个稳压模块，以稳定电压。

稳压模块一般会标示出额定工作电流，也有的标示最高输出电流。此模块为有源稳压，需要消耗功率。在确定电路的工作电流后，需大概估算模块的输入电压，避免超出功率范围工作。例如，额定功率 1W，工作电流 0.5A，则输入输出电压差最好控制在 2V 以内。

本设计采用 LM2596S 型可调降压模块。此模块全部使用 SANYO 固态电容，带有 LED 指示灯，大功率电感，加厚线路板；IN+ 为输入正极，IN− 为输入负极，OUT+ 为输出正极，OUT− 为输出负极；输入电压范围是直流 3.2~40V，并且要求输入电压必须比输出电压高 1.5V 以上；输出电压范围是 1.25~35V 电压 (直流)，且是连续可调节的，最大的输出电流约 3A，具有高效率；尺寸大约是长 45mm，宽为 20mm，高为 14mm。使用时，为了保证电压的稳定输出，一般保持 1.25V 的电压差；如果需要长时间工作，则加上一个散热器，同时建议电流小于 2500mA。

20.5　体操机器人的调试

20.5.1　Arduino Nano 编程

20.5.1.1　舵机的控制

用 Arduino 控制舵机的方法有 2 种：一种是通过 Arduino 的普通数字传感器接口产生占空比不同的方波，模拟产生 PWM 信号进行舵机定位；另一种是直接利用 Arduino 自带的 Servo 函数进行舵机控制，这种控制方法的优点在于程序编写简易，而缺点是只能控制 2 路舵机，因为 Arduino 自带函数只能利用数字 9、10 接口。Arduino 的驱动能力有限，所以当需要控制 1 个以上的舵机时需要外接电源。

20.5.1.2　舵机库函数

Arduino 自身有一个控制舵机的库函数，也就是常说的 Servo 库函数。

Attach(pin，min，max)：其中 pin 为这个函数所确定的引脚是哪一个，后两个参数可以指示脉宽值的最小值和最大值，单位为 μs。

Write(value)：参数 value 为转动的角度，直接输入角度即可，其范围是 0°～180°。

Write microseconds(us)：这个函数的精度比 Write(value) 要高，此函数参数为脉冲值，角度精度是 0.097°。

Detch(pin)：其作用是释放舵机的引脚，同时还拥有其他作用。

Read(pin)：该函数可以返回此时舵机的角度，取值区域是 0°～180°。

Read microsends(pin)：此函数返回此时的舵机脉冲值，单位为 s，取值区域在最大到最小的脉冲宽度之间。

20.5.1.3　控制舵机程序

程序流程图如图 20-22 所示。

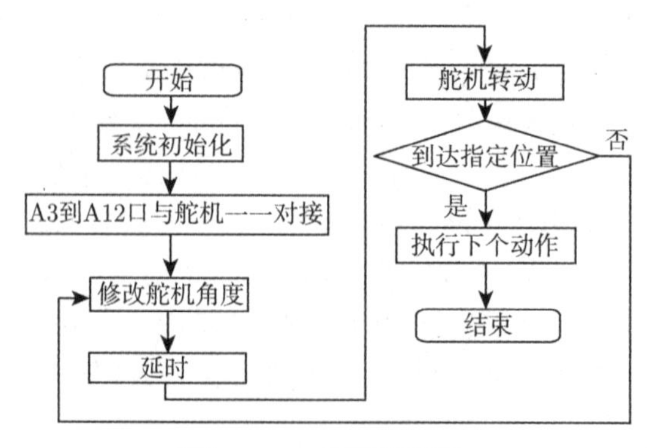

图 20-22　程序流程图

一般调试机器人的基本过程：先在 Arduino 的开发环境进行编程，其编程界面如图 20-23 所示。编写完毕后通过连接线与机器人上的控制板相连，连接完毕后，点击上传按钮，进行上传，等它上传完毕后，拔掉连接线。再将机器人的电池安装上 (体操机器人使用两节干电池，每节干电池为 3.6V)。打开开关，查看机器人的动作是否达到要求，如果未达到要求，要求对程序进行修改后再次查看，如图 20-24 所示。

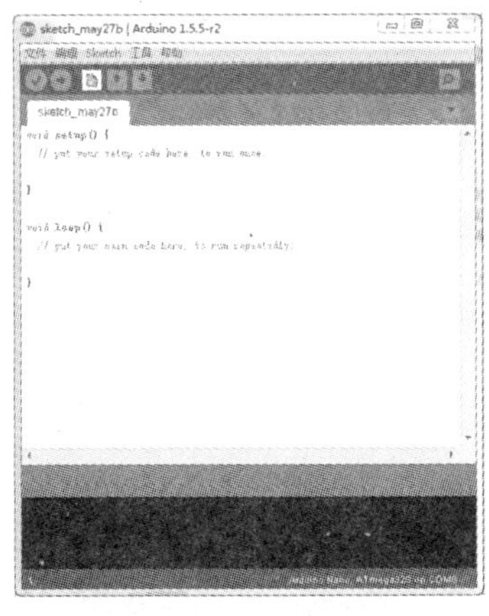

图 20-23 Arduino 初始界面

图 20-24 Arduino 编程界面

该系统相关程序代码请登陆中国工程机器人大赛暨国际公开赛网站下载获取，具体链接地址为：http://robotmatch.cn/upload/files/2017/5/12104042531.txt。

需要说明的是在编序中有一些小技巧，如将一个动作拆成五步完成。当一个舵机转动时，直接赋值舵机角度是可行的，但是当多个舵机同时转动时，是不能完成的。多个舵机同时运行时，每个舵机电压将会下降，电流上升，不能带动[11]。本设计中每一大步分成五小步，可以防止多个舵机同时转动的情况，每一舵机完成每一个小步后有一个延时，其延时不能太小或者太大，太小相当于舵机一起运动，太大会发生严重的抖动，影响调试结果。

20.5.1.4 舵机使用中的注意事项

RDS3115 型舵机的额定工作电压为 6V，使用 Arduino Nano 控制板控制舵机时要提供舵机的工作电压为 6V。如果为了简化硬件设计，而直接使用 5V 供电短期内不会有明显影响，但最好分开供电，否则会出现控制板无法正常工作的情况。在编写程序时，要注意的是不要让多个舵机同时工作。当多个舵机同时供电时电流会增加，电压减小，带不动舵机正常工作，出现发抖现象。

舵机的 3 根线的功能不同，在接线时要分清楚这 3 根线的具体功能，不能接错，一旦接错，不但会烧毁舵机，还会把控制板烧掉，造成不必要的麻烦。

20.5.2　Arduino Nano 与 PC 连接

设计重点在于完成体操机器人的一系列动作，通过以上机械结构的分析，经过运动仿真可知它具备完成这一系列动作的基础。但这些动作并不是一次性完成的，而需要把它分成若干个大动作，再将大动作分成若干个小部分，对每一个小部分动作进行编程，最后将所有程序整合在一起并进行简化处理[14,15]。设计的机器人的动作主要有敬礼、前滚翻、后滚翻、俯卧撑、侧翻、倒立等。

20.5.3　动作调试

(1) 鞠躬敬礼环节，如图 20-25 所示。调试该动作时，需要保证初始位置处于平稳状态，它是一切动作的开始，是所有动作的基础调试。调试时，需要保证重心处于中间位置，不能让机器人有水平方向的偏移。

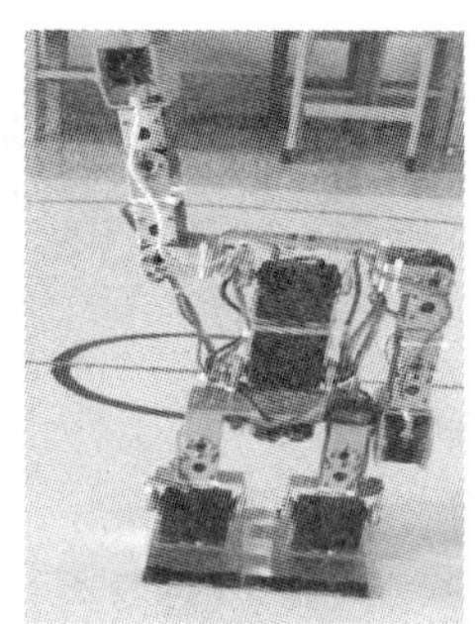

图 20-25　鞠躬、敬礼姿势

(2) 前滚翻环节，如图 20-26 所示。调试该动作时需要注意的是，要保证重心下移，手部舵机不能将机器人整个支撑，因此需要多次测试完成。头部跟两只手的舵机往下，使重心下移。

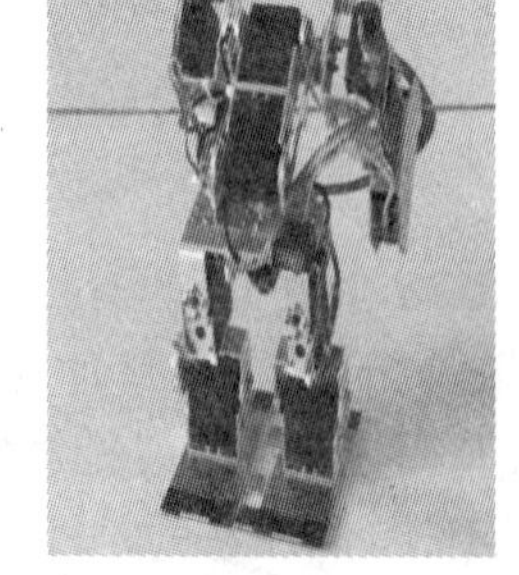

图 20-26　前滚翻姿势

(3) 后滚翻环节，如图 20-27 所示。调试该动作时需要注意的是，在使机器人双臂下降的过程中要使机器人重心处于中心位置，防止倾倒，可以通过调节双腿来使重心后移，达到重心缓慢下降的目标。

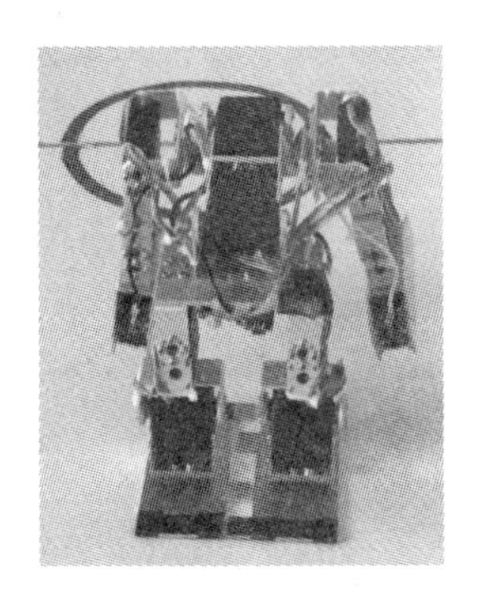

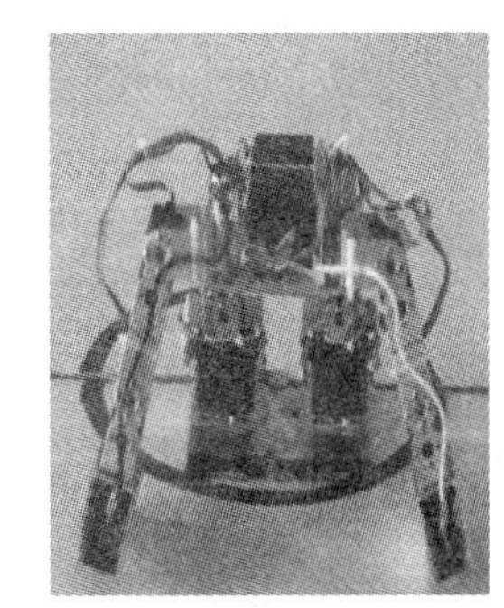

图 20-27 后滚翻姿势

(4) 俯卧撑环节，如图 20-28 所示。调试该动作时，需要注意的是，体操机器人平躺在地面上时要平稳，如果只有一只脚掌与地面接触会发生机器人的晃动，起身过程中要使重心后倾，保证体操机器人能够平缓起身。

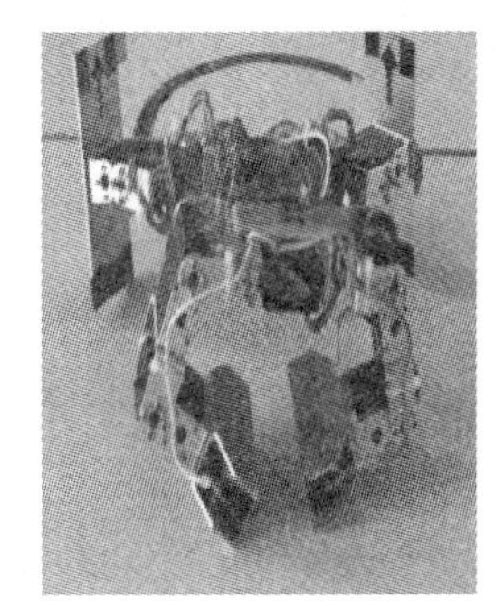

图 20-28 俯卧撑姿势

(5) 侧翻环节，如图 20-29 所示。调试该动作时，需要注意的是，体操机器人在侧翻时要使用惯性，从而使重心由一侧向另一侧转移，这样做可以减少舵机损伤并保持动作连贯。起身方式是利用一只脚掌来使重心往下方移动，使体操机器人由侧向缓慢转变成立正状态[15]。

(6) 倒立环节，如图 20-30 所示。调试该动作时，要保证重心下移，手部舵机不能将机器人整个支撑，此处需要多次测试完成。使重心下移的方法是：头部跟两只手的舵机往下，同时两只手臂的调节幅度应该相同，保证体操机器人运行平稳。

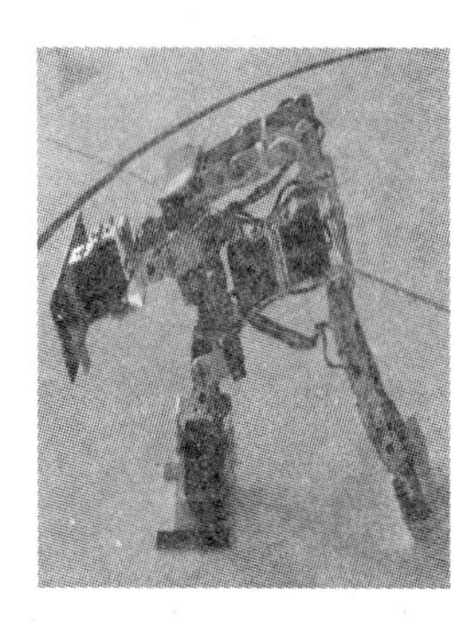
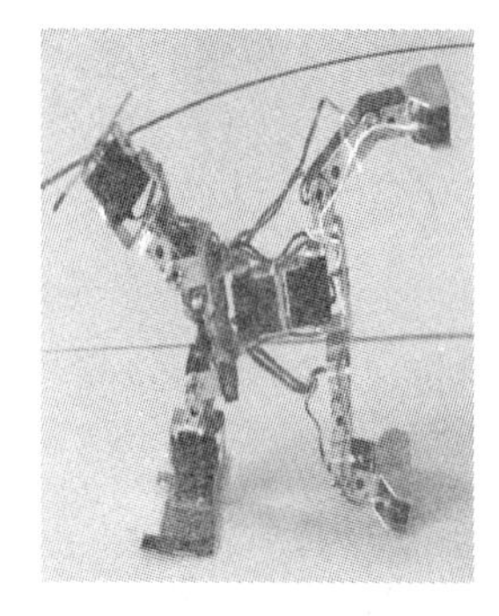
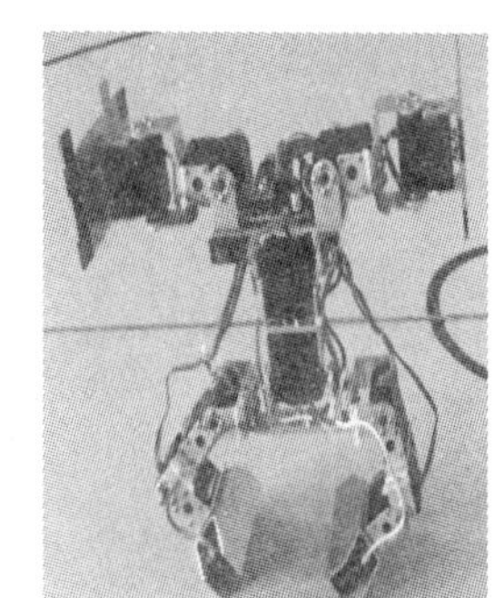

图 20-29　侧翻姿势

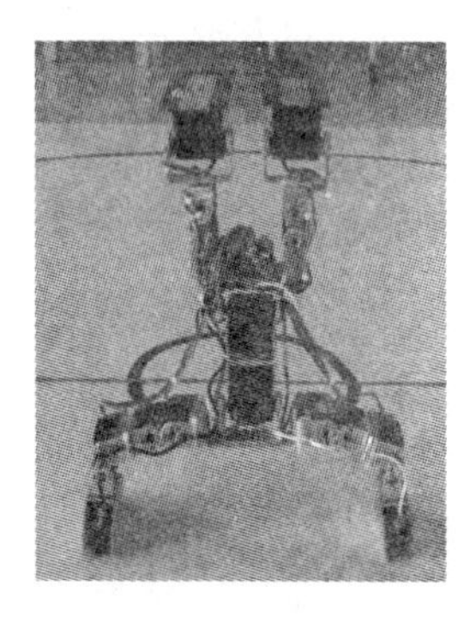
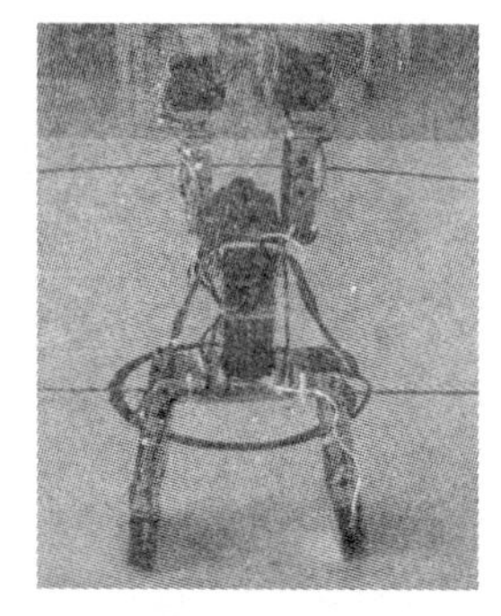
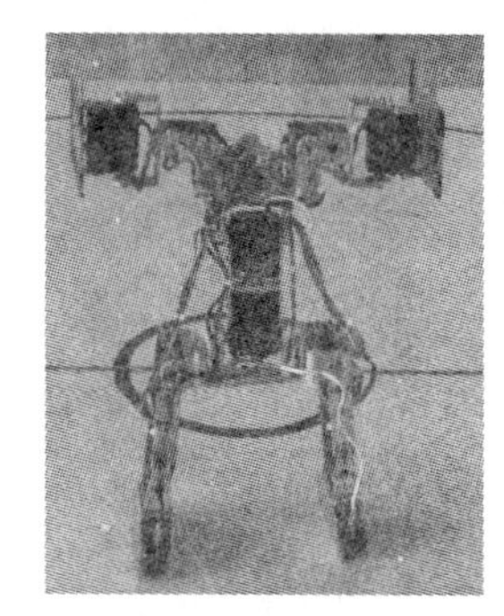

图 20-30　倒立姿势

参 考 文 献

[1] 蔡自兴. 机器人学的发展趋势和发展战略. 中南工业大学学报：机器人学大会论文专辑，2000，31(1)：1-9.

[2] 谢涛，徐建峰，张永学，等. 仿人机器人的研究历史、现状及展望. 机器人，2002，24(4)：367-374.

[3] 王文博. 仿人机器人基本运动规划研究. 硅谷，2010, (6)：62-89.

[4] 阿西莫. 世界上最先进的类人机器人. 中国青年科技，2006, (7)：31-33.

[5] 托马斯 · 布劳恩. 嵌入式机器人学. 西安：西安交通大学出版社，2012.

[6] 王田苗，陶永. 我国工业机器人技术现状与产业化发展战略. 机械工程学报，2014, 50(9)：1-9.

[7] 朴松昊，钟秋波，刘亚奇, 等. 智能机器人. 哈尔滨：哈尔滨工业大学出版社，2012.

[8] 熊有伦. 机器人技术基础. 武汉：华中科技大学出版社，1996.

[9] 蔡睿妍. 基于 Arduino 的舵机控制系统设计. 电脑知识与技术，2014, (4)：128-135.

[10] 易飚.Proe(MXD) 运动仿真与机构运动分析实例. 苏州市职业大学学报，2004, (4)：24-29.

[11] 邢亮, 沈豫鄂.PROE 运动仿真中单向匀速电机实现往复直线运动的方式及分析. 舰船电子工程，2013, (9): 96-98.

[12] 张松林.Arduino 控制器和手机蓝牙交互通信的方法和实现. 电子测试, 2014, 24: 12-13.

[13] 陈强, 王麒鉴, 寇金金, 等. 基于 STC89C52 单片机的体操机器人系统设计. 自动化技术与应用，2012, (19): 111-113.

[14] 柯显信, 柏根，唐文彬. 仿人面部表情机器人研究现状与展望. 机械设计，2009, (11): 47-50.

[15] 彭胜军, 金晓飞，马宏绪. 仿人跑步机器人机构与步态规划综述. 自动化技术与应用, 2009, (10): 13-14.

第21章　竞技体操机器人V*

体操机器人是一种仿生机器人，可以模仿人类完成一系列体操规定动作，具有较好的自由度、灵活性、自主性。作为一种典型的由电气控制的动态机械系统，体操机器人包含了丰富的动力学特性，因此对于体操机器人的开发和研究是有必要的[1]。

为实现传统体操机器人之间的互动以及机器人与人类之间的互动，并通过不同方式的表演来表达人的情感，设计了具备部分人体功能的、模拟人舞蹈动作的十舵机及十七舵机类人机器人，通过 AVR 单片机控制舵机运转带动机械结构件，使机器人完成各种动作，模拟人体各种体操及舞蹈动作。该机器人设计综合应用了机械设计、力学、电路设计、自动控制、单片机、人工智能等技术，融合了多项创意。

该机器人具有明显的类人特征，具有可独立运行的双臂和双腿，其中手臂部分具有不少于 3 个自由度，双腿部分具有不少于 2 个自由度[2]，可完成一系列自由体操动作，如倒立、劈叉、侧翻等较高难度动作，稳定性较高。该设计方法具有一般适用性，可以适用于同类机器人的设计工作，因此该设计方案具有一定的推广应用价值。

21.1　设 计 简 介

21.1.1　国内外研究现状

目前体操机器人的研究主要有欠驱动单杠体操机器人方面的研究，国外大多采用 Acrobot 的欠驱动两杆体操机器人模型。Acrobot 是一种具有 2 自由度和 1 主动关节的二连杆机器人，它能简单粗略地模拟体操运动员在单杆上的摆起、倒立、大回环等动作。而国内主要针对各种类型的复杂人形机器人的研究，可以实现体操舞蹈动作。各大高校通过各类机器人比赛来展示自己的研究成果，同时交流技术，促进体操机器人的发展。

21.1.2　任务目标

在竞技体操规定动作比赛场地上，要求有 2 或 3 个机器人，其中一个是参加规定动作赛的体操机器人，另外再添加 1 或 2 个等于或大于十自由度的小型类人

* 队伍名称：解放军理工大学 PLA 战队，参赛队员：吴慧慧、杨亮、郭伟、刘芝君；带队教师：张海涛、王梅娟

机器人。体操机器人需重新编排体操动作和自编动作。类人机器人需要编排有创意的、有难度的自编动作，以期获得舞美效果。比赛过程中，播放节奏感较强的音乐，体操机器人和类人机器人完成预设动作。动作要节奏感强、互动性好，配合协调有序。同时，场外有一个参赛队员 (位于比赛场地左右两边的某一侧) 与场上机器人互动。

21.1.3 需求分析

根据比赛任务的要求，机器人不仅要完成竞技体操机器人的规定动作，同时还要自编有创意、有舞美效果的动作。因此本款机器人以原有体操机器人为模板，在保证能完成准备动作、翻滚动作、俯卧撑、侧翻动作、倒立动作、自编动作等规定动作的基础上，增加两台类人机器人，重新设计其整体尺寸并改进部分机械结构件，以适应自主设计的其他创意动作，满足创新创意及良好的观赏性的需要。

除了满足比赛动作要求，本款机器人的重难点在于机器人动作的流畅性，以及各机器人间的协调配合。初步考虑通过调试控制程序中动作持续时间，改进代码运行算法等方法，以较好地实现各机器人动作之间的同步，从而使其具有良好的观赏性。另外，本款机器人要具有新奇的外观，突破性的创意动作，良好的人机互动等，从而完全满足比赛创新创意的要求，达到预定目标。

21.1.4 机械结构设计

体操机器人的机械结构设计是体操机器人设计中最基础的一部分，是进行驱动执行和动作规划等的前提要求。一个完整的体操机器人必须是一个机械结构合理、自由度分配正确、重心设计严谨、尺寸大小符合设计要求的机械结构[3]。

本款机器人由 3 台机器人组成，其中一号和二号机器人结构相似，均为十七自由度机器人；三号机器人为标准十自由度体操机器人。

一号机器人和二号机器人身高 38cm，肩宽 20cm，臂长 18cm，整体重量为 1.75kg。采用 17 个数字伺服舵机马达，拥有 17 个自由度 (活动关节)，双腿 10 个，双手 6 个，头部 1 个。采用的数字舵机有标准的 180° 运动范围，PWM 脉宽控制模式，15kg 力矩，马达内部自主反馈保证输出角度准确。型材材质采用 1MM 高强度铝镁合金，连接件、紧固件采用凸台攻丝紧固。表演时机器人随音乐翩翩起舞，动作协调灵活。

三号机器人为比赛要求的参加规定动作赛的体操机器人，身高 24cm，肩宽 8.5cm，臂长 13.5cm，整体重量 1.5kg。机器人的外观结构由三类结构件组成：一类是手臂、身体、腿部结构件，为矩形直条夹持构件；二类是手掌、脚掌结构件，一端连接舵盘，另一端为手部、脚部造型；三类是肩部、跨步结构件，为多次弯折的

U 形结构件。设计的尺寸依据力学平衡原理，保证能够充分完成动作。

21.1.5 电气控制设计

为实现舞蹈机器人的动作，必须对机器人的控制部分的硬件和软件进行合理规划，本设计的硬件设计是指电路控制板设计，软件设计主要指动作控制程序设计。硬件设计通过对功能设计要求的分析，对各种元器件的了解，而得出分立元件与集成块的连接方法，以达到所需的功能要求；然后把这些元器件焊接在一块电路板上。软件设计是设计完成整体程序指令，通过控制板完成程序的运行，依照时序对输出引脚的电压进行规律调整，从而对舵机进行协调时序控制，完成各种设计动作。

21.2 硬件设计

本设计将机械结构设计和电路控制板都归为硬件设计。

根据机械设计基础知识，从整体上来讲，机械结构设计必须与机器人所要完成的功能相适应。机械部分设计主要包括自由度选择、尺寸选择、虚拟仿真、加工制作、安装、调整尺寸等。本款机器人要求完全自动控制，因此电路控制板成为了机器人最重要的部分，直接影响机器人功能的实现，采用单片机为控制核心，它类似于机器人的大脑，接收和处理所有外界信息，指挥并控制机器人的所有动作。

21.2.1 机械结构设计

设计中采用 CAD 绘图工具画出二维草图，并使用 SolidWorks 建立三维模型，对机器人各部件进行虚拟装配和运动仿真。

SolidWorks 是由美国 SolidWorks 公司推出的功能强大的三维设计软件系统，自 1995 年问世以来，以其优越的性能、易用性和创新性，极大地提高了机械工程师的设计效率，其应用范围涉及航空航天、汽车、机械、造船、通用机械、医疗器械和电子等领域[4]。设计师使用它能快速地按照其设计思想绘制草图，尝试运用各种特征与不同尺寸，生成模型和制作详细的工程图。

设计装配主要包括手部 (图 21-1)、双腿 (图 21-2)、双足、头部、肩部以及胯部 (图 21-3) 的设计，在对机器人的虚拟装配过程中，需要对各个零部件间的运动关系进行详细分析，得出每个运动副的约束形式，即约束副。然后将各零部件配合为手臂、腿等装配体单元，配合过程中主要用到同轴、重合、平行等配合关系。然后再将机器人的各装配体单元配合，实现机器人整体模型中头部、大臂和小臂的转动以及小腿大腿的弯曲等动作。

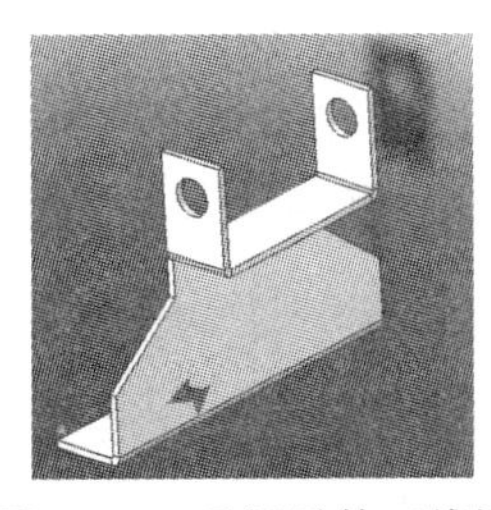

图 21-1 手部零件三维图

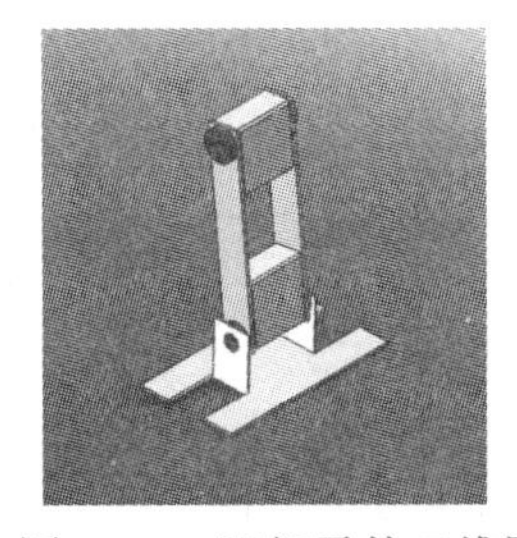

图 21-2 腿部零件三维图

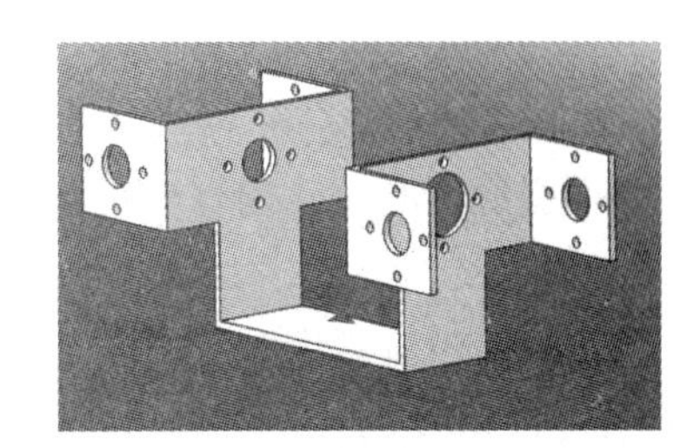

图 21-3 胯部零件三维图

虚拟设计完成后，利用已经建立的三维实体模型 Cosmos/motion 插件进行机器人的运动仿真。Cosmos/motion 可以自动识别装配体各个零件间的约束副，而本款机器人中主要是旋转副，通过完善机器人的约束类型，完成整个装配体的约束关系，然后通过设定驱动的类型以及位置进一步完成机器人的运动仿真。

初步设计以下 3 个方案：

1) 方案一

机器人身高 48cm，肩宽 19cm，臂长 25cm，整体重量约为 1.81kg，采用 19 个数字伺服舵机马达，拥有 19 个自由度 (活动关节)，双腿 10 个，双手 8 个，头部 1 个。

首先在纸上画出大致图形，再在 SolidWorks 中绘制出大 U 件 (图 21-4)18 个 (54mm×34mm×20mm)、小 U 件 (图 21-5)8 个 (45mm×34mm×20mm)、膝罩件 2 个、脚板 2 个 (120mm×55mm)、外侧肩板 2 个 (80mm×30mm×15mm)、内侧肩板 2 个 (80mm×40mm×15mm)、胸部挡板 2 个 (60mm×20mm×15mm)、前后胸板 2 个 (140mm×130mm)、手爪 2 个 (115mm)、颈板 1 个 (140mm×40mm)、后盖 1 个、前盖 1 个、实轴舵盘 19 个，虚轴舵盘 19 个、双轴舵机 19 个，然后分别将各个部件进行装配，进行整体模型运动仿真。

最终发现模拟出的机器人人形宽大，手臂拥有 4 个舵机，可实现手掌的旋转，能够编排出较为丰富的动作。但其腿部较长，稳定性较弱，并且舵机及其连接件较多，导致成本相对较高。

图 21-4 大 U 件

图 21-5 小 U 件

2) 方案二

机器人身高 33cm，肩宽 19cm，臂长 20cm，整体重量约为 1.42kg，采用 15 个数字伺服舵机马达，拥有 15 个自由度 (活动关节)，双腿 8 个，双手 6 个，头部 1 个。

该方案中所需大 U 件 (图 21-4)12 个 (54mm×34mm×20mm)、小 U 件 (图 21-5)2 个 (45mm×34mm×20mm)、膝罩件 2 个、脚板 2 个 (120mm×55mm)、外侧肩板 2 个 (80mm×30mm×15mm)、内侧肩板 2 个 (80mm×40mm×15mm)、胸部挡板 2 个 (60mm×20mm×15mm)、前后胸板 2 个 (140mm×130mm)、手爪 2 个 (115mm)、颈板 1 个 (140mm×40mm)、后盖 1 个、前盖 1 个、实轴舵盘 15 个、虚轴舵盘 15 个、双轴舵机 15 个。

方案二将方案一中的数据进行修改，模型进行变化，对其进行运动仿真分析发现机器人人形小巧，稳定性较好，舵机较少、成本低。但其自由度过少，只能完成简单的机械动作，对于有创意、有难度的舞蹈动作难以实现。

3) 方案三

机器人身高 38cm，肩宽 19cm，臂长 18cm，整体重量约为 1.74kg，采用 17 个数字伺服舵机马达，拥有 17 个自由度 (活动关节)，双腿 10 个，双手 6 个，头部 1 个。

共绘制出大 U 件 (图 21-4)14 个 (54mm×34mm×20mm)、小 U 件 (图 21-5)4 个 (45mm×34mm×20mm)、膝罩件 2 个、脚板 2 个 (120mm×55mm)、外侧肩板 2 个 (80mm×30mm×15mm)、内侧肩板 2 个 (80mm×40mm×15mm)、胸部挡板 2 个 (60mm×20mm×15mm)、前后胸板 2 个 (140mm×130mm)、手爪 2 个 (115mm)、颈板 1 个 (140mm×40mm)、后盖 1 个、前盖 1 个、实轴舵盘 17 个、虚轴舵盘 17 个、双轴舵机 17 个。

对方案三确定的模型进行运动仿真发现，其人形大小较为合适，自由度数适中，能够完成较有难度与创新技术的舞蹈动作。相对而言，虽然不如 19 自由度机器人灵活，不如 15 自由度机器人稳定、成本低，但从所需达到技术水平、成本以及外形等多方面考虑，方案三最为合适。同时为增强此方案确定的机器人的稳定性，考虑使用 3D 打印机，单独打印制作出一双长为 130mm，宽为 80mm 的脚板。

对于十舵机自由体操机器人，因为一个普通机器人至少需要 16 个舵机才可以完成人类的各种动作，然而此类机器人零件复杂多样且制作工序繁琐，制作技术要求很高，且机器人自由度超出比赛要求。为此，在遵守比赛规则的前提下，专门为体操机器人减少了自由度，降低其舵机数目，在不影响完成规定动作的同时大大提高了制作效率，且降低了成本。

21.2.2 电路控制板设计

初步选择 3 种单片机：AVR 单片机、51 单片机、PIC 单片机。在具体分析比较 AVR 单片机后发现，AVR 单片机最适合作为本款机器人的控制板，如图 21-6 所示。分析过程如下：

1) AVR 单片机的优点

程序写入直接在电路板上进行程序修改、烧录等操作，AVR 单片机可使用 ISP 在线下载编程方式，无需仿真器、编程器、擦抹器和芯片适配器等，便于升级；具有高速、低耗、保密等优点；单片机耗能低，对于典型功耗情况，WDT 关闭时为 100nA，更适用于电池供电的应用设备，最低 1.8V 即可工作[5]。

2) 51 单片机与 AVR 单片机的比较

(1) AVR 单片机 (ATmega16) 的时钟源 (晶振、内部 RC 等) 可不经分频直接供 CPU 使用，而 51 单片机的 CPU 主频等于晶振的 12 分频 ATmega16 外部提供 16MHz 的晶振，所以 AVR 单片机的运行速度比 51 单片机的运行速度要快得多，并且 AVR 单片机可提供内容 1、2、4、8MHz 等可变的 CPU 频率。

(2) AVR 具有超功能精简指令集；具有 32 个通用工作寄存器 (相当于 8051 中的 32 个累加器，克服了单一累加器数据处理造成的瓶颈现象)，有 128B~4kB 个 SRAM，可灵活使用指令运算。

(3) AVR 单片机具有真正的双向 I/O 口，单片机读取外部引脚电平直接通过 PINX 读取，不需要像 51 单片机那样先给 I/O 口全写 1 操作后，才能读取外部引脚电平，使单片机读取外部数据更容易。

(4) AVR 内部提供丰富的中断及寄存器资源，仅外部中断就有 3 个，定时器有 3 个，丰富的寄存器资源使得可以设置外部中断的多种触发方式，以及设置内部定时分频系数，丰富的寄存器资源可对 AVR 的 I/O 口进行多功能操作。

(5) 两者的 CPU 构架以及指令集完全不同，51 单片机使用 CISC 指令系统，冯 • 诺依曼结构体系的总线；而 AVR 单片机则使用 RISC 指令系统，哈佛结构的总线。AVR 系列的单片机每个振荡周期处理一条指令，而相应的，51 单片机则需要 12 个振荡周期来完成一条指令的处理。

(6) 针对 51 单片机的 I/O 引脚体现的弊端，AVR 单片机做出相应的改进，即加入了控制输入或输出的方向寄存器，解决了 51 单片机 I/O 引脚位高电平时，同为输入和输出的状态。

3) PIC 单片机

PIC 单片机的缺点有以下几点：① PIC 单片机的专用寄存器，不是集中在一个固定的地址区间内 (80~FFH)，而是分散在 4 个地址区间内，即存储体 0(Bank0：00~7FH)、存储体 1(Bank1：80~FFH)、存储体 2(Bank2：100~17FH)、存储体 3(Bank3：

180~1FFH)。② 只有 5 个专用寄存器 PCL、STATUS、FSR、PCLATH、INTCON 在 4 个存储器内同时出现。编程过程中，与专用寄存器打交道，需反复地选择对应的存储器，也即对状态寄存器 STATUS 的第 6 位 (RPl) 和第 5 位 (RPO) 置位或清零，这多少给编程带来一些麻烦。③ 位指令操作通常限制在存储器的 0 区间 (00~7FH)，数据的传送和逻辑运算基本上需通过工作寄存器。

确定好单片机后就开始设计电路板原理图，再画出 PCB 图，购买覆铜板及各类电子元器件，根据具体的硬件电路设计、焊接电路板。图 21-6 为 AVR 控制板。

图 21-6　AVR 控制板

21.3　软件设计

21.3.1　十七舵机舞蹈机器人编程内容

由于本款机器人执行机构最少的是由 10 个舵机组成，因此需要一种较好的算法实现精准控制。而多路舵机控制的基本方法是顺序输出各路脉冲给不同舵机，利用单片机高速的处理速度来实现多路控制。但是因为控制舵机所需的 PWM 波的典型周期为 20ms，而每一路舵机所需的最大正脉宽长度为 2.5ms，因此最多只能控制 8 路舵机。本系统中需要控制的舵机最少有 10 个, 所以选用改进的控制算法——脉宽差法。脉宽差法分为以下步骤:

(1) 分组排序。将多路舵机控制数据每 8 路分为一组，对于本机器人设计来说共 2 组，然后对每一组数据 (控制脉冲长短)，按照从小到大的顺序排序。

(2) 计算差值。计算舵机控制数据的差值并保存计算每组内相邻的 2 个数据的差值 (数值大的数与数值小的数的差) 并保存于差值数组中。该差值数组共有 8 个存储单元，第一个单元存放的是该组舵机控制数据的最小值，从第二个单元开始存放舵机控制数据的差值。

(3) 数据转换。把差值数组中的数据转换为定时时间 (即控制脉冲宽度差值)，再继续转换为定时初值并保存于脉宽差数组中。

(4) 舵机控制。控制某一组舵机时，先向该组内所有舵机置高电平 (启动舵机)，然后把脉宽差数组中的第一个数据赋值给定时寄存器。定时中断发生时，先关断脉宽差数组中第一个数据所对应的舵机，再向定时寄存器中填入脉宽差数组中的第二个数据。依此类推，就可以完成该组所有舵机的控制。在一个控制周期 (20ms) 内，依次用定时器定时输出脉冲控制每组舵机。在第三组舵机控制完毕后，继续定时用低电平补足其余时间以完成 20ms[6]。

基于此算法，本款机器人设计可以准确、无误、高效地完成控制。

程序主要采用 C 语言，使用 Keil 软件进行编辑、编译、链接和调试，然后使用舵机调试软件进行机器人调试，以方便获取舵机的动作角度数值。图 21-7 给出了该系统程序的流程框图。

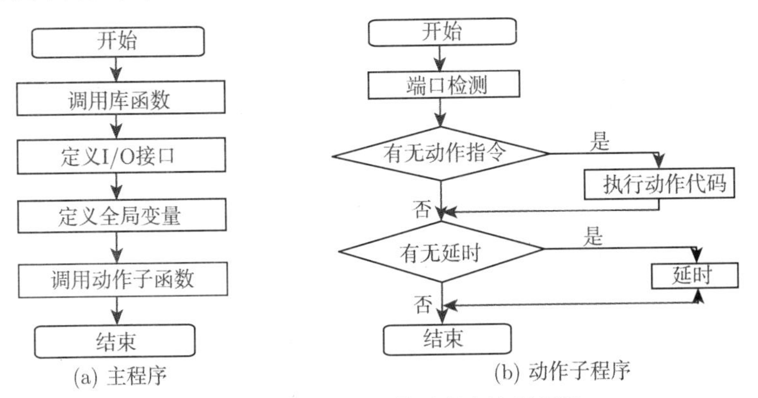

图 21-7 主程序和动作子程序流程框图

将整个动作执行过程看作一个整体，再将其按照不同动作编组分成若干个模块，这样在调试和比赛过程中可以很好地进行检查和改进完善。

机器人是通过数字舵机的不同位置的组合完成各个要求的规定动作，而通过舵机调试软件可以方便、直观、实时地获取数字舵机的位置参数，从而可以初步判断每一个舵机在每一个动作时的执行位置。在调试过程中，通过改变舵机的运行时间和位置，使之到达完成动作的特定位置。

确定每一个舵机的位置后，把每一个舵机的位置参数写入动作执行程序代码段，然后将每一个动作执行函数再写入主函数中，通过 Keil 软件编译后就可烧写到舵机控制板中，与 PC 断开连接后上电就可以运行。

相关的十七舵机舞蹈机器人程序代码请登陆中国工程机器人大赛暨国际公开赛网站下载获取，具体链接地址为：http://robotmatch.cn/upload/files/2017/5/12104135421.txt。

21.3.2 十舵机体操机器人编程内容

十舵机机器人编程思想与十七舵机舞蹈机器人基本相同，其动作主要包括直立、鞠躬、挥手、前翻滚、后翻滚、左侧翻、右侧翻、倒立劈叉、并腿以及自编动作，每一个动作都有一个动作执行函数，可以方便更改。

需要说明的是，此程序和十七舵机舞蹈机器人程序具体执行过程相同。主要由单片机初始化和体操动作的读取、执行程序两大部分组成。在单片机初始化阶段完成锁相环初始化、初始化 I/O 口、外部中断、定时器中断、串行中断和体操动作初始化等过程[7]。体操动作的读取和执行主要是分析每个动作对应的舵机控制信号的产生，因此，在产生控制信号和加载体操动作时都需要定时器每隔一定的时间进行中断。

同样，该机器人的舵机控制程序总体采用模块化的思想，增强程序的适应性和可读性。十舵机体操机器人 Keil 软件编程界面如图 21-8 所示。相关的十舵机体操机器人程序代码请登陆中国工程机器人大赛暨国际公开赛网站下载获取，具体链接地址为：http://robotmatch.cn/upload/files/2017/5/1210423218.txt。

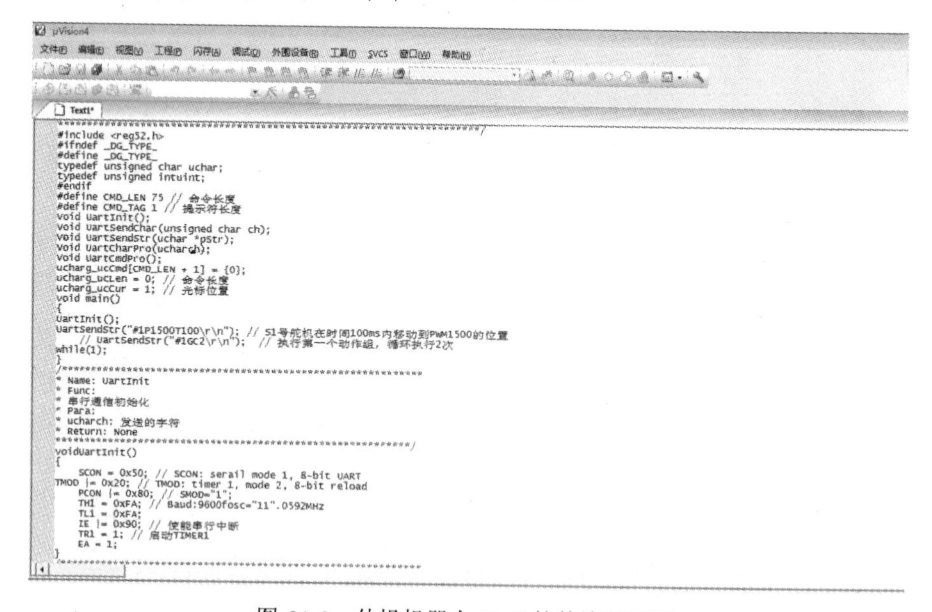

图 21-8 体操机器人 Keil 软件编程界面

21.4 连接调试

本款机器人的机械结构件选择铝镁合金材料，该材料具有轻便、强度适中、易加工、价格低廉等优点。由于本款机器人对加工精度有较高的要求，所有结构件均为专业机械加工厂家代加工，由厂家加工完成后再自行组装完成。

21.4.1 机器人各机械结构件安装步骤

(1) 将连接体中大 U 件与大 U 件十字交叉安装 4 套，保证垂直安装，不歪斜。

(2) 将大 U 件与小 U 件平行连接安装 4 套，同样保证平行安装，不歪斜。

(3) 左右脚板舵机安装左右各 1 套，主轴朝前。

(4) 左右膝关节舵机各安装 1 套，平行安装，不歪斜，主轴朝外侧。

(5) 通用关节舵机安装 4 套，平行安装，不歪斜。

(6) 头部舵机安装 1 套并将舵机调整到最大角度的中间值。

(7) 左右手爪舵机左右各安装 1 套，平行安装，不歪斜，主轴朝上侧。

(8) 肩部舵机安装 2 套，主轴朝外侧。

(9) 腰部舵机安装 1 套，主轴朝上侧。

(10) 左右脚板舵机舵盘安装，左右的舵机角度都调整到最大角度的中间值，舵盘与水平方向呈竖直角度。

(11) 左右小腿舵机舵盘安装 2 套，左腿舵机角度调整到最大角度的中间值偏低，右腿舵机角度调整到最大角度的中间值偏高，舵盘与水平方向呈竖直角度安装。

(12) 左右膝关节舵机舵盘安装，左膝关节上面舵机角度值为最大角度的中间值偏高，下面舵机角度值同上；右膝关节上面舵机角度值为最大角度的中间值偏低，下面舵机角度值同上；舵盘与舵机本身呈水平方向安装。

(13) 左右手爪舵机舵盘安装，左手爪舵机角度值为最大角度的中间值偏高，右手爪舵机角度值为最大角度的中间值偏低；舵盘与水平方向呈竖直角度安装。

(14) 左右手臂舵机舵盘安装，左右手臂舵机角度值均调整到最大角度中间值；舵盘与水平方向呈竖直角度安装。

(15) 胸部舵机舵盘安装，胸部舵机角度值均调整到最大角度的中间值；舵盘与水平方向呈竖直角度安装。

(16) 对机器人左腿、右腿、左手臂、右手臂、肩部各部件进行连接。

(17) 组装机器人全身部件，完成机器人的组装 (图 21-9)。整体改进实物图如图 21-10 所示。

21.4.2　剪辑音乐并编排动作

组装完成后，按照选定的主题选择合适的音乐，然后使用 Adobe Audition (图 21-11) 剪辑出需要的音乐效果。

Adobe Audition 是一种音频处理软件，专为在照相室、广播设备和后期制作设备方面工作的音频和视频专业人员设计，可提供先进的音频混合、编辑、控制和效果处理功能[8]。

图 21-9　整体机器人组装实物图

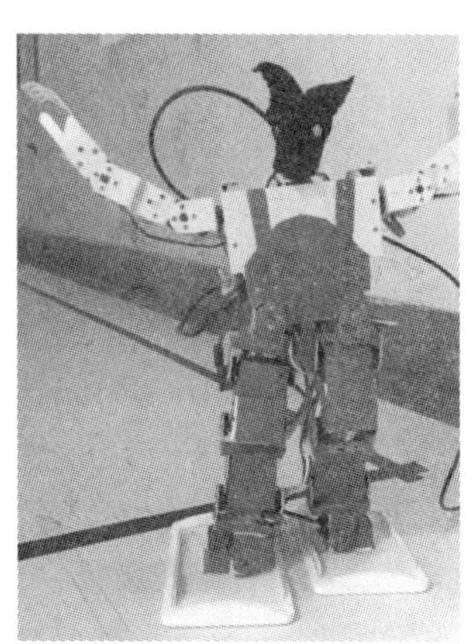

图 21-10　整体改进实物图

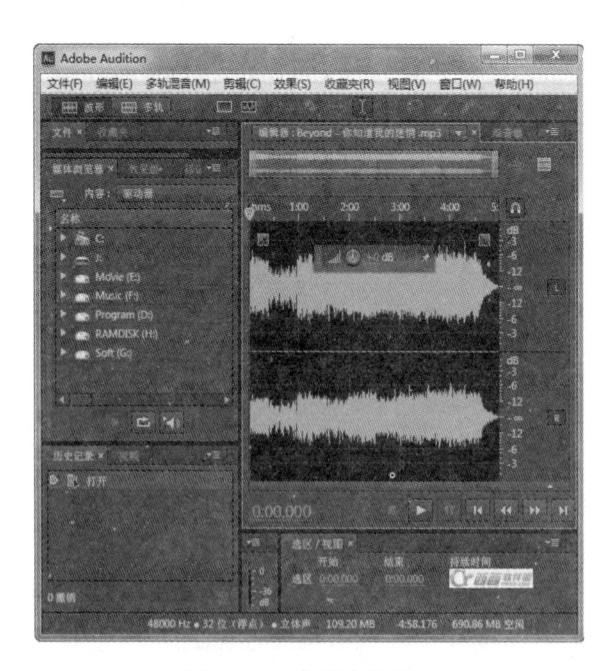

图 21-11　音乐编辑界面

由于原曲时间太长，有些小段节奏不明显，不具备需要的音频特殊效果，音乐格式不正确，所以本款机器人采用 Adobe Audition 音频处理软件对音乐进行音频的分割，转化音频格式，用混响等功能给音频加效果，并对有损伤音频区进行修复，最终合成音频，使之成为符合主题的音乐。

音乐确定之后，就开始随着音乐编排动作。找到音乐节奏，按照音乐节拍编出对应创新动作，获得动作参数后，导入程序代码中，然后把程序下载到控制板里，设置脱机即可。

21.5 创 新 创 意

体操机器人创新创意赛与规定动作赛不同就在于创新创意，而本款机器人的最大亮点就在于其创新点方面。

21.5.1 外貌创新

除传统的十舵机体操机器人之外，本款机器人引入了十七舵机舞蹈机器人参与合跳。本款机器人的脚底板在原有基础上进行修饰，利用 3D 打印技术打印两对白色的脚底板粘在金属脚底板上，不仅使机器人更稳定，而且也是白色鞋子的修饰物，具有良好观赏感。此外，本款机器人在表面增加一层贴纸，以白色衬衣及背带牛仔工装裤作为外形，仔细贴在机器人身上，使外貌更加简单亮眼，时尚新奇。最后为其增加了动物造型面具，给机器人一个丰满的形象，使表演更加符合主题。每个舵机的线都经过仔细固定，包括开关和电池的摆放都属于机器人外貌的一部分，提升了外观可视效果。

21.5.2 创意动作

十舵机体操机器人在体操的规定动作组之外，还加入了优美的舞蹈动作。十七舵机舞蹈机器人除了简单的舞蹈动作，还克服了重心高的缺点，做出一系列高难度动作，例如劈叉、深蹲、单脚站立等。虽然机器人的关节有限，而且舵机可动范围有限，但将各个动作排列组合成一小节舞蹈，将不同的小节组合成整个比赛动作后，再穿插个别高难度动作，整体动作不显得单调枯燥，也不会使观赏者觉得动作局限性大，从而做出一套流畅优美的体操创新创意动作。

21.5.3 小提琴演奏

小提琴演奏与机器人体操舞蹈表演的完美结合，是本款机器人又一个亮点。在背景音乐的提示下，一个机器人拉小提琴，两个机器人做体操舞蹈动作，三者同时配合背景音乐，创造一个和谐融洽的舞台效果。

拉小提琴的机器人推拉节奏与背景音乐相一致，手起臂落、弓腰低头等细微的动作也必须要有，这样才能符合拉小提琴的优雅之姿。

21.5.4　人机互动斗舞

机器人与人的关系是本款机器人力求凸显的主题，人与机器人斗舞的情节就是本款机器人表现的主要形式，也是本款机器人在比赛中的最大亮点。斗舞过程中，从外貌到情节再到音乐和动作，机器人与人的搭配都十分重要，细节之处也要在意，比如与机器人斗舞的人也身着背带牛仔工装裤，使整体舞台效果协调一致。改进时可着重发展人和机器人的配合互动。

21.6　结　　论

在原有机器人结构的基础以及调试经验上，设计了一种适应新项目的体操机器人创新创意组合，通过进行结构优化、动作创新设计和优化、电气控制电路的升级以及控制程序的算法改进，完成了三台机器人的动作展示和协调配合，并在比赛现场表现良好，赢得了在场观众和各位评委老师的一致认可。下一步应该加入更多自动控制上的策略和硬件，使机器人脱离传统 PC 机上调试的低效率方法，实现通过反馈调节的闭环控制策略，使机器人的动作有更强的适应性，减少冗长乏味的调试工作。

参 考 文 献

[1] 崔庆权，尹逊和，唐瑜谦. 一种竞赛型双足竞步机器人设计与研究. 电子测量技术，2015, 38(11): 96-99.

[2] 陈强，王麒鉴，寇金金，等. 基于 STC89C52 单片机的体操机器人系统设计. 自动化技术与应用，2012, 31(4): 20-23.

[3] 韩玉龙. 基于 AVR 的体操机器人设计与实现. 南京：南京师范大学，2016.

[4] 詹迪维. SolidWorks 产品设计实例精解. 北京：机械工业出版社，2011.

[5] Atmel 公司. ATmega48(V)88(V)168(V)- 中文版 (官方手册). 2545D–AVR–07/04.

[6] 陈强，孙倩, 张小畏，等. 基于脉宽差控制算法的双足竞步机器人设计. 技术纵横，2012, (04): 86-88.

[7] 曹凤，蓝和慧，朱长耀，等. 基于 MC9S12XS128 的体操机器人控制系统的研究. 智慧城市，2014，(16): 30-32.

[8] 翁智生. Adobe Audition 3.0 音频素材制作应用技巧探究. 电脑知识与技术，2011，7(13): 3130-3131.

第六篇

生物医学创新创意

第22章　基于动态光谱的血氧饱和度测量系统*

血氧饱和度是衡量人体健康的重要生理参数之一，不仅在临床检测上有着极其重要的应用，在运动保健方面也有着极大的应用价值。穿戴式医疗器械是当今的研究热点，无创的便携式家庭医疗器械备受欢迎，因此迫切需要研发一种低功耗、小体积、高精度的血氧饱和度测量系统。

本项目针对健康物联网和穿戴式医疗器械，对电路在体积、功耗及可靠性方面均有极高要求的情况下提高 PPG 信号的精度，进而达到提高血氧饱和度测量精度的目的。本项目创新性地提出用三角波激励 LED 的方法，并采取频分的方法调制信号，功耗是以往的方波激励 LED 计算血氧饱和度方法的一半。此外该项目采用数字信号处理，极大程度上缩小了硬件体积。

本项目设计了三角波激励和方波激励计算血样饱和度的对比实验，对于同一血氧饱和度的测量，三角波激励获得的 R 值的离散度为 0.026534，而方波激励获得的 R 值的离散度为 0.057247，由实验数据可知三角波激励获得的信号精度明显高于方波激励获得的信号精度。

本项目设计了一种电路简洁、低功耗、高精度的血氧饱和度测量系统，并通过搭建实验平台证明其可行性，采用三角波激励提高信号精度。此系统可以应用到其他领域，为提高信号精度提供了一种新的方法。

22.1　设 计 简 介

22.1.1　测量血氧饱和度的意义

氧气对生命来说是不可或缺的。空气中的氧气通过呼吸作用摄入肺内，经由肺部的毛细血管到达全身。血液从肺部接收氧气后，将其运送到组织，血细胞内的血红蛋白是氧气的载体，与氧气结合的血红蛋白称作氧合血红蛋白 (oxygenated hemoglobin, HbO_2)，未与氧气结合的血红蛋白称作还原血红蛋白 (hemoglobin, Hb)。

血氧饱和度是指氧气与血红蛋白结合的程度，数值上是氧合血红蛋白占总血红蛋白总量的百分比[1]，定义式为

$$\mathrm{SpO_2} = \frac{c_{\mathrm{HbO_2}}}{c_{\mathrm{HbO_2}} + c_{\mathrm{Hb}}} \times 100\% \tag{22-1}$$

* 队伍名称：天津大学进击小组团队，参赛队员：张翠、刘爱；带队教师：林凌

式中，SpO_2 为用脉搏血氧仪测量的血氧饱和度；c_{HbO_2} 为血液中氧合血红蛋白的浓度；c_{Hb} 为血液中还原血红蛋白的浓度。1 个血红蛋白分子最多结合 4 个氧分子，虽统称氧合血红蛋白，却有 1、2、3、4 个氧分子的不同组合。对血红蛋白来说，未结合氧分子或者与 4 个氧分子全部结合的状态是稳定的，而只结合 1、2、3 个氧分子的组合非常不稳定。因此，假设血液中的血红蛋白只有两种状态：一种是没有结合氧分子的还原血红蛋白；一种为结合 4 个氧分子的氧合血红蛋白。

血氧饱和度是衡量人体健康程度的重要生理参数之一，它能够反映人体心血管和呼吸系统的健康程度，在手术麻醉、病人的急救和新生儿监护以及运动保健等方面也有广泛的应用[2]。

脉搏血氧仪能够进行实时测量，现已广泛应用在临床实践中，成为一种不可或缺的临床诊断设备，其使用范围也在大幅度扩展，并应用于筛查、诊断、病情观察等方面。例如，疾病重症度的判定、血气测量的筛查、慢性阻塞性肺疾病急性发作的监测[3]、氧气疗法患者的指导、慢性呼吸功能不全患者的非侵入性换气疗法的导入判定、运动人体健康的研究[4]、住院患者生命体征检查、慢性呼吸功能不全患者在家中的日常管理[5]、睡眠呼吸暂停综合征的筛查[6,7] 等。

22.1.2　血氧饱和度的研究进展和研究现状

22.1.2.1　血氧饱和度的研究进展

为了提高血氧饱和度的测量精度，国内外专家做了大量的研究：斯坦福大学 Samquist 等[8]对比了基于朗伯-比尔定律的脉搏血氧仪与离体测量的结果，发现当血氧饱和度低于 90%时，脉搏血氧仪的测量结果高于离体测量的结果；大阪大学 Shimada 等[9]基于 Samquist 的发现，评估了柯尼卡美能达公司的脉搏血氧仪，并得到了相同的结论；美国国立卫生研究院的 Schmitt[10]提出了使用光子扩散理论分析多元散射对血氧饱和度定标曲线的影响，通过求解扩散方程，得出了考虑多元散射时的血氧饱和度计算公式，但公式中需要预先知道被测对象在确定波长下的吸收系数、约化散射系数等组织光学参数，并要求测量对象有确定的边界，不适用于具体血氧饱和度的测量；以色列希伯来大学的 Fine 和 Weinre[11]从 Twersky 散射理论和光子输运理论出发，研究了以血细胞为散射粒子的人体血液多元散射问题，并结合蒙特卡罗仿真程序对血细胞比容、手指厚度、入射光方式对透射光强的影响进行了研究，得出的结论是由于散射的影响，血氧饱和度公式中的系数 a 和 b 不是常数，而应该是与血液吸收系数、散射系数、血细胞比容和血层厚度有关的函数，并给出了修正散射影响的思考方向；Nitzan 和 Engelberg[12] 提出了利用三个相邻波长测量动脉血氧饱和度的方法，从原理上考虑了散射的影响，而且不需要进行校正，但是仍然缺乏实验验证；天津大学高峰等[13]给出了扩散方程模型下血氧饱和度值与 R 值的定标曲线，提高了低血氧饱和度的测量精度，但公式中也需要预先知道被测对象在给定波长下组织的光学参数并要求测量对象有确定的边界，不适用于具体血氧饱和度的测量；李刚[1]等基于动态光谱理论，分析了传统脉搏血氧测量原理中误差产生的原因，并给出了基于动态光谱理论得出的高精度血氧饱和度计算公式，为提高测量精度奠定了基础；王晓飞和赵文俊[14]提出了基于动态光谱法的多波长脉搏血氧饱和度测量方法，从可见光—近红外波段选出 252 个波长组成的动态光谱数据与血氧饱和度值建模，降低了血氧饱和度的测量误差，但是这种方法所使用的波长数远大于现有的双波长脉搏血氧测量方法，实用性有待提高。

22.1.2.2 血氧饱和度的研究现状

目前的脉搏血氧测量系统都是依据修正的朗伯-比尔定律推导出的血氧饱和度测量原理进行设计的，测量系统需要实现两种波长下透射光电脉搏波或反射光电脉搏波的信号采集、信息提取和计算，如图 22-1 所示。实线表示波长为 λ_1 的光源，虚线表示波长为 λ_2 的光源，箭头表示光的主要传播方向 (因为散射的存在，出射光为漫透射或漫反射光，方向并不只是图中所示的一种方向，在该实验示意图中忽略散射)，两束光之间的距离极小。光源通常选用反向并联的双芯发光二极管对或共阳 (阴) 极双芯发光二极管对，如图 22-2 所示。光电接收器件通常选用光电二极管或硅光电池，然后利用电流电压转换电路将光电流转化成电压信号，或者采用光/频率转换传感器，将光强转换为对应频率的脉冲输出。

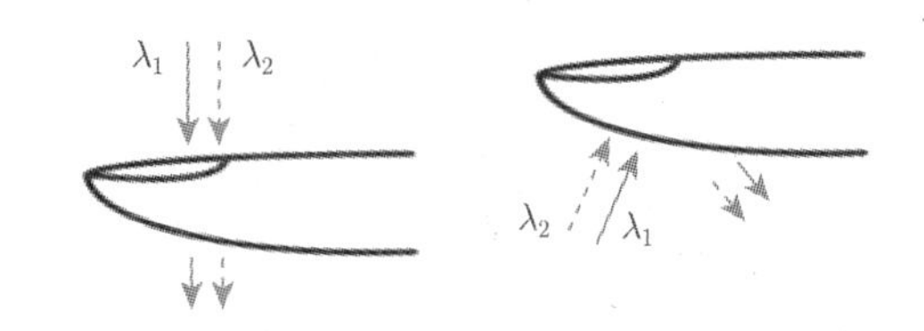

图 22-1 脉搏血氧测量系统的两种传感方式示意图

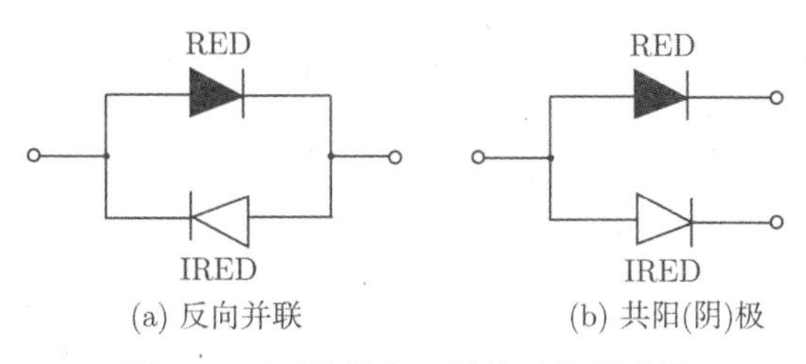

图 22-2 两种发光二极管对的原理图

根据信号处理的形式，现有的脉搏血氧仪可以分为模拟型和数字型两类[15−18]。模拟型脉搏血氧仪的测量系统原理图如图 22-3 所示。由单片机或其他控制器产生分时选通信号，控制两个发光二极管分别点亮，光透过手指照射在光电二极管，将接收到的光信号转化为点信号；光电流经电流电压转换电路变换成电压信号，在分时选通信号的控制下，经多路复用器分成红光信号和红外信号；以红光为例，经过低通滤波器，得到红光的直流分量，经过高通滤波器，得到红光的交流分量，再经过放大电路，放大到合适的 AD 输入范围；在分时选通信号的控制下，分别采集两种发光二极管的交、直流信号，再经过单片机或其他控制器进行血氧饱和度的计算。

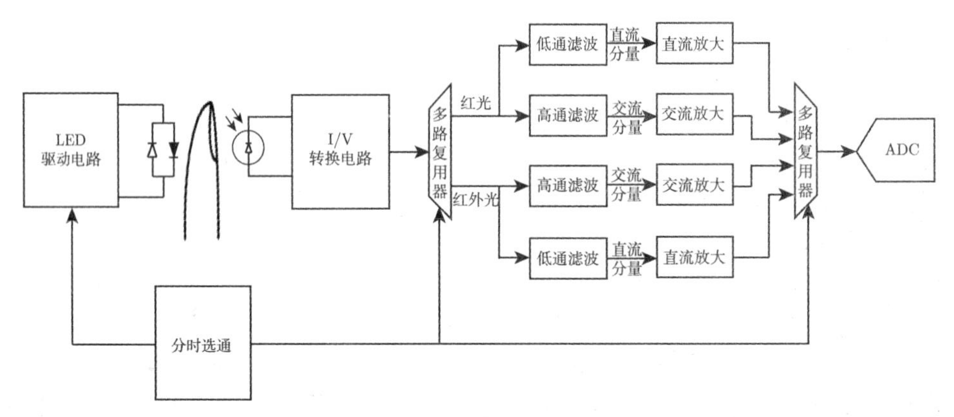

图 22-3 模拟型脉搏血氧仪的测量系统原理图

模拟型脉搏血氧仪测量系统采用的是分时分光系统。分时分光系统的原理是使用多个中心波长不同的发光二极管作为光源 (准单色光源)，由控制器分时点亮每个发光二极管，光电接收端可以使用光电二极管或硅光电池，信号采集时同样在控制器的分时选通脉冲下，分别采集对应发光二极管点亮时得到的光电信号，即通过分时驱动的方法，将不同波长的光电脉搏波分开。

模拟型脉搏血氧仪需要一定数量的运算放大器组成模拟滤波器及放大电路，电路复杂程度较高，不利于降低成本。

数字型脉搏血氧仪的测量系统原理图如图 22-4 所示。数字型脉搏血氧仪采用频分的调制方式，以数字信号处理的方法从光电脉搏波中提取出直流分量，将其作为交流放大的直流偏置电压，实现交流信号的放大。

数字型脉搏血氧仪采用分频分光系统。分频分光系统[19] 的原理是使用不同频率的方波驱动多个中心波长不同的发光二极管作为光源 (准单色光源)，其驱动方式为电流驱动，光电接收端可以使用光电二极管或硅光电池，对采集得到的信号，运用锁相技术进行解调，提取不同载波频率下的光电脉搏波信号，即通过频率调制解调的方法，将不同波长的光电脉搏波分开。

与模拟型脉搏血氧仪相比，数字型脉搏血氧仪的测量系统所需运算放大器等模拟器件减少，但反馈其控制比较复杂，而且易受手指抖动、呼吸漂移的影响。

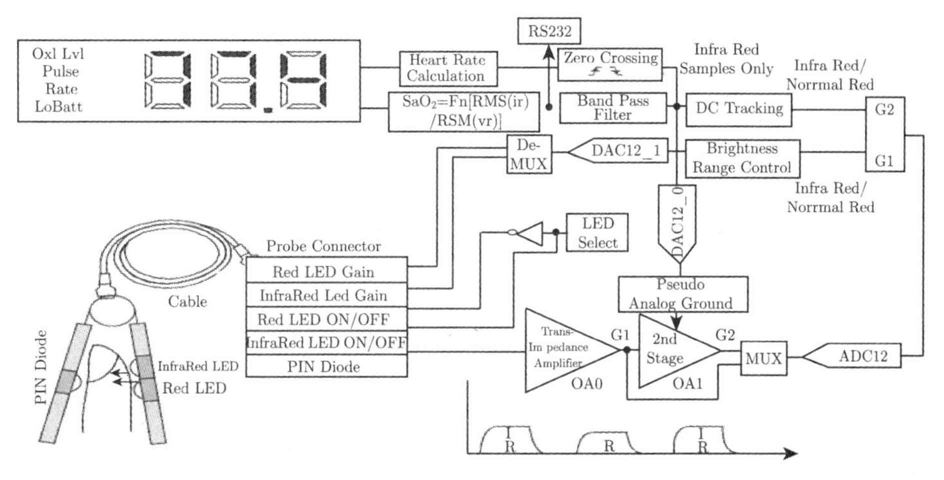

图 22-4 数字型脉搏血氧仪的测量系统原理图

22.1.3 主要研究内容

本项目的研究内容主要是用三角波激励来提高血氧饱和度的测量精度，并用方波激励提取动态光谱作为比较，证明三角波激励能够提高动态光谱的精度。主要的设计包括：发光驱动电路、光电接收电路、采用 NI 采集卡使用单路 ADC 采集两路脉搏波信号、在 LabVIEW 上实现信号的解调、数据处理与分析、结果显示。

22.2 血氧饱和度测量的理论基础

22.2.1 血氧饱和度的测量原理

脉搏是指主动脉内压力随心脏周期性地收缩和舒张产生相应变化，并引起血管壁产生相应的收缩和扩张的现象。当心脏收缩时，有相当数量的血液进入原本充满血液的动脉中，使得该处的弹性管壁被撑开，此时心脏推动血液所做的功转化为血管的弹性势能；心脏停止收缩时，扩张了的那部分血管也跟着收缩，驱使血液向前流动，又使前面血管的管壁跟着扩张，如此类推。这种过程和波动在弹性介质中的传播有些类似，因此称为脉搏波。根据人体组织对光的衰减程度不同，将被测部位 (如指尖) 分为三层 (图 22-5)，分别为动脉血层、静脉血层和血液以外的组织层。

动脉血层的特点是对光的吸收系数高，散射系数也高，体积随心脏的搏动而变化，血氧饱和度最高；静脉血层的特点是对光的吸收系数高，散射系数也高，但是体积几乎不随心脏的搏动而变化，血氧饱和度比动脉血层低。当不考虑血液层及血液以外的组织层对光的散射时，可以使用朗伯-比尔定律对图 22-5 所示的简单分层模型进行分析。假设两种波长分别为 λ_1 和 λ_2 的窄束平行光垂直介质表面入射并

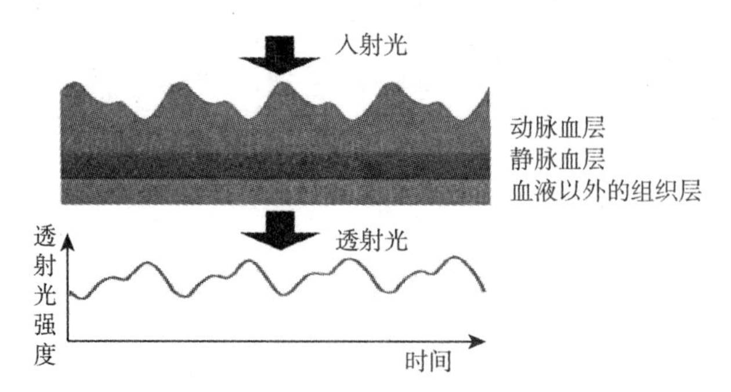

图 22-5　动脉血搏动及透射光电脉搏波示意图

透过所示的三层模型，得到两个波长下的透射光电脉搏波，则根据朗伯-比尔定律得到 λ_1 和 λ_2 两种波长下，透射光光强与入射光光强的关系式：

$$I^{\lambda_1}=I_0^{\lambda_1}\mathrm{e}^{-\mu_0^{\lambda_1}L_0-\mu_v^{\lambda_1}L_v-\mu_a^{\lambda_1}L_a} \tag{22-2}$$

$$I^{\lambda_2}=I_0^{\lambda_2}\mathrm{e}^{-\mu_0^{\lambda_2}L_0-\mu_v^{\lambda_2}L_v-\mu_a^{\lambda_2}L_a} \tag{22-3}$$

式中，I 为透射光光强；I_0 为入射光光强；μ_0 为除血液以外的组织层的光吸收系数；L_0 为除血液以外的组织层的厚度；μ_v 为静脉血层的光吸收系数；L_v 为静脉血层的厚度；μ_a 为动脉血层的光吸收系数；L_a 为动脉血层的厚度。式 (22-2) 和式 (22-3) 写成对数形式为

$$\ln I^{\lambda_1}=\ln I_0^{\lambda_1}-\mu_0^{\lambda_1}L_0-\mu_v^{\lambda_1}L_v-\mu_a^{\lambda_1}L_a \tag{22-4}$$

$$\ln I^{\lambda_2}=\ln I_0^{\lambda_2}-\mu_0^{\lambda_2}L_0-\mu_v^{\lambda_2}L_v-\mu_a^{\lambda_2}L_a \tag{22-5}$$

脉搏的周期搏动，引起光吸收度的周期变化，因此，得到的透射光电脉搏波的光强度也随脉搏的搏动而周期变化。当动脉充盈程度最小，即动脉血层厚度最小时，透射光光强最大；当动脉充盈程度最大，即动脉血层厚度最大时，透射光光强最小。由此可以得到式 (22-6)～ 式 (22-9)。

$$\ln I_{\max}^{\lambda_1}=\ln I_0^{\lambda_1}-\mu_0^{\lambda_1}L_0-\mu_v^{\lambda_1}L_v-\mu_a^{\lambda_1}L_{a,\min} \tag{22-6}$$

$$\ln I_{\min}^{\lambda_1}=\ln I_0^{\lambda_1}-\mu_0^{\lambda_1}L_0-\mu_v^{\lambda_1}L_v-\mu_a^{\lambda_1}L_{a,\max} \tag{22-7}$$

$$\ln I_{\max}^{\lambda_2}=\ln I_0^{\lambda_2}-\mu_0^{\lambda_2}L_0-\mu_v^{\lambda_2}L_v-\mu_a^{\lambda_2}L_{a,\min} \tag{22-8}$$

$$\ln I_{\min}^{\lambda_2}=\ln I_0^{\lambda_2}-\mu_0^{\lambda_2}L_0-\mu_v^{\lambda_2}L_v-\mu_a^{\lambda_2}L_{a,\max} \tag{22-9}$$

式中，$I_{\max}$ 为一个脉搏波周期内，透射光光强的最大值；$L_{\mathrm{a,min}}$ 为透射光强取得最大值时对应的动脉血层的最小厚度；$I_{\min}$ 为一个脉搏波周期内，透射光光强的最小

值；$L_{\mathrm{a,max}}$ 为透射光强取得最小值时对应的动脉血层的最大厚度。式 (22-6) 与式 (22-7) 做差、式 (22-8) 与式 (22-9) 做差，得到透射光电脉搏波对数光强峰、谷值的差值表达式为

$$\ln I_{\max}^{\lambda_1} - \ln I_{\min}^{\lambda_1} = \mu_a^{\lambda_1}(L_{a,\max} - L_{a,\min}) \tag{22-10}$$

$$\ln I_{\max}^{\lambda_2} - \ln I_{\min}^{\lambda_2} = \mu_a^{\lambda_2}(L_{a,\max} - L_{a,\min}) \tag{22-11}$$

式 (22-10) 与式 (22-11) 做除法，消去光程差 $(L_{a,\max} - L_{a,\min})$ 的影响，得到式 (22-12)。

$$\frac{\ln I_{\max}^{\lambda_1} - \ln I_{\min}^{\lambda_1}}{\ln I_{\max}^{\lambda_2} - \ln I_{\min}^{\lambda_2}} = \frac{\mu_a^{\lambda_1}}{\mu_a^{\lambda_2}} \tag{22-12}$$

因为血液中血红蛋白在血液的吸收物质含量中占主要地位，所以为了简化模型，仅考虑血液中含有 $\mathrm{HbO_2}$ 和 Hb 的情况，即动脉血液层的吸收系数 μ_a 可以表示为

$$\mu_a^{\lambda_1} = \varepsilon_{\mathrm{HbO_2}}^{\lambda_1} c_{\mathrm{HbO_2}} + \varepsilon_{\mathrm{Hb}}^{\lambda_1} c_{\mathrm{Hb}} \tag{22-13}$$

$$\mu_a^{\lambda_2} = \varepsilon_{\mathrm{HbO_2}}^{\lambda_2} c_{\mathrm{HbO_2}} + \varepsilon_{\mathrm{Hb}}^{\lambda_2} c_{\mathrm{Hb}} \tag{22-14}$$

联立式 (22-12)～ 式 (22-14)，可以得出脉搏血氧饱和度 $\mathrm{SpO_2}$ 计算公式为

$$\mathrm{SpO_2} = \frac{\varepsilon_{\mathrm{Hb}}^{\lambda_2} R - \varepsilon_{\mathrm{Hb}}^{\lambda_1}}{(\varepsilon_{\mathrm{HbO_2}}^{\lambda_1} - \varepsilon_{\mathrm{Hb}}^{\lambda_1}) - (\varepsilon_{\mathrm{HbO_2}}^{\lambda_2} - \varepsilon_{\mathrm{Hb}}^{\lambda_2})R}, R = \frac{\ln I_{\max}^{\lambda_1} - \ln I_{\min}^{\lambda_1}}{\ln I_{\max}^{\lambda_2} - \ln I_{\min}^{\lambda_2}} \tag{22-15}$$

式中，R 为两波长下对数脉搏波峰、谷值差值的比值。

当波长 λ_2 选择为 $\mathrm{HbO_2}$ 和 Hb 分子消光系数曲线交点附近 (805nm) 时，有 $\varepsilon_{\mathrm{HbO_2}}^{\lambda_2} = \varepsilon_{\mathrm{Hb}}^{\lambda_2}$ 成立，则式 (22-15) 可以改写为

$$\mathrm{SpO_2} = \frac{\varepsilon_{\mathrm{Hb}}^{\lambda_1}}{\varepsilon_{\mathrm{Hb}}^{\lambda_1} - \varepsilon_{\mathrm{HbO_2}}^{\lambda_1}} - \frac{\varepsilon_{\mathrm{Hb}}^{\lambda_2}}{\varepsilon_{\mathrm{Hb}}^{\lambda_1} - \varepsilon_{\mathrm{HbO_2}}^{\lambda_1}} R, R = \frac{\ln I_{\max}^{\lambda_1} - \ln I_{\min}^{\lambda_1}}{\ln I_{\max}^{\lambda_2} - \ln I_{\min}^{\lambda_2}} \tag{22-16}$$

因此，基于朗伯-比尔定律的脉搏血氧饱和度的近似计算公式可以写为

$$\mathrm{SpO_2} = a - bR \tag{22-17}$$

式中，a 和 b 为经验系数，一般通过定标实验获得。

至此，通过朗伯-比尔定律，建立了血氧饱和度与 R 的线性关系表达式，这个表达式也是目前脉搏血氧仪产品主要采用的计算公式。通过该公式计算 R 值和血氧饱和度，相关的血氧模拟器也是基于内置的式 (22-17)，对相关产品进行定标[20−21]。

22.2.2 动态光谱理论

所谓“动态光谱”是指各个单波长对应的单个光电脉搏波周期上吸光度的最大值与最小值的差值 ΔOD 构成的光谱。动态光谱法根据光电脉搏波的产生原理检测血液成分浓度，利用动脉充盈与动脉收缩时人体对于光强的衰减程度不同，消除测量中由于皮肤组织和肌肉组织产生的个体差异[1]。

考虑动脉血管充盈度最低状态，动脉中的脉动血液最少，脉动血液对于来自光源的入射光的衰减程度最小，此时的透射光强最强 ($I_{\max}$)，可视为脉动动脉血液的入射光 I'；而动脉血管充盈度最高状态时，动脉中的脉动血液最多，血液对于入射光的衰减程度最大，此时的透射光强最弱 ($I_{\min}$)，为脉动动脉血液的最小透射光强 I，所以通过记录动脉充盈至最大与动脉收缩至最小时的吸光度值，就可以消除皮肤组织、皮下组织等一切具有恒定吸收特点的人体成分对于吸光度的影响。检测得到动态光谱后，根据已知的血液各组分的吸光系数和脉动动脉血液的等效光程长 d，即可计算出各组分的浓度 c_i。

22.2.3 三角波激励提高信号分辨率

在现有的研究成果中，关于获取脉搏波，大多采用方波信号进行激励，在本次实验中我们采用三角波进行激励，直接利用成型信号激励，既能提高精度，又能避免叠加成型信号带来的高能量的影响[20]。

为了验证该理论的可行性，假设一个以 x 为幅值的信号，在一段时间 T 内进行均匀采样，如图 22-6 所示，采样点数为 $N(N \gg 1)$，并对所采集到的数进行累加平均，得到的平均值为

$$\overline{x} = \frac{1}{N}\sum_{i=1}^{N}[x_i] = \frac{1}{N}\sum_{i=1}^{N}[m_i + \Delta x_i] \tag{22-18}$$

式中，$x_i = m_i + \Delta x_i m_i = [x_i]$；$\Delta x_i$ 是四舍五入运算后产生的随机误差。将其进一步利用等差级数求和公式计算得到

$$\begin{aligned}\overline{x} =& \frac{1}{N}\sum_{i=1}^{N}m_i + \frac{1}{N}\sum_{i=1}^{N}\Delta x_i = \frac{1}{N}\frac{1}{2}(0+[x])N + \frac{1}{N}\sum_{i=1}^{N}\Delta x_i \\ =& \frac{1}{2}[x] + \frac{1}{N}\sum_{i=1}^{N}\Delta x_i\end{aligned} \tag{22-19}$$

式 (22-19) 中的第一项 $\frac{1}{2}[x]$ 是量化后的值，虽然是 $[x]$ 的一半，但按照误差理论，一个数据的精度并不因乘以一个固定非零常数而改变。而第二项中 Δx_i 是量化误差，也就是零均值的随机数，所以 $\frac{1}{N}\sum_{i=1}^{N}\Delta x_i$ 相比 Δx_i 要降低 $\sqrt{N}$ 倍。因此，

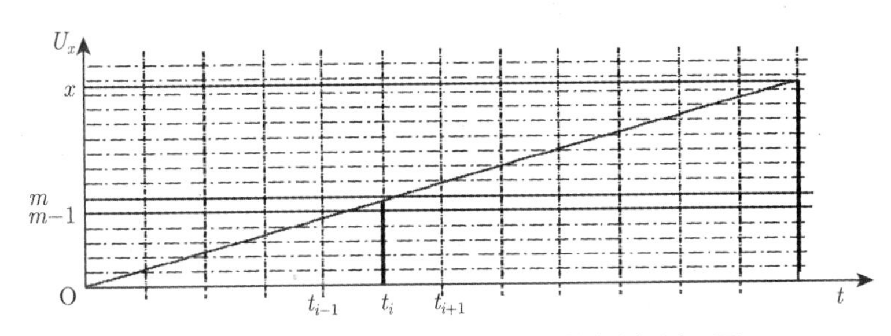

图 22-6 锯齿波信号跟恒定信号采样叠加原理图

以三角波激励信号进行过采样后可以得到减小误差、提高精度的效果，且不需要另外加高频扰动信号。

为了验证该结论的正确性，本项目设计了纸张衰减性实验，来判断三角波与方波激励对于精度的影响。朗伯–比尔定律反映了光学吸收规律，即物质在一定波长处的吸光度与它的浓度和传输距离成正比。根据朗伯–比尔定律，出入射光强与吸收层厚度和吸收物浓度的关系为

$$I = I_0 \mathrm{e}^{-\alpha cl} \tag{22-20}$$

式中，I_0 为入射光强；I 为透射光强；α 为吸光物质的吸光系数；c 为吸光物质浓度；l 为吸光物质传输的距离 (光程)。在纸张衰减性实验中，假设每张纸对于光信号的衰减程度是一样的，依次增加纸张的页数，根据朗伯-比尔定律：

一张纸的时候，透射光强为

$$I_1 = I_0 \mathrm{e}^{-\alpha cl} \tag{22-21}$$

$$\ln I_1 = \ln I_0 - \alpha cl \tag{22-22}$$

两张纸的时候，透射光强为

$$I_2 = I_0 \mathrm{e}^{-2\alpha cl} \tag{22-23}$$

$$\ln I_2 = \ln I_0 - 2\alpha cl \tag{22-24}$$

所以一张纸的衰减量为一个定值：

$$\Delta_n = \ln I_{n+1} - \ln I_n = -\alpha cl \tag{22-25}$$

实验数据如表 22-1 所示。

表 22-1 纸张衰减性实验数据

波形	Δ_1	Δ_2	Δ_3	Δ_4	Δ_5	Δ_6	离散度
三角波	0.73461	0.76433	0.71282	0.67011	0.51435	0.57466	0.09973
方波	0.74055	0.73441	0.77685	0.65583	0.52216	0.55753	0.12316

由实验数据可知，三角波激励比方波激励更有利于提高精度。

22.3 硬件设计

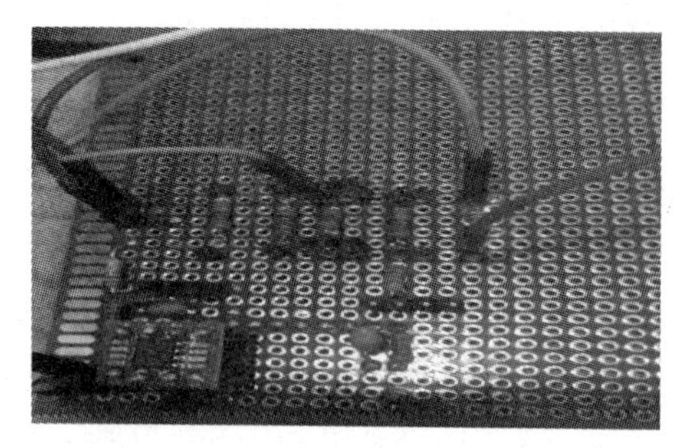

图 22-7　脉搏波采集电路图

本系统的硬件设计是脉搏波的采集电路，其中主要包括发光驱动电路以及光电接收电路，由发光驱动电路驱动发光二极管，使发射的红光信号和红外光信号穿过手指，由接收二极管接收，并通过光电接收电路将光信号转化为电信号，便于后面的信号处理。图 22-7 为脉搏波采集电路的实物图。

22.3.1　发光驱动电路

脉搏血氧饱和度检测以光电检测技术为基础，因此，需要克服周围杂散光、暗电流等各种干扰对系统的影响。为了克服这一问题必须在系统设计中采用光的调制解调技术。

本系统采用脉冲幅度光调制技术，光调制在虚拟仪 (laboratory virtual instrument engineering workbench，LabVIEW) 的控制下，产生两路频率成倍数的驱动脉冲信号。脉冲调制不是传送调制信号的每一个瞬时值，而只是传送其采样值，只要采样频率足够高 (按奈奎斯特采样定理，只要采样频率 f_s 等于或大于信号最高频率的两倍)，则可由采样信号来恢复原信号，而不会导致信号的失真。本系统的驱动频率分别选用 1kHz 和 2kHz。

系统的发光驱动电路如图 22-8 所示。图中的两个二极管分别为红光二极管和红外光二极管，启动电压分别为 1.5V 和 1.0V，接入的信号 1 和信号 2 为频率分别为 1kHz 和 2kHz，幅值为 0~1V 的三角波。红光 LED 限流电阻为 1kΩ，红外光 LED 限流电阻为 2kΩ，经计算，对应的电流范围为 0~1.8mA 和 0~1.15mA。作为对照性实验，我们同时采用两路频率分别为 1kHz 和 2kHz，幅值相同且为 0~1V 的方波信号经行激励。

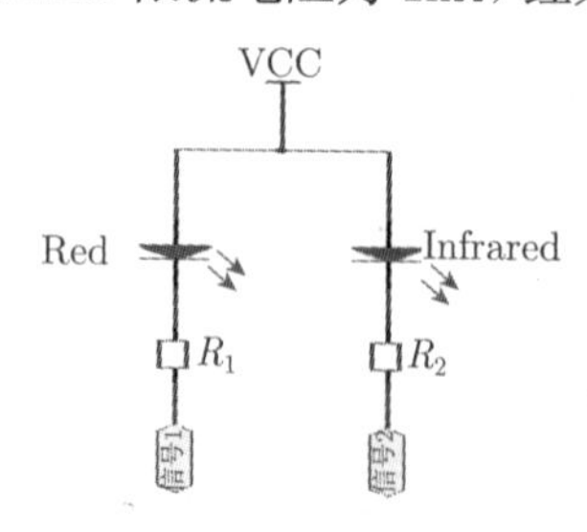

图 22-8　发光驱动电路

用来激励的两路方波和两路三角波都是由 LabVIEW 产生的仿真信号，两路三角波和两路方波相位相同，幅值相同，频率为 2 倍关系。

22.3.2 光电接收电路

血氧探头中接收二极管将光信号转换为电流信号，而随后的 A/D 转换电路以电压为检测对象。因此，接收电路中应采用电流电压转化电路，将电流信号转换为电压信号。光敏二极管接收到光强产生的光电流 I 与受光光强的变化成正比。运算放大器与电阻形成电流电压变换电路，如图 22-9 所示 (运算放大器工作为单电源 5V，为避免信号丢失，将信号抬高至 U=3V)。

电路输出电压为：$U = IR$。

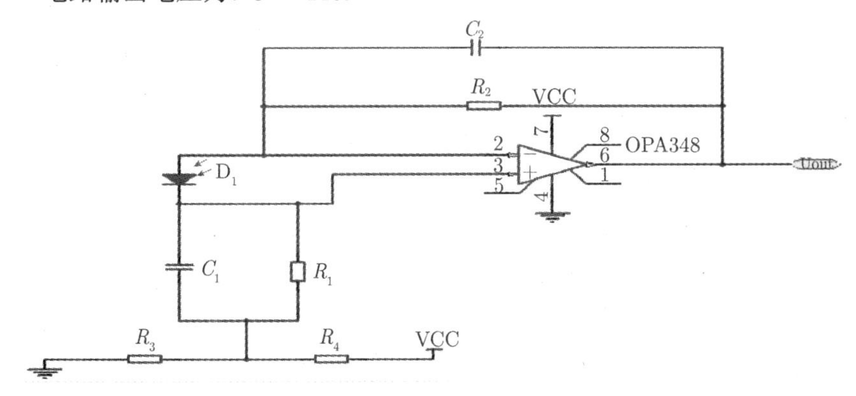

图 22-9 光电接收电路

电容 C 的作用是改变相移、防止自激，同时 R 和 C 又形成低通滤波器，抑制高频干扰。由于系统对发光管的驱动频率为 1kHz 和 2kHz，那么为保证 RC 组成的滤波电路不会造成光敏管电流信号的失真，其截止频率应远高于 2kHz，$1/(2\pi RC) \geqslant 2000$。这里取 $R_1 = R_2 = 1\text{M}\Omega$，$C_1 = C_2 = 30\text{pF}$，截止频率接近 5kHz。此外，本项目设置抬升电压为 3V，所以用 R_3 和 R_4 组成一个串联电路，供电 3.3V，$R_3 = 1000\Omega$，$R_4 = 100\Omega$，R_3 上分得的电压为 3V。

运算放大器采用 OPA348，主要特点是单电源供电、达到 1MHz 的带宽、低偏置电流 0.5pA、低噪声、输入输出皆是轨对轨的。

本节首先介绍了本项目的硬件电路：光电脉搏波采集电路，其中包括发光驱动电路和光电接收电路，为搭建实验平台和血氧饱和度的测量做了前期准备。

22.4 软件和算法

22.4.1 系统总体设计与设计思路

传统脉搏血氧饱和度检测系统采用复杂的模拟电路完成调制解调、双光束分离、交直流分离、滤波放大、脉搏波分离和交直流分量获取等一系列工作。这些环节增加了系统的不稳定性测量精度也不能达到预期的效果。本项目针对传统脉搏血氧检测系统的缺陷，提出了数字化设计的思想。本项目提出的新型的动态光谱的提取方法主要是采用新型的激励方法来获取动态光谱，从而达到简化电路的目的，同时进一步应用在测量血氧饱和度方面，通过对采集的信号进行处理，利用算法计算出血氧饱和度参数，提高测量精度，最后将结果显示出来。

本项目设计本着电路简捷、提高精度的目的，充分简化硬件设备，最终的系统框架图如图 22-10 所示。整个系统主要包括三大部分：PPG 信号的采集；信号的模数转化；信号处理与上位机显示。

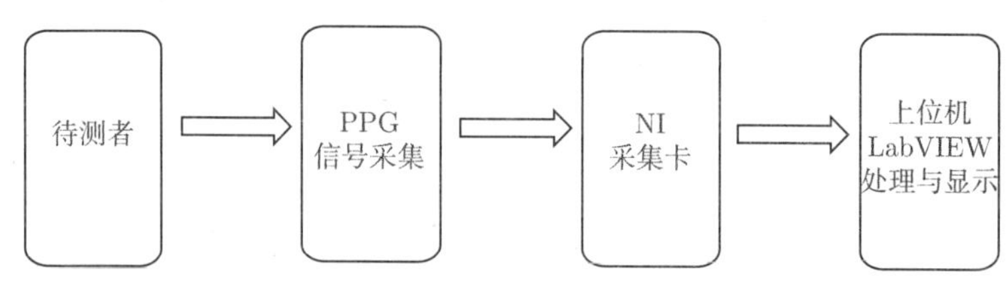

图 22-10　系统设计框图

22.4.2　分离和解调算法

本项目采用倍频测量法作为系统的测量方案，即通过采集卡输出不同频率的三角波序列驱动红光和红外光发光二极管按照该频率发光，在相同的时间内以不同频率的三角波对脉搏波进行调制，调制后携带两路不同信息的信号作为一路信号进行采样，然后由 LabVIEW 通过数字解调的方式将两路光的信息分离开来。这种方法省去了传统检测系统中双光束分离的复杂模拟电路，并且避免了双路信号分别放大滤波引起的测量误差。在模数转换时不需要采用双通道分别采样，而是采用单通道采样，因此通道一致性好。并且由于双路光信号同时调制，使透射光强成为两路光信号的叠加，增加了光强，提高了信噪比。这种方法还消除了背景光的影响。

系统相当于做了两次调制。一次调制是对脉搏波进行光脉冲振幅调制，每路脉冲光照射手指的过程，即对脉搏波进行了脉冲振幅调制，同时由于红光和红外光被血液成分吸收的程度不同，被调制后的信号分别携带了两路受到不同吸收的光信息。二次调制是频率调制，即采用不同频率的光脉冲驱动信号，由于用来调制脉搏波的脉冲调制信号频率成倍数关系，分别为 1kHz 和 2kHz，三角波傅里叶展开没有奇次谐波，所以携带了脉搏波信息的已调载波调制在互不重叠的副载频上进行频率分割后再复合。调制后的信号经过 ADC 采样后，由 LabVIEW 采用数字解调的方式将两个频率上的信号分开，再分别对两路载有脉搏波的脉冲信号进行二次解调，即可恢复成原脉搏波信号。

本系统采用单路 ADC 采集两路有不同频率三角波调制的 PPG 信号，ADC 采样过后需要将其解调出 PPG 信号。

采用频率为 1kHz 和 2kHz 的三角波，三角波的傅里叶展开没有奇次谐波，避免了两路信号的相互干扰，单路 ADC 采集的是两路信号的叠加信号，如图 22-11 所示，需要将两路脉搏波信号解调出来。

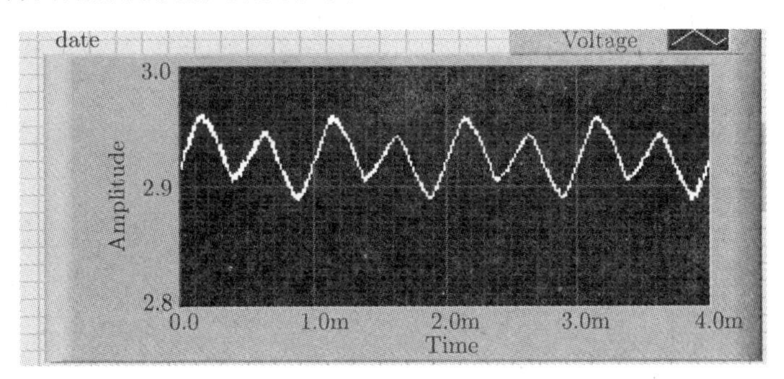

图 22-11 三角波激励的混合信号

在解调过程中，使用锁相解调可以很好地解决信号输出与信号采集不同步的问题。

假设采集信号：

$$X(t) = \mathrm{DC} + A\sin(2\pi ft + \varphi) \tag{22-26}$$

式中，DC 为信号中的直流分量；f 为信号的频率；φ 为信号的相位。

经过模数转换，采集 M 个周期的信号，每个周期内的采样点数为 $4N$，表示为

$$X(n) = \mathrm{DC} + A\sin[2\pi n/(4N) + \varphi], \quad n = 0, 1, 2, \cdots, 4MN - 1 \tag{22-27}$$

为了保证解调的成功率，选取的采样频率为检测信号频率的 $4N$ 倍。使用正交解调，我们使用的信号为相位相差 90° 的两列方波信号 (图 22-12)，即信号 A 和信号 B。假设选取一个周期，在一个周期内采样点数为 $4N$。

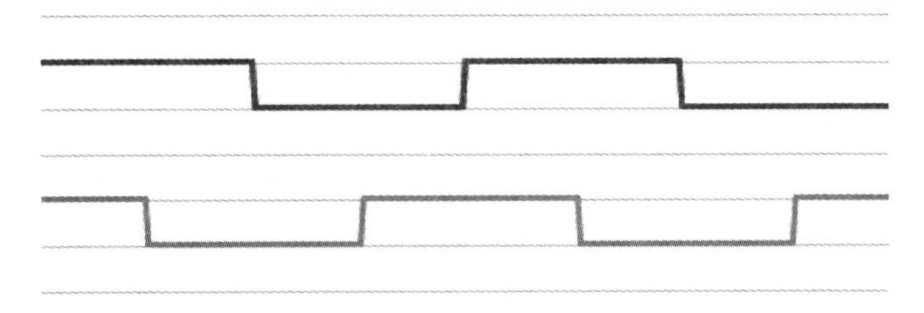

图 22-12 正交解调所用的方波

对于信号 A：

$$S_n = \begin{cases} 1, 0 < n < 2N - 1 \\ -1, 2N < n < 4N - 1 \end{cases} \tag{22-28}$$

对于信号 B：

$$C_n = \begin{cases} 1, & 0 < n < N-1; 3N < n < 4N-1 \\ -1, & N < n < 3N-1 \end{cases} \tag{22-29}$$

则一个周期内，用待测信号乘上方波信号：

$$I = \frac{1}{4N}\left[\sum_{n=0}^{4N-1} X(n) \cdot S_n\right] \tag{22-30}$$

$$I = \frac{1}{4N}\left[\sum_{n=0}^{N-1} X(n) + \sum_{n=N}^{2N-1} X(n) - \sum_{n=2N}^{3N-1} X(n) - \sum_{n=3N}^{4N-1} X(n)\right] \tag{22-31}$$

$$Q = \frac{1}{4N}\left[\sum_{n=0}^{4N-1} X(n) \cdot C_n\right] \tag{22-32}$$

$$Q = \frac{1}{4N}\left[\sum_{n=0}^{N-1} X(n) - \sum_{n=N}^{2N-1} X(n) - \sum_{n=2N}^{3N-1} X(n) + \sum_{n=3N}^{4N-1} X(n)\right] \tag{22-33}$$

整个过程相当于一次下抽样和一个算数平均滤波器，既提高了数据的精度，又滤除了小幅度高频噪声的干扰。

滤波器的频率响应为

$$H(f) = \frac{\sin\left(\dfrac{N_S \pi f}{f_x}\right)}{N_S \sin\left(\dfrac{\pi f}{f_x}\right)} \mathrm{e}^{-\mathrm{j}\frac{\pi(N_S - 1)f}{f_x}} \tag{22-34}$$

式中，f_x 为 f 的 $4N$ 倍；N_S 是 N 的 2 倍。通过滤波后相位发生了变化：

$$\varphi = \arctan\frac{Q}{I} + \frac{\pi f}{f_x} \tag{22-35}$$

通过计算出来的 I 和 Q 来推算幅值 A：

$$A = \sqrt{I^2 + Q^2} \tag{22-36}$$

流程框图如图 22-13 所示。

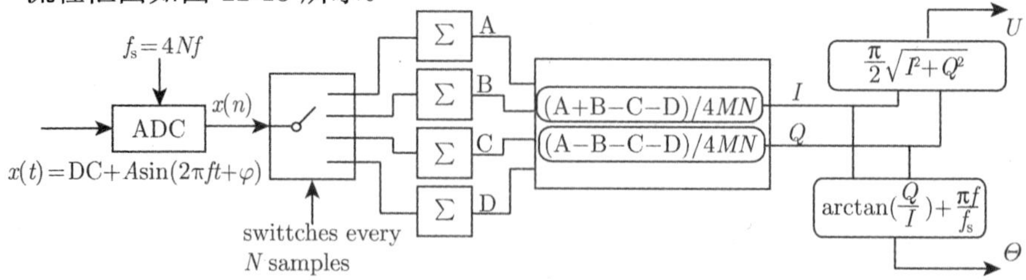

图 22-13　正交解调的流程图

本项目采用的是锁相解调的方法进行解调，避免了因为信号输出与信号采集不同引起的误差。解调出来的两路脉搏波如图 22-14 所示。

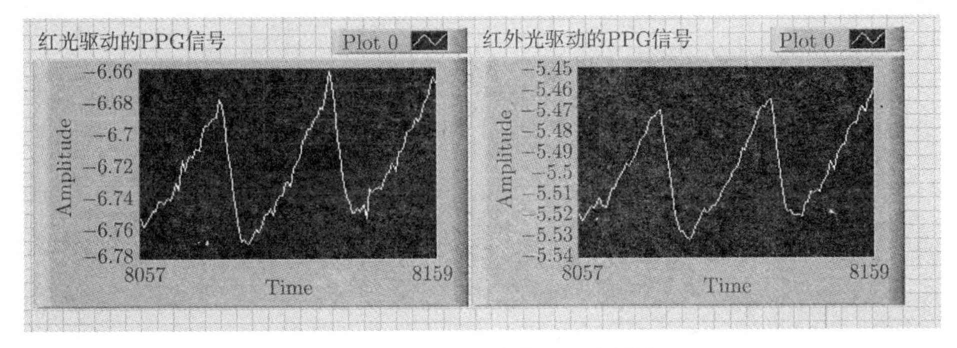

图 22-14 解调出来的两路脉搏波

22.4.3 特征值的提取方法

血氧饱和度的计算方法中只利用峰值和谷值的 R 值计算，受个体差异影响大，同时我们只是运用了动态光谱中的峰值和谷值，数据利用度小，精度不高。因此，本项目采用包络面积法。包络面积法[22]从能量和功率的角度出发，以对数脉搏波交流分量的包络面积作为等效吸光度，从而充分利用了采集的数据中所包含的吸光度信息，数据的利用率高，可以在很大程度上提高测量的精度。同时，本项目利用统计学方法来消除异常波形带来的粗大误差的干扰。

假设在某波长为 λ 的光照射下，单周期对数脉搏波数据为：$A_1^{\lambda}, A_2^{\lambda}, A_3^{\lambda}, \cdots, A_N^{\lambda}$，其中 N 为单周期的采样点数。对上面的采样数据进行求和平均，得到单周期的对数脉搏波的平均值 $\overline{A}$，则单周期对数脉搏波交流分量的包络面积所表示的等效吸光度为

$$\Delta A = \sum_{i=1}^{N} (A_i^{\lambda} - \bar{A}) \tag{22-37}$$

所以 R 值等于两个波长光强照射下的 ΔA 之比。

22.4.4 程序设计

本项目采用了仪器 I/O 库的 DAQ 助手进行数据通信。LabVIEW 程序包含前面板和程序框图两部分，前面板属于人机交互界面，程序的后台处理软件在程序框图内编写。本项目的上位机平台要实现的功能包括 DAQ 通信、信息输入、数据显示和数据保存。为了实时监测 PPG 信号的采样结果，本项目使用 LabVIEW 开发平台。整体程序设计框图如图 22-15 所示。

首先使用 LabVIEW 产生两路频率不同的三角波仿真信号，通过 NI 采集卡输出，接入发光驱动电路。同时使用 NI 采集卡对输入信号进行模数转化，并从单路

模数转化数据中解调出两路 PPG 信号，再根据包络面积法计算出 R 值，从而计算出血氧饱和度。

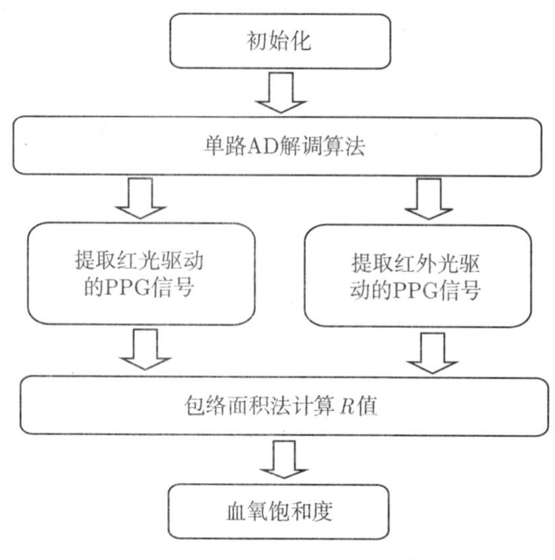

图 22-15　LabVIEW 程序设计

本节主要介绍了本项目的整体设计思路和软件算法，主要是信号采集进来以后的处理问题。首先对 AD 采样采集到的混合信号进行分离和解调，在分离和解调的过程中采用的是快速锁相解调算法，其次将解调后的信号通过包络面积的方法提取特征值，进而进行血氧饱和度的计算。

22.5　结果与分析

图 22-16 是本项目的硬件部分，其中包括 NI 采集卡、模拟电路、血氧探头、连线等。

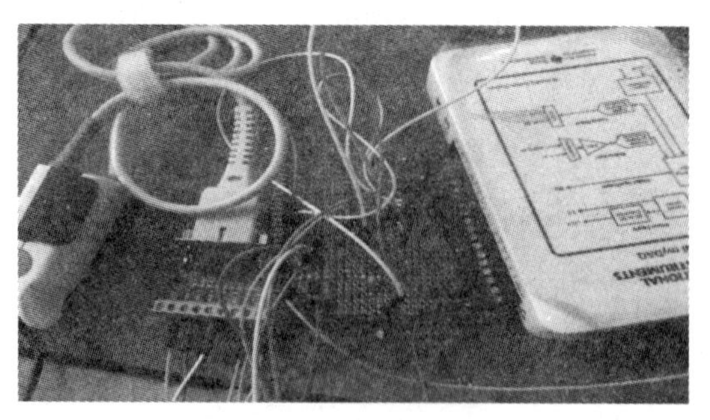

图 22-16　硬件实物图

NI 采集卡用来输出两路不同频率的三角波，又驱动血氧探头中的发光 LED，血氧探头中的光电接收电路将接收到的光信号转化为电流信号，并通过电流电压转化电路转化为电压信号，该电压信号经过 NI 采集卡进行 AD 采样以及后期的数据处理。

本项目采用 1kHz 和 2kHz 的三角波作为激励信号激励 LED，使 LED 发光，并使光穿过手指，有光电接收电路接收信号，该信号相当于一个叠加信号，并通过 NI 采集卡进行数据采集，采集得到的信号如图 22-17 所示。同时本项目用 1kHz 和 2kHz 的方波激励作为对照实验组，其采集得到的信号如图 22-18 所示。

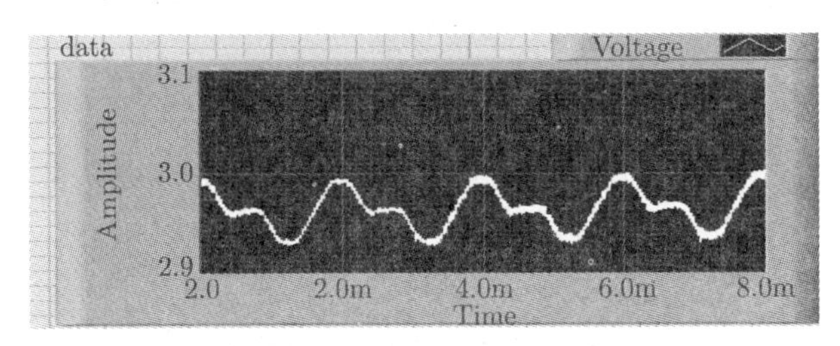

图 22-17 两路三角波激励 LED 时采集的混合信号

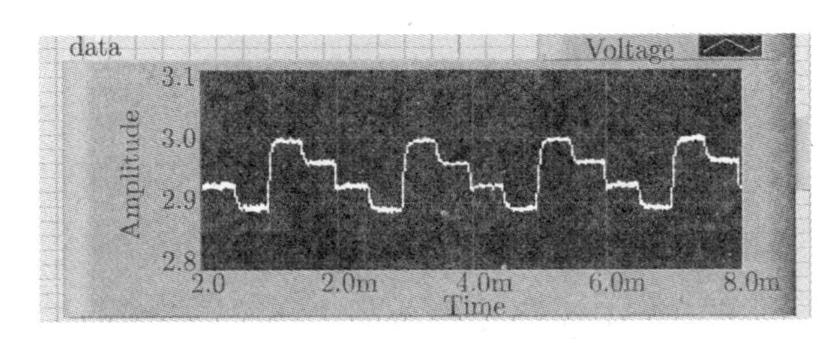

图 22-18 两路方波激励 LED 时采集的混合信号

对于采集到的混合信号，需要将其进行分离和解调，本项目采用锁相解调的方法，用与目的信号同频率的方波乘以采集到的信号，即分别用 1kHz 和 2kHz 的方波乘以采集到的信号，既达到了分离的效果，也达到了解调的效果，解调出来的两路 PPG 信号如图 22-19 所示。

对解调出来的 PPG 信号采用包络面积提取法进行特征值的提取，计算出中间变量 R 值，再通过定标实验求出血氧饱和度。

本项目比较了三角波和方波激励产生的 R 值，以此来证明三角波激励能够提高测量的精度。三角波激励的动态光谱和方波激励的动态光谱在血氧饱和度不变的情况下，分别对 R 值统计了 125 个数据，比较它们的动态范围和离散度。实验结果如表 22-2 所示。

由实验数据可知，在血氧饱和度不变的情况下，方波激励的动态光谱的 R 值要比三角波激励的动态光谱的 R 值变化范围大，同时方波激励的离散度也比三角波激励的动态光谱的 R 值的离散度大，由此可以得出：三角波激励产生的动态光谱的精度比方波激励的动态光谱的精度高。

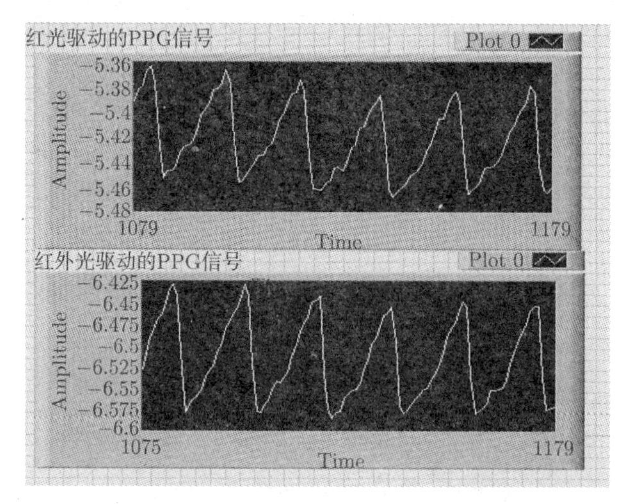

图 22-19　解调出来的 PPG 信号

表 22-2　三角波和方波激励产生的 R 值

波形	最大值	最小值	离散度
方波	1.639372	1.203641	0.057247
三角波	1.458601	1.276668	0.026534

22.6　总结与展望

22.6.1　项目总结

本项目基于课题组多年的研究成果，在继承了各种硬件和软件的理论和实践精华的基础上，研究并实现了一种基于动态光谱的血氧饱和度的测量方法。使用三角波激励、过采样、数字滤波等技术提高了血氧饱和度的测量精度。整个系统结构简单、可靠性高、功耗低、成本低、精度高、方便制作与生产。本项目的工作内容主要有以下几个方面：

(1) 采用三角波作为激励信号，直接利用成型信号激励，提高了测量的精度，同时三角波作为一种周期性信号，容易产生且操作简单。在不提高成本的前提下，做到了精度的提高。

(2) 采用简单的模拟电路、较少的硬件实现较好的功能。本项目采用光电传感器和一个电流电压转换电路实现脉搏波信号的采集，再用一个加法器电路实现两路信号的相加；模拟电路元器件少，功耗低、体积小。

(3) 采用新型的采集方式。本项目采用单路 ADC 同时采集两路信号，进行信号的调制解调，分离出两个波长的 PPG 信号。具有简单、高效、低功耗的特点，提高了信噪比。新型的采集调制解调算法可提高 ADC 的利用率及血氧饱和度测量的精度。

(4) 采用过采样技术。基于 “用速度换精度” 的理念，过采样技术的使用不仅降低了模拟部分的复杂度和对 ADC 的要求，提高了整体精度，更提高了系统的分辨率和信噪比，改善输入信号的动态范围和抗干扰能力，提高信号的质量，同时也节约了成本。

22.6.2 未来展望

对于系统的功能实现，由于受到时间和能力的限制，有一些方面没有完善，总结起来，系统进一步优化的方向主要有以下几个方面：

(1) 采用单片机代替 LabVIEW 实现上位机功能，做到低功耗、小体积，应用低功耗蓝牙技术进行数据的收发，提高传输效率，延长待机时间。

(2) 尽可能将模拟电路部分集成到单片机中，以缩小系统的体积。

(3) 将三角波激励提高信号精度的方法，应用在其他方面。

相信随着社会的不断发展，人们生活水平的逐步提高，便携式医疗器械将越来越受欢迎，在保证医疗器械小巧轻便的同时，信号精度方面也有所提升。三角波激励的方法可以应用在各个方面，为提高信号精度提供了一种新理论。

参 考 文 献

[1] 李刚, 李尚颖, 林凌, 等. 基于动态光谱的脉搏血氧测量精度分析. 光谱学与光谱分析，2006，26(10)：1821-1824.

[2] Ohmura T, Iwama Y, Kasai T, et al. Impact of predischarge nocturnal pulse oximetry (Sleep-Disordered Breathing) on postdischarge clinical outcomes in hospitalized patients with left ventricular systolic dysfunction after acute decompensated heart failure. The American Journal of Cardiology,2014,113(4): 697-700.

[3] Suceveanu A I, Mazilu L, Tomescu D, et al. Screening of hepatopulmonary syndrome (HPS) with CEUS and pulse-oximetry in liver cirrhosis patients eligible for liver transplant. Midwifery,2014,30(5): 539-543.

[4] Smit H, Ganzeboom A, Dawson J A, et al. Fesibility of pulse oximetry for assessment of infants born in community based midwifercare. Midwifery, 2014, 30(5): 539-543.

[5] 陈俊男, 刘辉国. COPD 缓解期睡眠相关低氧的发生、预测及影响. 内科急危重症杂志，2013,19(5)：295-298.

[6] 林红, 习玉宝, 於辉. 用近红外组织血氧参数无损监测仪进行运动人体研究. 光谱学与光谱分析. 2014, 34(6): 1538-1541.

[7] 陈伏香. 日间清醒状态血氧正常的慢性阻塞性肺疾病患者昼夜血氧变化相关因素分析. 四川医学，2013,34(10)：1552-1554.

[8] Samquist F H, Todd C, Whitcher C. Accuracy of a new non-invasive oxygen saturation monitor. Anesthesiology, 1980, 53(3): S163.

[9] Shimada Y, Yoshiya I, Oka N, et al. Effects of multiple scattering and peripheral circulation on arterial oxygen saturation measured with a pulse-type oximeter. Medical and Biological Engineering and Computing, 1984, 22(5): 475-478.

[10] Schmitt J M. Simple photon diffusion analysis of the effects of multiple scattering on pulse oximetry. IEEE Trans Biomed Eng, 1991, 38(12): 1194-1203.

[11] Fine I, Weinred A. Multiple-scattering effects in transmission oximetry. Medical and Biological Engineering and Computing, 1993, 31(5): 516-522.

[12] Nitzan M, Engelberg S. Three-wavelength technique for the measurement of oxygen saturation in arterial blood and in venous blood. Journal of Biomedical Optics, 2009, 14(2): 024046-024046.

[13] 高峰, 陈玮婷, 周晓青, 等. 基于扩散理论的脉搏血氧测量系统. 纳米技术与精密工程. 2013,11(2)：123-128.

[14] 王晓飞, 赵文俊. 基于动态光谱法的多波长脉搏血氧饱和度测量. 光谱学与光谱分析, 2014, 34(5): 1323-1326.

[15] 刘俊微, 庞春颖, 徐伯鸾. 光电脉搏血氧仪的设计与实现. 激光与红外, 2014, 44(1): 50-55.

[16] 杨涛, 林宛华, 翁羽洁, 基于光 - 频率转换器的高精度数字脉搏血氧仪的设计. 北京生物医学工程，2011,30(1)：73-77.

[17] 张虹，金捷，孙卫新. 数字式脉搏血氧饱和度检测系统的研制. 生物医学工程与临床，2002, 6(3)：125-128.

[18] Chan V, Underwood S. A single-chip pulsoximeter design using the MSP430. Texas Instruments Application Report SLAA274B, 2012.

[19] 李娜. 基于多波长 LED 的动态光谱测量系统. 天津: 天津大学，2009.

[20] 贾建革，李咏雪，郭萍, 等. 脉搏血氧仪校准装置的研制. 中国医学装备，2007，4(3)：4-6.

[21] 何史林，陈广飞，王华波, 等. 血氧模拟仪的技术研究与设计. 医疗卫生装备，2011，32(6): 13-16.

[22] Li G, Zhang L, Lin L, et al. Weak signal detection based on over-sampling and saw-tooth shaped function. Acta Electronica Sinica , 2008, 36(4): 756–759.

第 23 章　基于脸部动作编码的机器人视觉人机接口*

近年来，面对社会上庞大的老年人和肢体缺陷的群体，国内外智能轮椅的研究开发越来越受到关注。靠操作杆控制的智能轮椅已不再满足人们的需求，因此，很有必要研发一些基于机器视觉的人机接口来提高这些残疾人和老年人的生活质量和社会参与能力。

提出了一种简单、全新的基于嘴部识别的人机交互系统。使用 MATLAB 中的 GUI 设计上位机界面，进行一系列视频图像的采集、识别和控制命令的生成等操作。其中，基于 Mean Shift(均值漂移) 算法对嘴部区域进行目标跟踪，实时计算嘴部区域的中心位置的偏移量大小，实现嘴部动作的判断，将对应的控制命令经蓝牙通信模块传送给 STM32 单片机，控制智能轮椅小车的运动，实现人机交互。

23.1　研究设计简介

23.1.1　研究背景及意义

随着经济的迅速发展、科技的飞速进步和人们生活节奏的加快，种种因素造成了人口老龄化的加重。现如今，人口老龄化问题已然成为全人类共同探讨、研究的话题，它对我们社会的经济发展产生了深远、不可磨灭的影响。另外，在各种疾病、工业的发展、交通的拥堵和意外事故频繁发生的情况下，残疾人数量也在急剧增加，我国的残疾人口每年以 70 多万的速度在增长[1]。

针对老年人和残疾人所面临的生活状况的问题，逐渐得到了社会各界人士的广泛关注。社会对智能轮椅有更加迫切的需求，未来可能成为一种新的产业。为了帮助老年人提高行动自由度，更好地参与到社会生活中去，为其提供性能优越、操作方便、行驶安全可靠的代步工具已成为整个社会密切研究的课题，研究智能轮椅具有重要的现实意义。

23.1.2　国内外现状

我国对智能轮椅的研究水平相对于西方，不论是在机构灵活性还是复杂性上都较落后，但是我国虚心地向国外学习，在不断地学习和研究过程中发明出许多技

---

* 队伍名称：天津大学超越自我队，参赛队员：于建萍、刘爱、张翠；带队教师：林凌

术水平接近西方的智能轮椅，同时也保留了自己的特色。

在智能轮椅的研究过程中，无需手动控制的人机交互接口得到发展，尤其是基于计算机视觉的发展。计算机视觉 (computer vision，CV) 是基于光学人机接口的主要技术，属于无接触式的人机接口，无需使用者身体接触任何东西，而是利用计算机视觉和图像处理技术实现，主要集中在基于光学技术的人机交互接口、基于声学技术的人机交互接口和基于仿生学技术的人机交互接口[2]。通过语音控制、头部控制等方式，来控制智能轮椅的运动方向和速度，达到人机交互的目的。

目前基于视觉控制的智能轮椅人机接口，国内外已经做了相当多的研究，主要包括基于眼动控制、脸部控制、唇部控制、手势控制等。

(1) 基于眼动控制的智能轮椅人机接口。2010 年，英国 Essex 大学的 Wei 和 Hu 设计一种基于脸部运动控制的智能轮椅人机接口系统，EMG 信号和人脸图像颜色信息共同用于识别眨眼和下巴紧闭等动作，比如当使用者单独闭左、右眼时，分别映射为轮椅的左转和右转命令[3]。2012 年，韩国科学技术院研究人员提出通过 3D 定位传感器估计用户的视线方向，使用自由视线方向估计头部姿态，进而控制轮椅的运动方向，其中 EGT[4] 由眼镜框架，两侧有 2 个发光二极管的红外摄像头和 1 个 3D 定位传感器组成。

(2) 基于脸部控制的智能轮椅人机接口。2003 年，日本大阪大学的 Kuno 等分析了带噪声的自然运动对脸部控制轮椅系统的影响，提出了结合人脸方向和环境信息的人机接口，联合推测使用者的动作意图，使用者也可通过手势命令控制轮椅到自己身边，这是一个很有用的方法，并取得较好的试验结果，如图 23-1 所示[5]。

图 23-1　基于脸部控制的智能轮椅

2014 年，英国 Essex 大学 Ramirez 和 Hu 提出一种头部运动和面部表情相结合的智能轮椅控制方法，设计 2 种控制模式：一是 4 种头部运动对应用户想要执行的命令，用一种面部表情确认是否执行；二是 2 种表情分别对应前进和后退 2 种运动，用一种头部运动控制轮椅的停止，这种方法可以有效提高智能轮椅的安全性[6]。

(3) 基于唇部控制的智能轮椅人机接口。2011 年，重庆邮电大学胡章芳等提出混合 Adaboost 算法和 Kalman 滤波的头势人机交互的方法，先用 Adaboost 算法检测唇部位置，再通过 Kalman 滤波器预测嘴巴可能会在图像中出现的位置，最后通过比较固定矩形与唇部位置来确定头势，该方法可以有效地提高检测速率[7]。

(4) 基于手势控制的智能轮椅人机接口。2014 年，成都电子科技大学 Xu 等提出了一种基于肤色和图像深度的 3D 手势轨迹识别的智能轮椅控制方法，具有较强的鲁棒性，利用一个 3D Kinect 视觉传感器获取图像深度信息。该方法对照明变化、手部旋转和缩放具有良好的不变性[8]。

23.1.3 尚未解决的主要问题

经过二十几年的发展，智能轮椅的研究取得很大的进步，功能不断完善，但还是存在尚未解决的问题，主要表现在以下方面：

(1) 基于机器视觉的智能轮椅的人机接口，对于人脸动作的识别很容易受到人脸检测结果的影响，在光照、表情变化等复杂条件下，现有头部姿态识别方法难以兼顾性能和速度，限制了其在智能轮椅系统中的发展应用，同时也易受到光照的变化、面部附属物等的影响，这些可能导致命令识别失败。

(2) 许多智能轮椅人机交互接口已相继问世，但是只能实现一些简单的功能，仍然无法进行较复杂的控制，无法让该系统更加准确、全面地理解用户的意愿，无法判断用户的有无意图，达不到自然的人机交互。

(3) 轮椅的安全保障系统不够完善。大多数智能轮椅平台的研究仅停留在实现简单功能的阶段，对于突发的危险情况以及应对危险情况的安全措施方面的研究尚有欠缺，因此需要大家对轮椅系统更好地深入研究[9,10]。

23.1.4 研究内容

本研究是基于脸部动作编码的机器视觉人机接口，基于嘴巴活动灵活、形状多变的特点，提出了一种简单、全新的人机交互系统。通过定义不同的嘴型，实现智能轮椅运动的人机交互，给许多重度残疾患者、聋哑残障人士和说话模糊的老年人为其日常活动带来方便，本研究设计共分为 4 个部分，具体如下：

(1) 视觉信号的处理与分析。采用 MATLAB 进行 GUI 人机交互界面的设计，设计出上位机界面，进行一系列视频图像的采集、识别和控制命令的生成等操作。设计思路是，首先通过 PC 摄像头采集人脸的视频，读取头部序列图像，选定好嘴部区域，然后利用 Mean Shift 算法对嘴部区域进行目标跟踪识别，通过实时计算嘴部区域的中心位置的偏移量大小，实现嘴部动作的判断，并发出相应的控制命令。

(2) 上位机与单片机的通信。在上位机部分设置串口通信程序，通过 DX-BT05 4.0 蓝牙通信模块识别出嘴部动作相应的控制命令，传送给 STM32 单片机，控制模拟小车运动，实现上位机和单片机之间的通信。

(3) 智能模拟小车的设计。给出智能模拟小车的设计方法和步骤，包括硬件和软件设计。软件设计核心是 STM32 单片机控制系统，主要负责利用上位机发出的控制命令和 L298N 电机驱动模块控制智能轮椅模拟小车的不同运动。而硬件设计部分，详细介绍各个模块的原理结构和实物图展示。

(4) 试验结果与分析。总结了本研究设计取得的试验结果，给出本次试验结果分析，找到其中不足，并提出了一些需要解决的主要问题，进而改进和完善试验和操作，在以后学习工作中，尽可能将其应用到实际生活中去。

23.2 视觉信号的处理与分析

基于脸部动作编码的机器视觉人机接口核心部分是视觉信号的处理分析。其中脸部动作的识别主要从嘴部的特征进行研究，因为嘴巴活动灵活、形状多变，与其他部位相比，所受到的外界环境噪声的影响较小，最重要的是嘴部最能表达用户的意图，避免了在特殊情况下，用户无意识的行为导致智能轮椅的误操作。

该视觉信号处理系统在 PC 平台的上位机上完成，其中主要涉及图像预处理、基于 Mean Shift 运动目标的跟踪以及对不同嘴型的识别发出相应的控制命令等。

23.2.1 头部序列图像预处理

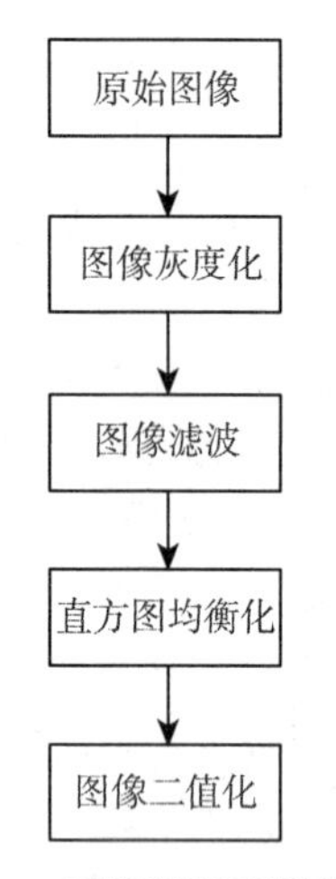

图 23-2 图像预处理的流程图

利用 PC 机上的摄像头采集到人脸视频图像，由于摄像头和外界光照变化的影响，采集到的图像不可避免地会掺杂一些干扰和杂音，而且图像质量的好坏将会影响后面运动目标嘴部的识别和跟踪。因此需要对头部序列图像进行预处理操作，图像预处理的流程图如图 23-2 所示。

23.2.2 基于 Mean Shift 的目标跟踪算法

基于 Mean Shift(均值漂移) 的目标跟踪算法，通过分别计算目标区域和候选区域内像素的特征值概率，得到关于目标模型和候选模型的描述，然后利用相似函数系数度量，选择使相似函数系数最大，最后不断迭代计算 Mean Shift 向量，下面会有详细的图示说明这一过程，然后收敛到目标模型的真实位置，目标跟踪结束[11,12]。

如图 23-3 所示，利用图示的方法，直观地说明 Mean Shift 目标跟踪算法的基本原理及过程，目标跟踪开始于数据点 x_i^0，箭头表示样本点相对于核函数中心点的偏移向量，平均的漂移向量指向样本点最密集的方向，换句话说，该方向就是梯度方向。在当前窗口中经过反复近似相关、搜索特征空间中样本点最多的单元，搜索点会沿着样本点密度越多的方向“漂移”到局部密度极大点 x_i^n，也就是被认为的目标的最终位置，Mean Shift 目标跟踪过程结束。

23.2.3 跟踪结果与嘴型识别

本设计采用 Mean Shift 算法进行寻优。假定目标区域在初始帧中进行人为指定，即用鼠标画出目标所在位置的矩形框，测试结果如图 23-4 所示，并取得了较好的试验结果。

在匹配的过程中，利用式 (23-1)，核函数的中心位置从 f_0 不断更新转移得到最新的目标位置 f_1，因此在图 23-4 中画出中心位置点的轨迹。

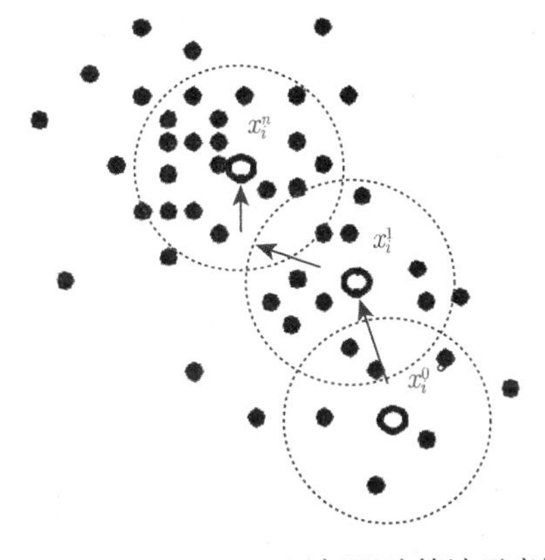

图 23-3 Mean Shift 目标跟踪算法示意图

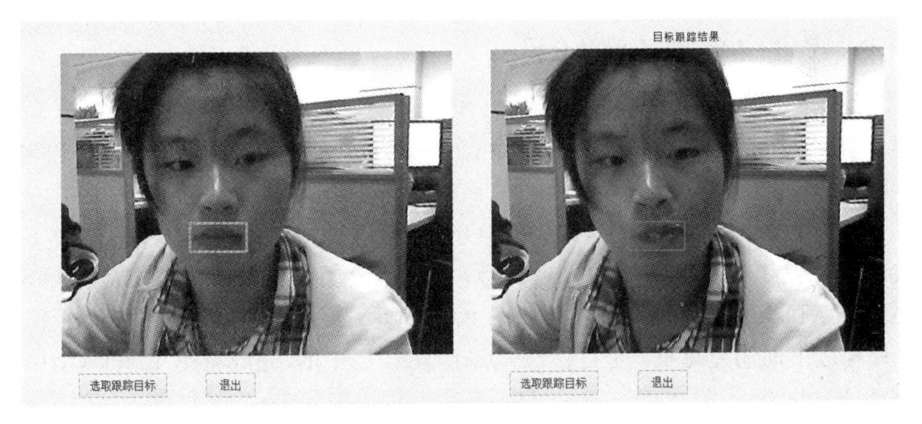

图 23-4 目标跟踪结果

$$f_1 = \frac{\sum_{i=1}^{n} z_i w_i (f_0 - z_i) g\left(\left\|\frac{f_0 - z_i}{h}\right\|^2\right)}{\sum_{i=1}^{n} w_i g\left(\left\|\frac{f_0 - z_i}{h}\right\|^2\right)} \tag{23-1}$$

Mean Shift 目标跟踪算法的特点是计算量少，方便实现，能很好地应用于实时目标跟踪领域；但是如果跟踪的目标移动过快或者目标很小，会造成跟踪结果不准确，通过试验表明，用核直方图计算目标的分布，阐述了 Mean Shift 算法相对于其他算法的优势，有着较高的实时性的特点。

接下来识别嘴部动作，根据式 (23-1) 获得嘴部区域的中心位置，然后计算每一帧图像的嘴部区域中心位置与上一帧图像位置的偏移量，来判断嘴型。这种方法相对于其他方法简单、快速、准确。

如图 23-4 所示，亮色方框为嘴部区域，暗色即为中心位置，并给出中心运动轨迹，假设嘴巴向左歪时，计算得到的中心位置 x 方向的偏移量 $d > 0$，随后向串口发送控制命令，STM32 单片机接收到命令，控制模拟小车运动；嘴巴向右歪，方法同理。当嘴巴上翘和下撇时，计算 y 坐标方向偏移量 e 的大小及方向，方法同理。

23.3 上位机与单片机的通信

视频图像的采集、识别和控制命令的生成等操作都是在 MATLAB 中的 GUI 设计出的上位机界面上进行的。在上位机部分设置好串口通信程序对不同嘴部动作的识别发出相应的控制命令，通过 DX-BT05 4.0 蓝牙通信模块将控制命令传送给 STM32 单片机，控制模拟小车运动，实现上位机和单片机之间的通信。

23.3.1 MATLAB GUI 设计介绍

MATLAB 是由 MathWorks 公司开发的一款强大的科学数学计算软件，除了科学计算以外，还包括了画图、仿真等常用的功能，特别是 MathWorks 公司推出的 MATLAB 6 及以上的版本加强了图形界面编程的功能。

MATLAB GUI 就是内置于 MATLAB 的进行图形界面开发的模块。具体 GUI 界面设计步骤如下：双击“Matlab”图标，点击主界面的菜单栏的“GUI”图标，即可运行 MATLAB GUI 开发工具，如图 23-5 所示；点击“Blank GUI(Default)”选项，并勾选下面的复选框，进行保存，点击“OK”按钮，完成新建 Blank GUI；在新建的 Blank GUI 界面的左方菜单中添加设计所需要的元素，如菜单、控件、按钮、坐标轴等。在设计界面的按钮程序中完成串口通信参数设置，axes 中设计视频显示，并进行目标跟踪、控制命令生成等功能，人机交互设计界面如图 23-6 所示。编写 GUI 组建相应的响应控制代码，实现上位机与单片机之间的串口通信[13,14]。

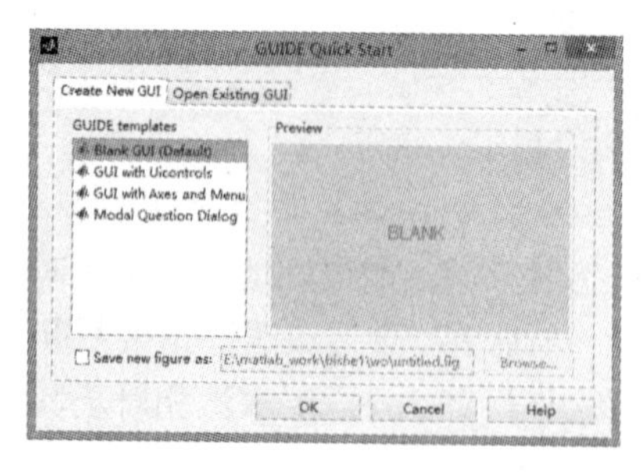

图 23-5 Matlab GUI开发界面

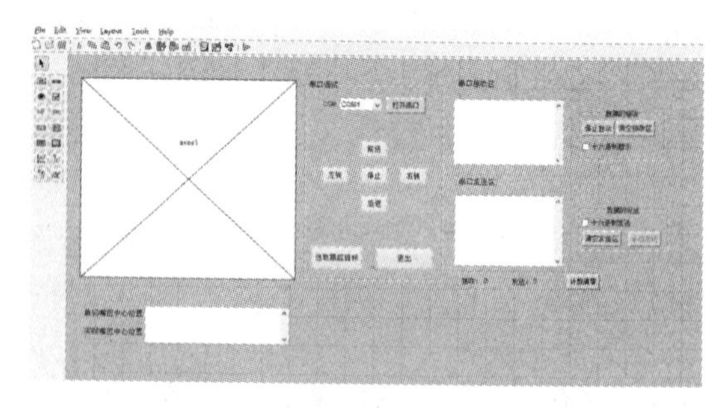

图 23-6 GUI上位机通信界面设计

如图 23-6 所示，左侧是视频显示区，中间是串口手动调试区，通过打开串口，可以手动控制模拟小车运动，测试小车是否会相应运动。右侧是串口发送接收显示区。下面实时显示嘴巴区域中心位置。将上位机通过串口传来的数据通过 DX-BT05 4.0 蓝牙模块发送给 STM32 单片机实现通信。

23.3.2 上位机与单片机的蓝牙通信

23.3.2.1 蓝牙模块

本设计选用的蓝牙通信模块是 DX-BT05 4.0，采用 TI 公司 CC2541 芯片，内置 256KB 空间，支持 AT 指令，遵循 V4.0 BLE 蓝牙规范[15]。使用者可根据自己的要求修改串口的校验位、波特率、停止位等参数，以及配置蓝牙模块的主从模式，使用简单、方便。

由文献 [15] 可知，DX-BT05 4.0 支持 UART 接口，并支持 SPP 蓝牙串口协议，具有成本低、体积小、功耗低、收发灵敏性高等优点，只需配备少许的外围元件就能实现其强大功能。

该模块的主要应用范围是小距离的无线数据传输，本设计的通信是由 2 个蓝牙通信模块组成的串口通信，实现控制命令的传输，代替了串口线的连接，其中蓝牙串口的应用电路图如图 23-7 所示，实现了上位机与单片机之间的串口通信，且简单、方便。

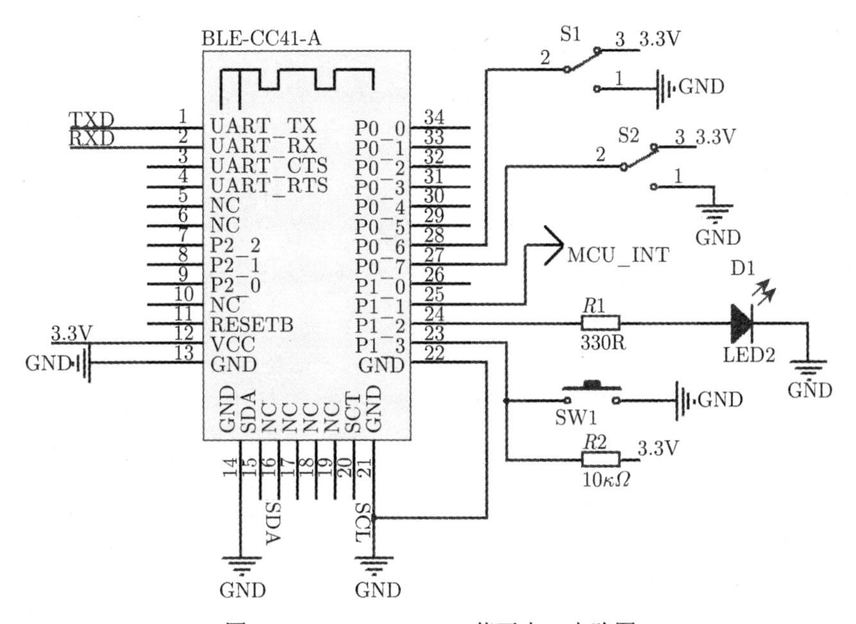

图 23-7 DX-BT05 4.0 蓝牙串口电路图

硬件端口的连接与串口连接相同，分别与 PC 的 USB 转串口驱动板和 STM32 单片机的串口端连接。USB 转串口驱动板选用的是 cp2102。2 个蓝牙模块采用 AT

指令，设置为主从模式，连接 PC 的蓝牙模块为主模式，连接小车的蓝牙模块为从机，然后进行蓝牙模块之间的连接与传输。

23.3.2.2　动作编码

确定 GUI 设计的上位机和单片机的串口编程以及蓝牙模块的连接和通信方式，对不同嘴巴动作的识别发出相应的控制命令，经过蓝牙模块，实现上位机和单片机串口的数据传输。具体控制命令的动作编码如表 23-1 所示。

表 23-1　动作编码

上位机的控制命令	嘴巴动作	上位机显示	模拟小车运动
2	向左歪	Turn Left	左转
3	向右歪	Turn Right	右转
4	上翘	Go Forward	前进
5	下撅	Go Back	后退
8	闭合	Stop	停止

23.4　智能模拟小车的设计

23.4.1　总体设计

本设计研究过程中，由于受时间和资金限制，选用智能模拟小车代替智能轮椅，实现系统人机交互的目的。

智能模拟小车的总体系统设计包含硬件设计和软件设计两个部分。其中硬件设计部分集中表现在模拟小车的结构设计以及小车的实物平台搭建两个方面，软件设计部分主要是 STM32 单片机核心控制系统对智能模拟小车的程序设计。

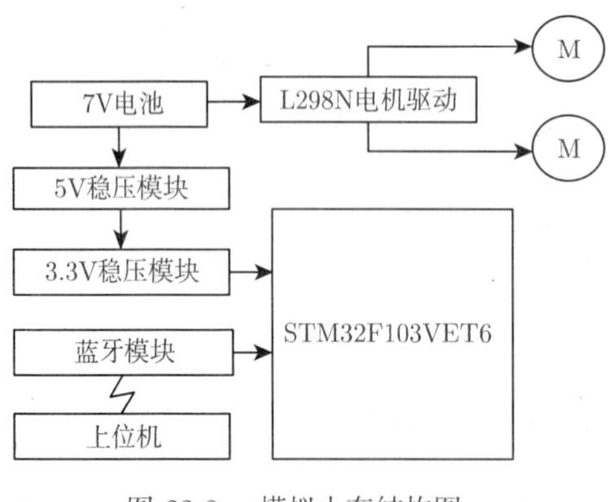

图 23-8　模拟小车结构图

图 23-9　模拟小车实物图

模拟小车由各个功能模块规划搭建而成，小车结构图如图 23-8 所示，实物图如图 23-9 所示。包括电源模块、主控制模块、蓝牙模块、驱动模块以及运动系统，实现智能模拟小车的运动。嘴向左歪、向右歪、上翘、下撇、闭合分别代表智能模拟小车向左转、向右转、前进、后退、停止 5 种状态，达到代替操纵杆控制的效果。

23.4.2 硬件设计

23.4.2.1 主控系统的选型

选用高性价比的 STM32F103VET6 型单片机作为主控制器，该款单片机引脚可达 100 个；拥有 64KB SRAM、512KB Flash、多个定时器、3 个 SPI 接口、5 个串口、多达 112 个通用 I/O 口；内置 Cortex-M3 内核，支持 JTAG/SWD 接口的调试下载；STM32 结构设计中尽可能减少外设，实现了最大程度上的集成。

图 23-10 为 STM32 单片机最小系统电路原理图，最大限度减少了外设，在电路设计中为器件提供时钟振荡 8MHz 晶振。

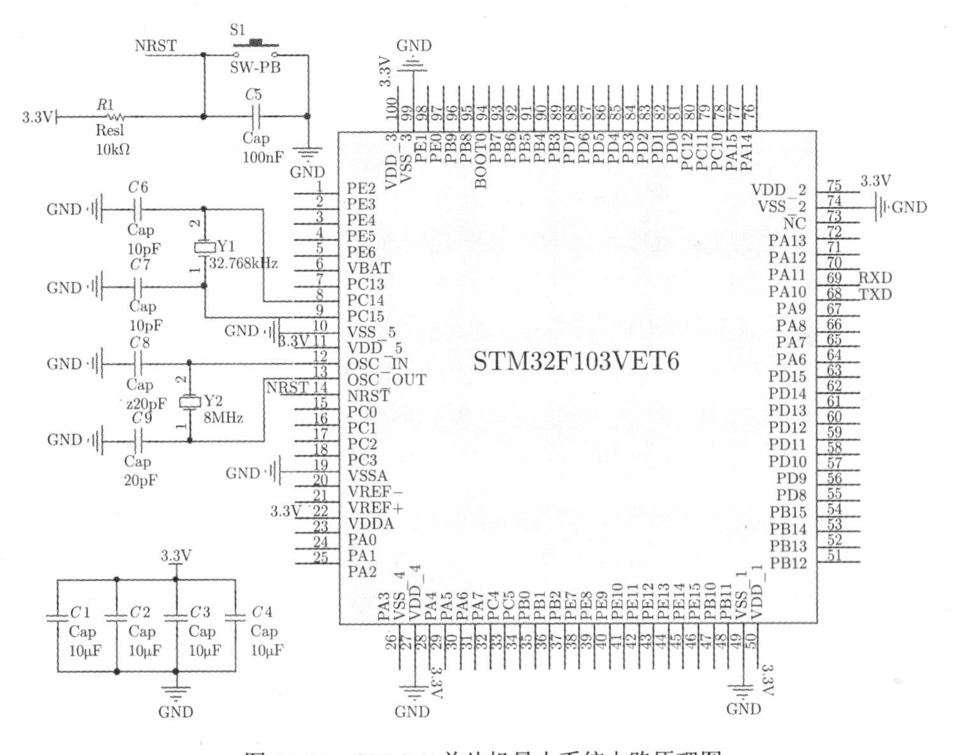

图 23-10 STM32 单片机最小系统电路原理图

23.4.2.2 驱动系统设计

本设计研究的智能模拟小车采用性价比最高的两轮驱动，如图 23-11 所示。机械结构简单，易实现。

图 23-11　两轮驱动小车底盘

驱动电机为 JA12-N20 型减速电机。这款电机直径是 12mm，机身不含轴长度是 26mm，输出轴长是 10mm；工作电压范围为直流 1.5~12.0V，额定功率为 2W，额定电压为 6V，额定电流为 0.01A，额定转速 100r/min，额定转矩 1N·m。

驱动模块负责模拟小车轮子的驱动，采用 L298N 型驱动模块。该模块在整个智能车系统中是为系统提供动力的支柱。

L298N 型电机驱动模块的 OUT1、OUT2、OUT3、OUT4 引脚分别接入 2 个 JA12-N20 减速电机的 2 个端口中；VCC 与 GND 接电池的正负极；IN1、IN2、IN3、IN4 分别接到单片机的 PC6、PC8、PC7、PC9 4 个端口中；PC6 和 PC7 为 PWM 的输出端；输入信号采用 PWM 波与 I/O 口结合，使能端通过跳线帽连接，通过改变电机两个输入端的电压差，控制车速，实现差速控制小车转弯。

23.4.2.3　电源系统设计

电源采用 2 节 3.7V 聚合物锂电池串联供电，由于电池耗电的影响，电池供电为 7V 左右，满足电机驱动模块和电机工作的电压。又因为主控制器 STM32 工作电压为 3.3V，所以本设计采用 5V 稳压电路和 3.3V 稳压电路，使 7V 电源电压降压到稳定的 3.3V，供给单片机工作。

本设计中电源电路的设计采用 LM7805 搭建的 5V 稳压电路，具有短路保护、过热保护的特点，并且 LM7805 是一款三端集成稳压电路，所要求的外设模块不多，电路设计简单、可靠。其电路图如图 23-12 所示。

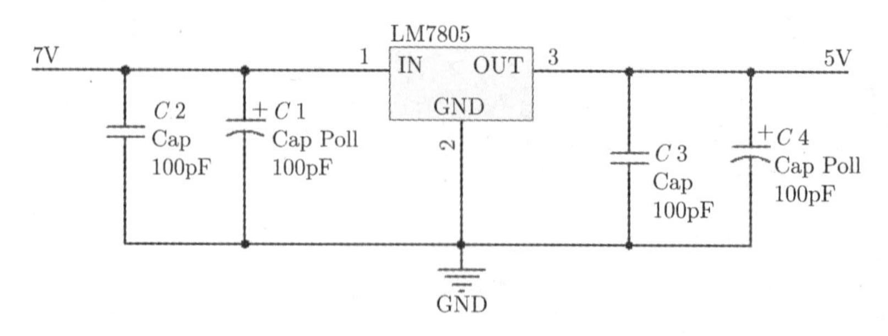

图 23-12　LM7805 稳压电路

本设计采用 AMS1117 搭建稳压电路。AMS1117 是通用线性稳压器，低漏失电压调整器。采用的稳压器固定电压 3.3V，从稳压电源引出 5V 电压，经过 ASM1117 稳压之后降为 3.3V，为单片机控制电路供电。该稳压电路加入 2 只能够滤除低频干扰的电容，电路设计如图 23-13 所示。

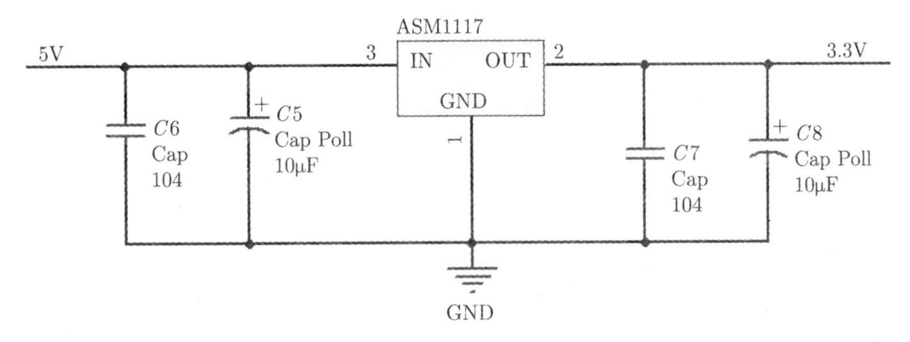

图 23-13　ASM1117 稳压电路

23.4.3　软件设计

程序设计采用模块化编程思想，先对每个功能模块单独学习调试，最后将所有模块组合搭建成智能车平台，分为蓝牙串口中断、电机驱动和 PWM 输出 3 个模块。

STM32 单片机程序流程图如图 23-14 所示。输入信号采用 PWM 波与 I/O 口

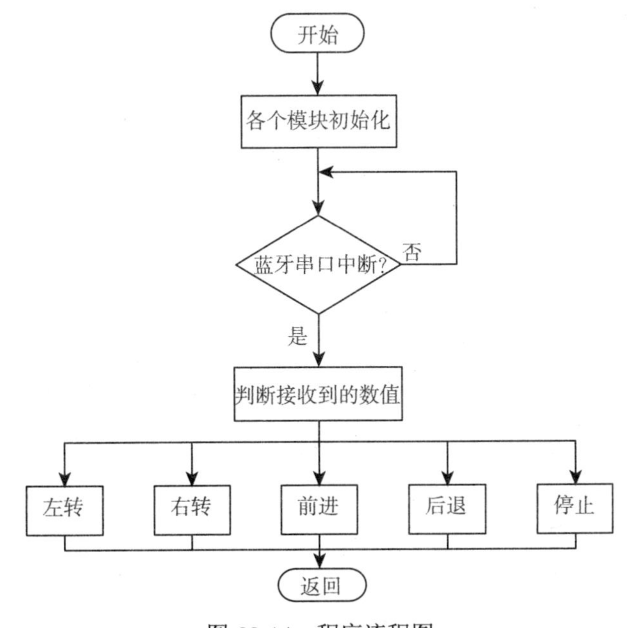

图 23-14　程序流程图

结合，用定时器的 TIM8 的 CH1 和 CH2，输出 PWM 波，使能端通过跳线帽连接，通过改变电机两个输入端的电压差，控制车速，实现差速控制小车转弯。

L298N 电机驱动模块因为内部含有 2 个 H 桥的高电压、高电流的全桥式驱动器，可以同时控制两个直流电机，ENA，ENB 两个使能端为高电平时有效，其中一个直流电机状态及控制方式如表 23-2 所示。

表 23-2　直流电机状态信号表

ENA	IN1	IN2	直流电机状态
0	×	×	停止
1	0	0	制动
1	0	1	正转
1	1	0	反转
1	1	1	制动

23.5　试验结果与分析

整个试验平台搭建如图 23-15 所示，主要包括视觉信号处理系统、单片机控制系统。其中，视觉信号处理系统中头部图像序列的采集采用 PC 的分辨率为 640×480 的 Lenovo Easy Camera 摄像头，采集人脸视频图像，手动选取嘴部区域，然后利用 Mean Shift 目标跟踪算法，跟踪嘴部区域。

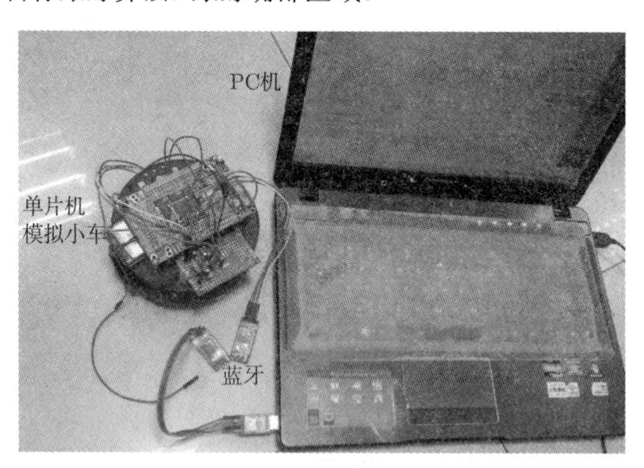

图 23-15　系统试验平台

当检测到嘴巴向左歪、向右歪、上翘、下撇、闭合时，按照表 23-1 所列的动作编码，实现控制命令的传输，上位机界面串口接收区显示相应的状态，左下角区域实时显示嘴巴中心位置坐标，并且单片机控制系统控制模拟小车也会实时地执行相应的向左转、向右转、前进、后退、停止 5 种状态。上位机界面显示，如图 23-16

所示。

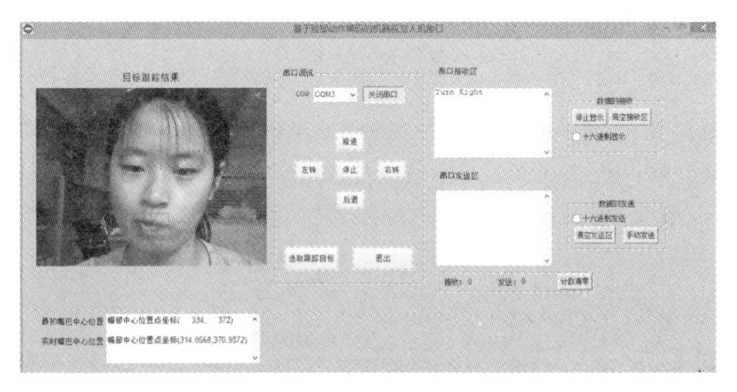

图 23-16 上位机显示界面

根据所拍的视频，不同时刻下的试验结果如图 23-17 所示。

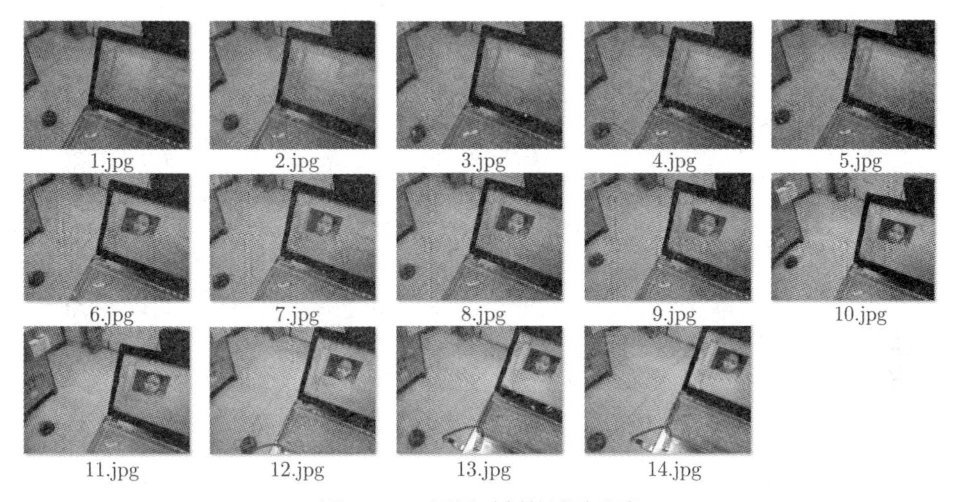

图 23-17 不同时刻的试验现象

根据图 23-17 所示，先用串口调试区测试小车是否运动，然后对视频的嘴部区域进行目标跟踪，利用蓝牙通信模块，实现控制命令的传输，达到人机交互的目的。

因受到光照等外界环境和嘴巴动作不准确的影响，对嘴部区域的目标跟踪，会出现识别不准确的情况，这需要对图像预处理和目标跟踪的程序进一步改进和完善，缩小识别误差，提高嘴部跟踪识别的准确率。

本设计所用的 MATLAB 中的 GUI 设计的上位机，只能处理离线视频，在下一步工作中，可以用 LabVIEW 软件设计出可以处理实时视频的上位机界面，多增加几个嘴部动作的识别，结合 PWM 电机调速控制模拟小车的运动速度实现人机交互，满足人们的生活需要。

参 考 文 献

[1] 中华人民共和国国家统计局, 第二次全国残疾人抽样调查领导小组. 第二次全国残疾人抽样调查主要数据公报 (第二号). 中国残疾人, 2007.

[2] 杨伟健. 基于视觉和肌电信息融合的智能轮椅人机接口技术研究及应用. 杭州: 杭州电子科技大学, 2015.

[3] Wei L, Hu H. EMG and visual based HMI for hands-free control of an intelligent wheelchair. International Conference on Intelligent Robotics & Applications. 2010, 20(1): 1027-1032.

[4] Nguyen Q X, Jo S. Electric wheelchair control using head pose free eye-gaze tracker. Electronics Letters, 2012, 48(13):750-752.

[5] Kuno Y, Shimada N, Shirai Y. Look where you're going [robotic wheelchair]. Robotics & Automation Magazine IEEE, 2003, 10(1):26-34.

[6] Ramirez E J R, Hu O. Head movement and facial expression-based human-machine interface for controlling an intelligent wheelchair. International Journal of Biomechatronics & Biomedical Robotics, 2014, 3(2): 80-91.

[7] 胡章芳, 李林, 罗元. 混合 Adaboost 算法与 Kalman 滤波的头势人机交互. 重庆邮电大学学报 (自然科学版), 2011, 23(2): 237-241.

[8] Xu X, Zhang Y, Zhang S, et al. 3D hand gesture tracking and recognition for controlling an intelligent wheelchair. International Journal of Computer Applications in Technology, 2014, 49(2): 104-112.

[9] 何清华, 黄素平, 黄志雄. 智能轮椅的研究现状和发展趋势. 机器人技术与应用. 2003, (2):12-16.

[10] 鲁涛, 原魁, 朱海兵. 智能轮椅研究现状及发展趋势. 机器人技术与应用. 2008, (2):1-5.

[11] 陈兆学, 赵晓静, 聂生东. Mean Shift 方法在图像处理中的研究与应用. 中国医学物理学杂志, 2010, 27(6):2244-2249.

[12] 凌超, 吴薇. 视频图像中运动目标跟踪算法研究综述. 科技资讯, 2012, (16): 7-7.

[13] 陈垚光. 精通 MATLAB GUI 设计. 3 版. 北京: 电子工业出版社, 2011.

[14] 罗华飞. Matlab GUI 设计学习手记. 北京: 北京航空航天大学出版社, 2011.

[15] 大夏龙雀科技. DX-BT05 4.0 蓝牙模块技术手册. 百度文库, 2010.

第 24 章　低功耗穿戴式血氧饱和度测量仪*

血氧饱和度与脉率对于人体生理状态的检测具有重要意义，脉搏血氧饱和度检测仪可以同时检测上述两种指标。传统动脉血氧饱和度检测方法，因其近似计算与复杂的硬件电路，存在鲁棒性差、精度低等问题。据此在动态光谱检测原理的基础上，提出一种新的检测方法。该方法采用数字化的设计理念，在保证足够高的信噪比的情况下，消除了传统检测方法所带来的误差，极大程度简化了模拟电路，提高了系统鲁棒性和检测精度。

本设计以 STM32F103RET6 为核心，结合双波长频分检测、过采样技术和数字信号处理。在提高检测精度的同时，极大简化了硬件电路，并利用所得的绝对差值加和计算血氧饱和度。

24.1　研究设计介绍

24.1.1　研究背景及意义

氧是维持生命不可或缺的物质。人体通过呼吸作用吸入氧，吸入的氧与血液中的还原血红蛋白 (Hb) 结合成氧合血红蛋白 (HbO_2)，HbO_2 进入人体的各个部位后被还原成 Hb，为人体的生理活动提供所需的氧。维持人体正常生理状态的过程为新陈代谢过程，而上述氧化过程即为新陈代谢过程中的重要过程。为了衡量血液输送氧的能力，常采用血氧饱和度来表征人体的含氧情况。血氧饱和度 (SpO_2) 是指血液中的氧合血红蛋白 (HbO_2) 占全部可与氧结合的血红蛋白 ($Hb+HbO_2$) 浓度的百分比，可表示为

$$SpO_2 = \frac{HbO_2}{Hb + HbO_2} \tag{24-1}$$

目前动脉血氧饱和度检测仪已经在手术麻醉[1]、新生儿监护[2]、急救病房、军事航空检测[3]等方面得到了广泛的应用。因此准确快速的脉搏血氧饱和度检测对于医生和我们自己时刻了解自身健康状况具有重大意义。

24.1.2　主要研究内容

本设计主要完成以下工作：

---

* 队伍名称：天津大学 Sliver Sky 团队，参赛队员：代文婷、于悦；带队教师：林凌

(1) 本设计利用数字信号处理的优势，极大程度上简化了模拟电路，有效地解决了传统动脉血氧饱和度检测系统存在的鲁棒性差、检测精度低等问题。

(2) 本设计采用双波长频分调制方法将脉动血液的信息加载到两路方波信号上，而后利用过采样技术对数据进行采集，对数字信号进行分离和解调。该方法去除了传统检测方法中复杂的双光束分离模拟电路。

(3) 采用基于动态光谱的时域绝对差值加和方法，通过对一定数量的光电容积脉搏波的绝对差值进行累加，得到绝对差值加和，并用更为严格的 2σ 准则对粗大误差进行剔除，从而计算出高精度的动脉血氧饱和度。

24.2　动脉血氧饱和度检测方法及 DS 理论

24.2.1　动脉血氧饱和度检测方法

24.2.1.1　朗伯–比尔定律

当某单色光照射某均匀溶液时，在无散射产生的情况下，一部分光射出，另一部分光被吸收。光被吸收的程度与溶液的浓度、光程长成正比。假设入射光强为 I_0，透射光强为 I，光程长为 l，溶液的浓度为 c，朗伯-比尔定律可由式 (24-2) 和式 (24-3) 表示：

$$A = \lg\frac{I_0}{I} = acl \tag{24-2}$$

$$I = I_0\mathrm{e}^{-acl} \tag{24-3}$$

式中，A 为吸光度。

上述公式需满足如下条件：①入射光为单色光；②吸收过程中各物质无相互作用；③辐射与物质的作用仅限于吸收过程。

24.2.1.2　离体血氧饱和度检测原理

由上述的理论可知，当采用波长为 λ_1 的光照射人体血液时，式 (24-1) 可写为：

$$\lg\frac{I_0}{I} = [\alpha_1 c_1 + \alpha_2 (c - c_1)] \times l \tag{24-4}$$

式中，α_1、α_2 分别为 HbO_2 和 Hb 在波长 λ_1 处的吸光系数；c_1 和 c 分别为 HbO_2 和 Hb 的浓度。

根据血氧饱和度的定义[4]，SpO_2 可以表示为

$$SpO_2 = \frac{c_1}{c} = \frac{-\lg\dfrac{I}{I_0}}{(\alpha_1 - \alpha_2)\,cl} - \frac{\alpha_2}{\alpha_1 - \alpha_2} \tag{24-5}$$

由式 (24-5) 看出，当仅使用单波长的光进行检测时，对于血氧饱和度的计算还涉及 Hb 的浓度 c 和光程长 l。为消除此影响，采用另一路波长为 λ_2 的光按上述原理同时进行检测，联立两次测得的 SpO_2 表达式，可将 Hb 的浓度 c 和光程长 l 两个变量抵消，使得测量不再受到这两个变量的影响，血氧饱和度的计算最终可表示为

$$SpO_2 = \frac{\alpha_2 Q - b_2}{(\alpha_2 - \alpha_1) Q - (b_1 - b_2)} = AQ + B \tag{24-6}$$

由式 (24-6) 看出，若将某一束光的波长选在 Hb 和 HbO_2 吸光系数曲线的交点附近即 $\alpha_1 \approx \alpha_2 \approx \alpha$ 时，则式 (24-6) 可表示为

$$SpO_2 = \frac{\alpha Q}{b_2 - b_1} - \frac{b_2}{b_2 - b_1} = AQ + B \tag{24-7}$$

$$Q = \frac{A_{\lambda_1}}{A_{\lambda_2}} \tag{24-8}$$

式中，A_{λ_1} 和 A_{λ_2} 分别为动脉血对波长为 λ_1 和 λ_2 的吸光度；b_1 和 b_2 分别是 HbO_2 和 Hb 对波长为 λ_2 的光的吸光系数。

24.2.2 基于 DS 的动脉血氧饱和度的检测

24.2.2.1 修正的朗伯–比尔定律

由于人体是一个强散射体，不能采用传统的朗伯–比尔定律，所以给出修正后的朗伯–比尔定律[5]，如式 (24-9) 所示。

$$A = -\lg\frac{I}{I_0} = -2.303acl + G \tag{24-9}$$

式中，a 为分子吸光系数；l 为平均光程长；G 为散射引起的能量损失。

24.2.2.2 动态光谱理论

由图 24-1 可知，当无脉动动脉血充盈时，入射光没有被脉动动脉血吸收，透射光强最强，表示为 $I_{\max}$。此时没有脉动动脉血的作用，因此可将其作为脉动动脉血的入射光 I_0。而当脉动动脉血充盈时，由于入射光一部分被脉动动脉血吸收，透射光强最弱，表示为 $I_{\min}$，可将其视为出射光 I[6]。

“动态光谱”[7,8]是指各个波长对应的光电容积脉搏波上吸光度最大值与最小值的差值构成的光谱。基于 DS 理论进行无创检测能够消除个体差异和检测环境造成的影响。

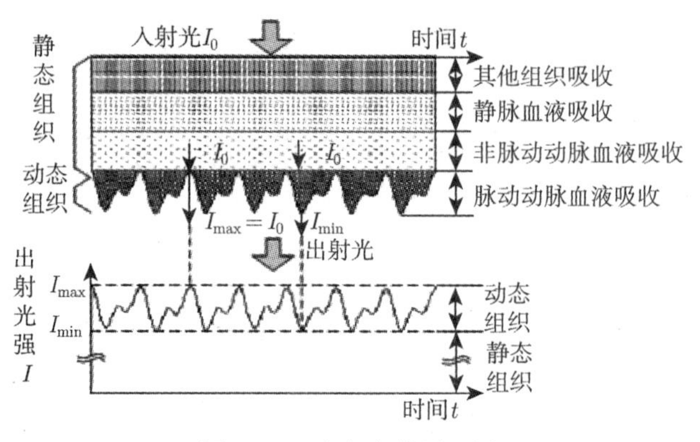

图 24-1　动态光谱原理图

24.2.2.3　基于 DS 的动脉血氧饱和度检测原理

假设入射光强为 I_0，将吸光度恒定不变的组织分为 n 层，每一层的分子消光系数为 α_i，每一层物质的浓度为 c_i。以 PPG 信号为例，当脉动动脉血充盈时，检测到的光强最小为 $I_{\min}$，此时吸光度可以由式 (24-10) 表示。当无动脉血充盈时，检测到的光强最大为 $I_{\max}$，此时吸光度可以由式 (24-11) 表示。由于其他组织对光的吸收可以视为恒定，所以式 (24-10) 和式 (24-11) 的第一个分量相等[9]，由于血液的散射较小，G 在测量过程中可保持恒定不变。由上述理论分析，脉动动脉血充盈时和无脉动动脉血充盈时两者的吸光度之差可由式 (24-12) 表示，对式 (24-12) 进一步变形可得式 (24-13)，由式 (24-13) 可知血液充盈和无血液充盈时吸光度的差值仅与动脉血有关。

$$A_1 = -2.303\sum_{i=1}^{m}\alpha_i c_i I_{\min} - 2.303acI_{\min} + G \tag{24-10}$$

$$A_2 = -2.303\sum_{i=1}^{m}\alpha_i c_i I_{\max} - 2.303acI_{\max} + G \tag{24-11}$$

$$\Delta A = A_1 - A_2 = -2.303ac\left(I_{\max} - I_{\min}\right) \tag{24-12}$$

$$\Delta A = \lg\frac{I_0}{I_{\min}} - \lg\frac{I_0}{I_{\max}} = \lg\frac{I_{\max}}{I_{\min}} \tag{24-13}$$

根据式 (24-8) 可以将 Q 值表示为

$$Q = \frac{\lg\dfrac{I_{\max\lambda_1}}{I_{\min\lambda_1}}}{\lg\dfrac{I_{\max\lambda_2}}{I_{\min\lambda_2}}} = \frac{\lg I_{\max\lambda_1} - \lg I_{\min\lambda_1}}{\lg I_{\max\lambda_2} - \lg I_{\min\lambda_2}} \tag{24-14}$$

由于 $\frac{I_{\max}-I_{\min}}{I_{\min}} \ll 1$，所以将式 (24-14) 进行麦克劳林展开，可得

$$\begin{aligned}\Delta A &= \lg\frac{I_{\max}-I_{\min}+I_{\min}}{I_{\min}}\\ &= \lg\left(\frac{I_{\max}-I_{\min}}{I_{\min}}+1\right)=\lg\left(\frac{\Delta I}{I_{\min}}+1\right)\\ &= \lg\left[\frac{\Delta I}{I_{\min}}-\frac{1}{2}\left(\frac{\Delta I}{I_{\min}}+1\right)^2+\frac{1}{3}\left(\frac{\Delta I}{I_{\min}}+1\right)^3+\cdots\right]\end{aligned} \tag{24-15}$$

由式 (24-15) 看出，只取二次项精度就可以达到 10^{-4} 量级。

24.3 数字化处理方法及绝对差值加和提取方法

24.3.1 数字化处理方法

24.3.1.1 过采样的原理及精度分析

过采样是指以高于奈奎斯特采样定律的采样频率[10] 对输入信号进行采样。由于 A/D 转换器位数的限制，输出的数字量是有限的，因此输入的模拟信号与相对应的数字信号之间会存在 ±0.5LSB 的量化误差[11,12]，从而带来量化噪声。若输入信号最小值大于 LSB(Δ)，且输入信号的幅值随机分布，由式 (24-16) 看出，此时量化噪声的总功率是定值，与 f_s 无关，量化噪声在 $0 \sim f_s/2$ 的频带范围内均匀分布。由 $P_0=\frac{\Delta^2}{12}\times\frac{2}{f_s}=\frac{\Delta^2}{6f_s}$，式 (24-17) 可知量化噪声功率谱 P_0 却与 f_s 有关。

$$\text{NQ}=\frac{\Delta^2}{12} \tag{24-16}$$

$$P_0=\frac{\Delta^2}{12}\times\frac{2}{f_s}=\frac{\Delta^2}{6f_s} \tag{24-17}$$

由上述理论分析可知，当采样率提高 n 倍后，噪声能量在有用信号带宽内下降为原来的 $1/n$，信噪比提高 n 倍。图 24-2 所示为采样频率与噪声电平的关系。过采样后对数据进行下抽样，可将高速、低分辨率的数字信号转变为高分辨率的数字信号[13−15]。相关的过采样和下抽样程序代码，请登陆中国工程机器人大赛暨国际公开赛网站下载获取，具体链接地址为：http://robotmatch.cn/upload/files/2017/5/12104228968.txt。

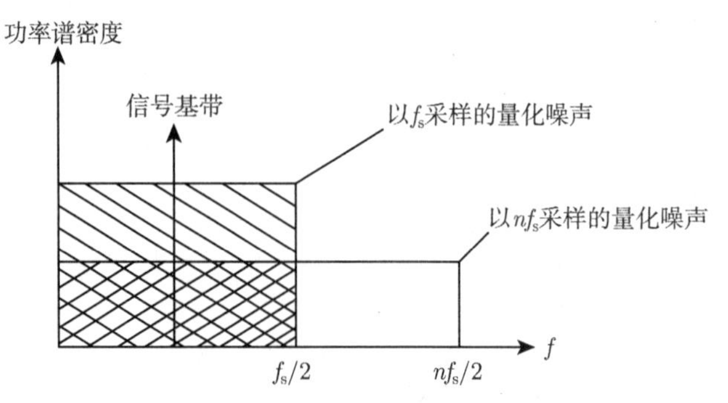

图 24-2 采样频率与功率谱密度的关系

24.3.1.2 双波长的频分调制及数字解调

频分调制[16]即通过单片机的 GPIO 口发出频率互相成倍数的两路方波来驱动两个发光二极管发光。利用两路方波对脉搏波进行调制，再应用数字解调的方法，将两路光信号分离并解调出红光和红外光下的对数光电容积脉搏波。

选用两个发光管为共阳极连接，设定红外光发光频率为红光发光频率的 2 倍，如图 24-3 所示，将驱动红光发光管的脉冲序列的一个周期分为 4 个时段，分别用 T_1、T_2、T_3、T_4 表示，每一个时期内接收到的光强分别表示为 U_1、U_2、U_3、U_4，则一个周期内 4 个时段接收管接收的光强有如下表示：

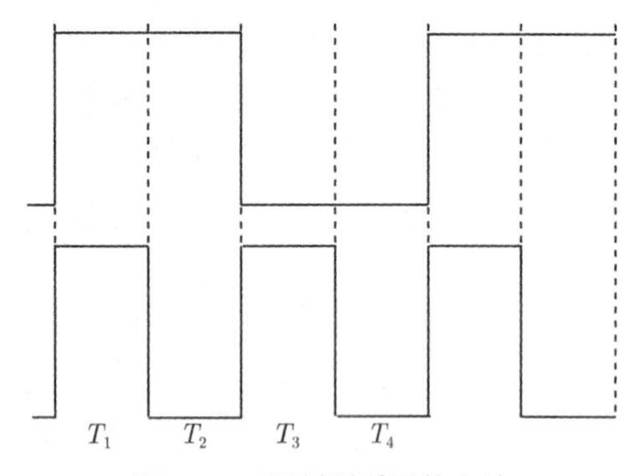

图 24-3 调制所采用的方波

A：T_1 时刻，红光和红外发光二极管都不发光，只接收背景光，$U_1 = U_{\text{background}}$；

B：T_2 时刻，红外管发光，红光管不发光，接收背景光和红光，$U_2 = U_{\text{background}} + U_{\text{red}}$；

C：T_3 时刻，红外管不发光，红光管发光，接收背景光和红外光，$U_3 = U_{\text{background}} + U_{\text{ired}}$；

D：T_4 时刻，两管都发光，接收背景光、红光和红外光，$U_4 = U_{\text{background}} + U_{\text{red}} + U_{\text{ired}}$；

由上述推导可以计算出接收到的红光和红外光的强度，分别表示为式 (24-18) 和式 (24-19)：

$$U_3 + U_4 - U_1 - U_2 = U_{\text{red}} \tag{24-18}$$

$$U_2 + U_4 - U_3 - U_1 = U_{\text{ired}} \tag{24-19}$$

24.3.2 基于 DS 的绝对差值加和计算法

24.3.2.1 绝对差值加和提取法

人体的皮肤、肌肉等组织在几秒钟短时间内可认为是不发生变化的，而脉动动脉血却随时间不断改变。一个光电容积脉搏波的时间很短，对人体的同一位置进行测量，根据朗伯–比尔定律可知，两个采样点相减就可以消除人体脉动动脉血以外其他组织的干扰。

为了提高检测精度的同时提高检测的实时性，本设计采取的方法是在获取一定数量 (小于一个 PPG 信号的采样点数) 的 PPG 信号相邻两采样点的绝对差值后，对所获得的双波长绝对差值序列进行归一化处理，消除同一波长不同时刻所获得的信号的光程长的差异，采用更为严格的 2σ 准则[17] 和叠加平均来剔除粗大误差和随机噪声的干扰。同时在处理过程中将所获得的绝对差值叠加，可增加光程长。寻找 PPG 信号周期的程序代码请登陆中国工程机器人大赛暨国际公开赛网站下载获取，具体链接地址为：http://robotmatch.cn/upload/files/2017/5/12104344250.txt。

24.3.2.2 双波长绝对差值加和计算动脉血氧饱和度的步骤

本设计采用双波长绝对差值加和计算动脉血氧饱和度步骤如下：

(1) 同步采集一段时间内两个波长下的光电容积脉搏波并取对数，得到两个波长下的对数光电容积脉搏波。

(2) 提取两个相邻采样点差值并取绝对值，得到双波长绝对差值序列。

$$\Delta R_n = |R_{n+1} - R_n| \quad (n = 1, 2, 3, \cdots) \tag{24-20}$$

$$\Delta IR_n = |IR_{n+1} - IR_n| \quad (n = 1, 2, 3, \cdots) \tag{24-21}$$

式中，R_{n+1} 和 R_n 分别表示在红光发光时第 $(n+1)$ 个和第 n 个时刻的吸光度，IR_{n+1} 和 IR_n 分别表示在红外光发光时第 $(n+1)$ 个和第 n 个时刻的吸光度。$\Delta R_n\,(n = 1, 2, 3, \cdots)$ 表示红光吸光度的绝对差值序列，$\Delta IR_n\,(n = 1, 2, 3, \cdots)$ 表示红外光吸光度的绝对差值序列。

(3) 顺序提取双波长 k 个绝对差值，得到多组绝对差值序列，分别进行叠加平均，设置合理的绝对差值阈值范围，对绝对差值序列优选，剔除异常差值。

(4) 对优选后的双波长各组绝对差值序列进行归一化处理。以某一组优选后的绝对差值序列的归一化处理进行说明：若 $\Delta r_n(n=1,2,3,\cdots,k)$ 表示优选后的红光绝对差值序列，$\Delta ir_n(n=1,2,3,\cdots,k)$ 表示优选后的红外光绝对差值序列，将两个波长优选后对应时刻的绝对差值序列相除，得到一组比例系数 $\Delta q_n(n=1,2,3,\cdots,k)$, 将此比例系数序列作为归一化的绝对差值序列。由于短时间内除脉动动脉血以外的其他成分不发生变化，两个波长下对应时刻的脉动动脉血的血液容积变化相等即 $\Delta l_{\rm r}=\Delta l_{\rm ir}$。因此由式 (24-22) 可以看出归一化的处理能消除同一波长不同时刻光程长的差异。

$$\Delta q_n=\frac{\Delta ir_n}{\Delta r_n}=\frac{\varepsilon_{\rm r}c_{\rm r}\Delta l_{\rm r}}{\varepsilon_{\rm ir}c_{\rm ir}\Delta l_{\rm ir}}=\frac{\varepsilon_{\rm r}c_{\rm r}}{\varepsilon_{\rm ir}c_{\rm ir}}\,(n=1,2,3,\cdots,k) \tag{24-22}$$

式中，$\varepsilon_{\rm r}$，$\varepsilon_{\rm ir}$ 分别为红光和红外光的吸光系数。

(5) 计算归一化的绝对差值序列 q_n 的平均值 $\overline{q}$, 残差 v_i, 标准差 σ，

$$\overline{q}=\frac{1}{k}\sum_{i=1}^{k}q_i \tag{24-23}$$

$$v_i=q_i-\overline{q}\quad(i=1,2,3,\cdots,k) \tag{24-24}$$

$$\sigma=\sqrt{\frac{\sum\limits_{i=1}^{k}v_i^2}{k-1}} \tag{24-25}$$

(6) 根据 2σ 准则，判断序列中是否有粗大误差，若残差$|v_i|>2\sigma$，则剔除该值，否则给予保留，直到剔除所有粗大误差，得到新的绝对差值序列 $Q_n(n=1,2,3,\cdots,m)$。

(7) 将各组绝对差值序列 Q_n 进行叠加，累加和作为光电容积脉搏波的绝对差值加和。因此 Q 值可表示为

$$Q=\sum_{n=1}^{m}Q_n \tag{24-26}$$

24.4 基于 DS 的动脉血氧饱和度检测系统的具体实现

24.4.1 总体的设计思想

本设计分为生物信号检测部分、数据采集和处理部分及通信部分。整体的设计思路如图 24-4 所示。

24.4.1.1 测量光源波长的选择

由于要明显区分脉动动脉血和非脉动部分对光的吸收，HbO_2 和 Hb 对所选光源的吸收系数要明显高于其他成分对该波长的光的吸收[18,19]。由上述理论推导可知，其中一个波长对 HbO_2 和 Hb 的吸收系数应相等，从图 24-5 可以看出，该波长

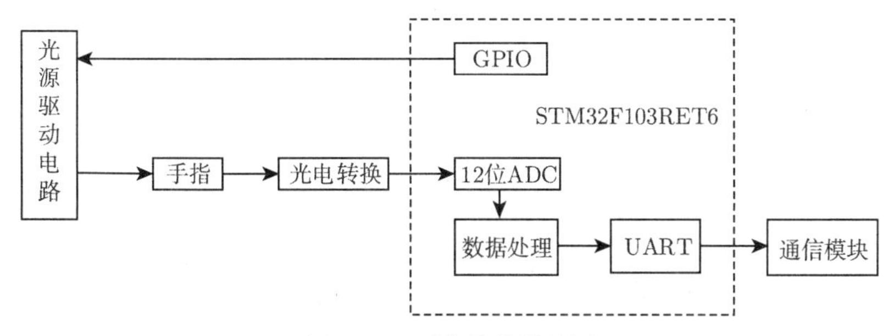

图 24-4 系统总体设计图

应选在 800nm 处，但在该波长附近的吸光系数随波长的变化较大，不利于调试。而波长在 900~950nm 之间，吸光系数随波长变化比较缓慢且两曲线也比较相近，所以交点选在此处比较合适。另一个波长选在 650~700nm 之间，在此范围内，两者的吸光系数相差较大，使检测到的光强变化明显。

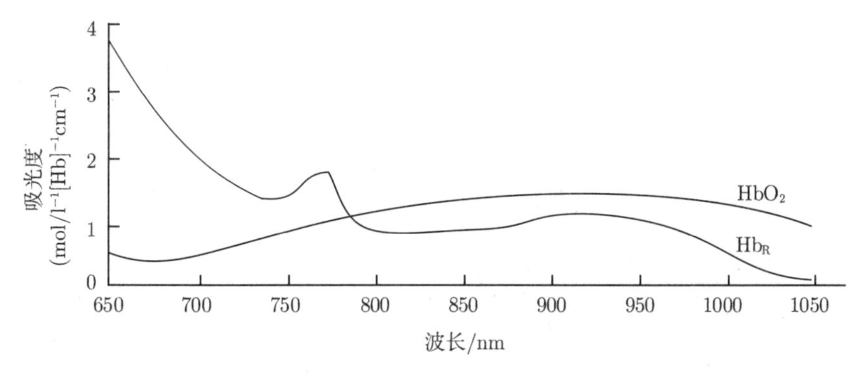

图 24-5 波长与吸光度之间的关系

24.4.1.2 测量位置的选择及传感器的设计

由于指尖较薄且毛细血管丰富，对吸光度影响较小，常作为检测血氧饱和度的位置。目前大多数的检测仪都采用透射式[20]，表 24-1 将透射式和反射式进行对比。由表 24-1 看出，反射式的局限性较小，因此本设计采用反射式[21,22] 的检测原理。

表 24-1 反射式与透射式的局限性对比

透射式	反射式
只局限于人体穿透性较好的部位，例如，指尖和耳垂等位置，无法实现对较厚部位的检测。同时，基于透射式原理的血氧饱和度检测受人体正常活动影响较大，所以该系统只适用于对特定对象的测量与监护	由于基于反射原理的测量系统的发光二极管和光探测器都在被测组织的同侧，利用反射光来进行检测，所以相对于反射式来说，其检测部位的局限性相对较小

24.4.1.3　驱动电路的设计和光电转化模块的设计

采用光脉冲驱动，在不同时期，调制光所携带的信息不同，可以很好地将携带信息的光信号和背景光信号区分，从而抑制背景光的影响。当两个发光二极管的发光频率都是 50Hz 的整数倍时，可抑制工频干扰。

对于光电转换模块，选用 OPA314 作为跨阻放大器的主运放，该放大器偏置电流仅为 0.2pA，选择 1MΩ 的反馈电阻，两端并联上 10pF 的电容，滤除大于 15kHz 的高频噪声。使用的光电传感器为 SFH7050，尺寸仅 4.7mm×2.5mm×0.9mm，只需极小的功率和空间，适用于可穿戴式设备。

24.4.2　系统软件的设计

本设计的硬件平台的核心为 STM32F103RET6，主要功能为：①系统初始化；②产生两路方波；③ADC 进行数据采集；④双光束分离解调；⑤PPG 信号的检出；⑥计算心率和动脉血氧饱和度。主程序流程图可由图 24-6 表示。

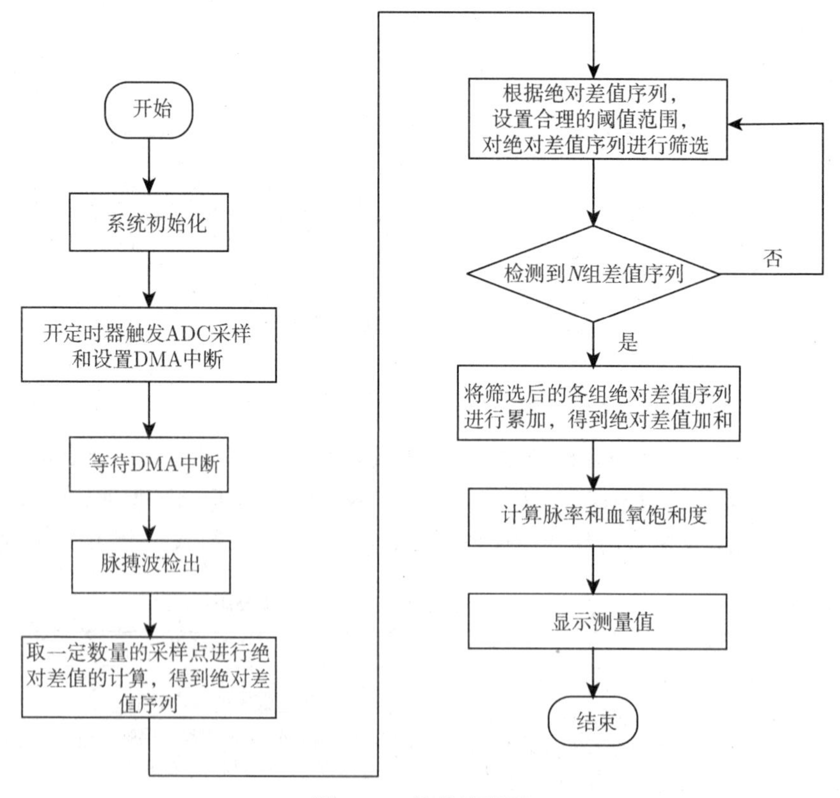

图 24-6　总体流程图

24.4.2.1 初始化程序

将定时器 1 和定时器 5 设置为 PWM 模式，获取 1kHz 和 2kHz 的方波。单片机上的 ADC 由定时器 3 触发进行采样，通过设置 DMA 的缓冲区的来获取一个时间段上的采样点数，设置串口波特率为 115200。

24.4.2.2 中断服务程序

信号解调是在中断服务程序中实现的，中断服务程序流程图如图 24-7 所示。本设计分别采用 1kHz 和 2kHz 的方波对两个发光管进行调制。当以 625kHz 的采样率进行采样时，每个时段内采样 160 次，进行一次下抽取比为 160 的下抽样。双光束数字解调算法后，对采样率为 2kHz 的双路载波信号分别做下抽样得到 250Hz 的数据输出率，下抽样比为 8。

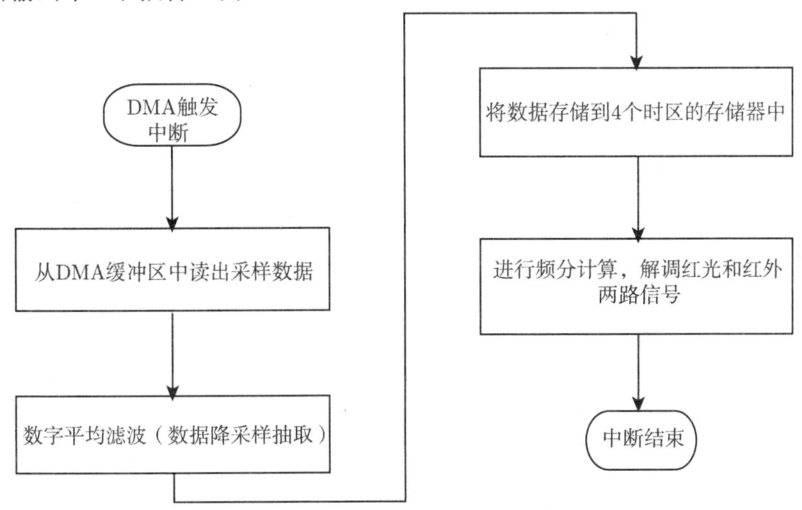

图 24-7 中断服务程序流程图

24.4.2.3 血氧饱和的计算程序

提取前后两个相邻的对数脉搏波采样点的差值并取其绝对值，得到双波长的绝对差值序列。顺序提取绝对差值序列中 50 个绝对差值，设置合理的阈值范围，进行优选，对优选后的序列进行归一化处理。根据更为严格的 2σ 准则，对归一化后的绝对差值序列进行粗大误差的剔除。将剔除粗大误差后的归一化绝对差值序列的值进行叠加作为 Q 值。在得到 5 个 Q 值后，取其平均值作为最终的 Q 值。图 24-8 为利用绝对差值加和计算血氧饱和度的流程图。计算脉率和 Q 值的程序代码请登陆中国工程机器人大赛暨国际公开赛暨国际公开赛网站下载获取，具体链接地址为 http://robotmatch.cn/upload/files/2017/5/12104314625.txt。

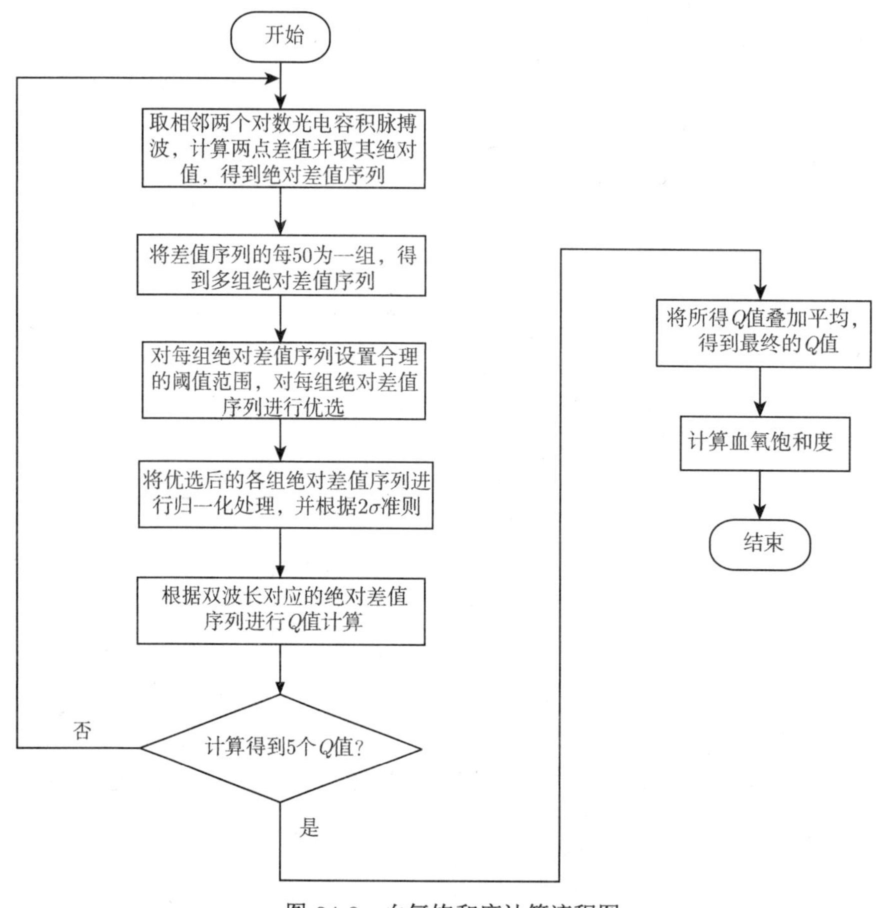

图 24-8　血氧饱和度计算流程图

24.5　试验与系统评估

首先对本系统的性能进行实际检测，然后通过缺氧试验验证系统的灵敏度和有效性。

24.5.1　系统稳定性试验

在稳定性检测试验中，首先要求被测对象在室温的条件下静坐 3min，试验期间禁止剧烈运动、进食、饮水，使其进入呼吸均匀，状态稳定的情况后，让被测对象将其中指指尖放在反射式传感器上。对每个被测对象分别进行 5 次测试，每次检测相隔 10min，每次测试时间大于 30s。根据测量结果可知，系统设计相对稳定。

由上述测量结果可知，本系统相对稳定。

24.5.2 缺氧试验

为了验证系统的有效性和灵敏度，对该系统进行缺氧试验，观察在缺氧条件下，检测结果的变化情况。首先，让 3 个被测对象在室温的情况下静坐 3min，使其进入呼吸均匀，状态稳定的情况后，将中指指尖放在反射式传感器上，得到被测对象正常状态下的测量结果。然后，让被测对象憋气 34s 后，将其中指指尖放在反射式传感器上，得到被测对象缺氧条件下的测量结果 (表 24-2)。

表 24-2 缺氧试验的测试结果

被测对象	正常状态 Q 值	缺氧状态 Q 值
1	0.1125	0.0754
2	0.1023	0.0732
3	0.1142	0.0820

24.6 总结与展望

24.6.1 总结

动脉血氧饱和度检测仪是一种可以连续对病人的脉率和血氧进行无创实时监测的仪器，在临床的各个方面得到广泛应用，对于医生的诊断具有十分重要的意义。随着科技的发展，脉搏血氧饱和度检测仪也向着体积小、功耗低、穿戴式的方向发展。

本设计已经完成的工作有：

(1) 通过分析传统检测方法的缺陷，在理论上分析了传统检测方法检测精度低的原因。同时从理论上分析了基于动态光谱原理的脉搏血氧饱和度检测方法，从理论上证明了该方法消除了个体差异和测量环境的影响，从而提高检测精度；

(2) 根据人体指尖的光学特性，采用了反射式的检测原理，相对于透射式来说，局限性更小；

(3) 以 STM32F103 单片机为核心，利用方波调制、数字解调等一系列的数字化处理的优势，极大程度上简化模拟电路，大大提高系统的稳定性和重复性；

(4) 进行了一系列的试验，包括系统稳定性试验，全身缺氧性试验等，为接下来的改进打下良好的基础。

24.6.2 展望

在设计过程中仍有以下内容还需改进：

(1) 对于传感器的设计，由于该设计仅将手指贴在其上，若不能保证很好的贴合的条件下，会出现漏光和其他外界的干扰，使得采集到的数据并不准确，因此，可以采用指套式的传感器；

(2) 本设计是基于 STM32F103RET6 单片机进行设计的，A/D 转换器为 12 位，可以采用更高位数的 A/D 转换器结合过采样技术，使得检测的精度得到进一步的提高；

(3) 在条件允许的情况下，进行更多的试验，获得更多的临床数据来对本设计进行验证。

参 考 文 献

[1] Lee J H, Park Y H, Kim J T. Current use of noinvasive hemoglobin monitoring in anesthesia. Current Anesthesiology Reports, 2014, 4(3): 233-241.

[2] Koch H W, Hansen T G. Perioperative use of cerebral and renal near-infrared spectroscopy in neonates: a 24-h observational study. Pediatric Anesthesia, 2016, 26(2): 190-198.

[3] Johannigman J, Gerlach T, Cox D, et al. Hypoxemia during aeromedical evacuation of the walking wounded. Journal of Trauma and Acute Care Surgery, 2015, 79(4): S216-S220.

[4] 苌飞霸，陈维平，徐力，等. 基于光电容积脉搏波法血氧饱和度测量系统研究. 工业仪表与自动化装置, 2015, (5): 14-16.

[5] Wang H Q, Li G, Zhao Z, et al. Non-invasive measurement of haemoglobin based on dynamic spectrum method. Transactions of the Institute of Measurement & Control, 2013, 35(1): 16-24.

[6] 李尚颖. 基于动态光谱的数字化脉搏血氧检测系统. 天津: 天津大学, 2007.

[7] 李刚, 李尚颖, 林凌, 等. 基于动态光谱的脉搏血氧精度测量分析. 光谱学与光谱分析, 2006, 26(10): 1821-1824.

[8] Abay T Y, Kyriacou P A. Reflectance photoplethysmography as non-invasive monitoring of tissue blood perfusion. IEEE Transactions on Bio-medical Engineering. 2015, 62(9): 2187-2195.

[9] Yamakoshi K, Yamakoshi Y. Pulse glucometry: a new approach for noninvasive blood glucose measurement using instantaneous differential near-infrared spectrophotometry. Journal of Biomedical Optics, 2006, 11(5): 054028-1-054028-9

[10] Jain A, Pavan S. Characterization techniques for high speed oversampled data converters. IEEE Transactions on Circuits and Systems I-regular Papers, 2014, 61(5): 1313-1320.

[11] Oppenheim A V, Schafer R W, Buck J R. 离散时间信号处理. 2 版. 刘树棠, 黄建国译. 西安: 西安交通大学出版社, 2001.

[12] Li G, Zhou M, Lin L. Double-sampling to improve signal-to-noise ratio (SNR) of dynamic

spectrum (DS) in full spectral range. Optical and Quantum Electronics, 2014, 46: 691-698.

[13] Li G, Zhou M, He F, et al. A novel algorithm combining oversampling and digital lock-in amplifier of high speed and precision. Review of Scientific Instruments. 2011, 82(9): 095106-095106-6.

[14] Pliquett U. Electrical characterization in time domain-sample rate and ADC precision. IFMBE Proceeding, 2015, (45): 854-857.

[15] Inanlou R, Shahghasemi M, Yavari M. A noise-shaping SAR ADC for energy limited applications in 90 nm CMOS technology. Analog Integrated Circuits and Signal Processing, 2013, 77(2): 257-269.

[16] 李刚，周梅，刘近贞，等. 一种方波调制光电容积脉搏波测量方法，国家发明专利, ZL201110236392.8, 2014 年 5 月 28 日.

[17] 张敏，袁辉. 拉依达 (PauTa) 准则与异常值剔除. 郑州工业大学学报，1997，18(01)：87-91.

[18] Chen Z H, Yang X F, Teo J T, et al. Noninvasive monitoring of blood pressure using optical Ballistocardiography and Photoplethysmograph approaches. Conference proceedings: Annual International Conference of the IEEE Engineering in Medicine and Biology Society. IEEE Engineering in Medicine and Biology Society. Conference, 2013: 2425-2428.

[19] 李刚，熊婵，赵丽英，等. 基于多维漫反射光谱技术的复杂混合溶液成分检测. 光谱学与光谱分析，2012, 32(2): 491-495.

[20] 刘婷，黄明，从茂柠. 透射式脉搏血氧饱和度检测系统的设计与实现. 中国医疗装备, 2012, 27(12): 55-58.

[21] Abay T Y, Kyriacou P A. Ref lectance photoplethysmography as noninvasive monitoring of tissue blood perfusion. IEEE Transactions on Bio-medical Engineering. 2015, 62(9): 2187-2195.

[22] Zhang L N, Zhou M, Xiao X L, et al. Discrimination of human and nonhuman blood using visible diffuse reflectance spectroscopy. Analytical Methods, 2014, 6(23): 9419-9423.

第七篇

其他机器人

第 25 章　智能快递分拣机器人*

本设计是一种能够自动收发快递的系统，其目的是实现物流自动化并解放人力，降低人力成本。首先是快递的入库，在仓库的入口通过 RFID 识别货物信息，通过系统将信息传输给 PC，PC 接收信息后将信息发送给机器人，机器人自动识别并搬运货物到指定区域。PC 通过互联网在物流公司数据库中读取货主相关信息，系统通过 GSM 向目标手机号发送短信，通知货主到指定地点输入相应取货码，提取货物。货主将短信中的取货码、密码输入后，PC 机获取货物信息将货物存放区域信息发送机器人，机器人移动至相应区域，将货物搬起，运送到出口，然后 PC 向物流公司数据库中发送信息，表明该货物已派送完毕。PC 将所有快递信息上传云端，利用大数据对居民消费情况、购买物品的种类及货物的流量等信息进行分析，提高服务质量。本设计创新性的储物结构及将物联网引入快递分拣系统能有效实现快递分拣自动化，降低人力成本。

25.1　研究设计简介

25.1.1　研究背景及意义

机器人技术是 20 世纪人类最伟大发明之一。它是机械电子工程、计算机工程、材料工程、控制工程和电气工程等多学科相互交汇融合的综合性技术；代表着当代最新科技水平[1]。随着社会的发展，智能快递分拣机器人将成为人类社会中的必需品，在人类的生产和生活活动中发挥的巨大的作用。目前已经有大量的机器人从事着人类生产和生活中各个领域的工作，快递分拣机器人即将应运而生[2]。

随着科学技术的发展，机器人与物联网都属于新兴产业，将机器人技术与物联网技术相结合是当前 IT 技术的发展趋势。目前相继出现了智慧地球、智能电网、智能家居等前沿科技的产品，国家提出“中国制造 2025”将会加快中国智造的进程和发展[3]。智能快递分拣系统的产生和发展符合国家的希望，且有望走向世界前沿，随着网购的愈演愈烈，智能快递分拣系统无疑将会绽放异彩。其能减少人类社会生活中分拣快递与发放快递的重复性劳动，且能提高快递分拣与发放效率，将会提高人类的生活水平与优化人们生活方式[4]。

---

* 队伍名称：中国石油大学 (华东) 中科翎龙石大 5 队，参赛队员：马驰、周榆、赵建明；带队教师：赵永瑞、张洪存

25.1.2　研究内容

随着电子商务的快速发展，物流面临着严峻的考验。淘宝“双十一”掀起了一股网购热潮，快递包裹也席卷而来。各地的快递收发仓库都出现快递包裹爆仓的现象，而且当前快递的收发方式主要依靠人工，劳动量大、效率低下，送货取货经常在时间上受到限制，严重影响了快递行业的服务质量。

据调查显示，收寄快递的方便性是影响快递满意度调查的重要因素。对此，目前不少高新科技公司提出“智能快递终端”概念，推出智能快递箱，解决快递发放不及时的问题。

此次设计的智能快递分拣系统类似于自动饮料贩卖机，将其放置于小区楼下，客户取件不受时间限制，操作简单，使用方便，有效提高了发放效率，降低了劳动率，优化了快递员的工作流程，提高了顾客的满意度。对于购物平台，智能快递收发系统的使用有利于数据库的完善；反馈出的购物及物流信息，有利于商家商品的完善，且在一定程度上可以有效地杜绝“刷单”行为。

25.2　机械结构分析

25.2.1　智能快递终端系统机械结构分析与部分材料分析

本智能快递终端系统由分拣检测单元、短信通知单元、智能仓储单元、验证取货单元、中央控制单元 5 部分组成。其中，分拣检测单元由阿尔法机器人、RFID、下位单片机组成；短信通知单元由 GSM、下位单片机组成；智能仓储单元由具有三维自由度的货叉、下位单片机组成；验证取货单元由电阻触摸屏、取货柜台、下位单片机组成。

刨除电子系统，机械部分主要集中于智能仓储单元，该单元主要实现邮件的存入与取出，完成此任务的关键是如何实现货叉的三维运动。

参考市场上成熟的技术方案，再结合实际的需要，对其进行了部分创新便构成了本解决方案。原理方案为：将货叉的三维运动分解为沿 X、Y、Z 3 个坐标方向的独立运动，分别驱动，3 个分解运动的合成便为货叉的三维运动，这样技术方案实现起来比较方便。

具体实现有多种途径。而我们的解决方案为：第一维的自由度由一根沿 X 轴前后移动的角铝 (20×20，5020 型角铝) 实现，其上由螺钉紧固有两滑块和一螺母，与之相配合的光杠与丝杠安装于机架上，丝杠螺母传动副实现角铝的沿 X 轴的前后移动；第二维自由度是在第一维自由度的基础上由沿 Y 轴左右移动的滑块实现，滑块上钻有光孔以及螺纹孔，与之配合的光杠与丝杠安装于第一维自由度的角铝上，丝杠螺母传动副实现滑块的沿 Y 轴的左右移动；第三维自由度是在第二维的

基础上由货叉沿 Z 轴的上下运动实现的，货叉后部开有燕尾槽，后中部车有螺纹孔，与之相配合的导轨与丝杠安装于滑块上，丝杠螺母传动副实现货叉的沿 Z 轴的上下移动；3 套沿 X、Y、Z 方向的丝杠螺母传动副同时或分时运动都可实现货叉的三维运动。

上述方案的可靠实现依赖于具体的部件的制造、装配与调整。而在此之前，选材是第一步，而材料对于整个系统的安全可靠运行起着很重要的作用。材料所具有的良好强度、刚度、韧性、机加工性与经济性都是很重要的指标，这也是选材的标准。

相互运动的机械部分为丝杠螺母、导轨组件，均为标准件，可直接从市场上采购。丝杠螺母传动副机构市场上现售的大多为碳钢制丝杠、黄铜制螺母部件，当然也有不锈钢的丝杠与跟高级的锡铜合金螺母；导轨移动副有燕尾槽型、光杠滑块性、T 形槽型等，材质大多是碳钢，燕尾槽型与 T 形槽型的滑块内部多安装有滚珠用于减磨；市场上也有将丝杠螺母机构与导轨机构做成一体的，其精度、强度、刚度等都较好，但存在价格高、适应性差的缺点。根据实际情况，第一、二维选择碳钢丝杠、黄铜螺母组件，导轨为碳钢光杠、铝制滑块组件，这种组合适应性良好，机加工方便，装配要求低，成本低廉，不过存在机加工量过大，费时费力的缺点。第三维要求结构紧凑，质量轻，但强度刚度等要求较高，为此选择燕尾槽导轨与丝杠螺母做成一体的组件，材料除黄铜螺母外均为调制处理碳钢，综合机械性能良好，满足系统的使用要求。

支撑部件与其他无相互运动的组件根据良好机械性能、易加工性、高精度保持性、经济性等原则，选用型材，型材是标准件，可根据需要直接在市场上采购。市场上现有的型材从材质上可分为碳钢与铝合金两大类，从型材截面形状又可分为工字、T 形、角形、U 形等。碳钢机械性能良好，质量偏重，价格低廉，是工程中常用的材质；铝合金机械性能较之碳钢在某些方面可能差些，但具有耐氧化腐蚀，质量轻等优点。由于存储单元是实际的等比例缩小演示模型，不需要很高的强度、刚度等，但更偏重于机加工、装配、质量等特性，因此选用欧型 5020 型铝型材，与之搭配的角件等配件都是标准件，易于采购。

结构件之间的紧固连接采用螺钉与螺栓，螺钉螺栓现已标准化，市场上有标准件售出，根据需要直接采购就行。市场上现有的螺钉、螺栓从外形分为内六角与外六角，工程上常用外六角，优点是结构简单，上扣卸扣容易，扳手容易得到，价格低廉，但存在所需安装空间过大的缺点；内六角结构紧促，适用于空间狭小或是防止他人随意卸扣的场合，扳手需要专用的。智能仓储单元由于整体结构较为紧凑，一些连接处所留空间不足以施展外六角扳手，故选择内六角螺钉与螺栓，材质为碳钢，分 M5 螺钉与 M5 螺栓[5]。

25.2.2 动力元件分析

动力元件顾名思义就是为运动部件提供动力的元件。由上述分析，智能仓储单元的 3 个自由度运动各由一套丝杠螺母传动副实现，而丝杠螺母机构需要动力元件驱动。目前，常见的动力元件有 3 类，即直流电机、舵机和步进电机。它们具有各自的优点和缺点。其中直流电机耗能较低，转速高 (常与变速箱配合使用)，提供的力矩大，控制精度低，开环控制误差大，故常用于闭环控制系统中；舵机控制精度准确但产生的力矩小，可用于开环系统；步进电机转速低、控制精确、力矩适中，可是功耗较大，常用于开环控制系统[5]。而智能仓储单元由于是等比例演示模型，现在可以不考虑功耗等问题，要求动力元件简单可靠、转速较低 (最好不要有变速箱部件)、控制精确 (可以不用闭环控制，简化系统)、价格适中、控制方便等，故选择步进电机作为 3 个自由度的动力元件。

表 25-1 为这 3 种电机特点的对比：

表 25-1　不同类型电机特种比较表

电机类型	优点	不足	应用范围
直流电机	市场上广泛存在，种类多，功率大，力矩大，连接电路简单	转速太快，一般需要配有减速装置，电流比较大，控制复杂，价格较贵	用于比较大的机械
舵机	内部有减速齿轮，接口简单，价格便宜，控制方便，易于装配，型号多	功率小，速度调节范围较小	常用于小型机器人和步行机器人
步进电机	控制精度高，转速低，力矩适中	功率低，提价大，负载能力低，控制复杂	用于小型和轻型机器人

25.2.3 智能快递终端系统建模与仿真

根据以上材料和动力元件的选择，开始设计系统整体结构图。各个零件的形状和尺寸，可以通过 SolidWorks 进行三维零件设计和三维虚拟装配。

SolidWorks 是一款被广泛使用的三维造型软件，可以进行三维动画模拟，功能强大[6]，能够造型出复杂的曲面，设置零部件的材料外观等，使虚拟的三维零部件看起来更像现实的零部件；除此之外还能够进行受力分析，检验结构设计中部分应力过于集中和过大的问题。前期通过 SolidWorks 进行零部件的设计和装配，能够及时发现问题的不合理之处，及时解决问题，从而缩短了产品的设计周期，降低设计成本，从而提高产品质量[7]。

在 SolidWorks 中画出各个三维零件和三维装配[8]。图 25-1~ 图 25-7 分别是智能快递终端系统技术原理装配图与智能仓储单元的一比一实物装配图。

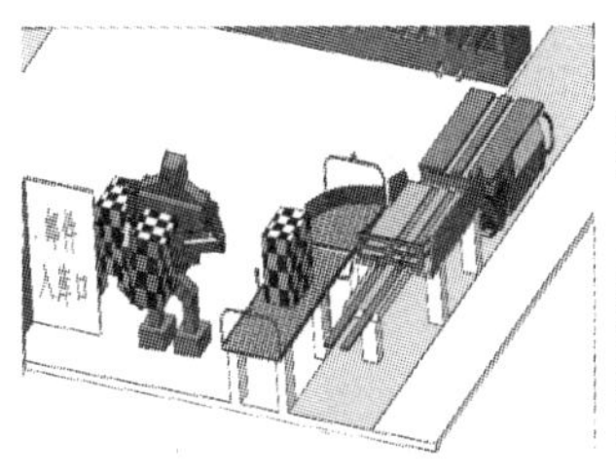

图 25-1 分拣检测单元

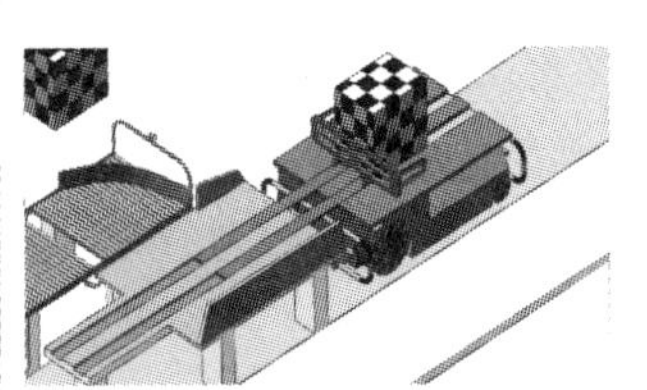

图 25-2 入库小车

图 25-3 智能仓储单元

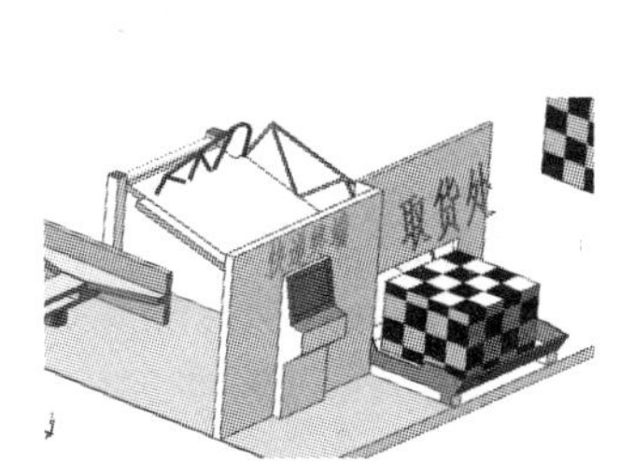

图 25-4 验证取货单元

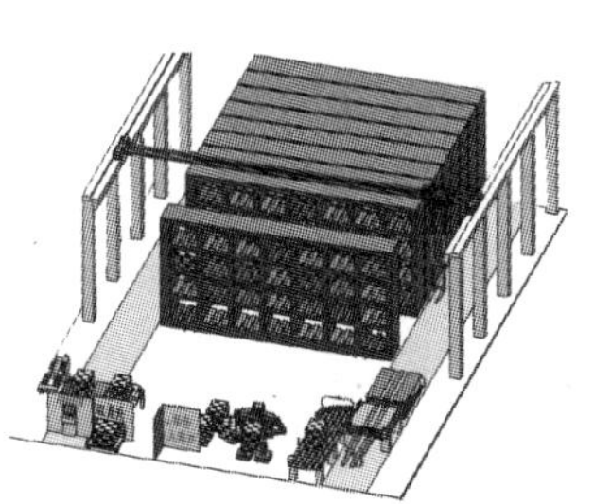

图 25-5 整体装配效果图

图 25-6 智能仓储单元实物建模装配体

对智能快递终端系统的机械部分进行结构分析、材料的分析以及步进电机的选型，并在 SolidWorks 下进行三维建模，并且对智能仓储单元的动作进行运动分析。为后期智能仓储单元与智能快递终端系统的硬件和软件设计奠定基础，接下来的任务就是控制系统，解决邮件如何分拣、如何识别货主信息、如何控制货叉完成邮件入库与出库、用户如何验证取货等问题。

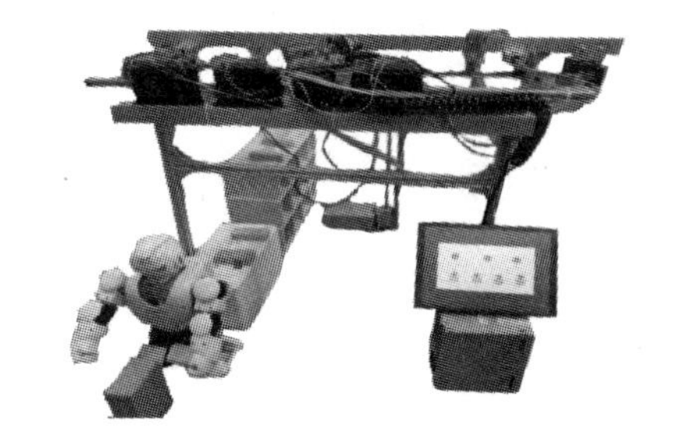

图 25-7 实物效果图

25.3 机器人搬运工程控制系统介绍

25.3.1 MC9S08AW60 核心板

核心板 (图 25-8) 采用 MC9S08AW60 型微控制器，其接口丰富，抗干扰能力强，开发简单[9]；并具有模拟增益和数字输出时间可编程控制[10]；1.25mm×1.75mm 超小封装，在低功耗模式下，功耗仅为 0.75mW[11]。

25.3.2　物联网 ZigBee 模块

ZigBee 是一种短距离、低速率无线网络技术。此智能快递分拣系统选用 ZigBee 模块通信 (图 25-9)，可连接节点数量多，通信可靠安全，功耗极低，组网方便，很好地满足了智能快递分拣系统的需要。采用 Zigbee 加载无线串口程序，信息安全可靠，保密性极强。用其配合 MC9S08AW60 使用，较好地满足设计需求[12]。图 25-10 给出了基于 MC13224 的无线控制器电路图。

图 25-8　MC9S08AW60 核心板

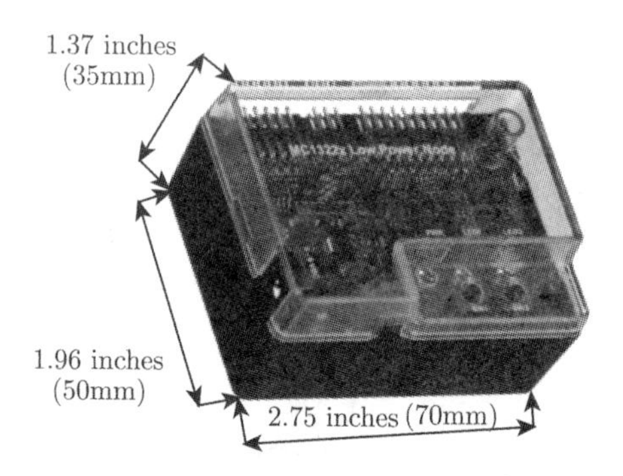

图 25-9　ZigBee 模块

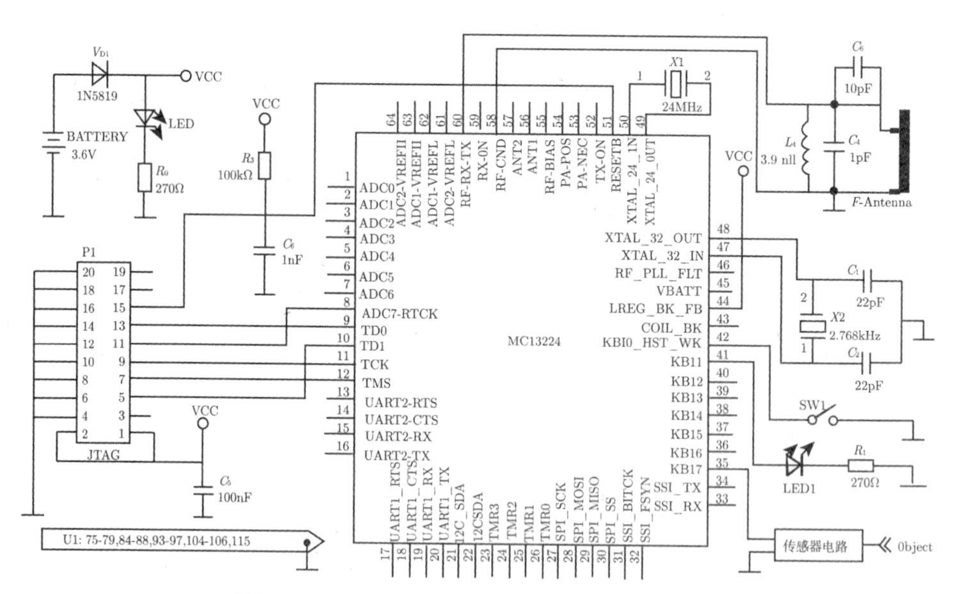

图 25-10　基于 MC1322x 的无线控制器电路图

25.3.3 金属检测传感器

用电感式接近开关作为金属感应传感器。此传感器用于快递入库架丝杠螺母机构的复位和限位，防止步进电机堵转烧坏步进电机或者其驱动器。

25.3.4 GSM

GSM 是“Global System For Mobile Communications”的缩写，由欧洲电信标准组织 ETSI 制定的一个数字移动通信标准。此次设计将 GSM 接入控制系统，以模拟当快递件入终端仓库时，系统及时且自动将快递件已到的信息传达给快递的主人，通知其前往指定地点取件。GSM 模块采用 AT 指令通信，通过单片机串口可方便对其发送指令，操作简单方便，直观展现当快递入库时货主收到短信，短信内容由程序控制，货主信息通过 RFID 读取磁卡获得。在未来实际应用中，货主的手机号等信息完全封装在二维码中，读取与发送都很方便。

25.3.5 步进电机

因步进电机采用脉冲控制方式，控制过程简单且控制精度相对较高，因而选用步进电机进行模型的动力供给。步进电机及其驱动器直接购买即可，成本低，控制精度相对较高，开环控制，操作方便。

25.3.6 RFID

选用 RFID 射频识别技术作为快递件信息的读取，进而入库并给货主发送短信。但是在以后改进过程中，货物的识别采用二维码识别将会更加方便，智能快递分拣系统亦将不断改进和完善，力争早日进入人类的生活。

25.3.7 MCGS 昆仑通态触控屏

在智能快递分拣系统中，引入昆仑通态触控屏 (图 25-11)，极大方便终端控制，如货主可以在此屏上进行信息输入，以实现快递件的自取，此次控制过程中，触控屏与 MC9S08AW60 的通信遵循 modbus 通信协议，通信过程简单，采用 MCGSE 组态环境，可以方便对组态屏进行界面的制作，因而组态屏的使用简单易行，但是其功能强大，利用其串口或者以太网接口与外界通信极为方便，且编程人员不用考虑嵌入式系统的硬件设备配置，只需考虑其通信接口便可。

图 25-11 昆仑通态触控屏

25.3.8　上位机界面

图 25-12　上位机界面

采用 C++ 编程语言在 QT 编程环境下，可以较容易实现界面的编写。此次设计，采用 ZigBee 实现无线串口的功能，实现 MC9S08AW60 与上位机界面 (图 25-12) 的实时交互，因而可以实时观测到各个工作机的工作状态，如通过各种传感器的实时测量值、机器人正在分拣的快递信息、RFID 正在读取的货主信息、GSM 正在给谁发送信息都可以及时在上位机中观测到，未来将物联网信息导入互联网，在大数据中处理全国乃至世界范围内的物流信息，意义深远。

25.4　总结与展望

将物联网引入快递分拣，可提高快递分拣效率及准确程度，通过 MC9S08AW60 控制各种传感器协同工作，且采用空间利用率极高的立体可移动式仓储，空间利用率很高，但采用步进电机驱动丝杠以实现快递的入库，效率有限，以后还需不断改进。智能快递分拣系统将会改变人类生活，其极大减轻了默默辛劳的快递分拣人员以及配送人员的劳动，并且由计算机智能配送，无情绪化作业，亦将提升人们的生活水平与幸福指数。图 25-13 为智能快递分拣系统三维建模图，图 25-14 为智能快递分拣系统实物展示图。

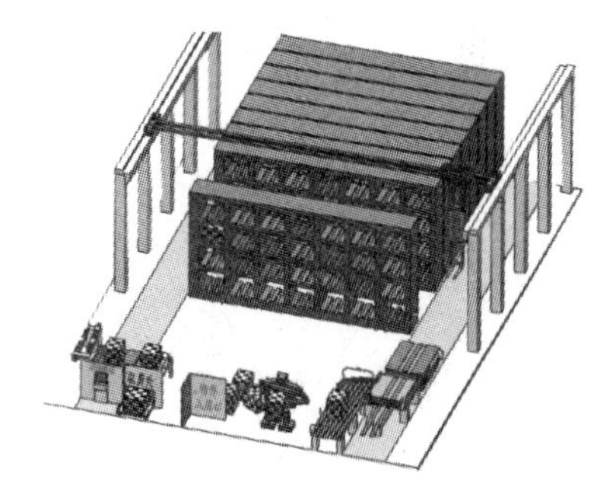

图 25-13　智能快递分拣系统三维建模

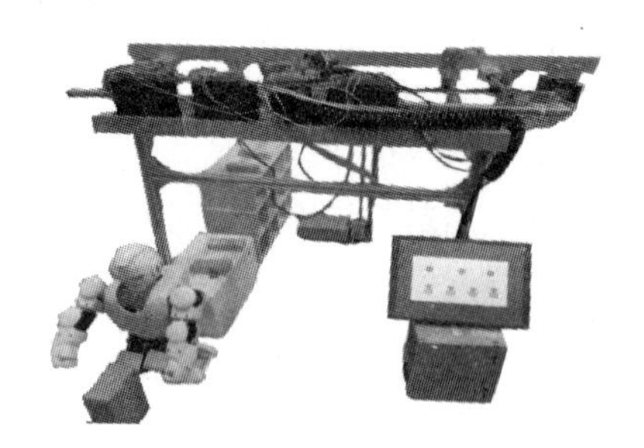

图 25-14　智能快递分拣系统实物展示

参 考 文 献

[1] 顾永恒，常红. 机器人现状与前景分析. 现代商贸工业, 2010, (8): 327-328.

[2] 中国工业机器人产业化发展战略. http://www.gkong.com/item/news/2010/06/48618.html#, 2010.

[3] 未来机器人产业发展趋势分析 (图表). http://blog.sina.com.cn/s/blog_5cd4d9950100irmq.html, 2014.

[4] 机器人发展史. 百度. http://hi.baidu.com/mrmobilerobot/item/5fbe1b23c2ae713194f62bce, 2009.

[5] 肖慧杰. 舞蹈机器人控制系统研究与设计. 沈阳：东北大学, 2006.

[6] Konn A, Kao N, Shirata S, et al. Development of a light-weight biped humanoid robot. IEEE International Conference on Intelligent Robots and Systems, 2000, (3): 1565-1570.

[7] 秦爱中, 马锡琪, 徐广勋, 等. 基于 SolidWorks 仿真的舞蹈机器人设计. 机械研究与应用, 2004, 17(4): 78-79.

[8] 陈桂铨, 郭志勇. SolidWorks 2000 实作与应用. 北京：中国水利水电出版社, 2001.

[9] 恩智浦 (NXP Semiconductors) 推出混合信号 ARM Cortex-M4 微控制器系列 Kinetis. http://www.freescale.com.cn/media/2010/0622.asp, 2010.

[10] 姚丹丹. 构件化可裁剪嵌入式工控板 SDK60 的设计与应用. 苏州：苏州大学, 2012: 2-11.

[11] K60_100: Kinetis K60 以太网 100MHz MCU. http://www.freescale.com/zh-Hans/webapp/sps/site/prod_summary.jsp?code=K60_100&fsrch=1&sr=1&pageNum=1

[12] 赵宪龙. 基于 ARM 与 μC/- Ⅱ的数据采集平台应用研究. 青岛：中国石油大学 (华东), 2012: 12-13.

第 26 章　工程越野机器人*

移动机器人已经广泛应用于侦察、巡视、警戒、扫雷等危险领域和恶劣环境中，其工作环境可能是结构化环境，也可能是自然环境下的复杂、未知、多变的非结构化环境。所以，越障能力是检验机器人道路通过性的重要指标。

本项目的研究目的在于机器人越野的机动性和实用性，通过设计制造机器人的结构使其更加便捷有效地通过各种障碍物以及实现可取物功能。本设计采用 STM32F407 型单片机作为越野机器人的核心和履带式的坦克结构，使用 2.4GHz 遥控器控制单片机来驱动电机带动车轮前进；在取物方面采用 2 个舵机控制机械手，机械手可实现 x-z 平面的移动取物。目前可实现自由移动、原地旋转和轻松避障。

26.1　设 计 解 读

设计一个小型轮式或履带式机器人，模仿工程车在复杂工程场景中运输物料比赛项目，在比赛场地内完成规则要求的工程越野机器人比赛任务。比赛成绩取决于机器人行进的运输搬运成效和完成时间，比赛排名由机器人搬运的物料和所用时间确定。

该项目设计要求为在比赛场地上，对抗双方掷筛子决定各自的出发位置 (大本营)，然后同时出发到物料 (炸弹) 所在地取得物料 (炸弹)，首先将物料 (炸弹) 搬运到对方大本营的获胜；如果出现碰撞后一方翻车或运行过程中一方翻车，则另一方获得胜利。

主要约束条件是机器人整体尺寸不超过 (长)400mm×(宽)300mm，重量不超过 5000g，供电电压不超过 22.2V。

26.2　硬 件 设 计

26.2.1　整体设计图

该机器人可实现越野与机械手取物，具体实现框图如图 26-1 所示。

---

* 队伍名称：济南大学征途君主熊团队，参赛队员：朱鹏、陈志颖、应志翔；带队教师：况明明

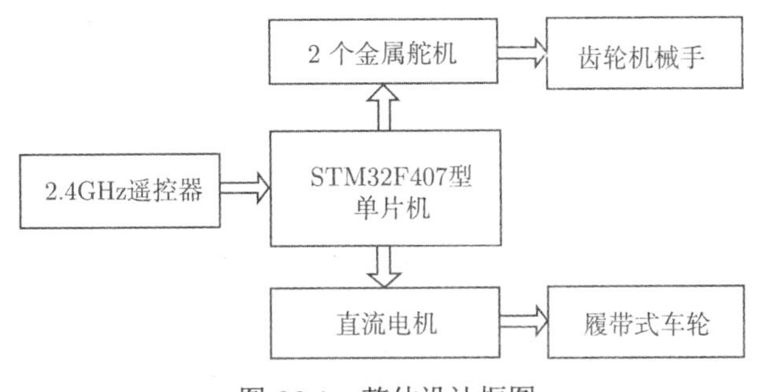

图 26-1 整体设计框图

26.2.2 控制器的选择

方案一：MC9S12XS128 型单片机作为控制器，该控制器是一款 16 位的、具有精简指令集的、运行平稳、噪声小、可靠性高的混合型单片机。同其他单片机相比，具有极低的功耗，处理速度较高，可以使用 80MHz 的主系统时钟。

方案二：采用 MSP430F449 型单片机，MSP430 系列单片机具有超低功耗的特点和独特的时钟系统设计。在系统中共有 1 种活动模式 (AM) 和 5 种低功耗模式 (LPM0~LPM4)。MSP430 系列的高集成度使应用人员不必在接口及存储器上花太多的精力，可方便地设计真正意义上的单片系统。MSP430F449 型单片机具有极低的功耗、强大的处理能力、丰富的片内外围模块、方便高效的开发方式，非常适合于构建一个全功能的单片机系统。

方案三：STM32F407ZG 是基于高性能的 ARM® Cortex™-M4F 的 32 位 RISC 内核，工作频率高达 168MHz。Cortex-M4F 核心功能支持所有 ARM 单精度数据处理指令和数据类型的单精度浮点单元 (FPU)。实现了一套完整的 DSP 指令和内存保护单元 (MPU)，从而提高应用程序的安全性。该 STM32F407ZG 系列采用高速嵌入式存储器 (多达 1MB 闪存，高达 192KB 的 SRAM)，最多 4 字节的备份 SRAM，广泛的增强 I/O, 2 条 APB 总线和外设，2 个 AHB 总线和 1 个 32 位的多 AHB 总线矩阵。内部结构框图见图 26-2。

所有 STM32F407ZG 设备提供 3 个 12 位 ADC，2 个 DAC，1 个低功耗 RTC，12 个通用 16 位定时器，其中包括 2 个用于电机控制的 PWM 定时器，2 个通用 32 位定时器。1 个真正的随机数发生器 (RNG)。同时还配备标准和先进的通信接口[1]。

综合比较以上方案，选用方案三作为系统的控制器。

26.2.3 电源模块的设计

方案一：采用 LM2596 型开关电压调节器。该调节器是降压型电源管理单片机集成电路，能够输出 3A 的驱动电流，通过电位器输出可调的电压，同时具有很好的线性和负载调节特性。该器件内部集成频率补偿和固定频率发生器, 开关频率为 150kHz，可以使用通用的标准电感，极大地简化了开关电源电路的设计[2]，如图 26-3 所示。

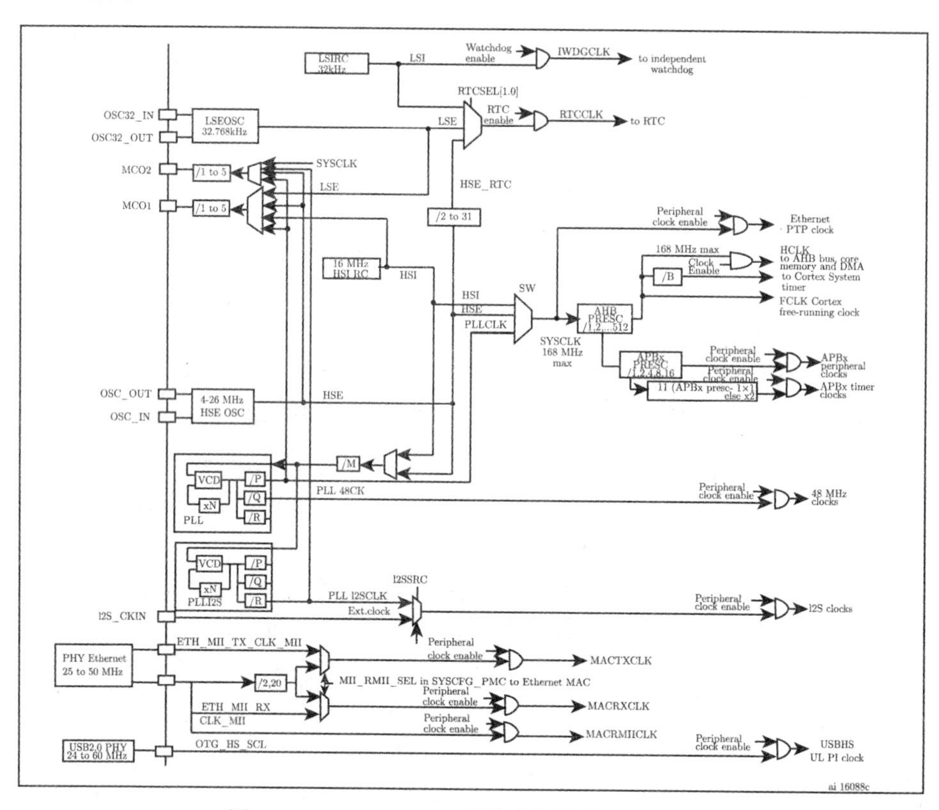

图 26-2　STM32F407 型单片机的内部结构框图

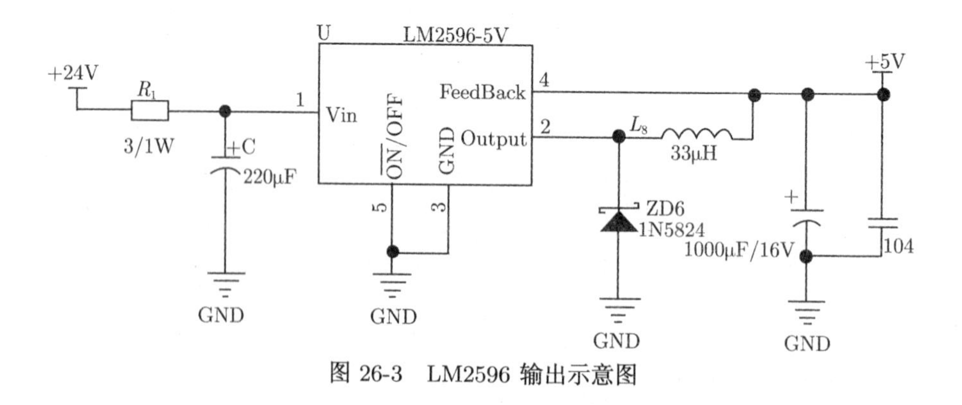

图 26-3　LM2596 输出示意图

方案二：采用 LM7805 型三端稳压器。由于本项目设计要考虑电源电量上的检测，所以在电源上要加入电压的采集单元，对电量进行监控，采取的方法是三端稳压集成电路 LM7805 的方法。

根据本设计的要求，故选用方案一，即 LM2596 供电。

又因为 STM32F407 稳定的供电电压为 3.3V，故选择 AMS1117 输出 3.3V 电压。AMS1117 是一款低压差的线性稳压器，当输出 1A 电流时，输入输出的电压差典型值仅为 1.2V。AMS1117 除了能提供多种固定电压版本外 (1.8V, 2.5V, 2.85V, 3.3V, 5V)，还提供可调端输出版本，该版本能提供的输出电压范围为 1.25~13.8V。AMS1117 提供完善的过流保护和过热保护功能，确保芯片和电源系统的稳定。同时在产品生产中应用先进的修正技术，确保输出电压和参考源在 ±1%的精度范围内。AMS1117 采用 SOT-223、TO-220 的封装形式封装[3]。电路图如图 26-4 所示。

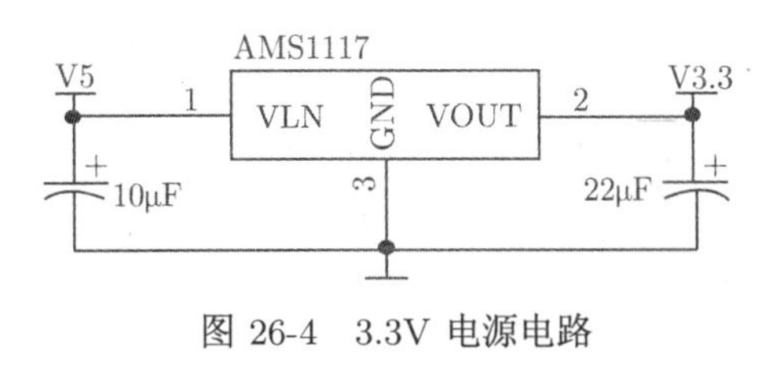

图 26-4 3.3V 电源电路

26.2.4 DT7 & DR16 2.4GHz 遥控接收系统[4]

由于本机器人的使用环境限制，要求具有可靠的通信，所以购买并使用基于 2.4GHz 遥控系统的遥控器。

DT7 遥控器是一款工作于 2.4GHz 频段的无线电通信设备，该遥控器仅能与 DR16 接收机配合使用。在室外，该遥控器最大的控制范围可达到 1000m，最长工作时间可达到 12h。DR16 接收机是一款工作频率为 2.4GHz 的 16 通道接收机，可配合 DT7 遥控器使用。遥控接收系统规格参数见表 26-1。

表 26-1 遥控器参数

名称	性能指标	参数
DESSET 2.4GHz 遥控接收系统	工作频率	2.4GHz ISM
	通信距离 (室外)	1km
DT7 遥控器	特性	7 通道
	工作电流/电压	120mA/3.7V
	电池	2000mA·h 锂电池
DR16 接收机	特性	2.4GHz D-BUS 协议
	接收灵敏度 (1%PER)	−97dBm
	工作电流/电压	145mA/5V
	电源	4~8.4V
	尺寸	41mm×29mm×5mm

1) 遥控器操作

开启与关闭 DT7 遥控器内置容量为 2000mA·h 的锂离子充电电池，可通过电池电量指示灯查看当前电量。按以下步骤开启/关闭遥控器：① 向右推电源开关，开启遥控器。② 遥控器电源指示灯绿灯常亮, 遥控器正常工作。③通过遥控器面板上的电量指示灯了解当前电量。④ 向左推电源开关，电源指示灯熄灭，遥控器关闭。用户可通过遥控器调参接口对遥控器进行充电，请注意要在关机状态充电。充电时，电源指示灯为红灯常亮。充电完成后，电源指示灯为绿灯常亮。

2) 使用拨轮控制云台俯仰

用户可通过拨轮控制云台俯仰角度。顺时针拨动拨轮，云台向上转动。逆时针拨动拨轮，云台向下转动。

3) 油门杆锁定装置

轻推油门杆至最低位置，直至 “咔” 的一声后，油门杆将被锁定，此时飞行器缓慢下降。向上轻推油门杆可解除油门锁定。

4) 教练口功能

教练口输出遥控器信号，有以下 3 个功能：①与大疆 Lightbridge 配合使用，详细的连接与应用请阅读大疆 Lightbridge 用户手册。②支持与 PPM 输入的模拟器连接。③ 支持主从机遥控器功能，目前支持与大疆 A2 飞控系统 (固件版本 V2.5 及以上) 配合使用。

5) 主从机遥控器功能

使用 2 个遥控器和 1 个接收机，2 个遥控器组成主从机分别控制飞行器和云台。要求遥控系统版本在 V1.0.2.26 及以上，需要通过教练口将 2 个遥控器连接起来。按以下步骤进行主从机设置：①将任意一个遥控器与飞控系统对频，该遥控器作为主机。②将双端圆口教练线的一端连接到另一个遥控器的教练口，该遥控器作为从机。③逆时针拨动主机遥控器的拨轮到最低位置并保持，此时插入双端圆口教练线的另一端到主机的教练口。④连接成功时，主机将会发出 “嘀” 的一声，松开主机遥控器的拨轮。

6) 遥控器和接收机对频

对频步骤：①给飞控系统和接收机上电。②给遥控器上电，遥控器和接收机距离为 0.5 ~1m。③借助针状物按住接收机上的对频按键，直到红灯闪烁后松开。④接收机上 LED 指示灯变成绿灯常亮，表示对频成功。

7) 接收机操作

与飞控系统连线。DR16 推荐与大疆的以下飞控系统配合使用：NAZA-M Lite、NAZA-M、NAZA-M V2、WooKong-M、A2。使用 3-Pin 连接线将 DR16 接收机连接到飞控系统上相应的端口 (X2)，并在调参软件中将接收机类型选择为 D-BUS 类型。

26.2.5　电机选用

本机器人在速度以及越野能力上有较高要求，所以采用大疆公司的 RM35 底盘电机。RM35 底盘电机是一款 5~20kg，为轮式机器人量身定做的底盘动力电机，具有高效率、高可靠性、低噪声的特点，可提供充足的底盘动力。电机两侧的接线柱分别为电机的电源正极 + 和电源负极 −。电机中间的 5 个引脚为内部编码器引脚，从左至右依次为 GND、Z 相、A 相、VCC(5V)、B 相[5]。

26.2.6 轮子履带选择

本机器人需要越障，因此采用履带结构。由于重量的限制，选用的是宽 40mm 的 DA8M960 双面齿履带。产品特点为：同步带传动无误差，保证精度；玻璃纤维线绳提供皮带高强度，优秀柔韧性和高抗拉伸性；氯丁橡胶有效保护不受污垢、油脂、以及潮湿环境的影响；抗磨损的尼龙齿面，更好地保护齿节，延长服务寿命；免润滑且无需再次张紧，降低维护成本。

同步带和同步轮安装及使用注意事项[6]：减少带轮的中心距，如有张紧应先松开，装上带子后再调整中心距。对固定中心距的传动，应先拆下带轮，把带子装到轮子上后再把带轮装到轴上固定；使带轮对正，轴线完全平行，同步带轮齿必须与同步带的运转方向呈直角；不得用工具把同步带矛撬入带轮，以免损伤抗拉层；务必固定好带轮轴承，以免中心距振动；不得将同步带长期处于不正常的弯曲状态存放，应保存在阴凉处。

26.2.7 材料选择

此设计的材料全部采用 6061 铝合金。6061 铝合金是经热处理预拉伸工艺生产的高品质铝合金产品，其镁、硅合金特性多，具有加工性能佳、抗腐蚀性好、韧性高、加工后不变形、材料致密无缺陷及氧化效果佳等优良特点。

26.2.8 Altium Designer 软件

为了提高器件的精度，采用 Altium Designer 进行设计绘图，然后导入数控雕刻机进行加工，达到省时省力的目的。

Altium Designer 是原 Protel 软件开发商 Altium 公司推出的一体化的电子产品开发系统，主要运行在 Windows 操作系统。这套软件通过把原理图设计、电路仿真、PCB 绘制编辑、拓扑逻辑自动布线、信号完整性分析和设计输出等技术的完美融合，为设计者提供全新的设计解决方案，使设计者可以轻松设计，熟练使用这一软件必将使电路设计的质量和效率大大提高。

PCB 多层板多应用于线路较复杂、高频、高速信号等方面，相对于双层或单层板来说，制作成本较高，但是在信号完整性、抗干扰性等方面，多层板的设计只是多了内部几个层，关键是布局布线。而 PCB 快速制版系统也正是 Altium Designer 和数控雕刻机的结合，利用此系统可以进行各种形状板子的雕刻与绘制，精度达到 0.1mm。

26.2.9 数控雕刻机

数控雕刻机切削主要依靠主轴电机的高速旋转带动刀具对材料进行加工。雕刻机是个数据精准的机器，因此它的工作不会导致原材料的损失，变相地降低了成本。雕刻机的使用，缩短了人工时间，提高了工作效率。

数控雕刻机的操作步骤如下[7]：

(1) 在使用数控雕刻机之前，首先确定机床与计算机连接正常，然后打开机床电源和计算机电源。在系统启动完毕后，进入 NCStudio 数控系统。

(2) 打开控制系统，选择“回机械原点”菜单。机床将自动回到机械原点，并且校正坐标系统。在某些情形下，如正常停机后，重新开机并继续上次的操作，无需执行机械复位操作。在正常退出时，会保存当前坐标信息。如果用户确认当前位置正确，也可以不执行此操作。

(3) 在加工之前，用户一般要载入需要的加工程序，否则，一些与自动加工有关的功能是无效的。选择“打开 (F)| 打开 (O)”菜单，将弹出 Windows 标准的文件操作对话框，可以从中选择要打开文件所在的驱动器、路径以及文件名。单击“打开”按钮后，加工程序就载入系统。

(4) 确定工件原点，把石材雕刻机的 X、Y 两个方向手动移到工件上期望的原点位置，选择“把当前点设为工件原点”菜单，或者在坐标窗口把当前位置的坐标值清零，这样在执行加工程序时就以当前位置为起始点进行加工。

26.2.10 台式钻床

台式钻床简称台钻，是一种体积小巧、操作简便，通常安装在专用工作台上使用的小型孔加工机床。台式钻床钻孔直径一般在 13mm 以下，最大不超过 16mm。其主轴变速一般通过改变三角带在塔形带轮上的位置来实现，主轴进给靠手动操作。台式钻床是安放在作业台上、主轴垂直布置的小型钻床。立式钻床是主轴箱和工作台安置在立柱上、主轴垂直布置的钻床。摇臂钻床可绕立柱回转、升降，通常主轴箱可在摇臂上做水平移动。铣钻床是工作台可纵横向移动、钻轴垂直布置、能进行铣削的钻床。孔深钻床是使用特制深孔钻头、工件旋转、钻削深孔的钻床。平端面孔中心孔钻床是切削轴类端面和用中心钻加工的中心孔钻床。卧式钻床是主轴水平布置、主轴可垂直移动的钻床[8]。

26.3 系统软件设计

26.3.1 程序流程图

在该软件设计中，使用 C 语言对 STM32 系列单片机编程实现相关操作。在系统上电之后，主程序对各个模块进行初始化，单片机接收遥控器的信号进而控制机器人，其程序流程图如图 26-5 所示。

电机控制部分程序代码请登陆中国工程机器人大赛暨国际公开赛网站下载获取，具体链接为：http://robotmatch.cn/upload/files/2017/5/12104411328.txt。

26.3.2 软件设计

本软件设计采用的程序平台软件是 Keil MDK V5，该版本使用 μVision5 IDE 集成开发环境，是目前针对 ARM 微控制器，尤其是 ARM Cortex-M 内核微控制器最佳的一款集成开发工具。MDK V5 向后兼容 Keil MDK-ARM μVision4，以前的项目同样可以在 MDK V5 上进行开发，MDK V5 同时加强了针对 Cortex-M 微控制器开发的支持，并且对传统的开发模式和界面进行升级，将分成 2 个部分：MDK Core 和 Software Packs。其中，Software Packs 可以独立于工具链进行新芯片支持和中间库的升级。

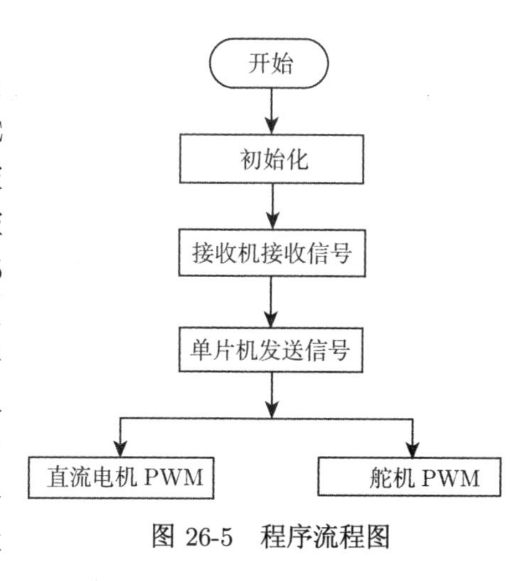

图 26-5 程序流程图

MDK Core 包含微控制器开发的所有组件，包括 IDE(μVision5)、编辑器、ARM C/C++ 编辑器、μVision 调试跟踪器和 Pack Installer。

Software Packs–MDK 软件包较 MDK V4 版本做出了很大的更新。Software Packs 分为 Device、CMSIS、MDK Professional Midleware 3 个小部分，包含了各类可用的设备驱动。

26.4 成果展示

本作品以坦克的履带结构为基础，通过机械制图以及雕刻机的使用进行制作与组装。通过 2.4GHz 遥控系统进行远程控制，机器人上载有接收机进行信号接收，接收机将信号传送到单片机，单片机接收到遥控指令后驱动控制底盘 RM35 底盘电机以带动小车运动。该小车可翻越多种复杂地形并且可躲避障碍物，外形美观，转向方便，适应狭小的环境空间。小车实物图如图 26-6 所示，其机械加工图如图 26-7 所示。

图 26-6　实物图

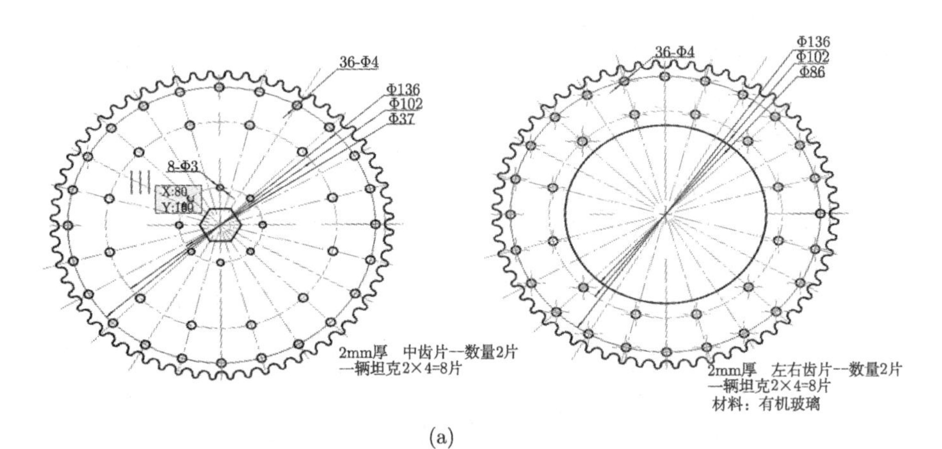

(a)

Φ152
Φ136
Φ88
Φ102
2mm厚　左右挡片—数量2片
一辆坦克2×4=8片

(b)

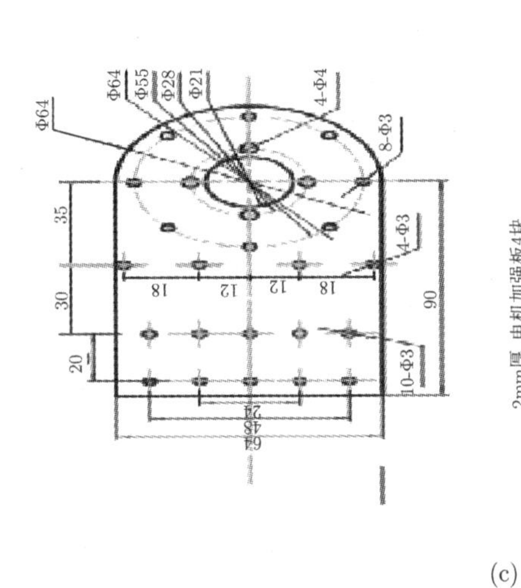

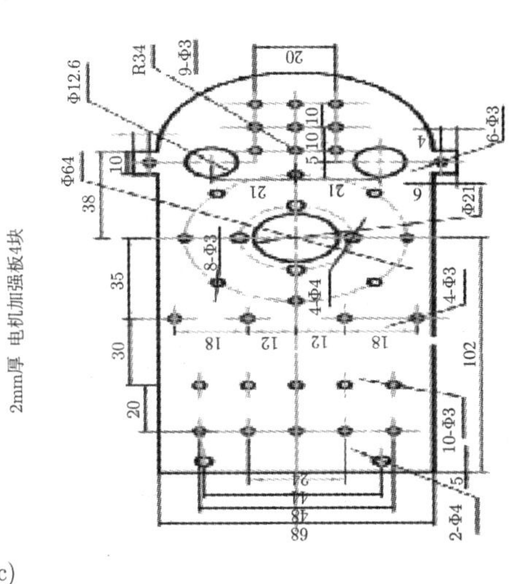

(c)

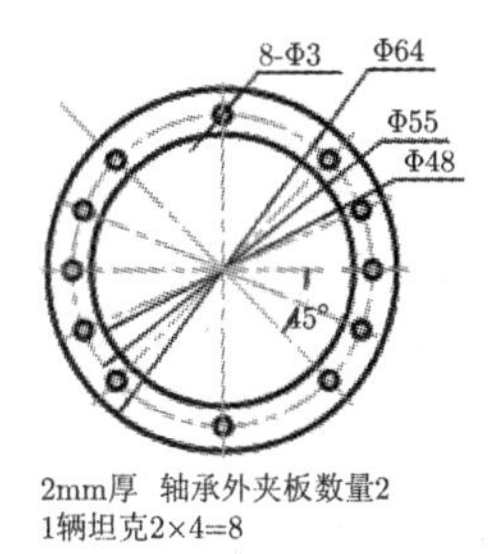

2mm厚 轴承外夹板数量2
1辆坦克2×4=8

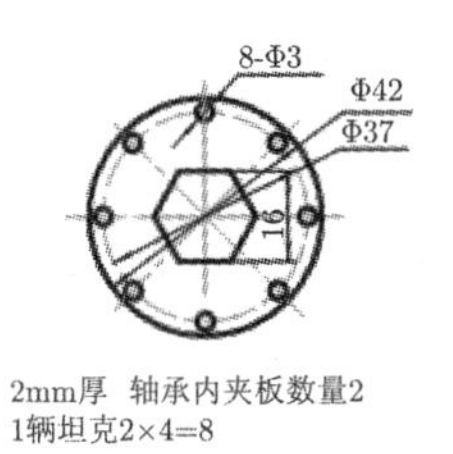

2mm厚 轴承内夹板数量2
1辆坦克2×4=8

2mm厚 联轴器固定板数量1
1辆坦克1×4=4

(d)

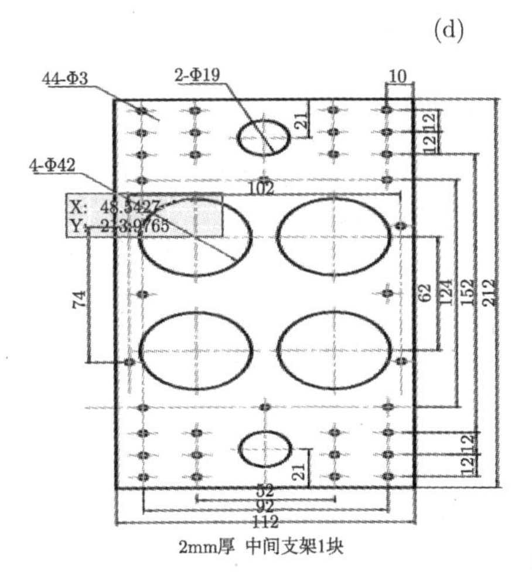

2mm厚 中间支架1块

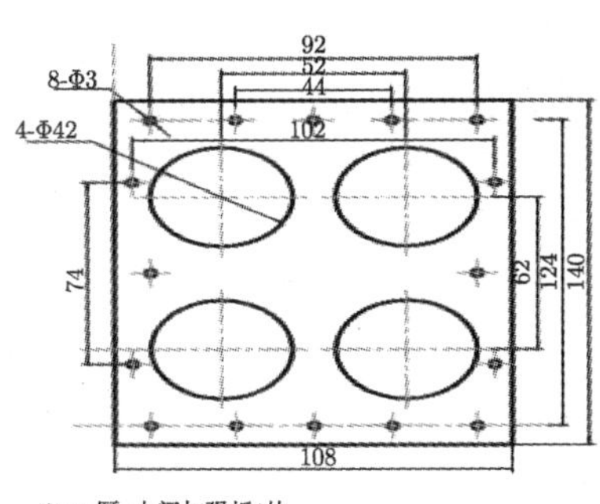

2mm厚 中间加强板1块

(e)

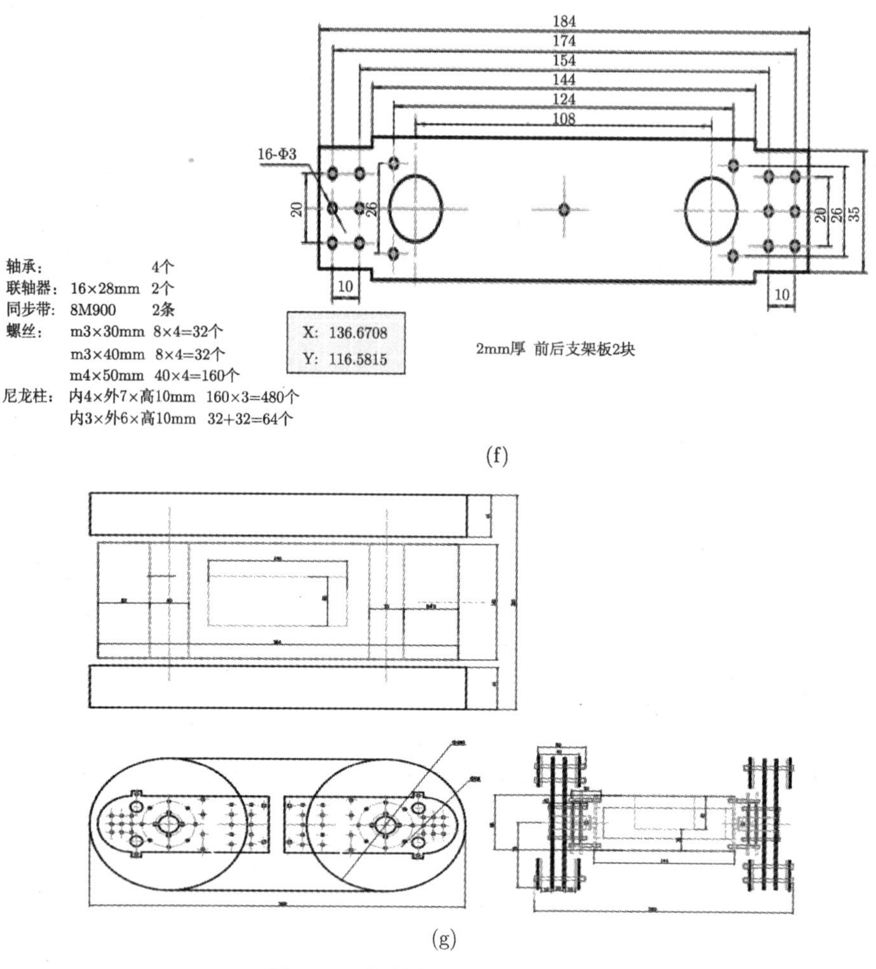

(f)

(g)

图 26-7　机械加工图 (单位: mm)

越野机器人设计及开发随着经济与科技的发展，得到了巨大发展，但机器人设计还停留在简单的加工和调试上，真正的智能控制没能充分融入其中，所以下一步应加大对智能控制机器人的科研投入和研究力度，鼓励高校和科研机构开展更多的研究机器人的项目。

参 考 文 献

[1] ST 公司.STM32F407xx 系列 32 位 MCU 开发方案. http://www.solution.eccn.com, [2013-12-10].

[2] QKUN.LM2596 开关调节器. http://www.docin.com/p-55930277.html，2004.

[3] Docin. 低压差线性稳压器 AMS117. http://www.docin.com，2012.

[4] DJI. DT7&DR16_遥控接收系统用户手册. https://wenku.baidu.com/, [2015-04-10].
[5] DJI. RM35 - 底盘电机–印刷资料. https://wenku.baidu.com/, [2015-02-10].
[6] 彭锦湘. 同步带和带轮的设计使用注意事项. https://wenku.baidu.com/, [2015-06-02].
[7] 孙广波. 数控雕刻机的操作步. https://wenku.baidu.com/, [2012-12-27].
[8] Lunder. 台钻的说明与安全操作. https://wenku.baidu.com/, [2014-01-17].

第 27 章　越障机器人*

机器人技术代表了机电一体化的最高成就，是 20 世纪人类最伟大的成果之一。机器人中的两足步行机器人因其独特的适应性和拟人性，成为了机器人领域的一个重要发展方向，其中越障机器人更是因在复杂环境中优秀的避障能力，得到迅速的发展。

双足步行，相较于其他移动方式，支撑脚离散、交替地接触地面，可主动选择最佳支撑点，因而受环境的限制少，具有更好的适应性和更高的灵活性[1]。这种优越性在非结构化环境里表现尤为突出，这也是人形机器人获得关注的原因。

然而，要使人形机器人真正适应非结构化环境，在有障碍物的环境下行走，就不得不考虑机器人如何通过障碍，且不与障碍发生碰撞。可以采取让机器人绕道而行的方式，避开障碍物，这涉及路径规划的问题。本设计主要分析讨论机器人如何采取跨越障碍物的方式，达到通过障碍的目的。

团队通过 U 形支架、U 形梁、MG996 R 金属齿轮舵机、9GHz 舵机设计了一款 15 自由度的仿人型越障机器人，并基于 STC15F2K60S2 型单片机进行控制，同时使用 8 个灰度传感器识别赛道中的黑色引导线，使机器人自动循迹，达到仿人行走的目的。除此之外，为了完成越障机器人在行进路程中检测、跨越黑色条状障碍的任务要求，机器人脚部两侧配有红外对射式传感器，用来进行跨越前的姿态调整。团队通过 16 路舵机控制板进行舵机参数的测量，根据运动学和动力学的理论，建立样机的数学模型，并根据对机器人行走稳定性的要求，分析讨论机器人的稳定性约束，并对设计出的无碰撞约束步态规划和越障步态规划进行仿真，能够得到使机器人保持稳定行走的运动轨迹。团队在供电部分使用的是 8V 直流电池以及 LM2596 稳压模块，从而实现对舵机的 6V 供电以及对单片机的 5V 供电。

27.1　机器人概述

进入 21 世纪，全球范围内都掀起一股机器人热[2]。包括美国、欧盟、日本、中国等发达、发展中国家或地区都把相当大的科研发展重心移向机器人这个新兴领域，机器人技术将成为未来工业、服务业的改革力量。机器人产业的兴起，将引起一场全新的产业革命，因此，机器人技术会是未来的一大研究热点。

---

* 队伍名称：山东大学浩然队，参赛队员：张天昊、章智全、柴智；带队教师：王立志

构建一个模拟人行为的机器人在操作上颇具难度，人在运动时会动用全身多个关节以保证运动的流畅与顺利，因此，在进行模拟仿真时需要考虑多个关节的同时运动，这为机器人行为的设定带来了限制。

机器人在行走时可以分为静态步行与动态步行[3]。静态步行人形机器人包括完整的移动身体的齿轮的基地脚区域，与此同时其他脚抬起并前进。这种机器人是从运动学角度 (轨迹或位移控制) 来设计和控制的，结果是有相当大的脚以一个缓慢的速度行走。一个静态步行双足动物, 如本田 P3 人形机器人，不移动很像人并且能量效率低下。本田 2000 机器人在行走时需要大约 2kW 功率，它需要的功率是同样大小人类的肌肉工作功率的 20 倍[4]。在行走时重心不在支撑腿区域内时，机器人到下一个动态平衡区域时就会失去平衡。

无动力玩具士兵或企鹅早在一个世纪前就已经发明，它们可以沿着缓坡行走而不需任何电机的控制。通过对它们的腿和胳膊长度的仔细观察，发现这些玩具在行走时可保持平衡而消耗很少的能量 (来自重力)[5]。

27.2　系统整体设计

机器人系统的整体设计如下：

1) 结构器件

左右两腿各有 5 个舵机，两手臂各有 2 个 (小型) 舵机，头部有 1 个 (小型) 舵机[6]。通过 U 形件连接不同舵机，脚底部以及支架选用的是标准件，电路板安放在机器人背部。此结构可以保证机器人整体在运行时较为流畅，各部位之间不会产生干扰。

2) 机器人的整体设计

图 27-1 和图 27-2 为机器人的正面和反面图。

图 27-1　机器人正面图

图 27-2　机器人反面图

27.3 硬件设计

27.3.1 单片机

基于 STC15F2K60S2 型单片机实现双足机器人的舵机控制系统，该单片机功能完备，可以满足本机器人的基本需求[7]。该单片机的内部结构如图 27-3 所示。

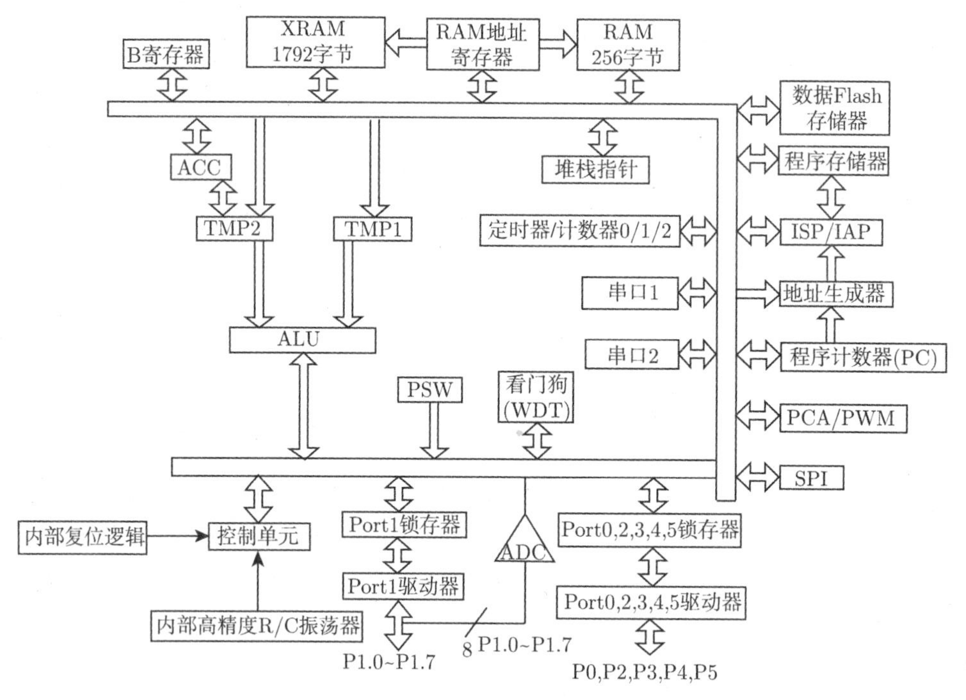

图 27-3　STC15F2K60S2 型单片机内部结构

该单片机的主要特性：增强型 8051 单片机，1 时钟/机器周期和 12 时钟/机器周期可以任意选择，指令代码完全兼容传统 8051；工作电压，3.3~5.5V(5V 单片机)/2.0~3.8V(3V 单片机)；工作频率范围，5~40MHz，相当于普通 8051 的 0~80MHz，实际工作频率可达 48MHz；用户应用程序空间为 60KB，并且片上集成 2048B RAM；通用 I/O 口 (32 个)，复位后为 P1/P2/P3/P4 是准双向口/弱上拉，P0 口是漏极开路输出，作为总线扩展用时，不加上拉电阻，作为 I/O 口用时，需加上拉电阻；ISP(在系统可编程)/IAP(在应用可编程)，无需专用编程器和专用仿真器，可通过串口 (RxD/P3.0,TxD/P3.1) 直接下载用户程序，数秒即可完成单片机的程序烧录；具有 EEPROM 功能和看门狗功能；该单片机共有 3 个 16 位定时器/计数器，即定时器 T0、T1、T2，4 路外部中断，下降沿中断或低电平触发电路，Power Down 模式可由外部中断低电平触发中断方式唤醒；通用异步串行口 (UART)，还可用定时器软件实现多个 UART；单片机的工作温度范围：−40∼+85°C(工业级)/0∼75°C(商业级)，封装形式为 DIP-40 封装。

STC15F2K60S2 型单片机的逻辑符号图如图 27-4 所示。

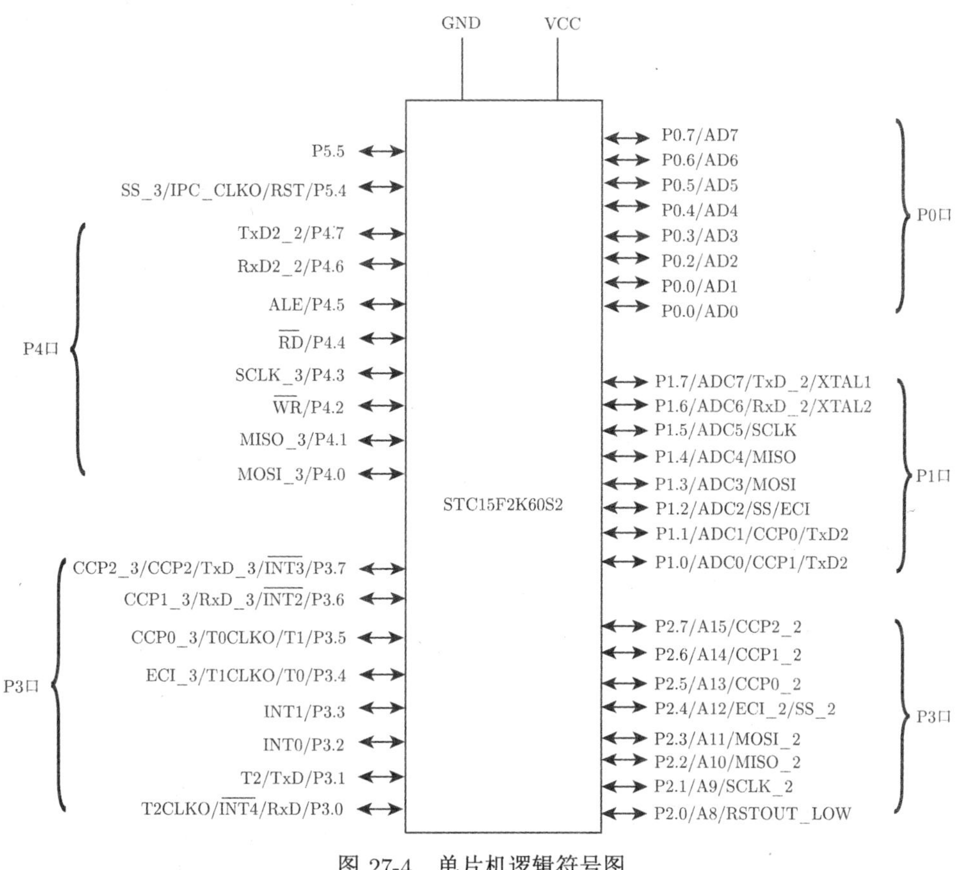

图 27-4 单片机逻辑符号图

其硬件系统电路图如图 27-5 所示。

27.3.2 舵机

辉盛 MG996R 55G 金属铜齿轮舵机伺服器，产品尺寸为 40.7mm×19.7mm×42.9mm；在 6V 电压供电下，产品拉力为 15kg·cm；反应速度为 0.17s/60°(4.8V 无负载情况下) 及 0.14s/60°(6V 无负载情况下)。其正常工作电压区间为 4.8∼6V；工作温度为 0∼55°C。齿轮形式为金属齿轮，工作死区为 5 μm，正常工作时转动角度范围为 0∼180°。三条连接线的长度为 30cm，其中黄线是信号线，接单片机 PWM 波输出，红线是电源线，暗红色线是地线。该款舵机适用范围广泛，适合机型有：

双足机器人/机械手/遥控车，适合 50 级 ~90 级甲醇固定翼飞机以及 26cc~50cc 汽油固定翼飞机等模型，其配套的附件有：舵盘、固定螺钉、减振胶套及铝套等 (图 27-6)。该款舵机可以满足机器人运动时对多个自由度的要求，提供的扭矩也足够支撑许多较为困难的动作，且供电条件较为容易达到，故选用这款舵机 (图 27-7)。图 27-8 给出了舵机驱动电路图。

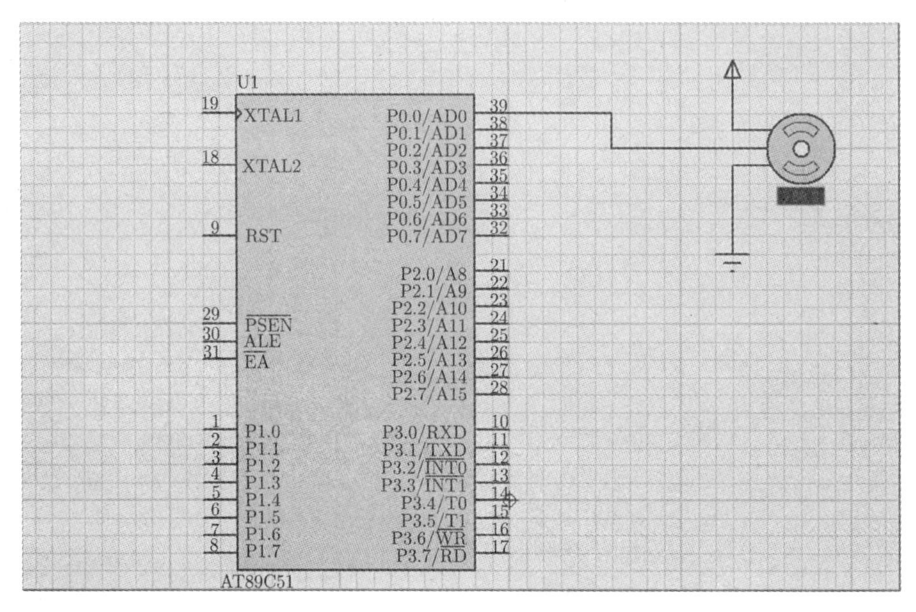

图 27-5　硬件系统电路图

图 27-6　舵机以及其附属零件

图 27-7　辉盛 MG996R 舵机

27.3.3　灰度传感器

传感器为 DZD1 模拟灰度传感器 (图 27-9)，配备 3 个高强度 LED 灯珠，利用不同灰度值的表面对光的反射能力不同的原理检测灰度的变化，当使用场景光线较强时，可通过增加发光 LED 灯珠的数量来提高抗干扰能力和灵敏度。

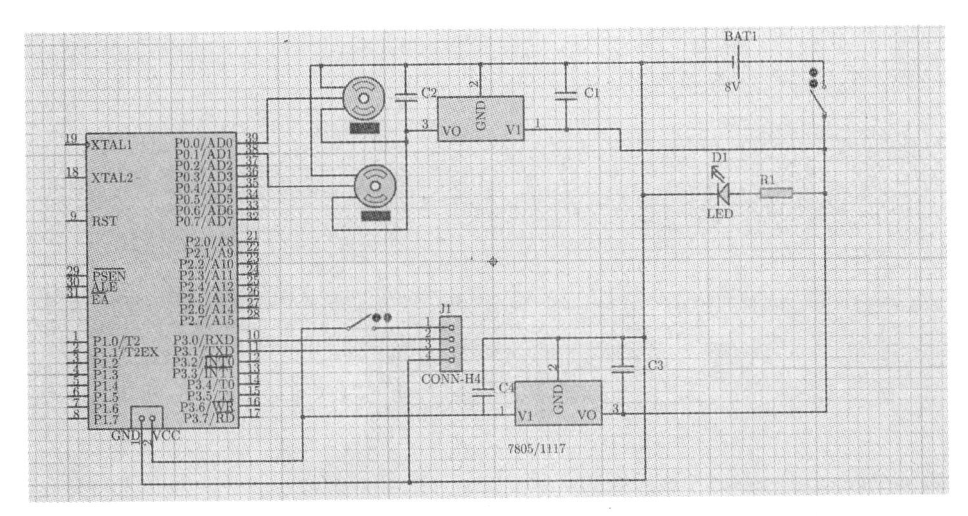

图 27-8 舵机驱动电路图

此款传感器对渐变的颜色识别很灵敏。而且此款传感器配备渐变信号指示灯，检测的灰度值越高，信号指示灯也越亮，当检测到黑色时返回信号最弱，信号指示灯最亮，可实时观察检测情况，提高调试效率。

电源接好后，可直接读取 SIG 端输出的电压信号 (范围 2.3~5V)，适用于 5V 或 3.3V 单片机，把信号输入进比较器转换为开关量信号，经过比较器电路处理后，白色指示灯亮起，同时信号输出接口输出数字信号 (一个低电平信号)，可通过电位器旋钮调节检测距离，有效距离范围 2~30cm，工作电压为 3.3~5V。该传感器的探测距离可以通过电位器调节、具有干扰小、便于装配、使用方便等特点。

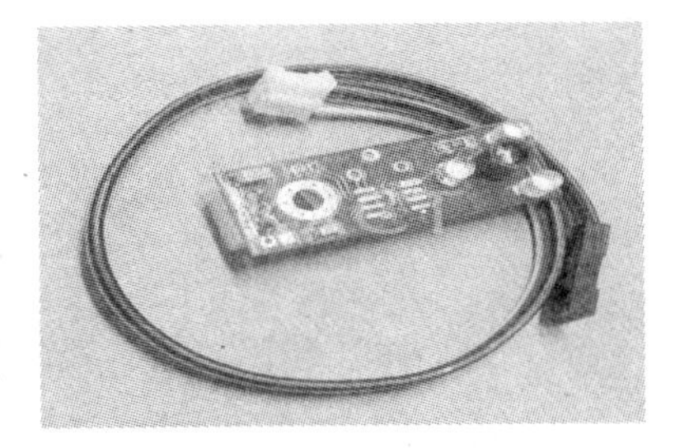

图 27-9 灰度传感器

接线方式为：VCC 接 +5V，GND 接地，SIG 为 AD 信号输出。检测距离：10~80mm (建议 10~50mm)。

27.3.4 电源

由 2 节 18650(直径 18mm，长度 65mm) 锂电池 (图 27-10) 供电。其充满电后电压大概在 4.1~4.2V，2 节电池的总电压在 8V 以上，可以保证足够的输出电压为各个舵机供电。2 节电池配合稳压模块 LM2596(图 27-11) 供电，可为各个舵机提供 5V 的电压和足够大的电流。LM2596 稳压模块的开关电压调节器是降压型电源管理单片集成电路，能够输出 3A 的驱动电流，同时具有很好的线性和负载调节特性。固定输出版本有 3.3V、5V、12V，可调版本可以输出小于 37V 的各种电压。输入直流 3~40V，输出直流 1.5~35V，电压连续可调，高效率最大输出电流为 3A。其电压电流均能满足负载需要。

图 27-10　18650 电池外形图

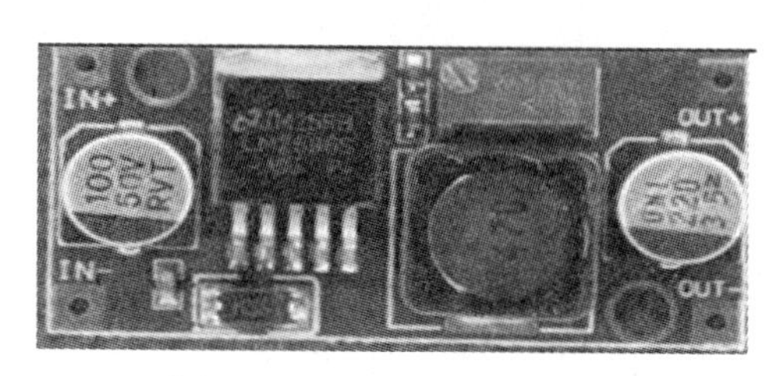

图 27-11　LM2596 稳压模块

27.3.5　红外对射式传感器

图 27-12　红外对射式传感器

E3F-DS100B4 型红外对射式传感器(图 27-12) 外形尺寸为直径 18mm，长度 70mm，可检测的有效距离为 0~100cm。其工作需要 10~30V 供电，负载电流 20mA，响应频率为 200Hz，工作环境温度为 −25~75°C。其工作原理为当红外传感器前方出现障碍时，传感器通过信号向单片机 I/O 口返回高电平信号。因此，当机器人前方出现黑色障碍物时，2 个红外对管将会给单片机返回高电平，单片机即可判断障碍物的出现。

27.4　软件设计

该项目设计的程序代码请登陆中国工程机器人大赛暨国际公开赛网站下载获取，具体链接地址为：http://robotmatch.cn/upload/files/2017/5/1210443615.txt。

27.4.1　模拟 PWM 输出控制舵机

通过软件设计，我们可以通过 I/O 口输出占空比可变的 PWM 信号[8]，从而控制舵机的旋转角度，按照事先的计算，可以将舵机旋转角度转化为程序中的 500~2500 的数字，每一个数字都对应着一个角度。此外，机器人通过灰度传感器检测轨迹，保证机器人能够沿着轨迹顺利前进；当遇到黑色条形障碍物时，机器人能够检测到信号并跨越障碍。

27.4.2 通过串口通信调试

机器人的每一个动作中，舵机都有着其固定的角度，而舵机的角度可以通过改变 PWM 的占空比调整。我们通过单片机的串口通信功能向单片机发送信号，使其能够改变各个舵机对应的占空比，达到利用串口通信对机器人各个动作进行调试的目的。

27.4.3 扫描方式获取传感器的情况

机器人脚尖的灰度传感器会不断检测信号，根据其接收到的信号判断此时的轨道情况，进而选择相应的行走策略。而当机器人的红外对管检测到障碍物并且与之保持合适的距离时，机器人便会开始执行越障程序，使其顺利越过障碍。

27.5 系统开发与调试

27.5.1 机器人动作调试

通过串口进行计算机与单片机的通信，把控制舵机旋转角度的相关数据发送给单片机，进而控制机器人的姿态。在调试状态下，可以让机器人保持固定的动作，这样就能够仔细地观察机器人的静态动作。此外，还可以发送预设的指令来调整和获取舵机的数值，把动作保存在程序中。在机器人的一组动作调试后，还可以通过计算机与单片机的通信发送相关的数据控制机器人完成一连串的动作，从而更方便地发现机器人动作的不足之处，并有助于不断改进。

舵机控制板也是一个有力的调试工具，通过舵机控制板可以很便捷地对机器人的动作进行调试。

27.5.2 灰度传感器调试

灰度传感器在不同的光照环境下需要设置不同的灵敏度，故在实验室进行调试时要根据实验室的灯光情况多次调整灵敏度，积累一定的调试经验。按照调试结果，机器人可以顺利地沿着赛道上的黑线行走。

27.5.3 红外对射式传感器调试

红外对射式传感器调试较为简单，其受环境影响较小，但是由于是漫反射原理，需要将其摆放在机器人脚上合适的位置，还需调试障碍物出现在其前方时信号线所输出的电平的情况。经过调试，最终成功地让机器人在行走时检测到黑色障碍并能够顺利执行对应的程序。

27.6 结 论

搭建机器人的机械结构是机器人调试的第一步，我们按照经验组装了一个机器人，确定机械结构的完善性后，着手开始外围传感器以及软件程序的调试。在经过多次的调试后，我们依次完成对灰度传感器、红外对射式传感器、机器人行走动作和越障动作的调试等内容，取得了一定的效果。机器人能够在赛道上沿黑线行走，包括直行、拐弯，机器人在遇到障碍时也可以顺利地跨越障碍。越障程序的复杂度要远高于执行程序，在调试过程中我们花费了许多精力，克服了许多技术上的难题，最终机器人得以顺利完成预想功能，并证实了我们的一系列试验的正确性。

参考文献

[1] 谢涛，徐建峰. 仿人机器人的研究历史、现状及展望. 机器人学报, 2002, 24(4): 367-374.
[2] 谭民，王硕. 机器人技术研究进展. 自动化学报，2013, 39(7): 963-972.
[3] 胡洪志. 仿人步行机器人的运动规划方法研究. 长沙：国防科学技术大学，2002.
[4] 蒋新松. 机器人学导论. 沈阳：辽宁科学技术出版社, 2003.
[5] 蒋新松. 机器人学及机器人学中的控制问题. 机器人，1990, 12(5): 1-13.
[6] 费仁元，张慧慧. 机器人机械设计和分析. 北京：北京工业大学出版社，1998.
[7] 王素芹，程连生. 基于 STC89C52 单片机的舵机控制系统设计. 电子世界，2012, (22): 29.
[8] 刘歌群，卢京潮, 闫建国，等. 用单片机产生 7 路舵机控制 PWM 波的方法. 机械与电子，2004, (2): 76-78.

第 28 章　仿生爬坡机器人*

为了使机器人模拟人类行走，并提高其行走的速度及稳定性，本项目设计一种新的仿生机器人。通过微控制器控制，根据传感器返回数据判定是否出线来调整姿势，以仿人行走方式沿规定坡道稳定行进。

机器人的微控制器通过串口对舵机进行角度与速度的双重控制，结合机器人的结构特点完成规定任务。利用 CodeWarrior IDE 软件编程对微控制器进行调试，机器人可获得更快的速度。

从结果来看，机器人的设计实现了微控制器与伺服舵机、光电传感器的有机配合，使机器人能根据比赛要求顺利完成规定任务。

28.1　系统整体设计

28.1.1　设计思路

该仿生机器人整体硬件设计如图 28-1 所示。单片机作为核心部件实现对机器人的整体控制。单片机通过接收传感器的信号，做出相应的判断，控制相关舵机转动，以达到前进的目的。整个机器人由两块 7V 电池串联供电，电池组经电源稳压模块降压、稳压后，分别向单片机、舵机和传感器供电。

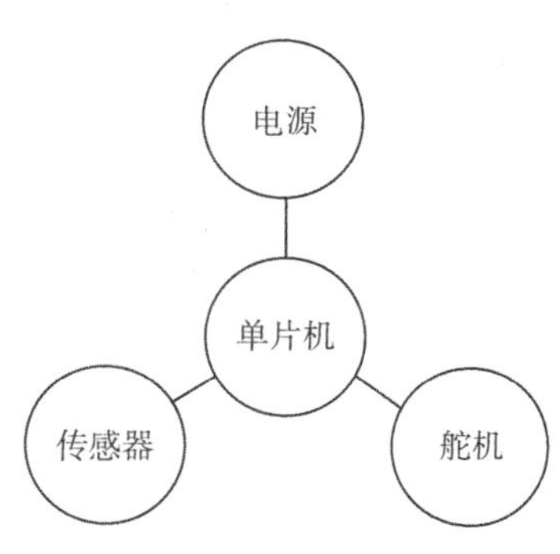

图 28-1　整体硬件设计

28.1.2　模块选用

该仿生机器人选用的模块数量及型号类型如表 28-1 所示。

表 28-1　模块选用数量和型号

模块	数量	描述
单片机	1	MC9S128 单片机
舵机	6 5	Dynamixel AX-12 普通模拟舵机
传感器	2	8 路光电传感器

* 队伍名称：军械工程学院金戈队，参赛队员：李珍杰、孙熙伟、陈开；带队教师：王文娟、杨文飞

28.2　硬件设计

28.2.1　零件结构设计

28.2.1.1　关节连接零件

机器人的关节连接零件采用塑料或者金属的 U 形架连接舵机，以保证舵机的活动不受连接线等其他零部件的影响，如图 28-2 所示。

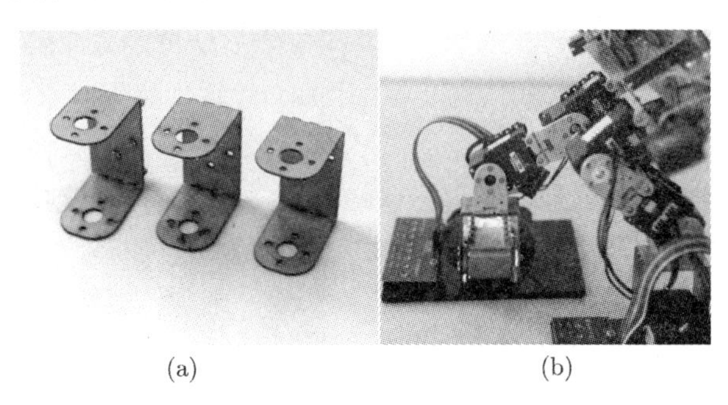

(a)　(b)

图 28-2　关节连接零件

28.2.1.2　脚掌设计

机器人脚掌采用大小为 12cm×15cm×0.5cm 的黑色亚克力板，脚掌前段用于放置传感器[1,2]，中部靠外侧放置电池架，中部靠内侧连接机器人腿部 (图 28-3)。

脚掌接地的一面，附着一层胶垫以增大机器人与地面之间的摩擦力。

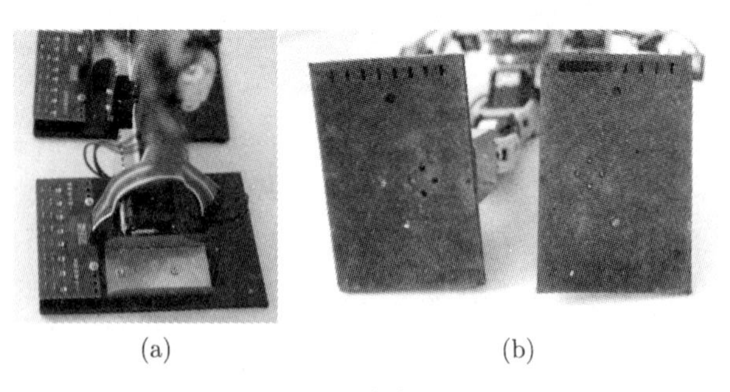

(a)　(b)

图 28-3　脚掌设计图

28.2.1.3　整体设计

机器人整体结构如图 28-4 所示，从图 28-4 可以看出，脚踝有前后、左右两个自由度，大腿有前后一个自由度。

28.2.2 电路结构设计

电源稳压器向单片机和传感器提供 5V 电源，向数字舵机提供 12V 电源，向模拟舵机提供 3.3V 电源。机器人有两个传感器，信号端接单片机 A0~A7 口、B0~B7 口，共 16 个 I/O 口，数字舵机的信号端连接到单片机的 S3 口。模拟舵机的信号端分别连接到单片机 P0~P4 的 PWM 端口。电路结构设计图见图 28-5。

图 28-4 机器人整体结构

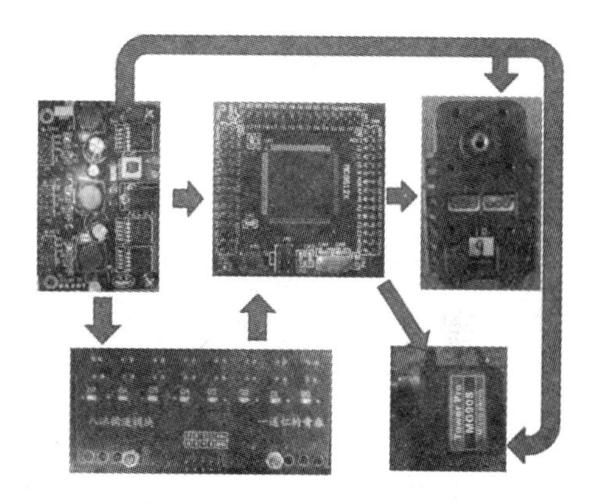

图 28-5 电路结构设计图

28.3 软件设计

28.3.1 单片机初始化

28.3.1.1 单片机总体介绍

机器人使用 MC9S12XS128 型单片机作为核心控制板，实现对外界信息的获取以及对机器人的控制。

MC9S12XS[3−5] 是 Freescale(飞思卡尔) 公司推出的 HCS12X 系列单片机中的一款。该器件包括大量的片内存储器和外部 I/ O。它是一个 16 位器件，由 16 位中央处理单元 (CPU12X)、128kB 程序 Flash(P-Flash)、8kB RAM、8kB 数据 Flash(D-Flash) 组成片内存储器，同时还包括 2 个异步串行通信接口 (SCI)、1 个串行外设接口 (SPI)、一个 8 通道输入捕捉/输出比较 (IC/OC) 定时器模块 (TIM)、16 通道 12 位 A/D 转换器 (ADC) 和一个 8 通道脉宽调制模块 (PWM)。MC9S12XS 具有 91 个独立的数字 I/O 口，其中某些数字 I/O 口具有中断和唤醒功能，另外还具有 1 个 CAN2.0A/B 标准兼容模块 (MSCAN)。

MC9S12XS 系列具有非常丰富的 I/O 端口资源，同时集成了多种功能模块，端口包括 PORTA、PORTB、PORTK、PORTE、PORTT、PORTS、PORTM、PORTP、PORTH、PORTJ 和 PORTD 共 11 个端口。端口引脚大多为复用引脚，

有多种功能，所有端口都具有通用 I/O 口功能。其中，PORTA、PORTB 和 PORTK 作为通用 I/O 口；PORTE 中的 IRQ 和 XIRQ 引脚可作为外部中断输入口；PORTT 集成了 TIM 模块功能；PORTS 集成了 SCI 模块和 SPI 模块功能；PORTM 集成了 CAN 总线模块；PORTP 集成了 PWM 模块功能；PORTH 和 PORTJ 可作为外部中断输入口；PORTD 集成了 ATD 模块功能。

在整个机器人爬坡行进过程中，单片机实现的功能主要有：串口通信功能 (控制数字舵机)、PWM 输出功能 (控制模拟舵机)、I/O 口的输入与输出功能 (接受传感器信号) 和锁相环功能 (调整单片机的工作频率)。

28.3.1.2　锁相环

单片机的默认工作频率为 16MHz，为提高工作效率，通过锁相环功能将其提高到 64MHz。根据单片机的控制原理，设定各寄存器数值，相关函数如下：

```
CLKSEL_PLLSEL = 0;//不使能锁相环时钟
PLLCTL_PLLON = 1;//锁相环电路允许
SYNR=0xc7;
REFDV=0x81;
POSTDIV=0x00;
_asm(nop);
_asm(nop);//短暂延时，等待时钟频率稳定
while(!(CRGFLG_LOCK==1)) //时钟频率稳定
{
  ;
}
CLKSEL_PLLSEL =1;//使能锁相环时钟
```

28.3.1.3　PWM 输出

根据 MC9S12XS128 型单片机的控制原理，使用单片机 P0~P4 的 5 个 PWM 输出口分别控制机器人的头和双手。

在总线时钟为 64MHz 的基础上对 CLOCKA、CLOCKB 进行 64 预分频，选择 Clock SA、Clock SB 作为时钟源，并设置 SA、SB 的分频因子为 50。这样，获得的 Clock SA、Clock SB 频率为 10000Hz。

将 P0~P4 的周期寄存器设置为 200，即将时钟 Clock SA、Clock SB 输出脉冲周期的 200 倍作为 PWM 输出波形的周期。通过改变 PWM 通道占空比寄存器 PWMPER 的值来改变 PWM 输出波形的占空比。

此外，再设置 PWM 输出波形先为高电平，后为低电平，且左对齐。输出采用不级联方式。

总结 PWM 的初始化分为以下步骤：

禁止 PWM：PWME=0x00;

CLOCKA、CLOCKB 预分频设置为 6：PWMPRCLK=0x66;

Clock SA、Clock SB 的分频因子设置为 50：PWMSCLA=50; PWMSCLB=50;

通道 7、6、3、2 选择 Clock SB 作为时钟源，

通道 5、4、1、选择 Clock SA 作为时钟源：PWMCLK=0xff;

通道、1、2、3、4 周期寄存器设置为 200：

```
PWMPER0=200;
PWMPER1=200;
PWMPER2=200;
PWMPER3=200;
PWMPER4=200;
```

通道、1、2、3、4 占空比寄存器设置为 16：

```
PWMDTY1=16;
PWMDTY2=16;
PWMDTY3=16;
PWMDTY4=16;
PWMDTY5=16;
```

PWM 输出先为高电平，后为低电平：PWMPOL=0xff;

PWM 左对齐输出：PWMCAE=0x00;

PWM 输出采用不级联方式：PWMCTL=0x00;

使能 PWM 通道：PWME=0xff。

28.3.1.4 串口通信

通过串口通信的方式向数字舵机发送指令包，用以控制数字舵机。需要先设置单片机的通信频率，将单片机串口通信的接收频率设为 9600Hz(调试时可接收计算机信号)，发送频率设为 57600Hz(向舵机发送指令包)。

接收频率 $=$ 时钟/$(16\times\text{SCI0BD})$

发送频率 $=$ 时钟/$(16\times\text{SCI1BD})$

相关参数设置如下：

```
SCI0BD =417;
SCI0CR1=0x00;
SCI0CR2=0x0c;
```

```
  SCI1BD =70;
  SCI1CR1=0x00;
  SCI1CR2=0x0c; //串口通信初始化
```

28.3.1.5 I/O 口的输入与输出

需要通过 I/O 口接收传感器信号，将单片机的 A0~A7、B0~B7 的 16 个 I/O 口设定为输入端。相关参数设置如下：

```
DDRB=0x00;
DDRA=0x00; //初始化端口
```

28.3.2 数字舵机的使用

28.3.2.1 数字舵机总体介绍

采用 Dynamixel AX-12 数字舵机实现关节的活动，此型号舵机精度高，扭矩大，机体强度和韧性好，并具有较智能化、控制方便等优点。

根据 Dynamixel AX-12 数字舵机的通信协议，基于飞思卡尔[6,7] 单片机平台编写舵机调整和控制函数实现对数字舵机的控制。编写的函数分为通信速度更改函数、ID 号更改函数和舵机位置速度控制函数三大类。

28.3.2.2 通信速度更改函数

舵机使用前需要调整通信频率。舵机的初始通信频率是 1MHz，为减小高频率通信受到的干扰，将频率改为 57600Hz。根据通信协议，需要以 1MHz 的频率向舵机发送以下指令包：

0xff 0xff0xfe0x040x030x040x22 0xxx

共八位，2 个 0xff 表示开始传送指令包；0xfe 为广播 ID，表示向所有舵机发送指令；0x04 为指令包长度 (指令长度 +2)；0x030x04 为指令，0x03 表示写数据，0x04 为地址；0x22 为附加信息；最后一位为校验码，将由程序根据前七个数量直接算出，校验码 = 指令包除去前两位 (0xff 0xff) 所有值之和再进行非逻辑运算，所得结果保留十六进制的后两位。

在通信频率一致的情况下，所有接收到该指令的舵机，会将其 EEPROM 区地址为 0x04 的寄存器的值改为 0x22，即通信频率改为 57600Hz。

通信速度更改函数如下：

```
void TIAOSHIBPS()
{
  unsigned int m=0;//定义无符号整数 m
  unsigned int n[8];//定义数组 n[8]
```

```
    n[0]=0xff;
    n[1]=0xff;
    n[2]=0xfe;
    n[3]=0x04;
    n[4]=0x03;
    n[5]=0x04;
    n[6]=0x22;
    n[7]=0x00;//将指令包写入数组 n[8]
    for(m=2;m<7;m++)
    {
       n[7]=n[7]+n[m];
    }
    n[7]=~n[7];//计算校验码
    for(m=0;m<8;m++)
      {
          SCI1DRL=n[m]; //将指令数据依次发出
          while(!SCI1SR1_TC);//等待当前数据发送完毕
      }
  }
```

28.3.2.3 ID 号更改函数

根据机器人结构中舵机的位置，以方便为原则，自行确定各个舵机的 ID 号 (舵机号不能重复)。

更改舵机号需要发送以下指令包：

0xff0xff0xfe0x040x030x030xY 0xxx

在通信频率一致的情况下，所有接收到该指令的舵机，会将其 EEPROM 区地址为 0x03 的寄存器的值改为 0xY (Y 代表需要修改的 ID 号)，即舵机号会改为 ID 号 Y。为达到舵机号不同的目的，更改舵机号需要单个进行。

ID 号更改函数如下：

```
void TIAOSHIID(unsigned int x)//参变量 x 为目标 ID 号
{
  unsigned int m=0;//定义无符号整数 m
  unsigned int n[8];//定义数组 n[8]
  n[0]=0xff;
  n[1]=0xff;
```

```
    n[2]=0xfe;
    n[3]=0x04;
    n[4]=0x03;
    n[5]=0x03;
    n[6]=x;//将参变量 x 赋值给 n[6]
    n[7]=0x00;//将指令包写入数组 n[8]
    for(m=2;m<7;m++)
    {
       n[7]=n[7]+n[m];
    }
    n[7]=~n[7];//计算校验码
    for(m=0;m<8;m++)
      {
        SCI1DRL=n[m]; //将指令数据依次发出
        while(!SCI1SR1_TC); //等待当前数据发送完毕
      }
}
```

28.3.2.4　舵机位置速度控制函数

在机器人前进过程中，为了控制舵机准确转动，需要用到舵机位置速度控制函数。该函数有三个参量，分别是舵机号 id、转动到达位置 JD、转动的速度 SD。其中：舵机号 id 用于指定需要转动的舵机；转动到达位置 JD 的范围为 0~1023(0x0000 至 0x03ff)；初始位置 JD=512，左右可以各转 150°；转动的速度 SD 的范围为 0~1023(0x0000 至 0x03ff)，SD 的值越大，速度越快。

```
void DUOJIDONGZUO(unsigned id,unsigned JD, unsigned SD)
{
unsigned int JDh,JDl,SDh,SDl;//定义无符号整数
unsigned int x,y;//定义无符号整数
unsigned int n[11];// 定义数组 n[11]
JDh=JD/256;
JDl=JD%256;
//将十进制数 JD 变为四位十六进制数，高两位为 JDh，低两位为 JDl
SDh=SD/256;
SDl=SD%256;
//将十进制数 SD 变为四位十六进制数，高两位为 SDh，低两位为 SDl
```

```
n[0]=0xff;
n[1]=0xff;
n[2]=id;
n[3]=0x07;
n[4]=0x03;
n[5]=0x1e;
n[6]=JDl;
n[7]=JDh;
n[8]=SDl;
n[9]=SDh;
n[10]=0x00;
for(x=2;x<10;x++)
{
       n[10]=n[10]+n[x];
    }
    n[10]=~n[10]; //计算校验码
    for(y=0;y<11;y++)
    {
    SCI1DRL=n[y]; //将指令数据依次发出
    while(!SCI1SR1_TC); //等待当前数据发送完毕
    }
}
```

28.4 系统开发与调试

28.4.1 机器人前进

人形机器人，依靠两条腿支撑整体并前进，较车形机器人具有支撑面小、重心高、行进过程中重心起伏大的特点。仿生爬坡机器人，要求人形机器人在不同坡度的赛道上前进，由于地形，机器人重心变化更加复杂，在机器人的开发调试过程中，应着重考虑机器人的重心问题，防止机器人摔倒。

机器人在前进过程中大致分为两脚站立、左脚站立、右脚站立三种状态，其中两脚站立时，机器人重心应在两腿之间；左脚站立时，机器人重心应在左脚上；右脚站立时，机器人重心应在右脚上。

在硬件设计时，已经将机器人直立时的重心设计在两脚之间，如果想改变机器人的重心，让其位于左脚，可以控制左脚舵机，让机器人整体以左脚掌为轴左倾，右倾同理。

机器人前进流程如下：

(1) 机器人直立，做好前进准备 (图 28-6)。

(2) 机器人右倾，重心右移 (图 28-7)。

图 28-6　机器人直立图

图 28-7　机器人右倾图

(3) 机器人左腿前迈，右腿前倾。

(4) 右倾恢复，重心居中，机器人呈左腿前跨状态 (图 28-8)。

(5) 机器人左倾，重心左移 (图 28-9)。

图 28-8　左腿前跨状态图

图 28-9　机器人左倾图

(6) 机器人右腿前迈，左腿前倾。

(7) 左倾恢复，重心居中，机器人呈右腿前跨状态 (图 28-10)。

(8) 回到步骤 (2)，重复以上步骤 (图 28-11)。

图 28-10　右腿前跨状态图

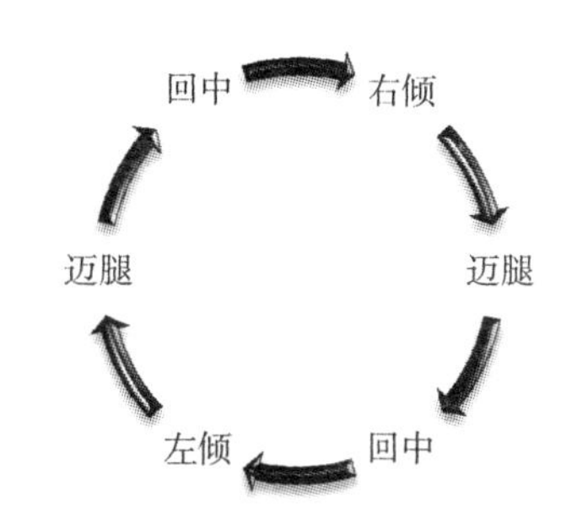

图 28-11　机器人运动状态循环图

前进的相关函数如下：

```
void DIYIBU()
{
  DUOJIDONGZUO(0x1,700,400);
  DUOJIDONGZUO(0x2,630,100); //右倾
  PWMDTY1=15;
  PWMDTY2=14;
  PWMDTY3=16;
  PWMDTY4=18;
  PWMDTY5=18;//手臂的摆动
  delay(1000);
  //DUOJIDONGZUO(0x1,550,100); //左脚掌恢复
  DUOJIDONGZUO(0x5,750,100); // 右脚前倾脚踝
  DUOJIDONGZUO(0x3,460,100); // 右脚前倾大腿
  DUOJIDONGZUO(0x4,475,100); // 左脚前倾脚踝
  DUOJIDONGZUO(0x6,370,100); // 左脚前倾大腿
  DUOJIDONGZUO(0x1,630,400); //脚掌恢复
  delay(1000);
  DUOJIDONGZUO(0x1,512,70);//重心恢复
  DUOJIDONGZUO(0x2,512,50);
}
void DIERBU()
{
```

```
  DUOJIDONGZUO(0x1,400,100);//左倾
  DUOJIDONGZUO(0x2,300,400);
  PWMDTY1=17;
  PWMDTY2=18;
  PWMDTY3=12;
  PWMDTY4=14;
  PWMDTY5=14; //手臂的摆动
  delay(1000);
  DUOJIDONGZUO(0x3,555,100); // 右脚前倾脚踝
  DUOJIDONGZUO(0x5,660,100); // 右脚前倾大腿
DUOJIDONGZUO(0x4,542,100); //左脚前倾脚踝
  DUOJIDONGZUO(0x6,284,100); //左脚前倾大腿
  DUOJIDONGZUO(0x2,400,400);
  delay(1000);
  DUOJIDONGZUO(0x2,512,60); //脚掌恢复
  DUOJIDONGZUO(0x1,512,50); //脚掌恢复
}
```

28.4.2　机器人转弯

由于机械机构的精度不足、地面平整度不定，机器人在行进过程中会不可避免地偏离直线。为保证机器人按照规定的路线前进，机器人需要通过传感器判断自身的状态并做出左右转动的动作。为简化机器人结构、降低机器人重心、提高机器人的稳定性，设计中未安装专门的转向舵机。

通过跨步状态下复位 (直立) 机器人的方式实现左右转弯。当机器人左脚在前，右脚在后呈跨步状态时，命令机器人立刻复位，由于摩擦力，机器人会右转。同理，当机器人右脚在前，左脚在后呈跨步状态时，命令机器人立刻复位，由于摩擦力，机器人会左转。

设计复位函数:

```
void FUWEI()
{
  DUOJIDONGZUO(0xfe,512,150); // 初始化站起
  DUOJIDONGZUO(0x5,700,150); // 初始化站起
  DUOJIDONGZUO(0x6,324,150); // 初始化站起
  delay(2000);
}
```

28.4.3 机器人在斜坡上前进

当机器人可以在平地上前进、转弯后，再考虑机器人在斜坡上前进。

通过分析，发现机器人在斜坡和平地上行进的不同之处在于，机器人在斜坡上时，重力竖直朝向后下方。这样会导致机器人的重心在两脚之后，向后倾倒。

假设机器人在斜坡上的重心依旧在两脚之间，那么，机器人在斜坡上前进的状况会和平地上完全一样，机器人在平地上行进的参数、软件同样可以在斜坡上使用。

通过调整 5、6 号舵机的复位位置，使机器人在立正时上半身前倾，重心前移，抵消斜坡对机器人前进的不良影响 (图 28-12)。这样，机器人在平地上的前进、转弯程序就可以在斜坡上使用。

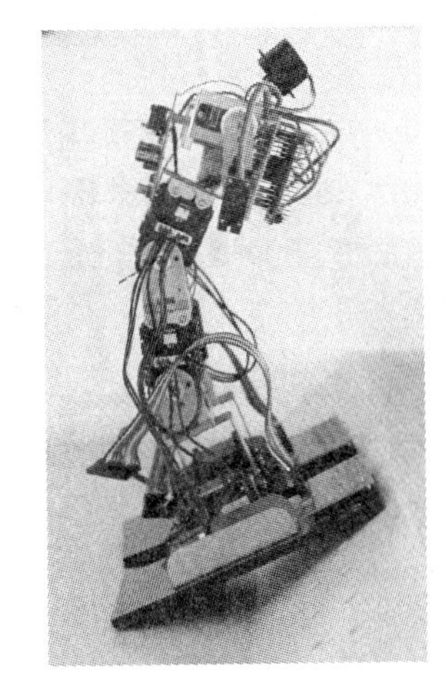

图 28-12 机器人在斜坡上的姿势

机器人的脚掌设计的较为宽大，通过改变 5、6 号舵机的前倾角度，将机器人的重心调整到合适位置，保证机器人在平地和斜坡上，重心都落在脚上。这样，机器人在平地和斜坡上前进可以使用同一套软件。另外，机器人在上坡过程中无需考虑斜坡和平台之间转变的影响。

28.4.4 传感器对周围环境的判断

在机器人上坡的过程中，需要判断机器人的位置和姿态，并进行左右调整。

如果机器人偏离直线，其脚掌外侧会踩空。所以通过脚掌外侧的传感器，判断机器人是否走偏，并进行左右转弯的调整。

28.4.5 主函数

主函数通过调用子函数 (前文已介绍的函数)，实现对机器人的整体控制。

```
void main(void)
  {
   CHUSHIHUA() ;
   delay(1000);
   DUOJIDONGZUO(0xfe,512,128); // 初始化站起
   DUOJIDONGZUO(0x5,700,128); // 初始化站起
   DUOJIDONGZUO(0x6,324,128); // 初始化站起
    delay(3000);//第一步, 迈左脚
    for(;;) {
```

```
        DIYIBU();
        delay(2000);
if(PORTA_PA7==1&&PORTA_PA0==0&&PORTA_PA1==0&&PORTA_PA2==0&&PORTA_PA3==0)
        {
           FUWEI();
        }
        DIERBU();//第二步, 迈右脚
        delay(2000);
if(PORTB_PB0==1&&PORTB_PB4==0&&PORTB_PB5==0&&PORTB_PB6==0&&PORTB_PB7==0)
        {
          FUWEI();
        }
        }
    }
```

设计计时函数:

```
void delay(unsigned int m)
{
   unsigned long n=1,i;
   unsigned int j;
   n=m*10;
     for(i=0;i<n;i++) {
       for(j=0;j<1000;j++) {
       ;
       }
     }
   }
```

28.5　总结与展望

设计仿生机器人应该从硬件设计、软件设计及系统的开发与调试三大环节入手，其中系统调试占用时间较长，设计者应具备足够耐心，对各个环节的研究保持一丝不苟的态度，才能完成一件作品。

在整个设计与实现期间，军械工程学院机器人俱乐部指导教员和众位同志对机器人提出了许多不同的看法，经过多次试验后找到了适合仿生机器人的行进方式。在机器人实现过程中，依靠俱乐部提供的激光切割机以及激光焊机等设备制作出误差在 50 丝以内的各种零部件。

机器人的发展迅猛，机器人与人类的关系也越来越紧密，只有不断地学习新理论和新知识，才可以使机器人朝着更利于人类生产和生活的方向发展。

参 考 文 献

[1] 邸敏艳, 吕锋, 姚勇. 伺服电动机、传感器和单片机在机器人小车中的应用. 微特电机, 2009, 37(5)：23-26.

[2] 翁卓, 熊承义, 李丹婷. 基于光电传感器的智能车控制系统设计. 计算机测量与控制, 2010, 18(8): 1789-1791.

[3] 陈辉, 摆玉龙, 李静, 等. 基于 MC9S12XS128 单片机教练车模型的教学演示系统设计. 自动化与仪器仪表, 2013, (02)：59-64.

[4] 张阳，吴晔，滕勤. MC9S12XS 单片机原理及嵌入式系统开发. 北京：电子工业出版社，2011.

[5] 郭羽, 吴开华. 基于 MC9S128 单片机的 CCD 异步复位触发系统. 机电工程, 2012, 29(7)：865-868.

[6] 韩建文. 基于飞思卡尔单片机智能车的设计. 电子制作, 2014, (01)：59-60.

[7] 尹洁, 徐耀良, 盛海明, 查章其. 基于飞思卡尔的自主寻迹智能车的设计. 机电一体化, 2008, 14 (12): 73-74.